气象服务发展论坛文集

孙　健　陈振林　主编

气象出版社
China Meteorological Press

内容简介

本书是由气象服务发展论坛交流文章汇编而成的公共气象服务文集。从我国气象服务发展历程、未来展望、政策环境、体制机制、服务模式等方面对公共气象服务业务发展进行思考和交流，从决策气象服务、公众气象服务、农业气象服务、专业专项气象服务、气象灾害防御、气象服务效益评估等方面对公共气象服务技术方法和系统进行总结和交流。

本书可供从事气象服务和防灾减灾业务、管理和研究人员参考。

图书在版编目(CIP)数据

气象服务发展论坛文集/孙健等主编.—北京：
气象出版社,2010.12
ISBN 978-7-5029-5097-2

Ⅰ.①气…　Ⅱ.①孙…　Ⅲ.①气象服务-文集
Ⅳ.①P451-53

中国版本图书馆 CIP 数据核字(2010)第 227201 号

Qixiang Fuwu Fazhan Luntan WenJi

气象服务发展论坛文集

出版发行：气象出版社

地　　址：北京市海淀区中关村南大街 46 号　　　　邮政编码：100081
总 编 室：010-68407112　　　　　　　　　　　　发 行 部：010-68409198
网　　址：http://www.cmp.cma.gov.cn　　　　　　E-mail：qxcbs@cma.gov.cn
责任编辑：张锐锐　　　　　　　　　　　　　　　终　　审：汪勤模
封面设计：博雅思企划　　　　　　　　　　　　　责任技编：吴庭芳
印　　刷：北京中新伟业印刷有限公司
开　　本：787 mm×1092 mm　1/16　　　　　　　　印　　张：22
字　　数：550 千字
版　　次：2010 年 12 月第 1 版　　　　　　　　　印　　次：2010 年 12 月第 1 次印刷
定　　价：68.00 元

本书如存在文字不清、漏印以及缺页、倒页、脱页等,请与本社发行部联系调换

编者的话

新中国气象事业发展的 60 年,是我国气象服务从无到有,不断壮大发展的 60 年,同时也是中央气象台实现跨越式发展,为保障国家经济社会发展和人民生产生活服务辛勤奉献的 60 年。

60 年来,我们始终坚持把服务作为气象事业的立业之本,不断增强气象为防灾减灾、政府决策、人民安康福祉服务的能力,取得了显著的社会和经济效益,得到了党和国家、广大人民群众的充分肯定和赞誉,形成了集决策气象服务、公众气象服务、专业专项气象服务和气象灾害防御于一体的中国特色气象服务业务体系。

近年来,随着我国经济和社会发展的加速,全球气候变化趋势日益明显,各种极端天气气候事件发生的频次增加、规模加大。面对防灾减灾、应对气候变化、农业农村发展、国民经济发展、公众生活以及国家粮食安全、能源安全、水资源安全、生态安全及社会主义新农村建设和突发公共事件应急等诸多方面对气象服务日益增长的需求,现有的气象服务业务和体制机制已不能适应和满足这些不断变化的需求。在气象服务领域,需要探索和解决的问题还很多,加强和改进气象服务工作的任务十分紧迫。

值此庆祝中央气象台成立 60 周年之际,由中国气象局应急减灾与公共服务司主办、中国气象局公共气象服务中心承办、国家气象中心和国家气候中心协办的"纪念中央气象台成立 60 周年系列活动之全国气象服务发展论坛"在北京召开。论坛以"面向民生、生产和决策的气象服务未来发展"为主题,汇聚了全国气象系统从事气象服务的百余名一线工作者和研究者,为气象人打造一个畅所欲言、集思广益的有效平台,深刻总结新中国 60 年来气象服务所取得的成就和经验,展望气象服务事业发展的未来,论题涵盖气象服务的技术与方法、制度与体制机制建设、发展历程与未来展望等多个层面,内容涉及交通、农业、电力、通信、海洋等众多与气象密切相关的行业。

为全面反映此次论坛的成果,我们将参加交流的 56 篇文章汇编成文集,希望能为从事气象服务的人员提供一些可以借鉴的思路和方法。

2010 年 9 月 · 北京

领导寄语

——矫梅燕副局长在 2010 年全国气象服务发展论坛上的讲话

各位来宾,各位专家:

大家上午好,这次由中国气象局应急减灾与公共服务司主办、中国气象局公共气象服务中心承办、国家气象中心和国家气候中心协办的"全国气象服务发展论坛",作为中央气象台成立 60 周年纪念活动举办的系列论坛之一,今天在这里召开,首先我代表中国气象局向这次论坛的主办单位、承办单位和协办单位,对这次论坛的组织、安排以及成功的举办表示衷心的感谢,并代表中国气象局对来自兄弟部门的各位领导和专家以及来自全国各地气象部门工作在气象服务一线的专家表示热烈的欢迎。

60 年前中央气象台成立也标志着我国的气象服务拉开了帷幕,可以说中央气象台的 60 年也是气象服务不断探索和发展的 60 年。总结 60 年的发展成绩和经验,特别是气象服务 60 年的成绩和经验,对我们进一步推动和做好当前的气象服务工作,更好地适应经济社会发展对气象服务不断增长的新需求十分重要,因此,举办这次论坛是个非常有意义的。

总结气象服务发展的 60 年,我国气象服务发展始终是围绕着服务于经济社会发展和人民安全福祉的主线,同时气象服务工作更是紧紧地融入到社会经济发展之中、融入到满足人民安全福祉的需求之中,取得了令人高兴的成绩。去年是中国气象局成立 60 周年,我们对中国气象事业 60 年做了全面的总结和回顾,其中非常突出和显著的成绩就是气象服务工作取得了显著的成效。60 多年来气象服务工作取得的成绩和进展是多方面的,特别体现在:**一是气象服务的领域不断拓宽**。60 年来我们始终坚持面向党中央国务院和各级地方政府提供防灾减灾的决策气象服务,面向公众提供涉及生活方方面面的基本气象信息服务,面向农业、交通、能源、海洋等各行各业和国家经济社会发展提供专业专项保障服务,使我们服务领域越来越宽广,涵盖了社会的各个方面,赢得了很好的社会效益。所以说经过 60 年的发展,我们的气象服务越来越紧密地融入到社会经济发展之中,融入到社会的各行各业之中。**二是气象服务的效益越来越显著**。首先是近些年来在重大气象灾害保障服务中,从大家仍记忆犹新的 1998 年大洪水到 2008 年南方冰冻雨雪灾害、2010 年的西南地区干旱等重大气象灾害服务,气象部门与政府有关部门密切结合,在防灾减灾的决策部署中充分发挥了气象部门的"信号树"和"发令枪"的作用,也使得"政府主导、部门联动、社会参与"气象灾害防御机制在防灾减灾中发挥了很好的成效。其次是最近几年我们连续承担的国家重大活动气象保障服务,像北京奥运气象保障、新中国成立 60 周年气象保障以及现在正在进行中的上海世博气象保障服务,都产生了良好的社会影响,体现了我国气象服务对重大活动保障的能力;同时我们的气象服务不仅在各个部门之间取得了良好的成效,也在国际中取得了很好的反响,更是使我们社会影响力不断提升。正如回良玉副总理指出的:气象工作从来没有像今天这样受到各级党政领导的高度重视,从来没有像今天这样受到社会各界的高度关切,从来没有像今天这样受到广大人民群众的高度关心,从来没有像今天这样受到国际社会的高度关注。这段话充分反映出新时期气象工作影响力的不断提升。**三是气象服务的引领作用不断得**

到强化。我们取得的良好的气象服务效益正是得益于我们这些年来气象事业的总体发展,因此我们从推动气象服务发展中总结出了气象事业发展的经验和更加深入的认识,就是"气象服务引领气象事业的发展"。这么多年来,我们通过面向国家和社会需求,做好气象服务;根据气象服务需求,推动气象现代化建设,促进气象科技的发展和气象业务能力的建设,带动了整个气象业务水平的不断提高,因此,在推动整个气象服务发展中,气象事业发展取得的经验和更加深刻的认识就是要紧紧地面向服务的需求。因此,中国气象局在整个气象事业发展的战略中提出以气象服务引领气象事业的发展理念;在现代气象业务体系的建设中提出"气象服务是引领、预测预报是核心、综合观测系统是基础"的气象业务发展战略方针。

回顾气象事业60周年,特别是总结和回顾60年来气象服务工作取得的成绩和经验,我们要充分认识到面向新时期社会经济的发展,气象服务工作面临新的需求,新的挑战,特别是我们国家目前正处于经济快速发展的阶段,我们更要深刻体会到社会经济越发展对气象服务的需求也就更高。因此,新时期气象发展面临的最大的挑战就是气象服务如何更好地适应国家社会经济发展的新需求。面对挑战,我们需要从几个方面加强认识:

一是气象服务的需求更高。在全球气候变化的大背景下,气象灾害发生的频率越来越高、影响越来越大。正如有专家说过:社会现代化程度越高,越体现出它的脆弱性。我想在经济社会高度发展的形势下,气象防灾减灾服务也同样面临这样的严峻形势,这一点我想大家在从事气象服务工作时都能感觉的到。同样强度的天气,过去可能就出现一个小灾,造成一点损失,也不会像现在这样引起社会广泛的关注,但是现在则不同,大大小小、不同程度的灾害经过媒体的广泛报道后,对气象服务产生很大的压力。我想这就是随着社会经济发展,社会现代化程度提高以后,对气象灾害防御要求更高的一种表现。大家都能感受到今年以来,我们经历了不同种类的气象灾害,从年初的北方地区不断爆发强冷空气事件,所引发的暴雪、强降温等对人民的生产生活以及对农业生产影响一直持续到现在;西南地区的干旱从去年秋季一直持续到今年春季,持续时间之长、旱情之重是历史上罕见的;我国东部地区从今年春季以来处于低温多雨状态,已经对我国今年农业生产造成了很大影响。可以说,从今年年初到现在不到半年的时间,天气气候异常已经让我们充分感受到了气象灾害的影响越来越大、影响的领域和范围越来越宽、社会对气象服务的需求越来越高。因此,在应对全球气候变化和气象灾害防御的要求越来越高的情况下,气象服务势必将面临着越来越高的要求,这也是新时期气象服务面临的重大挑战。

二是气象服务的需求越来越呈现多样化。我想这是我们国家经济社会发展到现在这个阶段,气象服务需求面临的一个新的形势。过去我们对气象服务的一个比较传统的认识,就是要做好灾害性天气监测预警、面向公众的信息发布以及面向地方各级领导的气象信息服务。但是现在对气象服务的要求,已经越来越精细化、越来越多样化。比如对公众来讲,随着社会生活的发展,公众的需求呈现出多样化的趋势,所以对气象信息服务的需求也呈现出多样化的趋势。再比如决策气象服务现在也面临着多样化的需求,过去我们可能就是把气象灾害预警信息传递过去,这是我们传统的认识,也是一个基本任务,但是现在我们更多地是把天气预报预警信息和可能的影响与政府的防汛、抗旱以及组织社会经济发展的各项工作紧密地结合起来,提供可采纳的决策建议。此外,我们在把气象信息向各行各业、各个领域延伸和拓展时,也面临着很多拓展服务领域、服务手段和服务功能的要求。就拿今天来说,我们邀请了农业部的专家和领导,就是现在,气象为农业服务就面临着很多新的需求,我们就需要去了解这些需求并去满足这些需求,这是很典型的例子。同样,在社会经济发展的新形势下,气象防灾减灾和应对气候变化也对气象服务的多样化提出了新的要求,特别是现在清洁能源、可再生能源的开发和利用对风能太阳能资源的评估、工程建设以及日常运行保障都提出了新需求。我想,风能太阳能开发利用面临的新需求就是气象服务拓展领域的一个典型例子,表明随着经济社会发展,气象服务正面临着不断拓展服务领域、满足面向各行各业需求的新形势。因此,气象服务需要面对越来越多样化的需求。

　　三是要积极探索气象服务未来发展的途径和方式。在气象服务要求高、需求多的形势下,我们需要对服务的形式、手段和内容上有新的认识、新的思考和新的探索,从而使气象服务更好地融入政府、融入社会。众所周知,大气和气象科学,属于自然科学领域范畴,我们从事气象工作的同志打交道的对象是大气环境,需要的科学基础是对大气科学规律的认识、把握以及相应的在认识基础上的所形成的预测、预报的一些技术手段和方法。而气象服务是自然科学与社会科学相交叉的学科,我们在开展气象服务时不仅要考虑到自然科学,尤其是大气科学的变化规律和特征,把握认识他们的能力,我们同样也把握气象服务的社会属性,需要分析、研究用户的需求,只有在了解用户需求的基础上,气象服务才能更富有针对性,更加个性化。大家也都知道,去年世界气象组织召开了第三次世界气候大会,主题是"气候预测和信息为决策服务",旨在促进气候服务的发展,加强气候服务在社会经济规划中的应用,防控气象灾害风险。最终目标是建立一个"全球气候服务框架",使全世界的决策者都能获得准确和及时的气候信息和预测,更好地适应气候变化。我们很多同志都是从事气象服务工作的,也有很多从事过预报预测业务的。天气预报业务现在还面临着如何进一步提高预测预报的准确率,来适应气象服务更高的需求等一系列的问题,而气候预测的能力和水平相对于天气预报预测更是有更高的不确定性,世界各国尤其是发展中国家提供各种有效气候服务的能力远不能满足当前和未来的需求和效益。在这种情况下,世界气象组织提出了要加强气候服务的问题,这是值得我们去思考的,即在现有的业务技术水平的基础上来探索和思考气象服务的问题。还有我们在做面向国内各行各业的气象服务的过程中已经和很多行业有过交流,特别是最近我们跟农业部的交流就非常多。我们已经能够感受到农业部门对气象服务的需求也是越来越多样化,如希望提供时效性更长的预测预报、希望预测预报能更加针对农业生产的各个环节,同时也对预测预报如何针对农业生产的全面部署提出了一些特定的要求。我提出这个问题就是想表明未来气象服务发展一个很重要的趋势就是怎样更好地跟用户需求更加紧密地结合起来,真正建立起用户与预报服务更加紧密的交流和互动,真正走出一条用户驱动下的气象预测预报服务的发展道路。我想这是我们在探索未来气象服务发展面临的一个新的要求、新的形势。就我们目前的能力和水平来讲,气象服务面临着新的挑战。因此,我们在思考如何推动气象服务发展时要在思想认识和思维方式上都有一些新的变化、新的变革。

　　今天我们在这里召开关于气象服务发展的研讨会,我们既要看到 60 多年来气象服务取得的成绩和经验,也要看到气象服务正在面临的一些新的机遇和挑战。我昨天刚刚从上海回来,这次在上海是参加一个"气象服务与防灾减灾国际研讨会",来自世界气象组织、美国、中国等十几个国家(地区)以及国际组织的领导人和气象专家就防灾减灾领域的管理、技术和未来方向等进行了热烈交流。通过这次会议交流,确实能感觉到我们的气象服务从理念上、从服务效果上在国际上都是有很好的展示度。我个人认为,气象事业发展到今天,可能有些领域与国际水平还有很大的差距,但是我们在气象服务方面,不论是服务理念、服务领域、服务能力还是服务效果可以说是处在世界先进水平和先进行列。所以在这次国际研讨会上,我们的报告、交流都能够引起国际同行的很多赞誉和极大的兴趣。在看到 60 年成绩和发展的同时,我们也要看到气象服务不单纯是一个科技水平的问题,更多的是怎么样能够跟我们所服务的对象、所服务的环境更加紧密融合的问题。这也是我所强调的我们更要看到在新时期下气象服务面临的一些新的需求、机遇和挑战。因此,希望这次研讨会既要总结回顾发展经验,更重要的是要在认识我们经验和成绩的基础上更好地探讨、研讨和思考未来气象服务发展的形势要求、任务、挑战和机遇,重点加强以下几个方面的工作:

一是要针对新的形势要求,重点加强气象服务能力建设。在 2008 年第五次全国气象服务工作会议上,中国气象局已经对气象服务的能力建设提出了明确的要求。近两年,全国各级气象部门都有不同程度的实践探索,今后一段时期,我们要在这种实践探索的基础上,把我们气象服务能力的建设,从科技水平的提高到业务体系的建设、业务组织机构建设、人才队伍建设等各个环节,在现有的发展基础上还要有进一步的推动。近期,减灾司将组织召开全国公共气象服务业务系统观摩交流,组织关于气象服务能力建设的研讨、交流和展示,我希望论坛在这方面也要展开充分的研讨。

二是要探讨新的发展时期有利于气象服务发展的体制和机制。体制和机制是保证气象服务发展的一个很重要的环节,这也是我刚才讲到的气象服务还是社会科学领域的一个范畴,所以它和体制机制建设密切联系。一方面是面向国家、面向社会需求的服务,需要我们进一步的创新和完善体制机制。通过最近几年的实践,我们积极探索和初步形成了"政府主导、部门联动、社会参与"气象灾害防御有效机制;与农业部门在农业防灾减灾有很好的合作,并建立了会商和联络机制;与交通部门在交通气象灾害防御方面也建立了应急联动机制。今年 4 月 1 日,国务院颁布《气象灾害防御条例》正式施行,各级气象部门要在此基础上思考如何把"政府主导、部门联动、社会参与"的防灾减灾机制进一步地向前推动,获得更加有效的实施。这需要在体制机制方面进行积极探索。另一方面是要通过体制机制创新,着力解决气象服务能力不足、与社会需求不相适应等问题。目前,各级气象部门的气象服务领域很宽泛,面临很多的困难和问题,如我们的气象服务能力与社会需求不相适应、服务科技手段支撑不足等。如何通过有效的体制和机制创新,形成一个以气象部门为主体承担气象服务,带动不同的社会力量推动气象服务更好地发展的机制,来解决我们目前面临的气象服务需求高、能力不足、不相适应等问题,在这方面还需要有很多的思考和实践探索。

三是加快推动气象服务学科建设。气象服务作为一门学科,在学科建设方面、在提升科技支撑能力方面,还处在一个初步的起步阶段。大家都知道,气象预测预报业务,经过几十年的发展已经形成了比较明确的学科分类和业务体系。但是,气象服务如何进行学科分类,如何分学科、分类别地发展和建设,相对来讲还是一个薄弱环节,需要我们在实践中不断地探索和探讨。

最后,我想我们今天以论坛的形式来探讨气象服务的发展,既是交流更是研讨,通过研讨可以促进我们的思考,可以深化我们在气象服务适应新需求、新发展的一些实践和探索。衷心预祝"全国气象服务发展论坛"开得丰富多彩、富有成效。

谢谢大家!

2010 年 5 月 11 日

目　　录

第二篇　技术方法与系统

第一篇　业务发展与思考

第一章　回顾与展望

我国气象服务发展历程和展望

——纪念中央气象台成立 60 周年

孙　健

(中国气象局公共气象服务中心,北京　100081)

　　中央气象台于 1950 年 3 月 1 日正式成立,迄今已走过了 60 年曲折而光辉的历程。从最初开始通过中央人民广播电台向社会发布灾害性天气警报,到成为中央电视台收视率最高的节目——天气预报的发布,中央气象台这个品牌早已融入百姓的日常生活,也见证了我国气象服务事业不断完善、不断提高、不断跨越的发展进程。60 年来,各级气象部门准确预报,主动服务,及时提供气象信息,在防灾减灾、趋利避害、保障安全、促进可持续发展中发挥了不可替代的作用,初步形成了中国特色气象服务体系,取得了显著的经济社会效益。

一、我国气象服务的发展历程

　　60 年来,我国发生了翻天覆地的变化,政治稳定,社会和谐,经济繁荣,文化、科技、教育等事业兴旺发达,人民生活水平显著提高。60 年来,气象服务工作一直受到各级党委、政府领导的高度重视,气象部门也始终坚持气象服务为气象工作的出发点和归宿,走过了一段极不寻常的光辉历程。

(一)初建阶段——围绕国家需求,发展气象服务

　　我国是世界上开展气象观测、记载和服务最早的国家之一。人民群众在长期与自然界的斗争中积累了丰富的预测天气经验,并根据天气和气候变化安排农业生产和生活。1949 年新中国的诞生,为气象事业的发展开辟了广阔的前景,同年 12 月 8 日,中央军委气象局正式成立,新中国气象事业从此翻开了崭新的一页。

　　1950 年至 1952 年,我国处于国民经济恢复时期,气象部门制定了"大力建设气象台站网,统一业务规章制度和技术规范,开展气象服务"的方针,确立了气象工作首先要保证国防需要,同时兼顾开展为国民经济建设和防灾抗灾斗争的气象服务工作。1953 年,我国进入大规模经济建设时期,气象部门从军事系统的建制转到政府系统,制定了"积极建设,保证质量,提高技术,扩大服务"等工作方针,明确提出气象工作既要为国防建设服务,同时又要为经济建设服

务。1954年全国气象工作会议确定了"今后气象工作必须为国防现代化、国家工业化、交通运输业及农业生产、渔业生产等服务；有计划、有步骤地满足各方面对气象工作日益增长的需求，以防止或减轻人民生命财产和国家资财的损失，积极支持国家各种建设工作"的五年气象工作方针。随后，各级气象台站陆续开展了军航、民航的飞行气象保障服务，开展了国家和重点工程建设所需要的气象服务以及七大江河流域的气象服务，承担了灾害性天气预报警报服务工作。1954年7月开始建设农业气象观测站，强化气象为农业生产服务。1956年，气象部门开始在政府领导下，有组织地进行人工影响天气业务试验。1956年6月1日，中央气象台的短期天气预报通过《人民日报》、中央人民广播电台公开发布，首开公众气象服务之先河。此后，又创办了《天气公报》，不定期向中央报送，决策气象服务正式成为气象服务工作的重要内容。

这一时期，气象部门开展了以灾害性天气预报、警报服务为中心，同时提供气象情报、气象预报、气候分析、专业气象服务等多种气象服务产品的气象服务模式，较好地满足了当时经济建设和国防建设的需要。

(二)快速发展阶段——科技服务支撑，拓宽服务领域

党的十一届三中全会后，气象部门明确提出要把气象服务的社会、经济、生态效益放在首位，工作重心逐渐转移到提高气象服务效益和气象现代化建设上来。

1982年3月5日，气象部门确立了"积极推进气象科学技术现代化，提高灾害性天气的监测预报能力，准确及时地为经济建设和国防建设服务，以农业服务为重点，不断提高服务的经济效益"的工作方针。1985年3月，国务院办公厅向各地转发了《国家气象局关于气象部门开展有偿服务和综合经营的报告》(国办发〔1985〕25号)，首次对无偿的公益服务和有偿的专业服务进行了明确界定，提出了要拓宽气象服务领域，提高气象服务的经济效益和社会效益。

这一时期，气象部门还召开了四次全国气象服务工作会议，总结气象服务经验，推动气象服务有序发展。1987年1月在广州召开的第一次全国气象服务工作会议强调，一手抓公众气象服务，一手抓专业有偿气象服务，不断拓宽专业气象服务领域。1990年10月在上海召开的第二次全国气象服务工作会议明确，要紧密结合国民经济发展的需要，进一步提高服务能力，拓展服务领域，并将做好决策服务和公益服务作为气象服务工作的主要职责。1995年4月在湖北宜昌召开的第三次全国气象服务工作会议提出，把气象服务作为气象工作的出发点和归宿，坚持在公益服务与有偿服务中，把公益服务放在首位；在决策服务与公众服务中，把决策服务放在首位，以及坚持在为国民经济各行各业服务中，突出以农业服务为重点的"两首位一重点"气象服务理念。2000年5月在上海召开的第四次全国气象服务工作会议，提出了"气象服务是立业之本"、"一年四季不放松，每一次过程不放过"的气象服务理念。

这一时期，为适应经济社会发展的服务需求，国家级气象服务组织体系不断完善。同时，面对日益增长的气象服务需求，气象部门提出了实施拓展领域战略，与民政、国土资源、铁道、交通、水利、农业、卫生、环保、安全监管、林业、教育等部门建立了联合预警、信息共享机制，气象服务领域快速拓展，大大丰富了气象服务的内涵和内容。

(三)全面发展阶段——坚持需求牵引，强化公共服务

党中央、国务院和地方各级党委政府对气象工作高度重视，对气象工作提出了新的需求。"强化防灾减灾"和"加强应对气候变化能力建设"在"十七大"中首次写入了党的代表大会政治

报告。2006年初《国务院关于加快气象事业发展的若干意见》(国发〔2006〕3号)提出要把公共气象服务系统纳入政府公共服务体系建设范畴,进一步强化气象公共服务职能,健全公共气象服务体系。

2004年,中国气象事业发展战略研究提出了"公共气象、安全气象、资源气象"的发展理念。2007年,中国气象局党组以科学发展观为指导,提出了"建设现代气象业务体系"的战略目标,以需求为引领,把公共气象服务系统、气象预报预测系统和综合气象观测系统作为发展现代气象业务的重点,强调以公共气象服务为引领,气象预报预测业务为核心,综合气象观测业务为基础,科技和人才为保障,全面推进气象事业科学发展。

2008年召开的第五次全国气象服务工作会议,进一步明确了公共气象服务发展的方向,阐述了新形势下公共气象服务的内涵和定位、属性、发展思路和目标,提出要建立健全公共气象服务的体制机制,全面推进公共气象服务体系建设。可以说,至此我国气象服务事业进入全面发展阶段。

这一时期,党和政府的高度重视,既为气象事业的发展带来前所未有的机遇,也给公共气象服务提出前所未有的要求和提供前所未有的动力。唯有牢牢把握防灾减灾和应对气候变化两大主题,加强公共气象服务能力建设,提供更优质的公共气象服务,才能充分发挥气象工作在党和政府工作中的重要作用。

二、我国气象服务取得的辉煌成就

60年开拓进取,60年波澜壮阔。在党中央、国务院及各级党委、政府的正确领导下,我国气象事业成功探索出了一条中国特色气象事业的发展道路。各级气象部门始终坚持面向国家经济社会发展和防灾减灾的需要,积极探索,勇于实践,逐步形成了由决策气象服务、公众气象服务、专业专项气象服务和气象科技服务构成,以气象灾害防御和应对气候变化为着力点的中国特色气象服务体系,取得了显著的经济社会效益。

(一)气象灾害防御和应急能力不断增强

气象灾害监测的能力和水平不断增强,基本建成了以气象卫星、新一代多普勒天气雷达网、闪电定位监测网和自动气象观测系统为主的综合气象观测网络,气象灾害的监测时效和精度显著提高,气象灾害监测的能力和水平不断增强;建成数值天气预报和气候预测业务系统,预报预测准确率稳步提高,突发性气象灾害预警信息发布能力显著增强;全国气象灾害普查与灾情收集、整理与上报工作得到进一步规范和加强,气象灾害风险区划工作初步取得进展。以乡镇气象协理员和社区、村屯气象信息员为主体的基层气象灾害防御队伍初步建成。气象防灾减灾科普工作初见成效。与国务院应急办及有关政府部门初步建立了气象灾害应急响应联动机制,发挥了灾害应急处置的"发令枪"和"消息树"作用,为各级政府防灾减灾抗灾救灾赢得了宝贵时间。

(二)决策气象服务能力显著提高

始终坚持把决策气象服务放在气象服务工作的首位,建立了国家、省两级决策气象服务专门机构和专职队伍,决策气象服务由信息服务向监测、预警、评估以及对策建议并举的综合性服务转变,服务领域不断拓展,服务效果显著提高,在政府组织开展的自然灾害防御、事故灾难救助、公共卫生事件应急和社会安全事件应对中发挥着越来越重要的作用,为维护国家安全、重大工程建设、资源开发利用和生态建设、环境保护等提供了有力的科学支撑与保障。向党中央提出加强应对气候变化能力建设的建议,被写入了党的十七大报告。积极参与《中国应对气候变化国家方案》等相关政策措施的制定,为我国参与政府间气候变化专门委员会(IPCC)的评估工作、《联合国气候变化框架公约》(UNFCCC)国际谈判等提供了很好的科学支撑。气象部门在政府应对气候变化工作中的地位显著提升。

(三)气象服务信息覆盖面逐步扩大

随着科学技术和气象现代化的迅速发展,气象信息服务方式和发布手段不断完善,覆盖面不断扩大,气象服务产品不断丰富,气象服务能力显著加强。建成了包括广播、电视、报纸、电话、手机、网络、电子显示屏、警报系统、海洋预警电台等多种现代化信息传播手段的气象服务信息发布平台,形成了广覆盖、多频次、形式多样的气象服务格局。全国每天接受气象信息服务的公众超过 10 亿人次。电视天气预报节目已成为收视率最高的电视节目之一。2009 年,中国天气网服务的直接受众 2.3 亿人次,点击量达 8.7 亿次;页面日点击率最高达到 1278 万人次,在国内服务类网站中排名第一,国际气象服务类网站中排名第三;有 2130 家中小型网站使用中国天气网服务插件,有效提高了网络服务能力。2009 年,中国气象频道在 30 个省(区、市)的 207 个地级以上(含地级)城市实现落地,用户数总计逾 2800 万户。2009 年气象服务热线(400—6000—121)共受理业务 1.5 万余次,用户满意率达 99.8%。全国定制气象短信和彩信的用户近亿户。全国气象信息员队伍总数已达 37.5 万余人。全国气象专业网站和乡村信息服务站分别达 934 个和 14050 个,气象电子显示屏 4.3 万余块,在农村易受灾地区建成预警喇叭 8 万个。2009 年全国公众对气象服务的满意率为 85.6%。

(四)气象服务领域不断拓宽

通过部门合作,专业气象服务领域不断拓展,内容愈加丰富,已涵盖农业、水利、航空、林业、国土资源、交通、环保、卫生、旅游、海洋、保险、能源、电力、仓储、物流等十多个国民经济行业,与国务院的十余个部(委、局)签订了合作协议,联合开展气象衍生、次生灾害的监测、预警业务,丰富了气象服务内涵,提高了气象服务经济社会效益。能源气象服务、气候资源开发利用、城市气象服务、重大工程气象服务以及军事和尖端科学实验等领域的服务正在逐步完善。北京奥运会、载人航天飞行、上海特奥会、新中国成立 60 周年庆典等重大活动气象保障服务的成功标志着重大专项气象保障服务能力的显著提升,获得社会各界的广泛赞誉。防雷减灾服务效益十分明显,2007 年全国因雷击死亡 827 人,2008 年显著下降到 446 人,2009 年又下降到 312 人,特别是 2009 年通过中小学防雷示范工程建设,无一名学生因雷击身亡。人工影响天气工作取得显著成绩,基本建立了以气象部门组织实施、地方投入为主的国家—省—地—县四级人工影响天气作业体制,形成了以飞机和高炮、火箭等作业手段相结合的人工影响天气作业体系和指挥体系,服务领域已由单纯的农业抗旱拓展到农业防灾减灾、增加水资源、改善生态环境、森林草原防火灭火、应对污染突发事件,以及保障重大社会活动的人工消云减雨、机场消雾等领域。

(五)气象为农服务取得新进展

针对现代农业服务需求,共建成 631 个农业气象观测站、68 个农业气象试验站、1600 多个土壤墒情观测站和 100 个自动土壤水分观测站,建立了比较完整的农业气象观测网络,初步实现了由传统种植业向现代农业观测的拓展。农业气象服务由主要面向决策向直接面向农民、专业用户服务拓展,服务对象由大宗种植业向现代农业拓展。农业气象情报由主要服务大宗农作物向现代农业稳步拓展,产品数量迅速增加,农林病虫害气象条件预报稳步推进,林果业、畜牧业、渔业、特色农业、设施农业等农用天气预报已经起步。农业气象灾害监测预警已向干旱、冰雹、风灾、寒害、高温热害等多灾种拓展。农村综合信息服务成效显著,以市、县级气象部门为农村气象服务的主体,在乡镇建立了 15400 个农村气象信息服务站,有效繁荣了农村经济、促进了农民增收。

(六)气象科普宣传工作稳步发展

气象科普工作以社会需求为引领,以气象防灾减灾、应对气候变化为重点,以加强气象科普能力建设为核心,大力提升气象科普社会化水平,不断创新气象科普内容与形式,使气象科普工作在深度和广度上不断发展。各级气象部门积极组织并参与世界气象日、防灾减灾日、科技活动周、科普日等各类专题科普活动,通过科普报告、科普沙龙、科普基地、气象知识竞赛、青少年绘画竞赛、科普大篷车等多种手段,将气象知识送进社区、农村、学校、军营,送进铁路、民航、地铁、公交等。气象行业已拥有科技部、中国科协、中国气象局、中国气象学会等分别命名的 117 个国家级科普教育基地,累计接待参观人数 850 余万人次。目前已形成了世界气象日、气象台站对外开放、气象科普基地、气象夏令营、气象书报刊、气象科普影视等一系列独具特色的气象科普品牌,使数以百万计的社会公众有机会感受到气象科学的魅力。

(七)气象服务效益显著提高

气象服务在经济社会发展中发挥了重要作用,产生了重大社会经济效益,受到各级党政部门和广大人民群众的好评。全国因气象灾害造成的死亡人数由 20 世纪 90 年代平均每年 4500 人左右,下降到本世纪以来每年 2500 人左右,气象及其衍生灾害造成的人员死亡较改革开放初期显著减少。气象灾害造成的经济损失占国内生产总值(GDP)的比例从 20 世纪 80 年代的 3％~6％下降到目前的 1％~3％。气象投入产出比从 20 世纪 90 年代的 1:40 提高到目前的 1:50,气象服务的经济社会效益显著。

三、我国气象服务的未来发展

科学技术的快速发展,经济的全球化发展趋势以及综合国力竞争的日趋激烈构成了新时期我国气象事业发展的大背景。在新的发展形势下,面对防灾减灾、应对气候变化、农业农村发展、国民经济发展、公众日常生活以及国家粮食安全、能源安全、水资源安全、生态安全及社会主义新农村建设和突发公共事件应急等诸多方面对气象服务日益增长的需求,气象服务面临着新的发展机遇和挑战。

(一)不断提升气象服务能力和水平

进一步完善"政府主导、部门联动、社会参与"的气象灾害防御工作机制和"功能齐全、科学高效、覆盖城乡"的气象防灾减灾体系。做好气象灾害的监测预警、信息发布、风险评估、防御规划、应急处置、灾后救助等工作,调动全社会力量共同参与,全面提升气象灾害防御能力,有效避免气象灾害损失、减轻气象灾害风险。加强应对气候变化、国家安全、突发公共事件应急保障的全程无缝隙决策气象服务,提高服务的敏感性、针对性、主动性、时效性、综合性。强化以人为本意识,继续加强"以人为本、无微不至、无所不在"的公众气象服务。强化社会效益意识,努力拓展专业专项气象服务领域。

(二)不断建设完善公共气象服务业务系统

充分利用现代化的技术手段,加快公共气象服务业务系统建设,建立集数据存储、产品加工和自动分发、服务效益评估等功能于一体的公共气象服务业务系统,提升公共气象服务能力。加快建设服务基础信息收集系统,建设包含与气象服务相关的各种基础资料、气象业务、服务产品、服务反馈等信息的服务数据库系统,努力实现服务信息共享。加快建设气象服务产品加工系统,加强服务产品的深加工和包装,努力实现服务产品的精细化、个性化、多媒体化。继续完善气象服务信息发布平台建设,逐步建成多种手段综合运用、覆盖城乡、立体化的气象信息发布系统。加强气象服务评估业务系统建设,建立科学的公共气象服务质量评价机制,努力提高气象服务效益。不断总结公共气象服务工作经验,梳理、调整、细化各项服务的流程和规章,逐渐建立健全公共气象服务业务流程,使公共气象服务业务运行有序。

(三)建立健全国家级和省级气象服务机构

中国气象局公共气象服务中心的成立是气象业务组织流程的重要调整,但这只是万里长征的第一步,要加快完成公共气象服务中心第二阶段改革,整合国家级公共气象服务任务和资源,形成集约化的国家级公共气象服务业务,建立科学的分类运行管理机制,提升国家级公共气象服务整体能力。要进一步明确完善机制、强化职责、明确任务,充分发挥国家级气象服务机构的示范作用,推动省级气象服务机构的建设发展。省级气象服务机构建设要按照立足当前、着眼长远,整合资源、明晰任务,因地制宜、稳中求进,分类管理、配套推进的原则全面推进,力争做到职能明确、分工合理、机构精简。

(四)加强气象服务人才队伍建设

气象服务是一门涉及气象、经济、人文、地理、信息、管理、心理、传媒等方面交叉融合的发展中学科,没有高水平的队伍就不可能有高水平的服务。加强专业化的公共气象服务队伍建设和人才培养既是气象事业长远发展的要求,也是当前加强公共气象服务工作的迫切需要。各级气象部门要针对当地实际,有计划地培养和引进能够承担气象防灾减灾、应对气候变化、气象应急服务、专业专项气象服务任务的、具备不同学科知识背景的"专家型"、"复合型"气象服务人才,形成一支高素质、具备多元知识结构的专业气象服务队伍。通过多部门、多行业的合作,不断发挥各行业优势,充分调动全社会专业人员参与气象服务的积极性,加入到气象服务人才队伍中来。

(五)提高气象服务科技支撑水平

充分利用现代技术和手段,不断增强气象服务科技含量,提高气象服务产品的科学性、针对性和时效性。坚持服务引领,分析气象服务与基础气象应用学科以及相关学科的交叉融合问题,建立和完善气象服务学的系统理论和技术规律,加强气象服务关键技术研发与推广应用。面向气象服务发展需求,统筹利用国内外科技资源,加强气象服务技术开发,积极探索将预报业务产品转换为气象服务产品的技术途径和方法,建立气象科技成果转化与应用体系。建立气象服务业务技术交流平台,及时总结交流气象服务经验。

(六)不断完善公共气象服务运行机制

加快推进公共气象服务组织体系的完善,建立运行顺畅、高效的公共气象服务运行机制。建立公共气象服务与基本气象业务密切合作、互联互通的运行模式。建立和完善国家级公共气象服务业务技术体制和规范化、标准化的业务管理流程。充分发挥中国气象局公共气象服务中心的示范作用,建立上下联动、资源共享机制。改进和完善符合公共气象服务特点的业务和科研考核评价机制,确保科研成果向服务业务能力和服务产品的有效转化,提高科研开发对服务业务发展贡献率和成果转化率。完善公共气象服务用人机制、财政投入机制和事业反哺机制。

(七)建立健全气象服务法律法规体系

公共气象服务能力和效益的提高,需要健全的法律法规、标准规范体系和科学管理保障。要结合加强应对气候变化能力建设、强化防灾减灾、强化社会管理,着力推动气象灾害防御、气候资源开发利用、气候可行性论证等相关领域的法律制度建设,加快推进以国家标准、行业标准为主体的气象灾害防御标准体系框架设计,健全国家、行业、地方气象灾害以及防御技术标准规范,促进公共气象服务管理工作的制度化建设,保障公共气象服务的健康可持续发展。

发展公共气象服务,责任重大,任务艰巨,需要进一步增强责任感和使命感,以发展的眼光、创新的精神、务实的作风,把握机遇,积极探索,坚持把不断满足经济社会发展和人民安康福祉对气象服务日益增长的需求作为气象事业发展的出发点和落脚点,坚持以需求牵引公共气象服务,坚持以公共气象服务引领现代气象业务发展,继续完善综合气象观测能力,不断提高气象预测预报能力,着力提升公共气象服务能力,为推动经济发展、社会进步、保障民生和国家安全提供一流的气象服务。

公共气象服务展望

薄兆海　　刘文明

（辽宁省气象局业务处,沈阳　110001）

摘　要:服务是气象事业的最终目的,提升服务质量和服务效果是气象事业发展的不断追求,气象服务的不断发展同时也牵引着观测、预报等其他方面的气象基础事业的不断前进,从而形成整个气象行业不断提高的良性循环。以决策、公众、专业三大类为主的气象服务都取得了长足的发展和良好的服务效果,科技进步、高端人才和开放性视野是气象服务发展的保证,也是整个气象事业发展的基础。

关键词:服务;决策;公众;专业

引言

气象服务是现代气象业务中的重要组成部分,是气象事业发展的引领。根据服务对象的不同,可将气象服务划分为决策气象服务、公众气象服务和专业气象服务三大类,各类气象服务的内容和侧重点也不同。决策气象主要是为政府等相关部门提供气象服务,不但包含天气预报预测信息,更重要的是提供的决策性建议。公众气象服务是通过大众传媒将天气预报、预警等信息向受众人群发布,是受众人数最多的服务种类。专业气象服务则是为相关行业、部门、企事业等提供气象服务,目前已开展了城市、交通、海洋、电力、工农业生产等专业气象服务。

随着社会的不断发展,对气象服务的需求将不断增加。气象部门历来把气象服务放在十分重要的位置,如何做好服务是各级气象部门共同探索和不断努力的方向,经过气象人不断的努力,现如今公共气象服务无论在方式、手段上还是在服务产品和水平上都得到了长足的发展和大跨步,在防灾减灾、服务社会、科普知识普及等方面发挥着重要的作用。

一、公共气象服务现状与需求分析

(一)现状分析

近年来公共气象服务取得了较快的发展。气象灾害监测预报和预警水平取得长足进步,气象灾害防御能力不断增强。决策气象服务为各级政府防御和减轻气象及相关灾害、气候变化应对等提供了准确的预报、科学的预测、高价值的决策性建议。公众气象服务发布手段越来越丰富,包括广播、电视、报纸、电话、手机短信、网络、警报系统、海洋预警电台等,气象信息覆盖面不断扩大,服务产品包含预报、预警、实况监测、生活指数等,服务内容不断丰富。专业气象服务已覆盖农业、林业、水利、交通、电力、环境、能源、旅游、体育等行业,服务领域不断拓宽。气象服务的社会经济效益显著,气象灾害造成的人员伤亡和经济损失都较以往大大降低。

(二)需求矛盾分析

随着经济社会的发展,气象服务自身也取得了快速的发展,无论从服务质量、服务方式、服务对象、服务领域,都已取得了长足的发展和进步,但即使在这样的情况下,也不能满足服务与需求间的矛盾。随着人们生活水平的提高,经济的高速发展,社会各界对气象服务都提出了更高的期望和要求,虽然我们的预报准确率有了很大的提高,但是离人们期待的目标还有距离;虽然我们的服务专业服务已开展,但是离用户所需求的专、精程度还有差距;虽然我们已开展了多种行业的服务,但是还有更多的领域需求没有得到满足;虽然我们气象服务手段已十分丰富,但是还不能实现对所有人群的信息覆盖;虽然我们提供了较高时空分辨率的预报产品,但是还不能满足一些特殊行业和用户的需求……

造成如此多矛盾的问题既有客观原因,如对大气运动的认识不完全,天气预报不可能完全准确,也有服务水平和能力不高、服务产品科技含量不够、人才队伍建设滞后等原因。无限的需求对气象服务既是挑战也是发展动力。正因为有了服务需求的引领,气象事业才能在不断满足服务需求的道路上前进,满足服务需求的过程也是自身发展的过程。

二、公共气象服务展望

(一)公众气象服务

广覆盖。气象服务信息的广泛覆盖是未来公众气象服务的发展需要和发展方向。健全信息发布网络和系统,推进中国气象频道全国落地和地方插播工作,开发信息发布和传播系统,重点加强农村气象信息接收装置,建立健全农村气象信息接收系统,提高农村气象信息覆盖面,向远海、高山、荒漠等信息覆盖率较低的地区扩展,提供范围更广阔的气象服务。

高频次。时效性是气象信息价值的重要体现,在未来气息服务中要努力加大气象信息发布频次,利用电视、广播、网络等可连续发布信息的特性,实现突发天气、中小尺度天气、灾害性天气能随时直播和插播。加大常规预报发布频率。中国气象频道实行全国范围内气象预报、气象新闻、天气实况的 24 小时连续播出。

多品种。气象服务产品除常规的预报、预警、实况信息外,还将提供多时次、精细化预报产品,历史气象要素产品,较长时间段的天气预报产品,公众气象科普知识等。

个性化。公众气象服务将不再是"千人一面",而能根据的用户需求量身定做气象服务信息,甚至可以设立个人虚拟气象台,只要将所需的气象要素、时间、地点向数据库提交,就能够制作出所需的气象服务产品。

知识性。定期或不定期发布重大天气、气候事件及气象新闻,加强宣传和普及天气、气候、气候变化等方面的科学知识,通过专题科教片、网络视频等方式对公众培训气象知识,增强公众理解和科学应用气象服务产品的能力。

(二)专业气象服务

专业强。专业气象服务将不再是用预报结果代替服务产品、用常规预报代替专业预报,而是通过建立完善的专业气象服务产品研发制作系统,根据不同行业、不同领域的气象服务需求,建立预报方程、输出预报产品,为不同专业用户提供针对性更强、使用价值更大的服务产品。建立用户的交流、反馈机制,根据需求不断提高预报产品质量和服务水平。

领域广。主动开拓专业气象服务市场,气象服务将延伸到与气象相关的各行各业。开展农业、林业、水利、环境、建设、交通、电力、能源、城市、保险、重大工程等专业气象服务,为国民经济和社会发展提供服务和保障,同时提高气象服务的影响力。

高科技。高时空分辨率的数值模式、专业预报方程、高性能计算机等元素在专业气象服务中的使用,极大地增加了专业气象服务的科技含量。

(三)决策气象服务

敏感性。决策气象服务的一个重要要求是服务的敏感性,体现在决策气象服务紧密围绕当前自然、社会、经济等领域与气象相关的热点和重点,并能够及时提供服务产品,向决策者提供及时、科学的决策建议。

科技性。高水平的决策气象服务必须有高科技技术支撑,数据分析处理系统、综合产品制作系统、产品快速分发系统,每一步都是决策气象服务准确、及时、针对的保障。评估和展望是未来决策服务中的重要内容,评估包括灾前预评估、灾中评估、灾后评估,展望包括长时间的气候预测展望、持续性天气下的转折性展望等,这样的决策建议更要以高科技含量的灾害评估系统和气候预测系统等支撑。

决策性。提供决策性意见和参考是决策气象服务一个根本性特征。决策服务产品,不但要有气象预报信息,更重要的是对气象信息的深入分析,而得出对当前生产、生活等影响的结论,满足决策服务需要。

三、保障措施

(一)建立专门人才队伍

人才队伍是做好气象服务的根本保障。要建立起专门的服务队伍,要改变预报和服务不分人、专业和公众不分人的队伍混合现象,要分别建立决策、公众、专业服务队伍,要从制度和业务分工上加强人才队伍的建设,努力打造专业性队伍、培养专业人才。

(二)增加科技含量

科学技术是做好气象服务的必要条件。没有高科技支持,未来气象服务的发展是不可想象的,而只有不断提高气象服务的科技含量,才能做出更好的服务产品、提供更好的服务。数值预报技术是服务产品精细化、专业化、个性化的保障,网络传媒技术是气象服务产品高覆盖、广传播的保障,计算机技术是气象服务准确、快速、高效的保障。

(三)开放性服务思维

开发思维是做好气象服务的发展必然。加强内外合作,达到为我所用、助我发展、双赢共兴的局面。发挥气象行业科研专项作用,凝聚各行业专家力量,开展关键性技术研究,逐步建立涉及多学科、服务多行业的特色服务产品体系。

参 考 文 献

[1] 矫梅燕.探索公共气象服务发展的体制机制创新 [OL].中国气象局网站

[2] 骆月珍等.公共气象服务"无所不在、无微不至"解读与探索 [J].浙江气象

[3] 以人为本——我国公共气象服务体系建设综述 [OL].互联网

[4] 公共气象服务是气象事业科学发展的必然选择 [OL].互联网

[5] 努力推进公共气象服务 [OL].互联网

海南省公共气象服务发展现状与展望

吴坤悌

（海南省气象灾害预警中心，海口 570203）

摘 要：通过分析海南省公共气象服务发展的现状，查找海南公共气象服务在发布渠道覆盖面、服务领域、信息内容、发布频次、准确率和与高敏感行业部门的互动合作和自身存在的不足，并对其改进进行展望，提出了发展海南公共气象服务的举措和实现目标。

关键词：海南；公共气象服务；现状；展望

引言

海南省气象局党组历来十分重视公共气象服务工作，紧紧围绕"加快建设具有全国先进水平的海南现代气象业务体系"为目标，不断强化公共气象服务职能和能力建设，努力打造具有全国先进水平的海南现代公共气象服务平台，制定了一系列促进公共气象服务发展的措施，取得了明显成效。服务面之广，内容之丰富，手段之多样，独具海南特色。服务渠道不断扩大，已建成包括广播、电视、声讯、报纸、电话、手机短信、网站、电子显示屏等多种传播手段的气象服务信息发布渠道和平台；服务领域不断拓宽，已覆盖农林、水利、交通、供电、能源、旅游、保险、商业、建筑和海洋捕捞与勘探等 10 个类别 30 多个行业。气象服务的社会效益和经济效益显著提高，为海南各级政府、全省人民群众和各行业防灾避险提供了有效的气象指导，为海南经济建设发挥了重要作用。但距建设海南国际旅游岛和经济社会发展的需求，在公共气象信息发布渠道覆盖面、服务领域、信息内容、发布频次、准确率和与高敏感行业部门的互动合作及气象科普宣传等方面还有待进一步完善和提高。

一、海南公共气象信息发布渠道覆盖面及展望

（一）海南公共气象信息发布渠道的现状

秉承气象服务要做到早行动、早安排、早部署，做到"一年四季不放松，每一次过程不放过"和"决策服务领导满意，公众服务社会满意，专业服务用户满意，专项服务部门满意"的服务理念和工作要求。每日的天气预报都通过广播、电视、报纸、主流门户网站、手机短信、声讯12121、电子显示屏、固定电话外呼和"快报"等现代媒体发布和宣传，使政府、公众和部门行业及时地获得最新气象预报预警信息，做好防灾减灾工作。服务渠道和手段基本满足了目前海南社会发展对防灾减灾的需求（见图 1）。其中，对重大灾害性气象预报预警信息的发布亮点有：

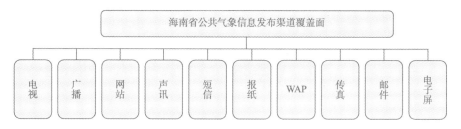

图 1　目前海南公共气象信息发布渠道覆盖面

1. 重大气象灾害预警信息对 80 多万有线数字电视用户的全网发布。不管当时人们在收看省内外的哪个频道(收费频道除外),均可看到海南省气象台发布的预报预警信息。

2. 通过电信、移动和联通公司的平台对其用户进行重大气象灾害预警信息的全网发布。

3. 通过海南电信公司的平台向其固定电话用户主动外呼,宣传和发送各类重大性、转折性和灾害性气象预报预警信息。

4. 中国气象频道对海南有线数字电视用户免费收看,海南的本地化节目插播也将在 2010 年 9 月进行,对传播气象知识和提升公共气象服务水平具有十分重要的意义。

(二)充分利用海南公共气象信息发布渠道资源展望

目前,通过广播、电视、报纸、主流门户网站、电子显示屏等现代媒体和手段发布气象信息的资源利用还有一定的空间,只有充分利用了发布渠道的资源,气象预报预警信息才能被更广泛的人民群众所受用。同时,由于接收终端的共同性或唯一性,如以短信或彩信的方式服务属于服务内容形式的不同,而不是服务渠道的问题;但对手机上网进行音视频气象节目的视频点播、海南建设的海洋气象广播、增加广播中的不同电台频率播出、电视不同频道播出、不同网站和不同报纸刊登、增加或利用主要路段及重要社会活动场所的电子显示屏和农村大喇叭等多种媒体载体发布气象信息均应属于充分利用服务渠道的范畴。因此,气象信息的发布渠道包括如下 9 种类别(见图 2)。

图 2　海南公共气象信息发布渠道种类

其中,电视、广播、网站、固话、手机、报纸和电子屏等所包含如下的渠道,有些还未得到利用或充分的利用,需要进一步挖掘和合作。

1. 据查,海南省通过电视获取气象信息的社会公众高达 31%,在众多渠道中位居榜首。(从省局的角度,下同)对电视资源充分利用还存在 5 个频道还没协商好开播符合频道特色的气象节目(见图 3 带♯的部分。其中,带♯的为目前还未利用或具备的渠道或途径,它因各省发展的情况而不同,以下同);而已有的还存在节目套数太少或播出时长、播出时间分布不够合理的现象;同时,要加大"中国气象频道"的推广和宣传工作,让"中国气象频道"走进千家万户,对气象影视节目进行改版创新,提高气象节目的服务质量,树立电视气象节目的服务品牌,不断提高气象影视服务能力。

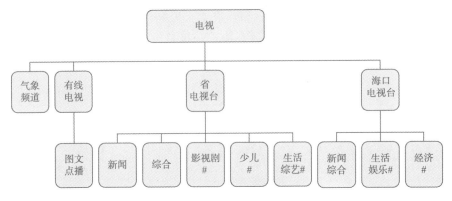

图 3 电视资源充分利用展望

2. 广播是发布气象信息最灵活快捷的方式之一。目前仍有 5 个频道未与我方签约播出气象信息(见图 4 带♯的部分);而已有的也还存在播出频次太少、内容与生活结合过少、缺少连线直播和互动等的现象,还有待进一步丰富。另外,农村大喇叭广播推广力度仍需进一步加强和完善。

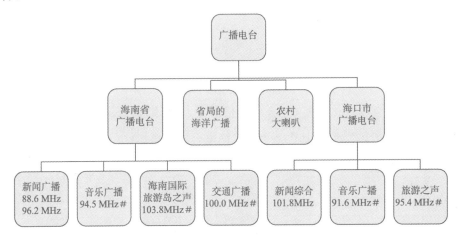

图 4 广播资源充分利用展望

3. 据查,海南有 14 个主流网站点击率较高,不包括中国天气网海南站、海南省气象局门户网站、海南兴农网、海南省旅游气象信息服务网等,其中未与我方签约刊登气象信息的网站(见图 5 带♯的部分)有 8 家,而已有的还存在刊登频次少和未及时更新预报的现象,还有待进一步完善。

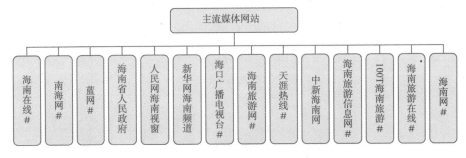

图 5 海南主流网站资源充分利用展望

4. 从报刊资源充分利用方面看,据查,海南有 7 家主流报刊,其中未与我方签约刊登气象信息的报刊(见图 6 带♯的部分)有 2 家;还有待进一步与报刊协商开展内容丰富生活气息浓厚的气象专栏和扩大信息量的问题。

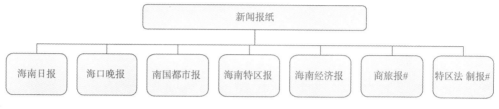

图 6　海南主流报纸资源充分利用展望

5. 目前,对固定电话资源的利用有主动外呼宣传、声讯 12121 和 9699121,在气象彩铃、早晚气象信息定时播报等尚未开发(见图 7 带♯的部分)。

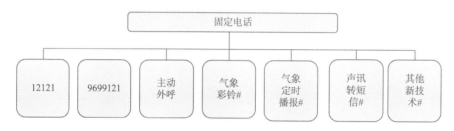

图 7　固定电话资源充分利用展望

6. 目前,对手机资源的利用有主动下行短信服务、短信定制和 WAP 信息浏览,在气象彩铃、彩信、气象节目播放和点播等尚未与通讯运营商签约开发(见图 8 带♯的部分);还有待与通讯运营商协商充分利用新技术新途径传播气象信息的问题。

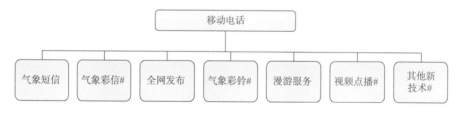

图 8　移动电话资源充分利用展望

7. 电子显示屏资源利用,据查,目前海南气象部门推广使用的气象电子显示屏服务主要是 65 cm×90 cm 的小块室内预报预警电子屏,对外部门在公众场合展示的 LED 广告屏、农村科技 110LED 屏和出租车搭载的 LED 屏等的利用尚未商签(见图 9 带♯的部分)的多达 7 家

图 9　电子显示屏资源充分利用展望

以上,有待进一步与电子显示屏拥有商或单位协商利用的问题。

二、海南公共气象信息服务产品现状及其展望

(一)海南公共气象信息服务产品现状

目前,海南公共气象服务产品包含短时、短期、中期、长期、气候分析、天气实况、农业情报、环境气象预报、决策和灾害性天气预警等10种类别共32个服务品种,基本构成了"无缝隙"多频次的预报服务,基本满足了一定的社会生产生活和防灾减灾需求。

(二)海南公共气象信息服务产品展望

面对日益发展的社会和建设海南国际旅游岛的诸多需求,气象服务还缺乏针对性、多样化、精细化、高频次、实用性和准确率高的服务产品。必须以社会需求为牵引,在丰富和完善现有产品的基础上再拓展体育、环评和生活医疗气象等的服务,增加预报要素,除了常规的天空状况、风向风速、气温、湿度、紫外线强度和空气质量潜势预报等外,还提供气压、日照时数、蒸发量和辐射量等的预报,在高气象影响行业的深加工应用拓展和服务效益评估等方面还需不断提高;在产品的表现形式和服务手段上必须紧跟时代的步伐,努力挖掘新媒体新技术传播气象信息;在预报要素的时间、空间、强度和地点上力求做到定时、定点和定量的预报;必须突破现有的常规业务,某些气象要素做到逐时预报、多频次发布和具有较高的准确率。服务产品内容多样化、预报要素精细化程度、高准确率和高效传播手段将作为能否完全满足社会发展需求的核心标尺。

(三)当前海南公共气象服务发展面临的主要问题

1.气象服务产品的针对性、多样性尚未完全满足日益增长的社会需求,"定时、定点、定量"的要素预报质量有待于进一步提高。

2.气象灾害监测和气象预报预警及应急响应仍须不断提高和完善。

3.气象服务技术创新能力不足,气象服务的深度和广度仍需不断完善,海洋气象也需要无缝隙的覆盖服务。

4.气象灾害的预测和发布,提前时间、频次和传播等与社会需求相比仍有一定的差距。

5.气象服务人才队伍需解决人手不足和各层次人才配备不齐的问题。

6.公共气象服务的公益性与气象科技服务的关系仍存在盘中付出和收益归一的现象。

7.服务产品、内容形式和传播渠道手段等要达到怎样的广度和深度,它直接涉及发展公共气象服务的新思路、新举措、技术支撑应用、资金支持和人力投入。

8.气象服务效益评估的科学性、规范性和业务化还十分薄弱,需要不断探索和总结。

9.气象服务与社会公众及各行业的支持、沟通、合作和互动等还有待完善。

三、加强和发展海南公共气象服务的若干举措

(一)不断扩大气象信息的覆盖面

1. 加强部门联动,理顺工作机制,确保重大气象信息"手机短信全网发布"、"有线数字电视全网发布"和"固话外呼"三个服务渠道顺畅。

2. 充分利用广播、电视、报刊、互联网、手机、固话、电子显示屏、移动电视等社会资源媒体发布气象预警预报信息,填补和利用好上述提到的发布渠道空白或不足,扩大和完善气象服务的覆盖面和时效性,提高服务水平。

3. 完善气象灾害预警信息发布制度,确保在重大灾害发生时,至少有两种发布渠道或手段能将预警信息送达农村、山区、渔船等通讯薄弱地区。争取在信息传输"最后一公里"问题上取得更大突破。

(二)不断丰富气象服务产品

1. 加强公共气象服务科学研究和技术开发,重点开展精细化预报应用技术研究;高影响行业产品深加工应用研究;影视节目制作技术研究;突发公共事件气象应急响应技术研究。

2. 与相关部门联合开发与公众工作、出行、健身、医疗和日常生活相关的服务产品,实现公众气象服务产品多样性;加强服务产品的深加工和包装,实现气象服务产品精细化。

3. 建立公共气象服务文字、声讯、图形、图像产品库,开发直观、形象、针对性强的公共气象服务新产品,提升决策、公众、行业和专项气象服务科技水平。

4. 建立信息采集、产品制作、包装加工、有效分发和快速传播的现代公共气象服务业务流程和平台,提高产品制作效率。

(三)不断加强自身能力建设、提高公共气象服务水平

1. 加大技术开发和投入力度,加强气象服务产品深加工能力、产品分发、服务信息反馈分析能力和信息共享能力建设,加强和完善先进的现代化公共气象服务平台建设。

2. 加强新媒体和卫星通信技术在气象服务中的应用;加强气象服务系统与气象信息获取系统、气象信息加工分析预测系统和用户系统的接口技术研制,加强公共气象服务数据库的研究与设计。

3. 加强气象服务技术交流,大力引进先进的气象服务产品开发与深加工制作技术。

4. 建立公共气象服务评估体系,为拓展和使用气象信息服务提供科学依据,促进气象服务水平的不断提高。

5. 加强公共气象服务体系的总体设计,明确发展目标,加强部间的联动和合作,按照高效益、高质量、高科技的要求,建立和完善公共气象服务平台,努力提高公共气象服务的质量和能力。

6. 进一步完善气象科普服务,利用各种手段宣传和普及雷电防御等气象知识,广泛开展气象防灾减灾科普宣传。

7. 加强公共气象服务业务和技术支撑人才培养,建设一支作风过硬、结构合理、技术齐备、素质优良、适应现代公共气象服务业务发展的人才队伍。

四、海南省公共气象服务能力展望

根据中国气象局《公共气象服务业务发展指导意见》、海南省气象局《关于加快推进全省公共气象服务业务建设工作的通知》，结合我省实际，按照"一流装备、一流技术、一流人才、一流台站、一流管理、一流服务"的标准，坚持"以人为本、无微不至、无所不在"的服务理念，面向民生、面向生产、面向决策，坚持以防灾减灾、经济社会发展等重大需求为牵引，以提高气象服务的业务科技支撑能力和延伸气象服务的社会经济链条为突破口，加快海南现代气象业务体系建设，切实解决公共气象服务发展中存在的问题。

经过 2～3 年的努力，通过完善机制、提升能力、强化服务，提高公共气象服务的针对性、敏感性和时效性；基本解决了上述提到的问题，实现公众气象服务多样性、精细化、高频次和广覆盖，拓展专业专项气象服务领域、延伸服务链条；提供更准、更快、更多、更有效益、更具个性化的公共气象服务产品；改进服务质量、提高服务水平，不断提高公共气象服务的满意度，建成具有全国先进水平、基本满足海南经济社会发展要求的海南现代公共气象服务体系，为海南国际旅游岛建设、经济社会发展和人民福祉安康提供更加优质的气象服务，逐步实现公共气象服务均等化，实现"六个一流"的目标，进入全国气象先进行列。

县级公共气象服务未来发展之思考

朱俊峰[1]　朱临洪[2]　柳　琼[1]　范永玲[3]　王文春[4]　余万荣[4]

(1. 山西省晋中市气象局,晋中　030600;2. 山西省应急与减灾处,太原　030002;3. 山西省气象科技服务中心,太原　030002;4. 山西省信息中心,晋中　030600)

摘　要:公共气象服务是气象事业公益性的具体体现,在新的形势和新的需求下,气象服务向气象灾害防御的延伸是防灾减灾的必然要求,是公共气象服务在内涵上的拓展。近年来,山西省晋中市县级气象部门在公共气象服务领域做了积极的探索,实现了服务对象多元化,服务内容主动化,服务手段多维化,资料获取自动化的转变,服务效果显著。但在多年的践中,也逐渐显现出了一些制约服务深层次发展的问题,主要表现在:服务能力与社会需求存在差距;气象服务科技含量有待进一步提高;信息发布渠道有待进一步拓宽;气象服务需求的社会调研活动有待增强;气象服务的体制与机制仍需健全。本文主要围绕公共气象服务的运行机制和体制展开讨论,提出县级气象部门公共气象服务的发展趋势,主要表现为:市级气象部门应努力提高预报预测能力,注重产品的开发和包装,县级气象部门应重点做好具体的气象服务工作,在服务形式和效果上开展更多的实践;为提高服务质量,应组建一支专门的研发队伍确保服务产品的更新;县级气象部门要进一步拓宽服务思路,打造精品服务工程;气象部门应充分利用社会资源,提高气象装备保障能力,为公共气象服务提供基础支持。同时,本文也从加强执法建设,提高社会管理职能的方面入手,简要阐述了加快气象灾害防御规划编制的重要意义和紧迫性。

关键词:县级;气象部门;公共气象服务;未来发展;思考

公共气象服务是气象事业公益性的具体体现,涵盖了防灾减灾气象服务、决策气象服务、公众气象服务、专业专项气象服务等方面。在新的形势和新的需求下,气象服务向气象灾害防御的延伸是防灾减灾的必然要求,是公共气象服务在内涵上的拓展。

发展公共气象服务,是中国气象局党组贯彻落实党的十七大和十七届三中全会精神、国务院 3 号文件和国办 49 号文件精神,总结改革开放 30 年来中国特色气象事业发展改革的经验而提出的战略任务,是防御和减轻气象灾害、应对气候变化和建设更高水平小康社会的迫切需要,是气象部门强化社会管理和公共职能的有效途径,是增强气象服务在整个气象业务中主导地位、实现气象综合实力整体跃升的必由之路。近年来,我们始终坚持公共气象的发展方向,坚定不移地推进气象现代化建设,努力践行“公共气象、安全气象、资源气象”的发展理念,建立和完善“政府领导、部门联动、社会参与”的气象灾害防御体系,科学、准确、及时、高效的公共气象服务赢得了各级政府和社会各界的充分肯定和赞扬。

近年来,山西省晋中市县级气象部门就公共气象服务做了积极的探索,并取得了良好效果,与此同时在服务体制机制建设,服务产品开发及传播等方面也有新的思路,现提出供交流。

一、县级气象部门公共气象服务现状

晋中市现共有 1 区 1 市 9 县,作为县一级气象部门来说,全市十一个县(区、市)气象局在公共气象服务方面做了大量工作。其中寿阳、介休、太谷等县局服务各有特色,也逐步形成了基于县级气象部门的服务体系。

(一)服务对象由单一转变为多元

过去县级气象部门服务主要面向党委、政府,以决策气象信息为主,服务内容和形式都较为单一。如今,"以社会需求为牵引,以优质服务求发展"已成为县级气象部门开展公共气象服务的宗旨。服务对象不仅面向当地决策部门,社会公众和特定用户也逐步纳入到服务体系中。县级气象部门可以为决策部门提供防汛抗旱、病虫害发生、道路交通、地质灾害等专题服务;可以为百姓出行、穿衣等提供生活指数预报;可以为农民朋友"看天种地"提供农事关键期预报。以本市介休局为例,2009年该局打好"公共气象服务"牌,在当地广泛开展了面向政府部门、商场社区、农村农户等范围的调研活动,真实了解社会各阶层对气象服务的需求。根据调查结果,为农业、林业、国土、交通、教育等部门,为各乡镇、村,为主要农业种植和养殖大户等"量身定做"了气象信息模板,根据服务需求及灾害轻重划分服务等级,合理发布预报预警信息。2009年11月9—11日介休遭遇暴雪天气过程,积雪深度最深达17厘米,气象局根据"气象服务星级表"针对服务需求提前发布了各类预警预报信息和防御措施,全市1200座大棚因气象服务及时、采取措施得力,最大限度地减少了损失。山西省副省长刘维佳得知介休铁巩农业循环公司的83座温室大棚暴雪之下"毫发未损"的消息后专程赶到当地视察慰问。该公司负责人,身为人大代表的降铁巩对介休气象局的预警短信连声称赞,对气象服务表示感谢。

(二)服务内容由被动型向主动型过渡

过去县级气象部门根据政府、部门提出的决策需求提供服务材料,由于受技术条件的限制,预报要素、预报时段等内容都较为单一,在一定程度上还影响了服务质量。随着气象现代化的快速发展,预报水平的不断提高,服务内容也得到充实,气象部门依靠行业优势主动走出去提供服务,向满足用户需求的方向良好发展。农村是气象工作最广阔的领域,农民是气象服务最广大的对象,县级气象部门公共气象服务紧紧抓住这一时机向农村延伸。加强农业气象灾害监测、预报预警,提高农业气象预报的针对性、特色性和精细化程度已成为公共气象服务的主要发展趋势。本市县级气象部门紧密结合当地实际,不是局限于大众农业泛泛服务,而是紧扣当地农业生产实际,不断调整为农业服务的思路和做法。如本市祁县以"酥梨之乡"闻名,祁县气象局根据梨树不同生长期,开展针对性的气象预报服务,为果农及时提供霜冻、降温、降水等关键要素的气象信息,为当地农民增产增收提供气象保障。近两年,随着温室大棚等高效设施农业、特色农业的发展,县级气象部门更是主动"把脉问诊",为其提供精细化的预报,丰富服务产品,使气象服务更加贴近农业和农民。

(三)服务手段由一维向多维发展

随着科技的不断进步,气象服务的手段日新月异,发展突飞猛进。气象信息的传输已不再拘泥于过去文字、电话的传统形式,借助高新科技,通过网络、电视、电话、报纸、电子显示屏、手机、大喇叭等都可以获取气象信息,打破了时间和空间的限制。为解决"最后一公里"难题,2009年各县还成立了义务气象信息员队伍,截止2009年底,全市共有信息员143名,乡镇覆盖率达100%。同时,部分县局还引进了手机短信发布平台(MAS系统),使气象信息在短短几秒钟就可以传递到联通、移动用户手中,加快了气象信息的传输。本市寿阳是以蔬菜种植为主的农业大县,为了使气象信息更好更快地服务"三农",该局在 2004 年完成了农网建设,目前已形成了县、乡、村、户四级农业信息体系。在农网体系的建设运行过程中,县委、政府高度重视,将此项工作作为全县农业产业化的"主导产业",给予了大力指导和支持。现寿阳农网已完成了 14 个乡镇、10 个重点示范村、120 户营销种植大户的农业信息服务站点的建设。经统计,近几年已有 160 万人次点击寿阳农网,通过农网为农户签订蔬菜销售合同 12.6 亿千克,采集和发布信息共 3 万余条,促进全县农产品实现销售额 1.2 亿多元。借助农网信息的快捷和准确,寿阳农产品不仅遍及全国各地,成为山西仅有的"北京奥运蔬菜",而且还远销到韩、俄等国,农网的社会和经济效益显著。

(四)服务资料由人工读取发展为自动采集

"工欲善其事,必先利其器"。为了满足气象服务做精、做细、做活的需要,气象探测资料的完备必不可少。目前,全市十个县局全部实现了自动化观测,实时正点甚至分钟观测数据均可以查询读取。全市已建设的 81 个区域自动气象站,分布在基层乡镇、村、水库、景点等灾害易发生地,为全市防汛抗旱、森林防火、应急抢险等工作发挥了"顺风耳"的作用;多普勒雷达、气象卫星资料的全覆盖,在气象监测、情报服务中犹如"千里眼"。这些布局适当、结构合理、地空结合的气象探测设备,确保了气象资料获取的"三性",为做好气象服务提供了准确的科学依据,为提高服务质量起到了积极作用。

二、县级气象部门公共气象服务的弱势

尽管县级气象部门在公共气象服务方面已取得初步成果,基本明确了"气象工作为谁服务,如何服务"的问题,但在实际操作中还有一些问题需要解决,具体表现在:

(一)服务能力与社会需求存在差距

县级气象部门在公共气象服务领域虽已具一定规模,但许多服务项目都处于摸索阶段和开创阶段。现在我们的业务正处于一个迫切需要快速发展时期,服务需求是非常旺盛的,但目前服务能力还远远不能满足服务的需求,还有相当大的服务空间有待开拓。

(二)气象服务科技含量有待进一步提高

提高气象服务产品的科技含量是切实提高公共气象服务能力和水平的必经之路。针对特定行业、领域、人群的个性化需求,真正要开发出一些对其有价值的服务产品,仍显得比较困难。一方面,共建共享、共研共用的力度还不够;另一方面,气象服务产品的精细化程度有待提高。

(三)信息发布渠道有待进一步拓宽

目前各类气象信息通过 12121、手机短信、电视、广播、报纸、网络、电子显示屏以及其他媒体或手段向公众和用户发布,但对于边远山区、弱势群体和急需气象信息的人群来讲,还存在有效服务的"盲区",而这部分群众受气象灾害的危害也相对较大,迫切需要建立和完善发布机

制,真正解决气象信息传输"最后一公里"的难题。

(四)气象服务需求的社会调研活动有待增强

在整个公共气象服务体系中,服务面广,服务内容多,如何提供有效的服务离不开对服务对象的充分了解。如养殖户需要包含何种气象要素的预报信息;某地易发何种气象灾害,应采取的防御措施等,只有在掌握了服务需求后,才能有的放矢地开展服务工作。

(五)气象服务的体制与机制仍需健全

县局气象部门人员编制少,工作任务重,往往一个不到十人的县局却需要为方圆上千千米甚至几千平方千米的地域开展服务,人少事多的被动局面也制约了公共气象服务的长足发展。如何优化部门资源,整合社会力量,完善公共气象服务的体系建设仍需进一步探讨。

三、县级气象部门公共气象服务未来发展初探

随着全球气候变化加剧和我国经济社会快速发展,公共气象服务的诉求日益强烈,任务也更加繁重。一要着眼于科学发展,加大节能减排力度,提高应对气候变化的能力。提高气象服务的针对性、敏锐性,为建设资源节约型、环境友好型的生产体系和消费体系提供气象支撑,为山西"三个发展"做好气象保障。二要加强气象灾害防御工作,提高公共气象服务水平。加快应对气候变化领域重大技术的研发,加强敏感行业气候应对防范,积极探索和把握气候规律,切实提高气象监测预报的准确性、灾害预警的时效性、气象服务的主动性、防范应对的科学性。三要着眼于提高全民应对气候变化和防灾减灾的意识,着力加强科普教育与宣传。

目前县级气象部门承担的气象服务任务重,范围广,领域多,公共气象服务的产品开发、发布、反馈、评估等所有工作不可能由一个县局全部承担。因此,公共气象服务的运行机制和体制尚需进一步探讨,在此,笔者也提出以下观点:

(一)适应发展需求,建立市县两级联动服务模式

面对气象"大服务"的发展方向,如何更好地做好气象应急防灾减灾气象服务、决策气象服务、"三农"气象服务、社会公益气象服务和专业气象服务,需要市县两级气象部门加强协作和反馈交流,服务模式要由原先的"单向式"转变为"双向式"。即市局以提供指导产品为主,县局将产品本地化订正后开展服务,同时及时将服务过程中遇到的新问题、新需求向市局反馈,以便于更新产品内容和模式强化服务效果,如此循环,才能将公共气象服务真正做活、做细、做精。

(二)市局应努力提高预报预测能力,注重产品的开发和包装

在提高预报准确率方面,市级以上气象部门在业务人员储备、技术条件、设施设备等各方面都优于县局,因此更利于服务产品的开发和更新工作。市级气象部门应充分利用技术和人才优势,调动科研和业务能力,培养一支能够驾驭现代气象科学技术和掌握公共气象服务手段的服务团队,努力提高重大灾害性天气预报、农业生产气象预报、气候预测评估等业务水平,为县局开展服务提供合适、合时、合地的气象服务产品。同时要"美化"服务产品。俗话说"酒香

不怕巷子深"，可如今面对激烈的市场竞争，却已变为"好酒也需会吆喝"。作为专业性较强的服务内容，气象服务产品也应积极改变服务手段和策略。一是充分利用高科技或技术比较成熟的服务网络，如手机、网络等媒介，开发全新的气象栏目和气象服务产品，如气象手机报、中国网通 96121、移动 12590121 IVR 点播业务、山西防灾减灾综合信息农村智能广播网等，实现气象信息传播的"无缝隙"。二是力求将生涩难懂的气象语言形象化、生动化，提高可操作性，便于不同年龄、学历、地域的用户理解和使用，真正实现"气象改变生活"的良好局面。

（三）成立一支专门的研发队伍，确保服务产品的更新

气象服务的核心是服务产品质量，其中产品的开发不是仅由一个"气象台"就可以独立完成的，需要多个行业的技术支持，因此必须成立一支专门的服务队伍。市局应积极利用社会资源、社会力量开展研究，加强部门、院校间的科技合作，建立专家反馈机制，从而提高专业专项气象服务的"含金量"，让产品真正满足用户需求。这支队伍除应有较强的专业素质，同时还要熟悉和掌握服务动向，有较强的服务意识。特别要加强适应新农村建设的服务产品开发，提高农业气象预报的精细化程度；发展农业气象灾害信息系统，围绕现代农业生产不同环节和农作物生长发育不同阶段开展关键农事活动气象预报，不断丰富农业气象服务产品，提高农业防灾减灾和农民增产增收的能力。

（四）拓宽服务思路，打造精品服务工程

县局作为气象服务的最前沿，应当最了解当地的气候特征、发展特色和服务需求，也就最能能够因地制宜地开展具有地方特色的气象服务工作。例如本市太谷县多产葡萄，在做好常规预报服务的基础上，县局还应根据葡萄的各个生长时期进行精细化预报服务，为果农及时提供降水、温度、日照等要素预报；在设施农业为主的介休市，气象局就可以围绕大棚作物生产开展服务，提供农民朋友急需的西红柿、黄瓜等蔬菜种植经验；同时将大风、暴雨、日照等气象要素预报通俗化，让种植户轻松掌握灾害天气下的防御措施。总之，县级气象要切实掌握公共气象服务的技术和手段，不要只做上级预报的"传声筒"，而是要将各类指导产品本地化、特色化，使产品的效益实现最大化。

（五）加强执法建设，提高社会管理职能

中国气象局副局长宇如聪曾就如何加强公共气象服务的社会管理问题强调：要面向需求，进一步提升公共气象服务的社会管理职能；要加强立法，依法规范社会气象活动，为气象事业又好又快发展提供法制保障；要加强顶层设计，建立健全公共气象服务运行机制，提前谋划公共气象服务体系建设，全面提升气象预报服务能力；要加强社会宣传和气象防灾减灾培训，提升公众理解和应用气象信息的意识和能力。县级气象部门作为公共气象服务和气象社会管理的重要实施单位，必须完善内部管理机制，优化人员配置和队伍结构，发挥现有人才的主动性和能动性，提高依法行政水平。继续完善当地气象法律法规体系，加快制定气象灾害防御、应对气候变化等方面的法律法规，进一步推动气象探测环境和设施保护、气候资源开发和利用、气候可行性论证等方面的立法进程，为强化社会管理职能、防灾减灾和公共气象服务提供法律保障和支撑，保障人民生命财产安全，促进经济和社会全面、协调、可持续发展。

(六)整合社会资源,提高气象装备保障能力

气象观测是做好气象服务的基础,强化气象装备保障,可以确保观测系统的稳定可靠运行。但是面对气象探测设备的日益更新,更多电子元件、芯片、集成模块的大量使用,从技术上给县级气象部门的维护带来了难题;加之目前由于县局人员少,工作重,人员专业所限,仪器的保障维护只能停留在简单的清洗仪器和小故障排除中,更多的仪器保障还是依赖省、市级气象部门。因此,可以考虑将自动气象站、区域气象站等仪器设备的维护保障任务由市级或以上部门负责,由市局(或以上)抽调专业人员进行专职装备保障工作,确保所有在用设备能在第一时间得到全面的维护。此外,也可利用社会资源,通过竞投标的方式,聘请专业的通讯、电子、网络等技术专家承包本部门的装备保障项目,这样既可以减少气象职工的工作量,使职工更好地投入到公共服务的领域中,同时也能满足技术需求,适应气象现代化的快速发展。

(七)政府主导的地位应巩固

提高全社会的气象防灾减灾能力不仅仅是气象一个部门的职责,更需要全社会共同努力。其中社会资源的调配、经费支持等关键部分都离不开政府,因此在服务体制中,"政府主导"的地位应进一步得到加强。有了政府搭建的服务平台,公共气象服务才可以有更大的发展"舞台",更好地发挥服务效益,促进经济社会健康发展。

县级气象局在公共气象服务中是一个重要角色,承担重要职责:工作在第一线,掌握第一手资料;提供面对面的服务,是气象科技作用发挥的主要传播者;使命光荣,责任重大,是气象事业发展的基石。进一步加强县级气象事业建设,从基础设施、人员编制、技术、设备、政策等方方面面都要给予倾斜和加大力度,快速改善县级气象局工作生活条件,快速提高县级气象局服务能力和水平,是气象事业发展的重中之重,是发挥和体现公共气象服务质量的根本所在。

第二章　政策环境

转变气象服务发展方式是项紧迫而艰巨的任务

陈振林

（中国气象局应急减灾与公共服务司，北京　100081）

在春季党组中心组学习会议上，郑国光局长要求大家进一步把思想和行动统一到中央关于加快经济发展方式转变的战略部署上来，结合部门实际，深入思考如何服务于经济发展方式的转变，如何推动气象事业发展方式的转变，如何提升气象事业发展软实力。

气象服务是气象事业的立业之本，是气象工作的出发点和归宿。**新形势下，气象服务发展方式的转变迫在眉睫。**首先，气象工作事关经济社会发展全局，经济发展方式的转变，需要气象服务发展方式做相应转变，确保以一流的气象服务为国家防灾减灾、应对气候变化、气候资源开发利用保驾护航。同时，面对新时期经济社会发展对气象服务不断增长的需求，面对国内国际竞争给气象服务带来的严峻挑战，惟有实现气象服务发展方式的转变，提升气象服务的软实力，才能更好地发挥公共气象服务的引领作用，进而推动整个气象事业的发展方式转变和软实力的提升。加快气象服务发展方式转变既是攻坚战，更是持久战。需要我们进一步增强加快气象服务发展方式转变的紧迫感和危机感，深刻把握加快气象服务发展方式转变的着力点和突破口，在发展中促转变，在转变中谋发展。

转变气象服务发展方式，需要提高思想认识，做到知己知彼、扬长避短。近年来，局党组高度重视气象服务，不断强化公共气象服务引领气象事业发展。无论在构建"政府主导、部门联动、社会参与"的气象灾害防御机制方面，还是一系列重大活动气象保障、深化气象为农服务以及应急抢险救灾方面，都取得了显著的成就，得到了党和政府的充分肯定和社会公众的高度认可，也得到了国际社会的广泛赞誉。成绩的取得，得益于党中央、国务院的高度重视，得益于社会主义制度和"举国体制"的优越性，得益于中国特色气象服务体制机制的优越性，得益于"科技加责任心的伟大成果"。这是我们的优势所在，给国际气象界同行留下了非常深刻的印象，也是我们争创世界一流气象服务的重要基础条件，一定要发扬光大。然而，在看到优势的同时，我们还应该清醒地认识到，在众多领域我们还无法满足各行各业对气象服务的需求，有的领域甚至还存在空白。气象服务对现代化技术装备和观测资料的利用效率还不够高，服务能力和手段与国际先进水平相比还有不少差距。此外，现实中往往容易只看到气象服务成功的一面，对气象服务的跨学科特性缺乏认识，对气象服务融入社会融入政府以及向基层延伸的难度估计不足。在实践中一定要戒骄戒躁，要做到知己知彼，扬长避短。

　　转变气象服务发展方式,需要提升科技含量,做到系统完善、业务规范。现代气象业务体系建设中,公共服务系统的建设还远远滞后于预报预测系统和综合观测系统。特别是在科技含量上存在明显差距。其中专业气象服务能力的不足已严重制约我国气象服务的长远发展。通常所讲的"专业服务不专业"、"科技服务没科技"就是存在的问题之一。面向民生、面向生产、面向决策,都需要专业服务做支撑。当务之急是加快推进气象服务业务系统建设,提升专业服务的科技含量,包括开展气象灾害风险分析和评估、研发专业气象预报模式、推进多灾种早期预警系统和突发公共事件预警发布手段建设、加快气象服务产品分发中的新技术应用等。有了专业化的气象服务作保障,服务业务产品则会由人机交互服务系统自动生成,决策服务就会彻底告别"狗尾续貂"式的对策建议,公众服务产品则会更加贴心贴身,与用户和媒体的互动则会更加主动和密切,气象服务的及时性和针对性会得到进一步提升,气象服务的社会与经济效益必将更加显著。

　　转变气象服务发展方式,需要创新体制机制,做到公益优先、门类齐全。如何进一步完善"政府主导、部门联动、社会参与"的气象灾害防御机制?如何进一步强化气象为农服务职能?有限的资源如何满足无限的需求?随着服务市场开放,如何有效应对来自国内国际的激烈竞争?如何因应对国家事业单位改革和行政管理体制改革给气象服务带来的挑战?所有这些问题都是摆在我们面前的现实问题,需要我们及时做出抉择。局党组对此高度重视,强调要做好气象服务顶层设计、发展改革和政策研究。当前,正在进行的国家级公共气象服务中心第二阶段改革和省级气象服务机构建设都需要认真谋划,深入思考机制体制问题。结合省级气象服务机构建设试点工作取得的宝贵经验,以下几方面因素需把握好:**一是坚持需求牵引。**防灾减灾、应对气候变化对气象服务提出了新的需求,也包括体制机制创新的需求。例如,通过改革,使得新增的和日益完善的公共服务和社会管理职能,如气象灾害应急准备认证管理制度、对地方政府的气象防灾减灾工作考核、巨灾保险等气象服务社会参与机制的建设等,从组织机构、人员队伍上等各方面得到落实。**二是坚持集约发展。**当前,新技术的快速发展和应用、其他行业的改革发展对气象服务的管理带来了不同程度的冲击。为此,需要进一步强化国家级和省级的纵向联动,省内和跨省的横向联合,集约资源,避免重复建设,形成服务合力。**三是坚持协调发展。**建立健全"政府主导、部门联动、社会参与"的气象灾害防御机制、强化气象为农服务职能是项长期而艰巨的任务,也是我们坚持以公益服务为主原则的出发点之一。但是基本公共服务和非基本公共服务是不可割裂的,在技术上二者相互依存,在机制上政府和市场作用互为补充。因此需要逐步改变目前存在的公益服务和有偿服务错位状况,保持气象服务协调发展、健康发展。**四是坚持从长计议。**需要统筹考虑当前和长远发展,做好公共气象服务政策研究,为应对未来改革和气象服务市场竞争做好技术和体制机制上的贮备。

　　转变气象服务发展方式,需要培养人才队伍,做到政策支持、以用为本。气象服务人才队伍尚未形成体系,不能满足气象服务的需求,也难以承担服务引领的重任。高端人才缺乏、基层队伍定位问题需引起关注。虽然自然灾害中绝大部分是气象灾害及其衍生灾害,但国内外各种防灾减灾论坛中却鲜见气象专家的身影。气象灾害防御专家队伍建设急需加强以满足国家对急需人才的需求。随着服务不断向基层延伸,县级乃至乡镇一级的气象服务和防灾减灾队伍的建设和规范管理显得越来越紧迫。贯彻落实全国人才工作会议精神和《国家中长期人才发展规划纲要(2010—2020年)》,需要高度关注气象服务人才队伍建设,在政策上出台扶持措施,按照以用为本的原则,更加注重在实践中培养服务人才,更加注重以实际服务效果和服务效益来考核和使用人才。

总之,转变气象服务发展方式,需要理顺局部与整体、当前与长远、应急与常态之间的关系,解决好存在的各种矛盾。既要服务好国家经济发展方式的转变,又要注重发挥公共气象服务的引领作用。这是一项紧迫而艰巨的任务,需要提高认识、坚定信念,需要求真务实、攻坚克难,需要敢于改革、勇于探索,需要从长计议、持之以恒。

发展公共气象服务需要建立政策保障

黎 健 苗长明 谢 慷

（浙江省气象局，杭州 310002）

摘 要：大力发展公共气象服务，是我国气象事业影响深远的战略决策。发展公共气象服务亟须对公共气象服务政策进行分析和细化明确，以指导公共气象服务的科学发展。本文结合浙江省公共气象服务发展的实践，从当前服务型政府建设的要求和经济社会发展的需求出发，简要分析了加快制定和明晰公共气象服务政策的重要意义，初步讨论了公共气象服务发展中需要重点关注的公共气象服务政策性问题。

关键词：气象；服务；公共产品；政策

大力发展公共气象服务，是我国气象事业影响深远的战略决策。郑国光同志强调，"公共气象服务能否为经济社会发展、国家安全和可持续发展提供有力保障，为构建社会主义和谐社会、全面建设小康社会提供优质服务，是衡量气象事业又好又快发展的主要标志"。

近年来，报纸、网络等媒体更加关注群众对气象服务的呼声，社会各界和公众对公共气象服务的期望越来越高，公共气象服务需求的无限性与气象科学认知的局限性、公共服务资源的有限性等矛盾越来越突出。

随着我国社会主义市场经济和社会主义民主政治的发展，公共服务需求不断增长，公共权益保障不断强化，公共服务政策的透明度不断提高，发展公共气象服务亟须对公共气象服务政策进行分析和细化明确，以指导公共气象服务的科学发展。

一、发展公共气象服务面临的政策缺位

2009 年，浙江省人民政府门户网站开展了气象灾害防御民意调查。这是浙江省政府在服务型政府建设中就公众关注问题开展的民意征集活动之一，旨在改进气象工作，提高全社会防灾减灾能力，提高为民服务的针对性和普惠性。

调查中，网民踊跃留言。广大网民充分肯定了气象工作在服务民生、防灾减灾等方面做出的重要贡献，认为气象工作具有不可替代的地位和作用，需要切实加强，同时也提出了不少更高的希望和要求。例如：关于气象预报的精细化，"要努力预报发生地域的精确性，最好能报到乡镇局部情况"。关于气象预报的准确率，"不能出现含糊的数字"。关于气象服务的针对性，"真正意义上的预报或抗灾措施，应有真正意义上的科学指导，做到真正意义上的客观和实际，减少徒劳的抗灾措施，减少社会资源在抗灾时的无功消耗"。关于气象信息的传播，"政府部门要及时准确预报气象动态，及时告知广大民众"。关于预警，"预警要及时，最好早一点告知"。关于收费，"灾害情况要通过手机免费发送，拨打气象 121 要免费"。

这些声音，也反映出了公共气象服务政策在某些方面的缺位，例如：

谁来承担传递气象信息的责任？公众认为"发布预报"的气象台应当把预报"传递给每个人"，这是个不可能完成的任务，显然是对气象部门社会道义和责任的无限放大，把政府、媒体、社会各界的责任统统让气象台承担。问题的关键是对气象台站在公共服务中的具体职责缺乏清晰的界限。

谁来承担接收气象信息的责任？近年来，各级气象台站积极推进公共场所和农村气象电子显示屏系统建设，不少人也认为这是气象部门应尽的责任。但是，什么是气象信息进村入户到个人的合适手段和机制？WMO《公共气象服务能力建设指南》强调，作为成功的公共气象服务，除了准确性以外，其发布和提供的产品，还必须能让用户正确地接收、理解和相信，并遵照这些信息行事。显然，让用户正确地接收不等于替用户接收，在这方面，各级政府和气象台站的公共责任边界还没有明确的界定。

气象信息是"信号弹"还是"发令枪"？在以人为本的理念指导下，防御和减轻自然灾害的各种应急预案逐步建立，气象部门越来越多地被列入应急工作组织系列，气象监测和预报信息在应急工作中的地位越来越突出。但是，气象科学具有认知的局限性，而防灾减灾决策具有全局性、系统性，气象部门可以努力当好防灾减灾的第一道防线，但是否担当起发令枪的责任还需要探索。

气象服务真的能"免费"吗？随着经济社会快速发展，人民群众生活水平不断提高，在解决了温饱问题之后，出现了对气象服务的需求膨胀，人们自觉不自觉地提高了对公共气象服务的期望，"免费供应"成为美好愿望。但是，用公共财政保障的基本公共气象服务只能覆盖全体公民的最基本需求，当个体需求的期望超越基本公共服务能力的范畴时，出现"抱怨"是难以回避的，如何解释和解决这个矛盾需要具体政策。

类似问题还有不少，多个省都出现过媒体刊登群众来信或新闻通讯，对气象服务工作提出质疑、呼声或要求。例如，老百姓需要更长的预报时效，气象台为什么不发布？气象台发布了气象灾害预警，老百姓为什么不知道？气象是公益性服务，为什么收费、与企业收益分成？据传"XX市气象局创收超过千万元"、"质疑气象局垄断气象信息服务"、"XX企业状告气象局垄断防雷服务市场"，等等。气象服务越来越受到公众的关注和考量，因此，这种声音必然不断增多，迫切需要在政策层面加强研究。

二、服务型政府建设对公共气象服务提出更高要求

从气象服务到公共气象服务，不仅是名词和名称的改变，而是强化气象的公共服务属性，是建设服务型政府的必然要求。

胡锦涛总书记强调，建设服务型政府，要围绕逐步实现基本公共服务均等化的目标，创新公共服务体制，改进公共服务方式，加强公共服务设施建设，逐步形成惠及全民的基本公共服务体系。要优化政府组织结构，加强公共服务部门建设。

公共气象服务属于基础性公共服务，关系经济社会的发展，关系千家万户的福祉，关系社会和谐稳定，是重大民生问题，人民群众十分关心，党和政府高度重视。党的十七大提出要加快行政管理体制改革，建设服务型政府。《国务院关于加快气象事业发展的若干意见》（国发〔2006〕3号）强调，要把公共气象服务系统纳入政府公共服务体系建设的范畴，进一步强化气象公共服务职能，健全公共气象服务体系。因此，气象服务是一项重要的公共服务，大力发展公共气象服务，发挥气象服务在全面建设小康社会中的重要作用，是政府履行公共服务职能的重要组成部分。

　　浙江省正处于全面建设小康社会的关键时期,经济社会快速发展和人民群众生活水平日益提高,对公共气象服务提出了更多的需求、更大的期望。省委、省政府大力实施"创业富民、创新强省"总战略,扎实推进"全面小康六大行动计划",加快经济转型升级,公共气象服务面临更高的要求、更大的责任。在建设全面小康社会的新阶段,进一步发挥气象在保障经济社会发展和人民福祉安康方面的作用和效益,是党和政府对气象工作的总体要求。

　　浙江省地处东南沿海,是气象灾害重发、多发、频发的省份之一。在全球气候变暖背景下,极端天气气候事件出现越来越频繁,强度越来越大,生态环境与资源受到严重威胁,工农业生产面临更多的不确定性,给国民经济、社会发展以及人民生命财产造成的影响程度越来越重。气候变化对人类经济社会活动和可持续发展造成的影响是深刻而长远的,公共气象服务尤其是气象防灾减灾的任务将更加艰巨。树立"以人为本"的防灾减灾指导思想,切实增强有效防御和减轻气象灾害的能力,保障人民生命财产安全,是服务型政府义不容辞的责任,是公共气象工作的核心任务。

　　WMO《公共气象服务能力建设战略指南》也指出,当前一个特别重要的趋势是,公共气象服务正日益成为一系列不断变化的环境服务的基础核心,除传统的天气服务用户外,还满足多种社会经济部门的需求,例如农业、交通、渔业、建筑、能源、金融等。这种趋势在我国当前社会发展中已经显现,并呈现出对公共气象服务越来越旺盛的新需求。

　　大力加强公共气象服务,是构建公共服务体系不可或缺的组成部分,是落实党和政府对新时期气象工作新要求的具体行动。因此,气象服务工作如何融入政府的基本公共服务均等化进程? 如何创新公共气象服务体制? 如何改进公共气象服务方式? 如何加强公共气象服务设施建设? 如何逐步形成惠及全民的基本公共气象服务体系? 这些政策性问题,需要我们在探索中做出回答。

三、公共气象服务需要基本政策指引

　　公共气象服务的总体水平和能力与经济社会日益增长的需求之间存在的差距,是现阶段我国气象事业发展面临的主要矛盾,而且当前这个矛盾正处在集中爆发期。气象工作的根本宗旨是为人民服务,坚持"以人为本、无微不至、无所不在"的服务理念,坚持"做百分之百的努力",坚持"千方百计将千变万化的气象信息传给千家万户"。但是,基本公共服务必然是有限的,不可能做到"无所不能",面对多层次、多样性的需求,公共气象服务的产品内容和实现形式也必然要多样化。

　　公共服务具有三大特点:一是服务的广泛性,不是针对性;二是服务是满足基本需求,不是高标准的需求;三是非营利性。换句话说,公共服务是普惠的,因此,不是万能的;公共服务不等于免费,非营利性不等于没有利润;提供公共服务需要政府、部门、社会和市场的有机结合,不可能政府或部门包打天下。

　　传统的西方经济学以灯塔为例说明公共产品应当由公共财政提供保障,但是美国经济学家科斯进一步论证了公共灯塔的资源浪费和效率低下问题,提出政府供给公共产品并不是最好的解决方案,政府应当提供制度安排并对制度的实施进行监督。根据科斯的理论,除了国防、外交、行政管理、社会稳定等原生型公共产品必须由政府提供外,基础设施、教育、卫生等都是混合性公共产品,公共财政和市场机制都可以采用,关键是政策的制定和监管。

　　建设服务型政府,就是要通过政府的制度调节,发挥好各种资源在公共服务供给上的积极作用,包括政策资源、财政资源、社会资源、企业资源,乃至私人资源。公共财政支撑的基本公共服务,是为了满足大众最基本的需求,而满足这个需求的实现程度,是与经济社会发展水平相对应的。作为服务型政府建设的重要价值追求,基本公共服务均等化是一项长远目标,基本公共服务内容和覆盖面有一个不断丰富的过程。因此,公共气象服务体系应当与当地经济发展水平相适应,分为"基本公共服务"和"一般公共服务"。基本公共服务按照均等化要求由公共财政全部负担,纳入国家和地方财政预算,依据经济发展程度和水平逐步建设、不断壮大;一般公共服务可以通过服务成本补偿、附加收益提成、消费者购买等形式实现。

　　根据科斯的理论,市场是实现公共服务、提高资源效能的有效机制之一。我国公众气象服务的多年实践也证明,通过电视气象节目的广告收益可以有效补偿公共财政对电视气象服务投入的不足,通过气象短信、声讯电话的用户付费可以使有限的通信资源满足最需要的消费者,这样可以避免或减少"搭便车"等资源浪费和效率低下现象。这种"有偿服务"不是以赢利为目的,而是以政策为依据,以公共财政为主体,以市场收益为补充,以提高公共气象服务能力和资源效率为目标,体现了"一般公共气象服务"的效率与公平。

　　现阶段,我国总体经济实力还不是十分发达,地区性差异仍然比较明显,政府能够提供的基本公共服务也相应地具有有限性和差异性。各地区应当根据当地经济社会发展水平和公共财政能力,按照逐步实现基本公共服务均等化的原则,制定当地公共气象服务体系的建设目标,建立水平适度、可持续发展的基本公共气象服务政策,明确当地现阶段"基本公共气象服务"的内容、相关权益和公共财政保障规定,明确"一般公共气象服务"的服务体制、监管措施和相应的可持续发展机制。

四、公共气象服务政策性问题的初步思考

　　公共气象服务政策,是指政府和气象主管机构制定的公共气象服务行动准则,包括指导思想、发展目标、行动原则、重点任务、工作方式、具体措施等。《中华人民共和国气象法》、《浙江省气象条例》等有关法律法规和国务院、省政府有关文件等构成了公共气象服务政策的基本体系。在此基础上,为促进公共气象服务政策执行中的公平、公开、公正和规范,增进公众与全社会对公共气象服务的理解、支持、监督和参与,需要立足浙江省的实际,进一步明确具体政策性规定和制度体系。

(一)基本公共气象服务的属性

　　基本性。基本公共气象服务是指人们必需的、直接关系最基本人权、保护公民最基本生存权和发展权的公共气象服务,是公民生存和发展必需的基本条件,是一个须由政府提供才能有效满足和充分保障的公共气象服务基本福利水准。

　　普惠性。基本公共气象服务是基于公共财政保障基础上向社会提供的公共气象服务。一方面就总体而言是广泛覆盖、城乡均等地提供,不是针对性、差异化的服务;另一方面就公民个体而言是人人平等、无歧视地享有,享受基本公共气象服务的水平基本均衡,机会均等。

　　便利性。基本公共服务应当便利公众,透明供给。要广泛利用各种资源和手段,采取有效机制,努力使公众和用户及时、方便乃至可选择性地得到需要的气象服务。同时增强气象部门

与社会各界、公众的互动,努力使公众和用户了解气象服务产品及其质量、性能、科学性、局限性等,提高对气象服务产品的应用能力。

适应性。基本公共气象服务是在一定的发展阶段、一定的生产力水平基础上,公共气象服务应该覆盖的最基本范围。基本公共气象服务应与当地经济社会发展水平相适应,是政府和社会可以承担的公共气象服务,既不能超越经济社会发展水平和公共财政承受能力,又要随着经济社会发展而不断调整服务内容、扩大服务范围。

(二)公共气象服务供给中的职责

各级政府在公共气象服务中起主导作用。各级政府应把公共气象服务体系纳入当地经济社会发展规划,把公共气象服务纳入基本公共服务均等化推进计划,根据本地经济发展水平和地方性公共气象需求,明确基本公共气象服务项目和范围,促进城乡居民逐步享有均等化的基本公共气象服务。通过各级政府组织协调、加大投入,建立职责明确、信息权威、资源共享、协调联动的公共气象服务体系,推进公共气象服务基础设施建设、社会化队伍建设、气象信息传播网络建设,扩大气象信息服务的覆盖面,提高公共气象服务和突发公共事件的气象应急保障能力。

各级气象台站在公共气象服务中起骨干作用。各级气象台站负责气象监测、预警、预报设施的统筹规划和建设,开展综合气象监测,制作发布天气、气候及农业气象、环境气象、交通气象、海洋气象、气候资源开发利用等服务产品,为全面发展公共气象服务提供基础支撑。在当地政府的支持下,负责推进公共气象服务的社会化体系建设,向公众提供各类气象服务资讯,扩大服务面。

公共管理部门在公共气象服务中具有协同责任。针对城乡居民生活需要、农林渔业生产、城市运行安全保障等,气象、农业、水利、海洋、国土、环保、交通、电力、城管等部门需要加强合作,信息互动,形成气象设施及相关公共设施统筹规划、资源共享机制,构建专业气象服务体系,并由各级气象台站向社会公众发布专业气象预报。

公共媒体和通信企业在公共气象服务中发挥着传播作用。依据法律规定,广播、电视、政府门户网站、政府指定报纸等媒体应安排专门的气象节目(栏目),并根据社会和公众需求不断增加气象节目的信息内容和播出时间、播出频次。应当建立广播、电视、新闻网站、通信运营企业的气象预警渠道和应急机制,为用户提供更多、便捷的选择渠道,提高时效性和信息量,保障紧急异常天气信息和气象灾害预警信号的及时传播。

基层组织、企事业单位和气象协理员(信息员)在公共气象服务中发挥着再传播作用。应当大力发展乡镇(街道)、村(社区)、重点企事业单位及有关基层组织的气象协理员、气象信息员(联络员)队伍,协助做好气象灾情监测、科普宣传、气象信息的再传播等职责。基层组织和有关人员应按照职责,及时报告灾情、接收气象灾害预警信息,并根据接收到的气象信息在指定时间、特定区域内开展针对性的气象信息再传播。

(三)公共气象服务的质量管理

WMO《公共气象服务能力建设指南》指出,公共气象服务应当将天气信息转换为可直接被用户理解和应用的信息,必须用简洁的语言发布产品,用户必须知道能获得哪些服务,以及通过什么途径获得这些服务。

　　加大公共气象服务政务公开和信息公开的力度,实现公共气象服务的信息透明。各级气象部门应采取服务指南(白皮书)等形式,向社会公开公众气象服务产品目录,包括服务内容、服务方式、获取服务的渠道等,明确基本公共气象服务内容,并尽可能公布未来的服务项目发展规划。除主动公开的公共气象服务项目外,对需要申请的公共气象服务项目,应简化办事程序和方法,方便群众对公共气象服务产品的获取。

　　气象台站应努力满足公众不断增长的气象服务新需求,对社会公众发布经过检验具有实用性的预报产品。对社会发布的气象预报等公共服务产品,需要与现代科技发展水平相协调、与公共服务能力相适应,公众获得的信息应当具有一定程度的准确性和实效性,不能产生副作用。因此,延长公众气象预报的预报时效,或增加公众气象服务新产品,应由当地气象主管机构组织科学评估,对准确率不稳定、实用性不明显的气象预报、气候预测等产品限制公开发布,避免产生误导。

　　《中华人民共和国气象法》规定,广播、电视、报纸、电信等媒体向社会传播气象预报和灾害性天气警报,必须使用气象主管机构所属的气象台站提供的适时气象信息,并标明发布时间和气象台站的名称。《浙江省气象条例》规定,媒体传播气象信息应与当地气象主管机构所属气象台站或气象服务机构签订协议,明确传播气象预报的信息来源、传播范围、时效要求,保障传播质量,并接受气象主管机构的监督管理。超过产品时效的气象预报,媒体不得进行刊播、重播、再传播。气象台站发布紧急气象灾害预警信息、信号时,应立即通报政府有关决策部门。广播、电视、新闻网站收到气象灾害预警信息、信号后,应按照有关要求及时安排直播、插播,并连续滚动播发。

　　形成制度化的公共气象服务参与和监督渠道,建立公共气象服务产品的需求表达机制。建立专业化、多元化的调查评估机制,开展公共气象服务满意率、气象信息覆盖率等评估,并把评估结果作为衡量公共气象服务的重要指标。开展公共气象服务效益评估,主要达到三个目的:确保提供正确的公共气象服务产品(服从于用户的需求);确保有一个良好的系统来实现第一个目标(效力和效能);建立利益相关方对气象局的支持(可信度和实用性)。

(四)公共气象服务的投入和保障机制

　　要适应公共气象服务需求无限性、资源有限性的特点,适应气象服务多元化和准公共服务特征,坚持从实际出发,根据经济社会发展水平和公共财政承受能力,制定实施有利于基本公共气象服务均等化推进、有利于公共资源优化配置,有利于人民群众便捷、平等享受到最基本气象服务的体制机制。

　　WMO强调,气象信息服务不同于其他公益产品。随着采用的分发媒介的不同,气象信息既具有公共产品特征也具有私人产品特征。公共气象服务产品是公益产品的重要组成部分,但是,气象信息也是生产要素,具有价值,可以产生商业效益,不是完全的公益物品,应降低接受服务的总成本,尽可能减少"搭便车"。

　　公共财政是公共气象服务的基石。纯公益性服务,如广播、报纸、网站等气象服务,应建立政府主导的基本公共气象服务投入机制。要把基本公共气象服务纳入政府基本公共服务均等化行动计划,基本公共气象服务所需支出以及基础设施建设、运行等专项经费,除中央财政拨付等以外的部分,应列入地方财政预算。

　　增值性公益服务,应建立媒体和通信企业传播公共气象信息的补偿机制。在公共财政保障基本设施建设基础上,公共媒体通过传播气象信息所形成的附加收益,应依法反哺一部分支持气象事业发展,推动公共气象服务基础能力建设。依托通信企业的资源开展的气象服务,企业传播气象信息可以获得品牌效益,但资源是有限的,实行补偿性收费,消费者个人承担相对低廉的费用,体现服务供给中的合理成本和技术劳务价值,弥补气象部门和通信企业由此增加的建设成本和运行费用。

个性化、商业性服务,即专业气象服务,可以看作是企业或个人的生产要素,在我国没有开放商业气象服务之前,应给予更加灵活的机制,加快发展。除涉及国家安全、政府决策和公共安全等公共气象服务外,根据经济社会对公共气象服务的多元化、个性化特定需求,可以逐步制定气象服务市场参与准入条件,适当引入市场化机制,增加公共气象产品的供给,提高公共气象服务的质量与效率,努力满足生产、流通和消费领域对气象服务的多层次、多样化需求。

大力发展公共气象服务,需要建立社会参与公共气象服务的政策激励机制。积极推广和普及气象灾害应急准备认证制度,通过建立相应的灾害救济、保险理赔优惠等政策,鼓励社区、村级自治组织、重点企事业单位采取积极的措施,提高接收灾害性天气预报预警服务的实时性和广泛性,增强基层气象灾害防御的主动性和有效性。积极争取当地政府制定特定的财政扶持政策,对企业和社会资本用于农村气象信息接收设施、气象灾害监测设施的公益性支出,给予鼓励、奖励、补偿和税收优惠,充分调动社会各界投资公共气象服务设施建设的积极性。

参 考 文 献

[1] 胡锦涛.2007.高举中国特色社会主义伟大旗帜,为夺取全面建设小康社会新胜利而奋斗[R].在中国共产党第十七次全国代表大会上的报告.

[2] 胡锦涛.2008.在中共中央政治局第四次集体学习会上的讲话[R].

[3] 李克强.2009.在深化医药卫生体制改革工作会议上的讲话[R].

[4] 郑国光.2008.在第五次全国气象服务工作会议开幕式上的讲话[R].

[5] 郑国光.2008.继续解放思想,强化社会管理和公共服务职能,充分发挥气象在全面建设小康社会中的地位和作用[R].在中国气象局党组中心组专题学习会上发言.

[6] 郑国光.2008-09-17.充分发挥气象为经济发展服务的职能和作用[N].中国气象报.

[7] 矫梅燕.2008.坚持需求牵引,推进改革创新,努力开创公共气象服务工作的新局面[R].在第五次全国气象服务工作会议上的报告.

[8] 矫梅燕.2009-09-25.探索公共气象服务发展的体制机制创新[N].中国气象报.

[9] 黎健.2008.在2008年全省气象局长工作研讨会暨省局党组深入学习实践科学发展观活动第三次中心组学习(扩大)会议上的讲话[R].

[10] 黎健.2009.认清形势,坚定信心,为浙江经济社会发展提供优质气象服务[R].在全省气象工作会议上的报告.

[11] 徐国富等.2008.关于浙江省公共气象服务发展的调研报告[R].

[12] 苗长明.2008.(1)新形势下气象科技服务发展的探讨[J].气象继续教育.

[13] 毛寿龙.1996.中国政府功能的经济分析[M].北京:中国广播电视出版社.

[14] 代鹏.2006.公共经济学导论[M].北京:中国人民大学出版社.

[15] 李鹏.2006.公共管理学[M].北京:中共中央党校出版社.

[16] C. C. Lam, *et al*. 2007. Guidelines on Capacity Building Strategies in Public Weather Services[R]. WMO/TD No1385.

改革创新是推进事业发展的根

王延青　　张平南　　曹春燕

(深圳市气象局,深圳　518040)

摘　要:三十年前,肩负着探索气象事业创新发展任务的深圳市气象台,划归地方管理,几代特区气象人在深圳市委市政府、中国气象局和广东省气象局的领导和支持下,在深圳这块创新试验的热土上,用智慧和汗水为城市安全和发展经济保驾护航,气象工作赢得了市委市政府和普通市民的认可。气象已成为关乎我市社会经济发展,关乎市民生命财产安全,关乎建设生态文明宜居城市的不可或缺的重要组成部分。近年来公共财政投入不断增加,机构和人员队伍不断壮大,2009年7月,在深圳市新一轮的机构改革中,深圳市气象局(台)成为31个政府工作部门之一,承担的社会管理的职责越来越多,气象事业得到长足发展。

关键词:改革;创新;事业;发展

一、基本情况

(一)服务的社会化程度越来越高

已初步建成了有深圳特色的"面向民生、面向生产、面向决策"的公共气象服务体系,服务产品、渠道、对象和效率逐年成倍提高,服务能力明显增强。服务内容分为预警预报、气候预测、气象灾害影响评估、气象信息服务、重大项目和活动专项服务、气候可行性论证、公共突发事件现场气象保障服务、气象对经济行业运行保障评估、防雷安全技术服务等。服务领域涵盖市区政府、水务、卫生、农业、环境与生态、交通、学校、港口、物流、旅游、商业、建筑等17个行业和300多家企事业单位。服务手段包括分类网站、手机短信、特服电话、报纸、电视、电台、小区广播、电子显示屏等。小区广播年服务用户近35100万人次,气象短信服务年平均在网用户200万户,12121年拨打量560万次,各频道电视气象服务节目总收视人数达3.5亿人次,公众网的年点击率超过1300万次,为政府防灾部门服务的气象决策服务网年点击率达10万次以上。

(二)服务效果日益显著

1. 气象灾害防御成绩显著。据市应急办统计,我市每年平均应对重大天气事件65天,深圳气象灾害损失占GDP的比例已从大于1‰降低到0.1‰以下。与气候基本相同的2005年相比,2007年气象灾害造成的死亡人数较同期明显下降,经济损失减少63%。在2008气象多灾年,实现了80%以上的重大气象灾害过程无伤亡。2009年我市虽然遭遇了24年来正面袭击最严重的台风"莫拉菲"登陆,但由于提前预警、防御得当,未造成一人伤亡,直接经济损失仅

0.19亿元。《深圳特区报》连续三天的评论员文章和报道也给予了高度肯定,称"气象服务具有超前性、预见性、准确性,预报预警也能产生生产力"。

2. 气象科技服务效益成倍增加。经营性气象服务收益从2003年30万增至2009年2100万,上缴财政专户1815万,平均每年递增40%,年纳税200万。培养和发展了40多家从事气象业务的企业,推动公共气象服务事业的多元化发展。

(三)服务能力不断提高

1. 气象综合观测能力不断增强。依托"十一五"规划,基本建成布局适当、自动化水平较高的气象综合观测系统,形成了多灾种气象灾害和城市气候变化的连续监测能力。开发建立了气象监测综合业务平台,提高气象探测水平和信息处理能力

2. 预警预报服务精细化能力显著提升。初步建成了集监测、采集、分析处理、存储分发、预报预警制作、分发和服务于一体化的高效气象预报预警和服务平台,实现了由单一天气预报向灾害性天气短时临近预报、气候预测及影响评价、空气质量、地质灾害等11种多灾种次生衍生灾害预警预报。2007年率先在全国实行气象灾害分区预警,气象预警精细到街道行政辖区,启动了精细化预警技术的革新、预警传播技术手段的新突破以及气象灾害预警体制的创新。

3. 气象服务满意率不断提高。预报服务产品逐渐向定点定量和精细化预报方向发展,在汛期和春运、文博会、高交会、轨道(地铁)建设、F1摩托艇世锦赛等10多种重大活动的保障服务和大运气象影响评估服务中,多次得到市委市政府及各级部门领导的表扬,连续三年公众满意度调查逐年上升,2009年达到94.1%。

4. 气象科技创新能力不断提升。科技项目涉及数据库整合、分区预警平台、雷暴云团追踪和识别系统、雷达和自动站联合估测降雨系统、网站建设、大运会气象保障服务技术研发等70多项。借助落实新一代高性能计算机项目建设,推进数据集成、临近预报、分区预警、数值预报、台风业务和综合服务等六大业务平台建设,提高重大气象灾害预报预警准确率和精细化以及重大气象保障的定点定时定量预报服务能力。"精细化气象预警服务"项目被中国气象局评为2008年度气象部门创新工作,"气象灾害分区预警系统"等6个项目获国家版权局颁发的软件著作权证书,"中心数据库的开发应用"、"深圳高温天气气候特征分析与预报方法研究"2个项目在中国气象局进行了应用成果登记,"基于移动网络的应急指挥信息平台"项目获得2009年广东省科学技术三等奖。

5. 科技人才队伍不断壮大。我局已形成165人的多专业、高学历、职称结构合理的综合管理型人才队伍,其中博士6人,硕士25人,高级工程师23人,实际使用人数较2003年增长了2倍多,高级专业技术人员比例上升到15%。李磊和兰红平同志分别获得"深圳市地方级领军人才"和"深圳市后备级人才"认定。各级领导班子的年龄结构、知识结构、专业机构更加合理化,为我市公共气象服务事业的发展奠定了雄厚的人才基础。

(四)开放合作取得新突破

加强与北京城市研究所、广州大气研究所、深圳市先进技术研究院及美国风暴分析与预测中心等在内的多家国内外先进科研机构合作,科技合作项目达四十项之多。先后在中国气象局、广东省气象局指导下,加强与国家及粤港澳和周边省市气象部门的合作,深莞惠区域合作

进程加快,建立气象业务和信息共享支撑机制。不断完善社会联防机制,与城管、三防、交通、规划、海事等多个部门的合作有新突破,从单纯提供信息服务的单项模式向部门之间的双向模式转变,从数据信息共享逐步向服务平台共享的深层次发展。与 50 多个政府职能部门、深圳大学、南京气象学院等院校、社会企业等建立了共建探测设施或探测数据互换、共享研究成果,通报灾情和共享社会管理平台,气象社会影响力日益提高。

(五)公共气象事业发展的法制化进程加快

根据中国气象局关于气象标准化建设及我市建设法治型政府的相关要求,先后完成机构改革、列入 31 个政府工作部门、定岗定责和事业单位绩效工资改革,进一步确立了局台合一、下属气象服务中心作为公共气象服务实体、国家气候观象台作为技术研究与保障单位,充分发挥减灾学会、防雷协会作用的公共服务机构,先后出台《关于加快气象事业发展的实施意见》、《深圳市气象灾害应急预案》、《深圳市气象灾害预警信号发布规定》等各类政府规章和规范性文件 30 余件。按照政府绩效管理的要求,出台《深圳市气象局 2010 年度公共服务白皮书》,接受政府绩效考核和社会公众的监督。积极开展向国家标准委申报城市气象服务标准化国家标准化试点示范项目工作。推进防雷标准化建设,编制防雷技术系列蓝皮书,加强行业技术指导。

二、主要做法

总的来说,深圳公共气象事业的发展,得益于改革开放的有利环境,得益于中国气象局和广东省气象局的正确指导和帮助,得益于深圳市委市政府和各职能部门的高度重视和大力支持,得益于深圳气象人的改革创新和奋力拼搏。靠打拼促发展,靠发展赢地位,靠实力赢尊严,"有为才有位"。实践证明,市委市政府对气象工作的定位越来越清晰,社会各行业对气象服务的需求越来越旺盛,要求越来越高,有力地促进了气象服务产品研发能力的提升,促进了气象业务技术流程再造,也促进了机构和人员队伍的壮大与优化。主要做法有:

(一)以解决市委市政府和市民关注的热点、难点问题作为工作的切入点,是气象事业发展的基本动力

气象服务要紧扣全市的中心工作,不折不扣完成市委市政府交办的任务,做好市委市政府决策的好参谋,好帮手。主要体现在:

1. 抓住时机,适时推出《深圳市气象灾害应急预案》

受"杜鹃"台风影响启示,从 2003 年冬开始组织调研,认真探讨在不同灾害天气条件下,相关职能部门联动的内容和方法,社会响应的措施和途径。同时还按中国气象局统一预警信号图标的要求,对预警信号发布规定进行第四次修订,至 2005 年形成我市首个部门预警预案,后结合实践进行多次修改完善,2006 年第四次修订颁布的市长令《深圳市气象灾害预警信号发布规定》和市府办名义印发的《气象灾害应急预案》形成了三个显著的特点:一是明确了"市、区、街道各有关部门应制订相应防御预案,组织实施部门联动和社会响应";二是明确预警信号发布的防御条款为"防御措施",而非"防御指南";三是市、区、街道办各部门按照预警信号发布的相应级别自动启动相应预案。从而使气象预警信号与应急预案无缝隙衔接,成为全社会启

动防御预案的"指挥棒"和市长的"发令枪"。近年来,通过由内而外,从横到纵,由点到面不断推进,率先在全国建立了与市、区、社区防灾管理模式相匹配的"预警信号为先导的部门联动和社会响应"的气象灾害防御体系。

2. 服务发展,为深圳城市规划建设提供气象服务支持

由于深圳地域狭小,各种资源有限,深圳出现了土地、资源、人口、环境"四个难以为继"的发展制约,尤以空间资源短缺成为制约深圳发展的最大因素。深圳市委市政府积极学习香港经验,加强对城市建筑物布局和空间密度及气象灾害防御能力的科学设计,点名气象局参与规划的修编,为城市规划建设提供气象技术支持。我局抓住这一有利契机,积极参与城市总体规划修编,加大工作力度,先后在城市热岛效应评价、城市空气流通评估及雷电密度分布图统计与发布方面,取得重要进展,为我市如何通过优化城市街区规划和建设布局,提高近地层空气流通效率提供决策数据支持。与市建筑科学研究院共同开展绿色建筑环境研究,利用建筑典型气象分析,为《深圳市居住建筑节能 65% 设计标准》的制定提供依据。体现了从规划源头上落实应对气候变化和预防措施。

3. 勇于创新,研发气象灾害分区预警平台

为解决因东西差异、海陆差异带来的预警信号不准确的问题,提高灾害预警的针对性和有效性,从 2007 年 8 月起实行全市"统一预报",对影响范围广、持续时间长的灾害天气,全市统一挂一种预警信号;对局地性灾害天气,或全市挂了某一种预警信号后,需挂更高一级预警信号的,则对可能致灾区域实行"分区预警";根据雷达与每分钟一次的自动站滑动小时雨量或风力风速显示,及追踪识别系统等判据,已经或将要出现更大影响的,则对致灾重点街道、社区发出"重点提示";对处于风险之中的人群,借助移动通讯基站设置了每平方公里为单位的手机短信通报系统进行"对点广播"。

4. 突出重点,全力配合我市关于发展海洋经济的战略部署

深圳海岸线长达 229.96 km ,水产资源、海上物流资源极为丰富,市委市政府适时提出发展海洋经济战略。但由于深圳靠山面海,属于亚热带海洋性气候,气象灾害种类多、致灾度高,对发展海洋经济造成了严重影响,对海上气象预警预报提出了客观需求和更高能力要求,要求能为海上资源开发利用和海上运输安全提供气象服务保障。为此,我局积极响应,一方面参与由深圳市政协组织的"深圳市海洋问题专题调研",形成"深圳市海洋气象灾害防御体系建设的现状、问题及对策"的专题报告,为下一步发展海洋气象提供思路和基础。另一方面加大海上探测设施建设力度,丰富海上气象探测手段;积极探索和创新海上预警预报服务方法,提升预警预报能力;深入实地调查,制定针对性和操作性强的应急预案和专项服务产品。此外,还主动加强与海事、应急、交通运输等部门的联系,建立完善包括电话、视频会商等在内的工作联动机制,提升海上气象灾害防御的合力。

5. 坚持不懈,全力促成《深圳经济特区气象条例》的出台

2003 年"杜鹃"等多次台风暴雨灾害,给深圳造成了重大的人员伤亡和经济损失,气象防灾问题受到社会的极大关注。2007 年 5 月 18 日,我市再次出现强雷雨和短时大风天气,宝安区的福永街道 107 国道旁的博皇集团福永国际家具博览中心受到短时大风的影响,引起天棚坍塌,造成 1 死 5 伤。我局立即派出专家组前往现场调查,并组织专家分析各类气象资料,与

省气象局专家交换了意见,此次灾害的发生再次暴露出:我市建筑物的设计达不到相关气象防灾标准,部门间灾情通报机制不顺,气象信息覆盖面不够,信息传输时效性有待提高及大气探测和短时临近预报能力不足等深层次问题,受到市人大代表的高度关注,专门成立调查组来我局调研气象灾害防御问题。我局抓住这一难得机会,将气象灾害防御上升到法制层面,从源头加以解决,正式建议制定《深圳经济特区气象条例》,加强对全市气象灾害的防御管理。市人大代表们在认真听取了我局的相关汇报后,先后有4个人大副主任牵头,六十多位人大代表签名提议制定《深圳经济特区气象条例》,但是由于部分代表对气象工作认识不到位等原因,没有顺利通过制定《深圳经济特区气象条例》的决议。然而,我局并没有因此而放弃,在经过与市人大、市政府、法制办和应急办等部门的多次交流沟通后,几经周折,市人大最终同意由气象局负责起草《深圳经济特区气象条例》。目前,我局正在根据新形势要求,认真做好《深圳经济特区气象条例》的更新修订工作,力争明年颁布实施,为我市公共气象事业的发展提供法制保障。

6. 深入基层,开发"社区城市内涝灾害防御和风险明白卡"

通过历年的基层调研,我们了解到突破气象灾害风险预评估工作的迫切性和重要性,能大大提升基层防灾部门的气象灾害风险管理能力。为此,今年我们特别选取易涝的南山街道办(社区)做试点,详细调查当地地形地貌、人口密度、产业分布、建设开发程度、河流引水、排水管网、临时建筑、废旧房屋和历史气象灾害变化情况等因素,评估人群(产业)影响情况以及不同量级雨量的水浸程度等,设置临界提示点,确定不同内涝等级,并根据不同等级暴雨和不同路径台风分别绘制气候风险图,为相关部门进一步做好防灾减灾工作提供重要参考。其次是行业评估。根据企业分布、产业布局、历史上受到内涝影响的损失情况及后期改变程度等因素,同时参考有关气候变化情况,制作成《社区城市内涝灾害防御和风险明白卡》,给出"哪些时段会有哪些行业受到影响及其影响程度有多大"的评估结论,为基层防灾提供指引。目前这项工作得到市三防的肯定,与我局联合发文进一步推广到全市各区和街道。

(二)紧紧依托大系统大网络,是提升能力和水平的重要基础

深圳公共气象事业的发展离不开了中国气象的大网络、大系统,否则就是无本之木,无源之水。因此,我们自觉融入到中国气象局和省气象局的发展大局和总体思路上去,从而更好地选准着力点,借助全国范围内的先进技术、平台、人才和科研成果,不断提升我市公共气象服务能力和水平。

1. 离不开国家气象部门在气象事业发展规划、顶层设计及发展方向方面的大力支持和帮助。尤其是在"十一五"气象发展规划和即将到来"十二五"气象发展规划的制定和实施方面,在公共气象服务方向的把握及气象发展顶层设计方面,得到了中国气象局、广东省气象局的多次指导,提出了很多宝贵的建议,为推进我市公共气象事业又好又快发展发挥了极为重要的作用。

2. 离不开国家气象部门在先进业务系统平台、核心技术及服务经验方面的无私分享。在我局开发分区预警系统过程中,就得到了来自中国气象局、北京市气象局、广东省气象局及湖南、湖北等气象部门在关键研发技术上的强力支持。在大运会气象服务筹备过程中,先后组织多批次业务骨干人员调研北京、上海、广州、青岛与香港,学习奥运气象保障服务实战经验和世博会、亚运会及东亚会的筹备经验,达成多项引进和合作意向,先后引进北京市气象局先进的气象预报服务产品自动化分发系统,引进由广州中心气象台、中国气象局广州热带海洋气象研

究所和中国气象科学研究院共同研发的综合临近预报系统("雨燕"GRAPES SWIFT)，引进香港天文台开发的"小涡旋"(SWIRL)等等，为开展 2011 年大运会气象保障服务提供了强大的技术支持和有益的经验借鉴。

3. 离不开国家气象部门在气象信息、数据资料共享方面的大力支援。如果没有中国气象局提供的卫星实时数据资料，没有广东省气象局和周边市局提供的雷达实时数据和区域自动站监测资料的共享，没有香港天文台提供的海岛监测信息的共享，就不可能建成如此完备的大气探测资料。如有没有各级气象部门最新气象科研成果的分享，也就没有我市气象科研的进步，气象预警预报和服务能力的提升就是一句空话。

4. 离不开国家气象部门在科研和预报人才培养，提升综合业务能力方面的帮助。主要有：(1)"请进来"，即邀请中国气象局、省气象局首席专家学者来我局，交流指导业务和大型活动服务经验，提升我局业务水平。(2)"走出去"，即派遣派业务骨干参加中国气象局、广东省气象局、港澳及周边气象部门的业务培训和交流合作。(3)积极参与广州亚运会气象服务演练，汲取大型赛事气象保障服务经验和先进技术。(4)举办深圳大运会气象服务论坛，得到北京市气象局、广东省气象局及周边气象部门的专家和骨干人员的大力支持和帮助，建立人员和业务交流机制，为下一步组建大运会气象专业专项精细化服务团队打下基础。

(三)坚持科技兴业，是气象事业发展的重要支撑

气象是科技型基础性的公益事业，最终目的就是做好气象服务，提供高效优质的服务产品不断满足社会的需求，其关键就是"向科技要质量、靠科技促发展"，将气象科技转化为气象服务的生产力，不断提高服务产品的科技含量，才能不断提升公共气象服务能力和水平。我局历来高度重视气象科技创新工作，将其视为一项关乎事业发展的核心工作来抓，重点做好：1. 建立部门行动学习日，营造良好学习研究氛围。以我市气象事业发展过程中的核心问题和关键项目为重点，学习与研究相结合，全面推进我局各部门的学习能力建设，形成良性的行动学习日常机制；2. 建立完善气象科技合作机制，重点加强与北京城市研究所、广州热带海洋研究所、深圳市先进技术研究院及美国风暴分析与预测中心等国内外先进科研机构的合作，利用世界上最顶尖的科技资源，提高预警预报和公共气象服务能力。3. 完善内部科技创新机制。以做好 2011 年大运会气象保障为契机，抽调科技骨干组建科技攻关组，负责攻克关键性技术，先后开发了包括大型数据库、气象灾害分区预警、雷暴云团自动识别与追踪等在内的几十项业务系统，为大运气象服务提供了坚实的科技支撑关键技术；4. 加快科研人才队伍的培养。充分发挥老一辈科技骨干的传帮带作用，促进新一代科研人才尽快地成长；通过内部业务轮训、技能比武、加强区域业务交流、举办大运会论坛等方式，促进人才综合业务素质的提高。

(四)加强调查研究，建立完善气象需求调研日常机制，是气象事业发展的重要
方法

只有调查，才能了解实际需求，才能做到"有的放矢"，才能开发出针对性、时效性俱佳的服务产品，也才能真正提高服务的社会效能，逐步走出一条"调研需求—改进系统—满足需要—跟进反馈—推动发展"的良性循环之路，实践证明，服务效果显著。当前，尤其要围绕"大气象"的发展理念，开展从探测网络、预警预报到公共服务等各个环节的全方位需求调研，形成一个高效有序的闭合业务链，不断促进我市公共气象事业的全面发展。

1. 加强大气探测服务需求调研

开展对大气探测服务需求的调研,发现高山、海上及高空探测是目前探测体系的薄弱环节,严重制约了我市预警预报服务能力的提升。我局加大工作力度,加强与规划、财政、海事等各部门的协调,争取到各方面的理解和支持,先后取得了高山自动气象站建设的重大突破,自西向东建立了多个高山自动站,初步形成山地垂直立体气象探测能力。

2. 加强对预警预报信息传输环节调研

在 2006 年调研罗湖区基层社区防灾过程中,普遍反映存在着灾时获取气象信息手段有限,监测和预警预报信息的时效性差,信息传输渠道不畅通等问题。对此,我局高度重视,加快气象信息网站的建设步伐,先后开发出包括气象决策服务、公众社区服务和专业气象服务在内的"三大气象服务网",拓宽了气象信息传输渠道,提高了监测和预警预报信息的时效性,有效满足了政府各级防灾部门和民众的气象灾害防御需要,良好的服务得到一致好评。

3. 加强基层防灾能力调研

自 2006 年以来,我局积极转变工作思路,向"最后一公里"迈进,每年都由局领导带队深入到基层进行调研,逐步建立起定期不定期的气象需求调研日常机制,及时了解基层防灾部门和民众的动态需求,发现基层防灾部门和民众普遍存在防灾意识不强、防灾技能不足、防灾信息获取困难等问题。为此,我局专门制订了《气象防灾应急培训方案》,编印《深圳市防灾知识读本》,由减灾处分期分批开展防灾知识培训和演练,共在全市 55 个街道办,对防灾减灾应急指挥责任人员及社区、重点企业、学校、港口、物业管理防灾、应急抢险相关工作人员等 20000 余人次巡回开展气象防灾减灾知识讲座,发放气象宣传资料 2 万余册,大大提高了防灾部门的防灾技能及民众的防灾意识和自救能力。并在历次台风暴雨防御过程中,及时派出移动观测车到受灾重点地区进行加密灾情监测,派出多个工作组到点上指导防灾,取得了良好社会效果,受到了各级防灾部门和民众的一致好评。

4. 积极创新调研手段

我局根据《深圳市政府公众网站管理暂行办法》要求,参照中国软件评测中心的网站绩效评估标准,在全面整改气象网站过程中,重点从加强公众参与互动、增设业务咨询和在线服务等功能方面对气象公众网、决策网、社区网进行全面升级改造,使公众得以从多角度了解气象事业和气象服务。通过实行网上在线服务实时互动,自觉接受社会的有效监督,广泛了解社会的多样需求,虚心听取社会的有益意见,共同为深圳公共气象事业的发展献计献策,收到了良好效果。

三、下一步工作重点

在下一步工作中我们将根据中国气象局及广东省气象局关于"大力发展公共气象服务"的战略部署和指导意见,坚持公共气象服务发展方向,坚持两个"融入"的原则,更加注重能力建设,更加注重科技创新,更加注重台站的"四个一流"建设,以谋划"十二五"规划和大运会气象保障服务为契机,大力推进气象现代业务体系和科技创新及人才培养促进机制建设,切实增强应对气候变化和防灾减灾应急保障能力,不断提高公共气象服务的综合实力,为深圳社会经济发展、建设民生幸福城市和我省公共气象事业发展作出积极贡献。

关于省级气象服务体系建设发展战略的思考

范永玲[1]　裴克莉[1]　李韬光[2]　李清华[1]　郭雪梅[2]　梁晓梅[1]

(1. 山西省气象科技服务中心,太原　030002;2. 山西省气象局,太原　030002)

摘　要:省级公共气象服务体系建设是一项具有探索性的工作,本文坚持"基层探索"和"顶层设计"相结合的观点,本着"规定性动作不走样,自选动作有创新"和"边探索、边设计、边发挥作用"的原则,提出了省级公共气象服务体系建设 14338964 构想,分别是一个奋斗目标,四个服务理念,三个气象媒体突破,三支创新团队,八个能力提升,九个重点专业服务,六个社会联动,四个建设重点。详细阐述了发展省级公共气象服务体系建设的四大战略思想,即高端切入战略、创新发展战略、错位发展战略、联合发展战略;大胆创新、积极探索省级公共气象服务体系建设新模式。气象服务信息包罗万象,但精细化是我们发展业务的目标也是必然趋势,专业专项气象服务,涉及防灾减灾、气候变化应对、生态文明建设、国民经济建设、人民生活水平提高等方面。发展必须敞开胸怀、大气魄、大手笔拓展气象服务社会关系,必须加强与各种利益相关者的合作,大力推行合作服务,建立开放式服务体系,为跨越式发展和创新发展提供外部资源保障。

关键词:省级;气象服务;发展;思考

省级气象服务体系建设是一项具有探索性的工作,在认真落实国务院 3 号文件和国办 49 号文件精神的同时,围绕当地防灾减灾和应对气候变化的主题,坚持"以人为本、无微不至、无处不在"的服务理念,将"基层探索"和"顶层设计"相结合,本着"规定性动作不走样,自选动作有创新"和"边探索、边设计、边发挥作用"的原则,大胆创新、积极探索省级气象服务体系建设新模式。

一、高端切入战略

省级气象服务体系建设不能小步渐进,必须创新发展思路,从高端切入,高起点规划发展布局,站在气象为国家安全服务的高度看待气象服务的战略地位。

(一)高起点凝练气象服务的定位方向,加强总体设计

1. 瞄准科学和社会发展的前沿,高起点设计气象服务的发展方向及其目标指向,大力发展公众气象服务、专业专项服务、防灾减灾气象服务;

2. 紧密结合现代气象业务建设的需要,以前瞻性的眼光和领先一步的举措,发展以提高气象服务覆盖面和满意率为目标的气象服务业务;

3. 推进社会主义新农村建设,不断丰富、开发农业气候资源的内涵;

4. 为建设生态文明,建设资源节约型、环境友好型社会,实现人与自然和谐发展等方面,对气象服务提出全方面、多层次、专业化以及精准、快捷的需求,对发展现代气象业务提出新

的、更高要求。

(二)加大省级公共服务体系建设总体设计力度

1. 组建"省级气象服务体系建设工作组"

全面深入系统地领会中国气象局和省气象局的指示精神,千方百计抓落实,促成省级气象服务体系建设成为省气象部门的"一号工程"。

2. 创新思维树立气象服务四个服务理念

发挥部门"独家"优势,组建"自主"服务体系,按需求一边跑马圈地一边精耕细作,横向到边纵向到底,构建现代气象服务体系,第一时间千方百计把千变万化的气象信息传递到千家万户。

3. 争取气象媒体实现三个突破

自办媒体日益强大、多媒体联动有新的突破、覆盖率大幅突破、主流气象媒体覆盖率达95%以上。开通气象信息有效的传输渠道,力图实现任何人在任何时间以任何可能的方式,最及时最方便地获得所需要的气象信息和服务。

4. 建设三支创新团队

气象服务专用产品制作创新团队、气象服务品牌策划开拓创新团队、气象服务业务营销推广创新团队。

5. 提升八个服务能力

提升气象服务发展理念、提升气象服务科技含量、提升气象服务研究水平、提升气象服务自主能力、提升气象服务规模、提升气象服务的覆盖面、提升气象服务影响力、提升气象服务综合效益。

6. 加强九个重点专业服务

加强城市气象服务、加强"三农"气象服务、加强交通气象服务、加强重点工程气象服务、加强重大气象服务、加强保险气象服务、加强电力气象服务、加强旅游气象服务、加强媒体气象服务。

(三)超常规汇聚专业服务队伍,创建人才健康成长的工作氛围

优化人才培养方案,创建科学合理的培训体系。制定省级气象服务创造力培养方案,提高各地市的创新意识和能力。加强气象服务中心创业指导,建立创新基地,设立创新基金。牢固树立人才资源是第一资源的观念,将复合型人才队伍建设置于工作的首要位置。

1. 采取超常规模式创造人才成长环境

发达国家的气象服务正在飞速发展,服务领域已经到了无处不在、无所不包的地步。需要倾注超常规的精力、采取超常规的方式、不惜超常规的代价培养和延揽杰出人才,整合各种资源,完善人才队伍建设的配套措施和体制,创造拴心留人、干事创业的人才成长环境。

2. 探索建立综合性人才团队建设模式

搭建创新平台造就一批结构合理、优势互补、创造力和凝聚力较强的核心气象服务团队,

建设一支结构合理、富于创新精神的高素质气象服务队伍。

3. 人才培养模式策略

(1)理想结构人才塑造策略

未来 5～10 年是气象服务创新发展、跨越式发展的关键时期。气象服务团队建设的主要任务是,大规模增加气象服务队伍数量,大力调整气象服务队伍结构。按照省级气象服务岗位需求,以优良标准为指南,高起点、高标准、高规格、高层次、高水平进行气象服务队伍建设,努力建设一支数量充足、业务精湛、结构合理、水平优良的气象服务队伍。

(2)适度超前发展策略

气象服务队伍建设要有超前的眼光,采取超常规的举措,提前准备好气象服务所必需的高水平气象服务人才,保证省级气象服务体系建设的顺利开展。

(3)高位建设策略

气象服务队伍建设要遵循高起点、高水平、高质量的要求。每个气象服务子系统建设至少建成一个高水平创新团队,按照学科带头人＋学科骨干的模式建设;重视高层次人才对于气象服务发展的重要战略意义,利用资源优势,集中资金、物质、技术、场所等资源,重点投入到高层次人才的引进与培养工作中,激励气象服务人才取得高质量的科研成果。

二、创新发展战略

(一)反对因循守旧,创新发展思路

1. 改变按部就班的发展思想,不断探索新的发展思路。创新建设理念,创新建设体制机制,形成开放、合作、多元的体系和新格局。

2. 突破观念和体制的障碍,积极引进新机制。大幅度提高气象资源的配置效率,充分开发利用社会气象资源,引进新机制在气象资源配置中发挥更加积极的作用。

3. 发挥后发优势,抓住外部机遇,敢于竞争,善于转化,加速缩小与先进行业之间的发展差距,努力提高竞争实力。

(二)着力构建现代气象传媒体系,寻求精细化、广覆盖的突破口

近年来,随着气象电视、电台、报纸、手机、网络、户外六大媒体服务同各省媒体合作渠道的拓展,以其多元化、专业化、精细化、海量信息、优势集约等特点,已成为信息服务领域重要的提供者,在推进我国气象服务建设中发挥了积极作用,新兴的气象媒体应运而生。为此,紧跟时代步伐,抓住机遇,省级气象服务实现跨越发展重点应放在气象媒体开拓领域上,从投产少,见效快的气象媒体入手。建设一批精细化、广覆盖、规模优势大、社会经济效益好的立竿见影的气象服务气象媒体项目。研究开发六大媒体精细化公共气象服务产品,建设新一代气象影视精细化服务平台、建设新一代气象电台直通车、建设了新一代气象报纸自制系统、建设新一代气象手机多功能服务系统、组建了新一代气象网络特色系统、组织拓展气象户外传播平台。开发公共服务广覆盖五个绿色通道:由单一气象信息向多功能、精细化转变实现高密度;由单一气象服务向综合化、多元化转变实现高价值;由单一信息提供向高端型、高参型转变实现高层

次;由单一气象模块向综合化、专用化转变实现高速度;由单一气象地方向全网化、特色化转变实现高效益,充分利用电视、电台、报纸、手机、网络、户外电子屏等传播媒体,形成现代气象传媒体系,使人们能够越来越方便地获取气象信息和服务,从而带动气象服务的整体发展。尽快把省级气象服务推向一个新阶段。

(三)探索两手抓模式,实现角色与功能转换

省级公共服务体系建设可一手抓公益性为主的气象服务,一手抓经营性气象科技服务,努力实现气象服务的政府化与市场化。前者由政府主导,方向是"增加投入,转换机制,增强活力,改善服务";后者市场为主导,方向是"创新体制,转换机制,面向市场,增强活力"做到两手抓、两加强。

1. 坚持气象服务的政府化

随着我国经济社会的快速发展和转型,对气象服务的需求发生了深刻变化:需求领域和主体由农业、军事、防灾减灾、改善生活、经济发展一直扩展到公共安全和可持续发展,几乎覆盖了经济社会的各个领域和所有社会组织、成员。

2. 积极应对气象服务的市场化

需求的公共服务产品服务性决定了气象信息隐藏着巨大经济效益。气象服务市场化是20世纪80年代以来气象事业改革的主要成果之一,其实质是将市场机制引入气象服务领域,以期解决气象服务领域中长期存在的投入不足、经营不善、效益低下、资源浪费等问题。

(四)加强制度创新,构建现代气象服务制度体系

建立健全气象服务管理制度,制定并严格执行各服务环节的质量标准。加强日常监控与评估相结合、单项评价和综合评价相结合、定性评价与定量评价相结合、激励机制与约束机制相结合的质量监控和管理机制建设,构建精干高效的气象气象服务质量保障机制。

创新气象服务分类管理体制机制,从各省气象部门的气象科技服务项目的主要组织形式来看,在实现形式分离的前提下,维持现有组织机构状况是比较合适的。

(五)依靠科技进步开展气象服务实用技术的研发,变潜在优势为现实优势策略,把气象成果转化为生产力

我们应像建设气象现代化那样舍得投入精兵强将,组建省级气象服务科技委,专设气象服务研发基金和奖励基金。组织专门攻坚技术力量,紧密结合本省实际情况,对有潜力、有效益服务项目、有实用技术进行深层次开发,进行气象科技成果转化,气象科技优势的扩散,气象科技的嫁接. 气象科技产品附加值等方面的开发,发挥省级气象服务体系龙头作用和辐射作用。实现气象成果直接转换为生产力。

三、错位发展战略

气象服务体系建设必须注重避短扬长,进行错位选择,展开错位竞争,实现错位发展。

(一)在公众服务的产品开发上做到"人无我有"

气象服务信息包罗万象,但精细化是我们发展业务的目标也是必然趋势,专业专项气象服务,涉及防灾减灾、气候变化应对、生态文明建设、国民经济建设、人民生活水平提高等方面。

1. 开办自建媒体,解决"受制于人"的瓶颈问题

气象对外发布信息多是搭借别人的媒体平台,但无论是节目设置还是发布内容都存在着"受制于人"的情况。广播电视受电视台、电台的限制,报纸受报社的限制,短信息受电信部门的限制,这在很大程度上为气象服务的精细化高筑了一道门槛。如何打破这种格局,创新发展,拓宽公众气象服务的渠道,真正实现"人无我有",是需要研究的一个重要课题。

2. 利用行业优势,通过多部门联合,打造防灾减灾体系

防灾减灾工作是一项长期而艰巨的任务,气象部门因其特有的行业优势,多年来积累了与交通、运输、安监、煤炭、水利、电力、铁路、林业、国土资源等多部门联合共同开展防灾减灾工作的经验。在森林防火、城市火险、城市空气污染、城市积涝和交通安全事故、矿山安全事故、水库安全事故以及雷电灾害、暴雨灾害、大雾灾害、大风灾害、干旱灾害、冰雹灾害、山洪灾害、地质灾害等气象灾害信息的发布、防御等方面做了许多有益的尝试。

3. 探索自身发展中的差异化空间,将各方面服务都做到"不可替代"、"不可或缺"

现有的公众气象服务平台,包括众多方面,但有些内容存在着粗糙、简单、狭隘、重复的现象,这在很大程度上成为自身业务发展的"绊脚石"。在制定各公众气象服务媒体发展战略的时候,应该细分各类用户及目标人群,才能真正建立健全传播,可持续发展。因此我们要细分"传统媒体与新媒体业务间的区别"、"传统媒体间的业务区别"、"同一媒体间不同节目的区别";传统媒体间,报纸和电台、电视的目标客户群又有哪些不同,只有做到了每一套节目,每一条短信都是"不可替代"、"不可或缺"的,我们才能真正在市场竞争中站稳脚跟。

(二)发挥部门'独家'优势,组建'自主'服务体系,开辟有效服务窗口

气象服务要想在竞争中立于不败之地,关键是要建立自主经营、长期稳定的独家服务窗口。因此,我们要不断地开辟有效的气象服务窗口。

1. 建立气象灾害评估窗口,争取气象资料使用鉴定权、气象资源管理权、气象环境评价审批权。

2. 建立各类专业气象服务台,与保险、建筑、电力、蔬菜等部门联办,请他们出任担任专业台长,出资维持专业台运行,我们通过新闻等渠道开展专业服务。

3. 建立自主气象服务窗口。

有条件或创造条件成立各类专业气象电视台、电台、气象周报、气象读者、气象科技指南等。

四、联合发展战略

跨越式发展必须敞开胸怀,大气魄、大手笔拓展气象服务社会关系,必须加强与各种利益

相关者的合作,大力推行合作服务,建立开放式服务体系,为跨越式发展和创新发展提供外部资源保障。

(一)积极推进省级气象服务的合作,建设服务资源共享平台,寻找合作各方的利益结合点,通过高端嫁接实现服务高水平发展

1. 争取地方—政府—气象共建新服务体系创造更有利的条件。
2. 组建地方—政府—气象发展政策研究会,巩固气象服务发展的社会基础。
3. 瞄准支柱产业和知名企业,建立互惠性局合作办气象模式。
4. 加强与大专院校的合作,建设气象学科共享平台。
5. 建立与政府领导部门的沟通机制,争取政府支持。
6. 加强与科技部门设置公共服务委员会委员的联系,争取专家支持。

(二)加大气象服务外向管理力度,优化外部环境,变部门优势为社会优势,实现高效益

当今竞争关键是科学技术和管理水平的竞争,而使科学技术充分发挥威力的是科学组织管理。气象服务正值过渡时期,要加速发展,气象服务管理的重点应放在改变气象部门长期自我封闭的内控管理体系,建立新型的外向型管理模式。

1. 主动参与当地决策领导层活动,把握大的机遇

党政领导信息最多,关系最广,积极参与一些重大活动,参与地方重大项目的调查、论证工作对我们捕获气象服务的机遇是较多的。

2. 结交朋友,广泛结网

诸如成立气象应用协会,气象防灾减灾领导组,气象安全顾问委员会等,赢得社会各界的支持。外向管理另一方面是要密切注视满意度调查、监测社会环境的变化,分析气象服务需求的目标,瞄准机遇,设法进入当地防灾减灾应急主战场,登上当地国民经济的大舞台,通过多种渠道为基层开渠铺道,广开门路,组织气象服务向"安全气象、公共气象、资源气象"发展。

省级气象服务体系建设是实施现代气象服务关键环节,在建设中面对气象服务是一门集气象学、自然科学、经济学、社会学、公共管理学等学科的综合新型交叉学科,无论是基础研究方面,还是应用研究方面都存在许多期待解决的科学问题和难题。面临气象服务任务重、范围广、领域多、政策性强等复杂情况,紧迫感和责任感无时不困扰着人们,全国第五次气象服务会议指出"认真履行气象服务职能。做好气象服务是党和政府的要求,是经济社会发展的需要,也是气象部门的职责所在",大胆探索充满生机与活力省级气象服务体系建设新路要求我们站在新起点要求我们采用新的观点,选择新的思路、采取新的举措、争取新的突破。面向现代化、面向世界、面向未来,站在气象服务一个新的历史起点上。一种面对机遇、敢于争先、面对艰险、敢于探索,面对落后、敢于奋起,面对竞争、敢于创新的拼搏精神和顽强斗志,为谱写省级气象服务新篇章做出不懈努力!

参 考 文 献

[1] 郑国光. 在第五次全国气象服务工作会议上的讲话[R]. 北京:2008.

[2] 郑国光.在 2010 年全国气象局长工作会议上所作的题为《总结经验　开拓创新　进一步推动气象事业实现更大发展》的报告[R].北京:2010.

[3] 许小峰.在 2007 年全国气象局长工作研讨会上所作的题为《公共气象服务系统建设的若干问题》的报告[R].北京:2007.

[4] 矫梅燕.在第五次全国气象服务工作会议上所作的题为《坚持需求牵引推进改革创新努力开创公共气象服务工作的新局面》的报告[R].北京:2008.

[5] 矫梅燕.探索公共气象服务发展的体制机制创新[R].北京:2009.

[6] 中国气象局.关于发展现代气象业务的意见.2007.

[7] 中国气象局.关于印发《公共气象服务业务发展指导意见》的通知.2009.

[8] 中国气象局应急减灾与公共服务司.2009 年全国公众气象服务调查评估分析报告[R].北京:2009.

[9] 马鹤年.气象服务学基础[M].北京:气象出版社,2008.

[10] 安徽省气象局.安徽省公共气象服务中心组建方案.2009.

[11] 山西省气象局.山西气象事业发展行动计划[M].山西:山西省气象局.2005.

第三章　体制机制

安徽省公共气象服务发展机制初探

张脉惠　徐春生　汪克付　吴丹娃

（安徽省气象局,合肥　230061）

摘　要:社会经济的发展和人民生活方式的转变,对公共气象服务工作提出了新的要求。安徽省气象局作为全国公共气象服务建设试点单位,抓住这一有利时机,创新公共气象服务的发展机制,初步建立了公共气象服务均衡发展的运行机制。这些机制的建立,不仅是气象服务工作机制体制的创新,也体现了气象服务工作方式的转变和工作意识的革新。

关键词:公共气象服务;发展;机制

当前,我国正处在全面建设更高水平小康社会的重要历史时期,公共气象服务在经济发展全局中的地位越来越重要,作用越来越突出。各级党政领导高度重视、社会各界高度关切、人民群众高度关心、国际社会高度关注气象事业,对气象服务工作的要求越来越高;而服务型政府的建设,气象现代化水平的提高以及计算机、通信网络、新媒体等高新技术的发展为公共气象服务的发展带来了前所未有的机遇。

为实现"服务能力不断加强,服务效益更加明显,满意度进一步提高"的目标,我们围绕"防御和减轻气象灾害、应对气候变化"两大主题,强化气象部门社会管理和公共服务职能,增强公共气象服务对气象事业和现代气象业务发展的引领作用;以及"如何建立和完善公共气象服务体制机制",实现公共气象服务多样性、公共气象服务精细化、公共气象服务高频次发布、公共气象服务广覆盖以及公共气象服务科技水平提升进行了深入研究和探索。

一、现阶段气象服务工作体制机制上存在的不足

(一)无专门的公共气象服务机构,气象服务任务不能得到落实

一直以来,我省公共气象服务业务分散在不同的服务实体和局直业务单位,未能完全形成气象产品全省共享,集约化程度不高,在基本业务产品获取、服务产品加工制作、日常业务运行管理、技术保障等环节存在重复投入和重复建设。

(二)无完整的公共气象服务业务系统,没有建立针对不同属性气象服务的管理机制

各服务单位均建立了各自的气象服务业务系统,未形成整体,存在公众服务产品不丰富,表现形式不生动,普遍以业务产品代替服务产品的情况。

同时,原有的科技服务中心,没有对基本公益气象服务、增值性公益气象服务和面向专门用户的气象服务建立不同的运行和管理制度。公共气象服务能力建设滞后,服务的针对性不强、覆盖面不广、队伍专业化程度和科技水平不高,缺乏支撑服务业务发展的骨干力量,不能满足经济社会发展和人民生活水平日益提高的需求。

(三)未建立完整的公共气象服务效益评估和满意度调查等反馈机制

目前的公共气象服务工作普遍存在只做服务,不管服务效果的现象,社会公众的参与程度不高,不能满足各级党委政府防灾减灾的总体要求。

突出表现在:一是气象服务能力建设滞后,缺乏功能完备的综合服务平台,服务机构不健全。各项业务的技术规范、技术标准、技术流程还不够健全和完善;二是气象服务能力和水平与经济社会发展要求不相适应,气象服务发展总体上还缺乏有效的统筹和协调,气象服务工作的效益和效率不高;三是应对气候变化工作和气象灾害防御管理工作比较薄弱,以"政府主导、部门联动、社会参与"的气象灾害防御管理体系尚未完善。直接导致气象服务缺乏针对性,服务的深度和广度不够。公众服务信息覆盖面不够宽,对社会需求的变化认识不足;四是财务管理监管手段不够到位;五是科技创新对气象服务发展的贡献率不高,公共气象服务产品质量不高,科技含量不足。人才队伍的总体素质不适应现代业务的发展要求,缺乏领军人物和核心团队;六是国有资产管理方式陈旧,工作缺乏创新。

二、创新气象服务工作机制体制的必要性

(一)是防御气象灾害和应对气候变化的需要

我省是受气象灾害影响较为严重的省份之一,如何有效防御和减轻气象灾害、保障人民生命财产安全,成为气象工作新的目标;在全球气候变暖、极端天气气候事件明显增多的大背景下,如何适应和减缓气候变化,并应对其不利影响,成为气象工作者新的使命。随着社会经济的不断发展和人民生活水平的不断提高,气象服务与广大人民群众工作、生活的关系越来越密切。社会在进步同时,人民群众的生活方式也在不断转变,传统的气象服务已难以满足经济社会发展新需要,必须坚持以防灾减灾和应对气候变化服务为重点,不断拓展服务领域,丰富服务产品,延伸服务链条,实现气象公共服务产品的多样性、有效性和广覆盖。

(二)是适应经济社会发展的需要

近年来,由于党中央、国务院和各级党政领导对气象工作越来越重视,各级气象服务的意识、敏感性、主动性、及时性和准确性不断增强,在领导的关怀、各级气象部门的共同努力以及全社会的支持下,气象服务覆盖面不断扩大,服务领域不断拓宽,公共气象服务产品日益丰富、

精细,公共气象服务手段和方式也日渐多样化,专业气象服务的针对性逐步增强,重大气象灾害预警应急管理得到各级政府和社会各界的充分肯定。

随着经济社会的发展,传统的气象服务工作方式已难以适应新需求。气象服务工作要做到让群众满意,就必须进一步加强合作,充分调动和利用各种社会资源,研究分析公众的气象服务需求,建立完善气象服务系统和应急响应机制。强化气象社会管理,谋求气象事业的更大发展;必须不断提高科学管理和依法管理水平,建立完善各项业务流程,实行规范的人事、财务管理,着力提高气象服务工作的发展质量。这也促使各级气象部门积极转变工作方式,努力研发新技术和新产品,同时大力进行气象队伍人才建设,提高气象工作者的整体素质。

三、安徽省公共气象服务发展机制初探

作为中国气象局开展省级公共气象服务中心建设试点省份之一,2009年6月,安徽省气象局整合了省局有关直属业务单位的资源,将原先分散在各业务单位的气象信息服务、气候应用服务、专业气象服务等职能进行优化整合,组建公共气象服务中心,以便开展更有针对性、更精细化和更专业化的气象服务,不断提高公共气象服务的信息覆盖率和公众满意度。创新公共气象服务的发展机制,初步建立了公共气象服务均衡发展的六大运行机制。

(一)探索建立集约化的业务运行机制

在公共气象服务中心业务流程建立的过程中,围绕规范信息获取、产品制作、产品分发、系统运行监控、效益反馈等各环节的管理,在科技、人才、技术上进行集约化管理。通过建立集约化的运行机制,一是提高服务手段、技术人才等资源利用效率;二是增强社会经济数据在服务产品制作过程中的集成度,提高服务产品的针对性;三是能更好形成完整、闭合的服务业务流程,持续提高服务水平。

(二)探索建立规范化的业务管理机制

公共气象服务规范化管理是发挥服务效益,保障气象服务健康、有序发展的关键。一是完善公共气象服务业务管理制度,规范信息获取、产品制作、产品分发、系统运行监控、效益反馈等各环节的管理;二是完善公共气象服务工作制度,通过建立岗位职责、制定工作预案、考核办法、服务总结等一系列制度,实现对业务流程、业务组织的规范管理;三是着手通过法制建设和标准化建设,加强公共气象服务社会管理,实现公共气象服务行为的权、责、利统一。

(三)探索建立促进可持续发展的效益评价机制

在建立公共气象服务质量评价、效益评估和满意度调查的反馈体系方面,明确了"以建立公共气象服务外部质量考核办法为突破口,加快建立业务质量评价体系、效益评估和满意度调查的反馈。"的思路。一是依托全省1500多名乡镇信息员的定期反馈或即时反馈进行相对专业化的服务需求调查和质量考核。目前,气象服务中心正积极依托"乡镇综合信息服务平台",建立"公共气象服务质量信息员反馈平台",采取常规调查反馈和即时调查反馈相结合的方式,开展调查反馈工作。不断改进服务方式,提高服务水平。二是通过社会调查等方式进行公共气象服务质量考核和效益评估。

(四)探索建立国有资产委托经营机制

为推动面向社会公众的增值性公益服务收益的持续增长,我局通过建立国有资产保值增值委托经营机制来适应其发展。即由中心下属的企业实体来进行日常运营,基本业务科室负责围绕公众服务需求制作发布产品。企业实体实行公司法人治理结构,负责国有资产的委托经营,并确保国有资产的保值增值。

(五)探索建立多渠道的用人机制

新《劳动合同法》出台以后,省局及时组织修订了《安徽省气象部门编制外用工管理规定》,建立多渠道的用人机制,用人方式更加灵活。通过人才交流、引进、租赁等手段实现社会化用人方式,加强公共气象服务人才队伍建设,提升科技水平和整体实力,促进公共气象服务长效发展。

(六)探索建立财务管理的监督机制

为加强对增值性公益服务和专业气象服务收益的管理,我局制定了《科技服务管理实施细则》和《科技服务财务管理实施细则》,建立了财务管理监督机制。对增值性公益服务和专业气象服务的经营活动、收支管理、反哺机制等进行了详细规定。

四、建立公共气象服务均衡发展机制的意义

安徽省公共气象服务中心六大运行机制的建立,不仅体现了气象工作制度和方式的创新和转变,更体现了气象工作者工作意识和观念的革新。

(一)六大运行机制的建立,有利于业务工作效率的提高,实现气象服务工作全面、协调、可持续发展

气象工作与人民群众的日常生活密切相关。如何提供更好的气象服务让群众满意,成为气象工作者面临的新的挑战。安徽省公共气象服务中心从群众的实际需求出发,按照发展现代气象业务的总体要求,通过细化业务流程,明确产品指标,健全技术指标等一系列举措,对人、财、物实现了科学的、集约化的管理,从而提高了工作效率和效益。这样有助于为公众提供更优质、更有针对性的气象服务产品,实现气象服务工作全面、协调、可持续发展。

(二)六大运行机制的建立,有利于气象服务工作管理方式的创新,不断提高气象服务部门的活力

在社会快速发展的今天,人民群众对气象服务工作提出了更高的需求。这就要求气象工作者革新工作方式方法,加强科学管理。安徽省公共气象服务中心自成立伊始,就组织制定各项岗位职责和业务规范,建立健全业务管理规章制度,理顺责权;同时还建立和完善科学、分类的业务目标考核与评价机制以及激励机制。这些措施不仅有助于气象服务工作方式方法的革新,也有助于提高气象服务部门的工作活力,从而使工作的运行更加流畅、高效。

(三)六大运行机制的建立,有利于气象服务工作以人为本目标的实现

衡量气象服务工作好与坏的重要标准之一,就是看它是否符合群众的需求,是否让群众满意。安徽省公共气象服务中心通过建立公共气象服务反馈机制和效益评价机制,定期开展气象服务需求分析,了解各级政府、公众和专业用户的潜在需求;再根据反馈结果制定气象服务效益评估方案,并且采用多种方法定期评估气象服务效益,逐步发展建立气象服务效益评估体系。这样有助于气象部门客观地了解公众对气象服务的满意程度和服务需求,从而不断改进工作方式,提高气象服务质量,为公众提供更好的服务。

(四)六大运行机制的建立,有利于国有资产管理方式的创新

如何保障国有资产的保值增值,维护职工、单位和国家的合法权益,始终是一个困扰我们的重要难题。为此,安徽省公共气象服务中心积极探索有效的国有资产经营体制和方式,通过建立国有资产保值增值委托经营机制来适应其发展,推动面向社会公众的增值性公益服务收益的持续增长。中心下属的企业实体负责国有资产保值增值委托经营日常运营,基本业务科室负责围绕公众服务需求制作发布产品,实现国有资产的保值增值。

(五)六大运行机制的建立,有利于提高气象工作者的整体素质

事业的发展,关键在人才的利用。安徽省公共气象服务中心积极探索人才体系建设,多渠道引进人才,并进一步加强人才团队建设,努力满足现代业务发展的需要;另一方面,根据新的岗位设置要求,合理安排和使用好现有人才,努力做到人尽其才,才尽其用。中心人才体系建设的创新,是气象队伍用人制度的改革和创新。这样就减少了用人上的失误,为气象事业的发展提供了优质的人力资源,造就了一支优秀的、高素质的气象服务团队,充分发挥人才对气象服务业务发展的支撑能力。

(六)六大运行机制的建立,有利于财务管理工作的制度化、规范化

随着事业单位财务管理内外环境发生的变化,其财务管理方式也应该适应更广泛的市场经济需要;同时,事业单位的财务管理监督工作变得比以往更加重要。从这一实际情况出发,安徽省公共气象服务中心在财务管理工作方面积极创新,对国家与地方各类项目和各种渠道的可用资金进行统筹和监管,重点支持和加强关键技术的研发及应用工作。设立稳定可持续增长的公共预算专项经费渠道,严格监督、重点管理,保障现代业务系统的基本建设、运行维护和应用改进与优化。这些措施不但建立健全了财务管理监督机制,也推动了财务管理工作的制度化和规范化。

安徽省气象局抓住全国公共气象服务建设试点单位这一良好机遇,紧紧围绕体制机制建设和提高服务能力两大核心任务,认真分析公共气象服务所面临的问题,积极探索公共气象服务的政策,深入思考公共气象服务的制度保障,不断加强公共气象服务能力建设。创新公共气象服务的发展机制,初步建立了公共气象服务均衡发展的运行机制。体现了气象服务工作方式的转变和工作意识的革新。为实现"服务能力不断加强,服务效益更加明显,满意度进一步提高"的目标奠定了坚实的基础。

提高决策气象服务能力的实践与思考

苏占胜

(宁夏气象台,银川 750002)

摘 要:分析总结了宁夏决策气象服务工作的现状及存在的问题与不足,提出提高决策气象服务能力的 4 点建议:一是增强责任感、使命感,进一步完善决策气象服务运行机制;二是决策气象服务要做到"四个结合",进一步提高决策气象服务的敏感性、针对性、主动性、及时性;三是围绕地方社会经济发展特色,加大气象为三农服务的科技支撑,努力提高决策气象服务产品的内涵和质量;四是建立健全决策气象服务的考核评价机制。

关键词:决策气象服务;能力;实践;思考

决策气象服务是气象服务学中的一个分支,是气象部门为各级党政领导在指挥生产、组织防灾减灾、气候资源合理开发利用和生态环境保护等方面进行科学决策所提供的重要气象服务,也是一种涉及社会稳定、经济发展和人民生命财产安全的全局性、高层次、综合性和超前性的特殊气象服务。多年来,宁夏气象局坚持"三个代表"的重要思想,以中国气象发展战略研究成果为指导,认真践行"公共气象、安全气象、资源气象"的理念,始终把做好决策气象服务当作气象工作的一项长期战略性任务和气象服务工作的"重中之重"来抓,坚持把气象防灾减灾放在决策气象服务工作的首位,紧紧围绕地方经济建设的需求,有针对性地开展具有地方特色的决策气象服务工作,取得了良好的成效,得到了自治区党委、政府及有关决策部门的高度重视和好评。

一、宁夏决策气象服务工作现状

(一)领导重视,决策气象服务系统逐步完善,服务能力明显提高

宁夏气象局领导高度重视决策气象服务工作,早在 2001 年 4 月,就成立了区级决策气象服务机构,并在决策气象服务系统的建设上狠下工夫,逐步开展决策气象服务工作,取得了较好的成效。随着决策气象服务在国民经济建设和社会发展中的作用越来越重要,为了全面贯彻中国气象局关于加强决策气象服务工作的要求,进一步增强决策气象服务的敏锐性、针对性,提高决策气象服务的快速反应能力,宁夏气象局于 2005 年在原有决策气象服务机构的基础上,成立了宁夏气象局决策气象服务办公室(挂靠宁夏气象台),进一步健全了决策气象服务组织机构,明确了决策气象服务办公室的主要工作职责。在中国气象局的大力支持下,在原有建设的基础上投入经费更新和补充了决策气象服务硬件设备,健全决策气象服务数据库,完善决策气象服务周年方案。宁夏气象局还进一步规范了决策气象服务产品的种类,把决策气象

服务产品规范为《重要天气情况的报告》、《天气信息专报》、《灾情快报》和《天气警报》4 类常规性材料和专题报告等重大决策服务材料,使决策气象服务工作更加规范有序。进一步规范了决策气象服务各项业务工作及技术流程,健全了决策气象服务业务值班制度、决策气象服务工作岗位职责等,从制度和业务流程上为做好决策气象服务工作打下了良好的基础。通过软硬件建设及规章制度的制定和措施的落实,决策气象服务工作的能力得到了极大的提高,为做好决策气象服务工作打下了较为坚实的基础。

(二)始终把抗旱气象服务作为常抓不懈的服务内容,取得了显著成效

宁夏是一个十年九旱的干旱半干旱地区,干旱始终是制约宁夏经济社会发展的气象灾害之一。特别是在全球气候变暖的大背景下,近年来,宁夏中部干旱带及南部山区的旱情日益加剧,几乎是干旱年年有,一年两头旱,甚至多年连旱。宁夏气象局始终把抗旱决策气象服务放在首位,密切监测旱情并滚动开展旱情评估服务工作,取得了显著的成效。

2005 年,宁夏中部干旱带及以北地区长期无有效降水,发生了近 50 年来少见的秋冬春夏四季持续性的特大干旱,旱情异常严峻,对农牧业生产、人民生活及生态建设等造成了巨大的影响。宁夏气象局在年初就敏锐地意识到干旱对宁夏农业生产及生态建设的潜在危害,向自治区党委、政府报送了《重要天气情况报告》,对中部干旱带及南部山区的墒情做了深入细致的科学分析,并明确提出了决策建议,得到了自治区领导的高度重视,自治区党委书记陈建国对此作了重要批示。针对持续蔓延加重的干旱,宁夏气象局组织全区各级气象台站实地调查旱情,并滚动监测评估旱情的发展,从气候条件、土壤墒情以及灾害影响等方面综合详实地对干旱做了阶段性的综合评估分析,向自治区党委、政府上报了"2005 年宁夏干旱评估分析报告",分析指出"2005 年原州区以北的大部分地区及中部干旱带地区发生了 20 世纪 50 年代以来最为严重的秋、冬、春、夏四季连旱的持续性干旱,干旱的严重性在历史上仅次于 1987 年,属特大干旱。"这一综合评估结论得到了党委、政府及社会各界的广泛认可,为宁夏各级部门强化抗旱意识,科学决策,积极抗旱救灾做出了贡献,同时树立了宁夏气象部门在气象灾害监测、评估方面的权威性。

(三)决策气象服务工作在政府防灾减灾决策中发挥关键作用

宁夏气象局始终把气象防灾减灾决策服务工作放在首位,主动及时地向党政决策部门提供灾害性天气的监测、预测信息及防灾减灾建议,在防灾减灾决策中发挥了重要作用。

2007 年 7 月下旬至 8 月上旬,宁夏灌区出现持续低温阴雨天气,对水稻生产影响较大。宁夏气象局决策办开展滚动监测评估,向自治区党委、政府上报系列化的决策气象服务材料,提出了切实可行的科学建议。自治区党委、政府高度重视,陈建国书记在报告上批示"请电视、报纸及时宣传;请农牧厅加大服务,尽量减少损失"。自治区有关部门根据气象服务建议,积极采取了有效防范措施,保证了宁夏水稻灾年不减产,粮食生产持续稳定。

2008 年 1 月中旬至 2 月中旬,宁夏出现了罕见的持续阴雪低温天气,全区大部地区出现了有气象观测记录以来最长天数的连阴雪,气温持续异常偏低,部分地区气温为有气象观测记录以来同期最低值。持续阴雪和低温寡照天气给煤电油运工作及设施农业生产造成较大影响,温棚蔬菜、花卉等遭了严重的冻害,畜禽的安全越冬也受到一定程度的威胁;受持续低温影响,黄河宁夏段出现了近 40 年来最长距离的封河,凌汛形势严峻。当时正值自治区十届人

大一次会议及政协九届一次会议召开,宁夏气象局精心组织,周密安排,连续 20 多天开展滚动跟踪服务,为自治区"两会"的召开提供了积极有效的气象保障,同时也为党政决策部门积极应对连阴雪天气提供了及时科学的决策依据。自治区党政领导在气象局上报的决策服务材料上多次作了重要批示。决策气象服务工作在防御持续阴雪灾害中发挥了重要作用。

(四)紧紧围绕地方特色农业的发展,决策气象服务为新农村建设做出了贡献

2003 年,宁夏回族自治区党委、政府根据宁夏区域优势及资源特点,启动实施了《宁夏优势特色农产品区域布局及规划》。经过多年发展,形成了牛奶、枸杞、清真牛羊肉和马铃薯四大战略性支柱产业带和酿酒葡萄、蔬菜、淡水鱼、优质牧草及饲料、优质水稻、玉米等六大区域特色优势产业带。围绕着宁夏优势特色农业的发展需求,宁夏气象局积极开展了枸杞适宜采收期预测、枸杞黑果病发生流行趋势预报、中部干旱带硒砂瓜生产系列化气象服务及马铃薯生产气象服务等决策服务。有针对性的决策服务工作得到了有关部门的高度重视,对有效预防和减轻损失,保障和促进特色农业发展起到了积极作用。

(五)重大活动及气象应急保障服务取得成效

2007 年 5 月 16 日,宁夏六盘山国家级自然保护区二龙河小南川林区发生森林火灾,宁夏气象局立即启动气象服务应急预案,开展了气象应急服务。各部门根据应急预案,开展实时跟踪预报服务,通过对宁夏六盘山二龙河小南川森林火灾发生时的天气实况、气候成因分析及对策建议,及时向自治区有关领导和有关部门提供决策信息和建议。及时有效的气象应急服务受到自治区领导的高度评价。

2008 年,宁夏回族自治区成立五十周年,自治区人民政府在银川举办自治区成立五十周年大型庆典活动,全区各地在 9 月中下旬举办系列丰富多彩的庆祝活动,中央代表团赴各市、县慰问。是年 9 月下旬,宁夏出现持续性阴雨天气,对气象保障服务工作提出了更高的要求的更加严峻的考验。为了保障自治区成立 50 周年大型庆祝活动顺利进行,为中央代表团来宁慰问提供优质气象服务,宁夏气象局进一步强化服务意识和大局意识,把自治区 50 大庆气象服务作为气象服务工作的重中之重,开展了从灾害性天气发生的气候风险评估到每日滚动的实时天气预报等一系列的气象服务工作,共编发《自治区 50 大庆专题气象服务》22 期,向党政领导及有关部门提供《重要天气情况报告》5 期,圆满完成了重大气象服务保障任务,为宁夏回族自治区 50 周年大庆的圆满完成做出了积极贡献,得到了有关部门的高度赞扬。

(六)应对气候变化决策气象服务工作取得突出成效

气候变化是当今世界面临的重大挑战,关系到经济社会发展和生态文明建设的全局。宁夏回族自治区党委政府及有关部门对气候变化及其影响越来越关心和重视,宁夏气象局应对气候变化的决策气象服务工作也在逐步深化,并取得了突出的成效。2008—2009 年,宁夏气象局作为主要部门积极参与制定《宁夏应对气候变化方案》,针对宁夏气候变化的现状和未来发展趋势,从宁夏气候变化现状和应对气候变化的努力、气候变化对宁夏的影响与挑战、应对气候变化领域、温室气体排放情景及政策措施效果分析、应对气候变化的保障措施等六个部分进行了阐述,圆满完成了方案的制订工作。宁夏气象局还向党政决策部门上报了《全球气候变化及其影响和对策研究》专题报告,以翔实的资料和多年的研究成果,从全球、中国以及宁夏

气候变化的事实,气候变化对全球、中国以及宁夏造成的影响,未来气候变化的影响及预估,应对气候变化的对策等方面做了科学的阐述。报告受到党政领导及有关部门的高度重视和好评。2009 年 12 月 7 日,宁夏气象局参与制作的《中国宁夏:行动带来改变》作为全国唯一反映省级应对气候变化工作成效的专题片在丹麦首都哥本哈根举行的联合国气候变化框架公约第 15 次缔约方大会上播放。近年来,宁夏气象局还以多种形式向自治区党政部门上报了有关气候变化背景下宁夏干旱发展趋势以及风能、太阳能资源开发利用方面的决策分析和建议材料,得到了党政决策部门的高度重视,为宁夏积极应对气候变化、开发利用绿色能源做出了积极贡献,自治区有关领导多次在上报的决策服务材料上作了重要批示。

二、宁夏决策气象服务工作中存在的问题和不足

多年来,宁夏决策气象服务工作为自治区党政领导及有关部门提供了及时准确的决策气象服务信息和科学的决策建议,在党政领导及有关决策部门防灾减灾及经济建设决策中发挥了重要的参谋作用,为自治区的防灾减灾、社会安全、经济发展及生态建设做出了积极的贡献。但是,与现代气象业务体系建设及社会经济发展对决策气象服务的需求相比还有很大的差距,决策气象服务工作还存在着许多的问题与不足。

(一)决策气象服务的敏感性、超前性还不能满足社会经济发展及党政部门的需求

随着社会经济的不断发展和变化,决策气象服务的需求也在不断地提出新的要求。尽管我们多年来在决策气象服务的敏感性、超前性上进行着不断地追求,但与社会经济的发展和党政决策部门的需求还有着较大的差距。

(二)决策气象服务的科技支撑能力不足

经过多年不懈的努力,宁夏气象局在现代气象业务体系建设上取得了明显的成效,气象预报预测和服务的技术水平有了长足的进步,科技支撑能力在逐步增强,但支撑决策气象服务的科研成果仍显不足,在很大程度上制约着决策气象服务效果的充分发挥。如,在对气象灾害的预估、评估方面,缺少能够在业务工作中发挥明显作用的科研成果,致使我们对 2008 年年初发生的持续阴雪低温极端天气可能会造成的影响范围估计不够全面,对影响的程度估计不足。尽管我们在决策服务材料中提出了持续阴雪低温天气会对设施农业、畜牧业、交通运输等造成明显影响,但却没能估计到长时间的持续低温也对林果业、水利设施等造成了较大影响和危害。设施农业气象研究成果缺乏造成我们在决策气象服务中科学性、针对性不足。比如,宁夏各地的蔬菜花卉温棚,由于各种原因而多代并存,不同代别的温棚,其建设标准、抗灾能力迥异,持续阴雪低温所造成的危害程度有明显的差异。但目前我们在决策气象服务中,对设施农业的灾害预估仍然没能做到分不同地域、不同类型有针对性的分析,更缺乏定量的灾损预估和评估。

(三)决策气象服务业务服务业务系统有待完善

经过多年的业务建设,宁夏决策气象服务业务系统从无到有,现代化、自动化程度不断提高,目前已建成了宁夏决策气象服务业务系统和宁夏干旱决策服务系统,极大地提高了决策气

象服务产品的加工效率和服务能力。但是,服务产品仍然主要以传统的纸质材料为主,与党委、政府及有关部门之间的现代化网络服务不够顺畅,这在很大程度上制约着决策气象服务的时效。

(四)决策气象服务的运行机制和考核评价机制亟待健全和完善

宁夏气象局决策气象服务工作施行的是小实体大网络的运行模式,即以挂靠于宁夏气象台的决策气象服务办公室为专职业务机构来策划常规性的决策气象服务,对于重大的决策气象服务工作,则根据区气象局安排,由决策气象服务办公室向各相关业务部门下达任务,各业务部门提供前端产品,决策气象服务办公室作进一步加工,制作并编发决策气象服务材料。这一机制有利于充分发挥各业务部门的技术优势和人才优势,有利于提高决策气象服务的能力和服务质量。这种优势的发挥需要有强有力的考核评价和业务监督机制来保证。但就目前的情况来看,这种考核评价和业务监督机制还没有完全建立起来,因此,在业务运行过程中,往往存在着前端产品质量参差不齐、时效不高的问题,难以保证优质高效决策气象服务工作的需求。

(五)决策气象服务人才队伍建设亟待加强

人是生产力中最活跃最根本最具革命性的因素。决策气象服务能力和水平的高低,起决定作用的是人才队伍综合素质的高低。决策气象服务是一种涉及社会稳定、经济发展和人民生命财产安全的全局性、高层次、综合性和超前性的特殊气象服务,对决策气象服务人才有其特殊的高标准的要求。而从目前现状来看,宁夏区气象局决策气象服务办公室仅有 3 人(1 人为退休返聘人员),年龄偏大、知识结构不尽合理,而且人员变动较大,市县气象局基本无专职决策气象服务人员。这一状况远远不能满足要求日益提高的决策气象服务工作的需求,因此,亟待加强决策气象服务人才队伍建设,重视决策气象服务人才的培养,特别是区级决策气象服务高层次把关人才的培养迫在眉睫。

三、进一步提高宁夏决策气象服务能力的几点建议

(一)增强责任感、使命感,进一步完善决策气象服务运行机制

要从讲政治的高度,进一步提高对做好新时期决策气象服务工作重要性的认识,增强做好新时期决策气象服务工作的责任感、使命感、紧迫感。进一步通过制度建设来提高认识、加强领导、明确责任。各业务单位和部门要树立大局意识,站在全局高度做好决策气象服务产品的策划和制作,同时要充分发挥高级科研业务人员的力量,建立决策气象服务首席服务官制度,完善决策气象服务流程,充分发挥全局集约化综合效益,准确、及时、科学、高效地做好决策服务工作。

(二)决策气象服务要做到"四个结合",进一步提高决策气象服务的敏感性、针对性、主动性、及时性

决策气象服务工作要与自治区党委、政府的中心工作密切结合,与政府相关部门密切结

合,与气象部门内部各单位密切结合,与新闻媒体密切结合。决策气象服务人员要时刻关心政治、关心时事,要通过与党政决策部门建立密切的联系,并通过网络、报纸、电视等各种媒体时刻关心和了解党政领导及决策部门"做了什么、在做什么、在想什么、想做什么",及时捕捉党政决策部门的服务需要,做到"宽视野、宽思路、宽胸襟"。

(三)围绕地方社会经济发展特色,加大气象为"三农"服务的科技支撑,努力提高决策气象服务产品的内涵和质量

在决策气象服务为"三农"服务上,要紧紧围绕自治区党委、政府提出的在全区发展100万亩设施农业、100万亩覆膜保墒集雨补灌旱作节水农业、100万亩扬黄扩灌节水高效农业和100万亩适水产业的"四个百万亩"工程,加大科研开发力量,集中各方面最新的研究成果,不断增强决策气象服务产品的针对性,提高决策气象服务产品的内涵和质量,最大限度地体现决策气象服务的效果。

(四)建立健全决策气象服务的考核评价机制

决策气象服务是一项综合性的业务,工作涉及面广,对决策气象服务人员的综合要求高,要求业务人员既要有综合广泛的业务专业知识,又要有对党政决策部门决策需求的高度敏感性,还要始终密切关注天气气候的变化,其岗位要求和特点与其他专业岗位有着很大的不同。因此,必须建立符合决策气象服务业务特点的考核评价机制,健全决策气象服务业务人员评价体系,弱化以科研项目和科研论文为评价依据的考核机制,给予从事决策气象服务业务工作的人员以科学公正的评价,从而稳定和提高决策气象人才队伍的整体素质,进一步提高决策气象服务工作质量。

参 考 文 献

[1] 王正伟.2010,2,7.宁夏回族自治区第十届人民代表大会第三次会议上的政府工作的报告[EB OL]. http://www. nxnet. cn/newscenter/newssz/201002/t20100207_764591. htm.

[2] 丁传群.2010,2,3.加快宁夏气象事业发展首先要解放思想.[EB OL]. http://192. 168. 7. 6/dydh/dydhnews1. asp.

[3] 国务院.2006,1,12.国务院关于加快气象事业发展的若干意见.[EB OL]. http://www. gov. cn/gong-bao/content/2007/content_728251. htm.

[4] 宁夏回族自治区人大法制委员会,宁夏回族自治区人大常委会法工委,宁夏回族自治区气象局.宁夏回族自治区气象灾害防御条例[M]. 2009.

[5] 李汉彬,于平,钟伟雄,等.2007(9).决策气象服务的策略与技巧初探[J],气象研究与应用.

[6] 姚鸣明,王秀荣.2008(6).2008年雨雪冰冻灾害引发的决策气象服务探讨[J],防灾科技学院学报.

[7] 黄发明,幸卫斌,杨希.2009(6).做好决策气象服务的几点思考[J],福建气象.

简析气象应急服务发展新途径

朱临洪[1]　范永玲[2]　王少俊[1]　张喜娃[2]　王智娟[3]　李　强[2]

(1. 山西省气象局,太原　030002;2. 山西省气象科技服务中心,太原　030002;

3. 临汾市气象局,临汾　041000)

摘　要:鉴于山西省特殊的气候条件及气象灾害发生规律,通过山西省气象应急保障服务工作的实践与探索,准确把握社会防灾减灾工作需求,研究气象应急服务新情况、新挑战,提炼出"有安全就有气象"的服务理念,促使气象应急服务在政府减灾中的角色转变,提高气象应急服务的能力与水平,探索气象应急服务全面发展的思路与途径,提出了强化公共服务职能、提升气象应急管理能力、加强气象社会管理工作、强化应急气象服务方式以及抢抓机遇、促进发展的气象应急服务发展新途径。

关键词:气象;应急;服务

山西省地处黄土高原东部,地理位置偏北,地形地貌复杂,高差悬殊,生态环境脆弱,是我国自然灾害最多、活动最频繁、危害最严重的省份之一。气象灾害造成的直接经济损失占GDP 的 3% 以上,气象灾害造成的损失占各类灾害总损失的 70% 以上。特别是各种突发事件如暴雨(暴雪)造成山体滑坡、公路交通重大事故、煤矿及非煤矿山瓦斯爆炸、透水事故、森林火灾等时有发生,给国家财产和人民生命安全造成了极大的损失。省委、省政府非常重视应对突发事件工作,制定了相应的应急预案和应急体系,其中绝大多数都与气象应急服务息息相关。如何做好气象应急服务,为应对突发事件提供最大程度的气象信息服务,就成为当前迫切需要解决的问题。

近年来,省气象局党组坚持公共气象、安全气象、资源气象的理念,紧紧围绕山西省委、省政府安全发展的新需求,强化气象应急服务能力,更好地发挥气象气象工作在防灾减灾中的作用,为山西气象事业实现跨越发展做出了积极的探索,初步取得了"政府最想、老百姓急需、气象部门办好事"的一举三得的效果。

一、树立气象应急服务新理念,促使气象在政府减灾中角色转变

鉴于我省特殊的气候条件,气象及衍生、次生灾害频发,突发事故灾难难以避免,省气象局把密切关注灾害、灾难发生情况,随时提供气象保障服务放在各项工作的第一位,摆上省局党组工作的重要议事日程,提出"有安全就有气象"的服务理念。组建了机构明确、人员到位、职责清晰、信息畅通的气象应急保障组织体系,推行气象应急"服务理念、内容方式、应急流程、角色位置"四个转变的新型服务模式,在多次突发事件气象应急服务中得到检验与提高,产生良好服务效果。

(一)服务理念的转变

提高决策者和执行者对气象应急服务在应对突发事件中重要作用和价值的认识。除了做好主要气象灾害及气候事件如干旱、暴雪、冰雹、连阴雨、寒潮、高温等的应急服务以外,还需要采取有力措施,制定科学方案,组织坚强团队,推行有效方式,全力做好山体滑坡、交通重大事故、煤矿瓦斯爆炸、透水事故、非煤矿、尾矿库安全事故、森林火灾、地震等突发事件的气象应急服务工作。2008年至今,省气象局在2008年9月8日山西省襄汾县新塔矿业有限公司塔儿山矿特别重大尾矿库溃坝事故、2009年2月22日古交屯兰煤矿特大瓦斯爆炸事故、2009年11月16日吕梁中阳山体滑坡事件、2010年3月28日华晋焦煤有限责任公司王家岭煤矿透水事故等突发事件应对中,认识到位,及时主动,气象应急服务组织得力,确保第一时间到达现场,针对突发事件展开全方位现场服务,为事故救援工作提供了极为重要的决策参谋,受到了省委、省政府和中国气象局领导的表扬。

(二)服务内容和方式的转变

力求事故现场气象应急服务内容有针对性、实用性。这就要求我们把分析、研究、总结准备工作做到前面,把握各种突发事件应对中所需要的气象服务内涵,制作现场最需要的风、雾、最低气温、降水、路况、穿衣指数等24小时、2小时、1小时滚动精细化预报,多要素自动监测信息,交通专线预报等精细化服务。同时要建设完善气象应急服务的技术装备、通信设备和传输渠道,以适应事故救援的现场服务需求。彻底改变过去用公众预报代替应急专项预报的状况。

(三)应急流程的转变

当突发事件发生时,要在第一时间响应,第一时间赶赴现场,并跟踪服务于事故救援的全过程。每次重大突发事件发生时,省、市、县三级领导要带队第一时间亲临一线雪中送炭,了解现场种种需求,统筹部署现场服务。各级应急分队迅速到位,现场流动气象台第一时间发布监测、预报信息到抢险救援指挥部,第一时间保障抢险救援工作。全体气象应急服务人员坚守岗位,与省、市、县气象部门保持密切联系,及时将每一份符合抢险救援需求的、具有很强针对性的现场救援气象保障服务专报直接递送给现场抢险救援的最高指挥,为其科学决策提供依据。这一切都要坚持到抢险救援最后一刻。为确保气象应急工作高效运转,省气象局专门制订了《山西省气象局突发事件应急流程》,做到岗位、职责、工作程序三明确,成为气象部门应对各种突发事件的行动指南。

(四)角色位置的转变

在应对突发事件中找准气象应急服务的位置,在分析各种突发事件救援所需要的气象条件、信息服务的基础上,总结气象应急服务针对不同突发事件的服务重点。例如,气象应急服务为"9.8特别重大溃坝事故"责任认定提供了最权威、最直接的科学依据,国家安监总局领导对本次应急气象服务工作进行了高度评价,指出本次气象服务为国务院认定此次事故性质提供了最权威、最直接的科学依据,为现场搜救工作提出了准确、及时的预报服务。为吕梁中阳山体滑坡和王家岭煤矿透水事故抢险救援提供了准确的现场气象条件的预测服务。山西省气象局在上述几次突发事件的应急服务中,都很好地做到了找准位置、把握需求、针对重点、有效服务,多次受到省委、省政府和中国气象局领导的赞扬和好评。随着气象应急服务的逐步深入和广泛开展,政府现场救援指挥、应急协调会开始请气象部门参加、省领导到灾害现场点名叫气象局长一同去,省政府应急办要求气象局带上应急车和开通气象传媒平台发布应急指令……变"我要服务"为"要我服务",气象工作在政府应急工作中由配角逐步转变为主角。

二、落实气象服务"十二字方针"寻求促进事业跨越发展新途径

省气象局杜顺义局长在 2008 年全省气象局长工作研讨会《充分发挥公共气象服务的引领作用努力谱写山西气象事业科学发展的新篇章》报告中明确提出坚持"重服务、强能力、优环境、促发展"的 12 字工作方针。应急气象服务工作正是在落实这一方针中尝到了甜头。

——重服务,就是要高度重视和进一步强化公共气象服务对气象事业发展的引领作用,全面提高公共气象服务水平。具体到气象应急服务就是领导带头做好应急气象服务工作,建立一把手亲自抓、分管领导重点抓、各级部门精心组织、在岗气象人齐抓共管的新格局。

——强能力,就是要加快建设气象现代化体系进程,着力增强现代气象业务能力、现代气象科技能力、现代气象人才能力。具体到气象应急服务就是要千方百计地做好突发事件气象应急工作,建立气象应急队伍、专家组,建设现场流动气象台,配备气象现场移动保障车等专用装备,建立一整套重大突发事件气象应急服务系统,组建气象防灾减灾志愿者队伍和各行政村气象信息员队伍,确保在第一时间能将重大气象灾害预警信息传递给可能遭受损害的人群,专门安排应急专项经费用于保障应急工作的有效开展。

——优环境,就是要不断加大统筹兼顾、全面协调的力度,着力优化山西气象事业科学发展的环境和氛围。具体到气象应急服务,2008 年 4 月 11 日,《山西省气象灾害应急预案》作为政府专项预案正式下发(晋政办发〔2008〕11 号)。在此基础上,编制了《山西省气象灾害应急预案操作手册》。另外,省气象局根据本部门任务情况,完善了气象局内部相关应急预案(包括《山西省气象局地震应急预案》、《山西省气象局安全生产事故灾难气象服务应急预案》、《山西省气象局反恐怖袭击和紧急情况处置预案》、《山西省高速公路〈保畅通〉工程气象服务应急预案》、《山西省应对多种安全威胁气象保障方案》以及《山西省气象局雪灾气象服务工作预案》等分灾种应急预案)。形成政府主管、多部门联动、全社会齐抓共管的新格局。

——促发展,就是要着力于推动气象事业全面转入科学发展轨道,不断开拓气象事业科学发展新境界,努力谱写气象事业科学发展新篇章。2009 年省财政投资 3000 多万元,在省气象局建设全国第一个省级应急气象服务发布平台;省财政出资建设全省高速公路气象监测预警服务系统;2010 年 3 月 24 日中国气象局与山西省政府签署《构筑全国一流的气象现代业务体系》合作协议。合作协议共有六项具体内容,其中三项是气象防灾减灾和应急服务方面内容。即:双方商定,共同加大资金投入,利用 5 年时间,合作共建山西省气象防灾减灾体系与应急服务系统工程,合作共建山西农业经济区防灾减灾气象保障工程,合作共建国家突发公共事件预警信息发布系统山西分中心;2010 年 2 月,省政府办公厅出台文件,部署全省加强农村防灾减灾气象服务信息全覆盖工作,要求三年时间,全省所有建制村实现气象服务信息全覆盖,确保至少有一种手段可以及时将气象灾害预报预警信息传递给每一户农户、每一位农民。2010 年内,省、县政府首先出资共建 10 个新农村防灾减灾气象服务示范县。

以上这些,呈现出气象为地方服务的新面貌,取得的新成就,气象部门的地位和作用更突

出，同时也表现出了山西省政府支持气象事业史上力度最大的可喜形势，给山西气象事业跨越发展注入了新的活力。

三、研究气象应急服务新情况，推进气象应急服务科学发展

（一）强化公共服务职能

更加注重公共服务是政府职能转变的一项重要任务，是党和政府以人为本的基本要求和体现，是贯彻落实科学发展观的必然要求。气象事业是与经济建设、国防建设、社会发展和人民生活密切相关的基础性公益事业，气象工作事关国计民生，直接服务社会，服务人民大众。因此我们气象部门应强化政府气象管理与公共服务职能，以优质的服务和主动有效的工作获得政府工作上的认可和管理与政策上的支持，以精彩的作为争取政府给予更重要的位置。

（二）提升气象应急管理能力

社会公共安全是保持社会安定的基础，是政府加强社会管理的工作重点。突发公共事件严重威胁社会安定和人民生命财产安全，政府必须加强应急管理。在突发公共事件中，自然灾害占有相当的比重，而在自然灾害中，气象灾害占70％以上。加强气象应急管理工作，是政府转变职能的重要体现。因此我们气象部门应以提高应急气象服务对防灾减灾的贡献率来争取政府最大政策和资金支持。要集中精兵强将像抓气象现代化建设那样构建新一代气象应急服务体系。

（三）加强气象社会管理工作

政府部门重视和加强社会管理，对于推动科学发展，促进社会和谐，全面建设小康社会，都是十分重要和必要的。气象事业是公益事业，气象应急管理不仅包括业务和技术管理，也包括社会公共事务的管理。加强气象社会管理，也是转变政府职能的重要内容。我们增强气象应急社会管理工作重点应放在气象应急标准化和规范化建设上，通过由政府牵头，建设气象灾害防御体系和防御标准，组织对各有关部门、社区等设立气象应急标准认证和工作目标任务下达考核，推动全社会开展有效的气象防灾减灾。

（四）强化应急气象服务方式

多次成功重大应急气象服务实践表明：在基本预报质量一定的条件下，采用有效服务方式把基本气象源信息科学转化为社会服务效益大有潜力，如果说在十年内基本预报准确率可提高3％～5％，那么相对来说，对十年之内气象服务效益提高20％～30％可持乐观态度。因此我们要花大力气研究如何在准确精细预报的基础上提高气象应急服务质量和效益。

（五）抢抓机遇，促进发展

在开展气象应急服务的实践中，我们感到：如果说气象预报预测业务是气象工作主体的话，那么气象应急服务应该是气象工作面向社会的主要窗口之一，是气象工作由基础业务技术向社会管理与服务延伸的重要渠道，是气象工作在整个经济社会发展和社会管理进程中得以

充分展示和实现自身价值的良好载体。回良玉副总理指出"气象工作从未像今天这样受到各级党政领导的重视,受到社会各界的高度关注,受到广大人民群众的高度关心,受到世界的高度关注"。日益拓展和深化的社会需求是气象事业发展的良好机遇,也是严峻挑战,我们应以咬定青山不放松的精神,抓住气象应急服务优势,搞好应急气象服务硬实力和软实力建设,一是争取政府支持大力提升气象应急气象服务硬实力:气象防灾减灾体系与应急服务系统工程,城市、农村防灾减灾气象保障工程,国家突发公共事件预警信息发布系统。二是利用气象部门现有高科技优势大力提升应急气象服务软实力:由政府委托气象牵头组建防灾减灾研究中心、社会防灾减灾科普中心、大众防灾减灾培训中心,加强应对灾害及突发事件的应急保障理论研究和能力培养。

　　总之,随着社会经济发展对防灾减灾安全保障需求的日益增长,气象应急管理与服务越来越受到各级政府的重视,气象在社会应急管理中的地位日益突出。气象部门要在防灾减灾工作新格局中,增强社会功能,发挥更大作用,产生更大经济社会效益,必然要不断深化改革,在探索与实践中不断完善气象应急管理体制和机制。所以,我们要更加关注社会改革和政府的新需求,想政府之所想,急百姓之所急,坚持以科学的态度、科学的方法进行大胆的探索与实践,利用应急气象服务的优势,向社会辐射和渗透,争取应急气象服务融入到防灾减灾、各行各业、人民群众日常生产生活中,牢牢掌握事业发展的主动权,应急气象服务的效果将被越来越多的行业和人们所重视,其社会效益和经济效益价值将会真正得以彰显。

参 考 文 献

[1] 郑国光.在第五次全国气象服务工作会议上的讲话[R].2008.
[2] 矫梅燕.在第五次全国气象服务工作会议上所作的题为《坚持需求牵引推进改革创新努力开创公共气象服务工作的新局面》[R].2008.
[3] 于新文.政府公共危机管理及其对气象应急管理的思考[R].全国气象部门应急管理培训班讲座.2009.
[4] 孙健.国家突发公共事件预警信息发布系统建设[R].全国气象部门应急管理培训班讲座.2009.
[5] 潘进军.北京奥运气象风险控制与应急[R].全国气象部门应急管理培训班讲座.2009.
[6] 邵国安.国家应急平台体系技术要求[R].全国气象部门应急管理培训班讲座.2009.
[7] 缪旭明.四川汶川地震气象应急与服务[R].全国气象部门应急管理培训班讲座.2009.
[8] 杜顺义.在2008年全省气象局长工作研讨会上所作的题为《充分发挥公共气象服务的引领作用努力谱写山西气象事业科学发展的新篇章》[R].2008.
[9] 山西省气象局.2009年度应急管理工作考核自查总结.2009.
[10] 临汾市气象局.关于襄汾"9.8特别重大溃坝事故"应急气象服务有关情况的汇报.2009.

公共气象服务体系建构中的社区(村)发展探索

贾天清

(广东省气象局,广州　510080)

摘　要:在阐述公共气象服务体系建构的意义与内涵的基础上,引入并分析了新公共服务理论对于社区公共服务发展的启示与借鉴,结合东莞市创建安全气象社区(村)的实践,初步探讨了基层公共气象服务建构的主要内容和方向。

关键词:应用气象学;公共气象服务;新公共服务理论;安全气象社区

随着政府职能的转变和公共服务理念的确立,满足社会公共需求,提供充分、优良的公共产品与公共服务正在成为现代政府的核心职责[1]。公共气象服务体系的建构,既是对我国气象体制改革大背景下气象事业的重新定位与服务制度的重新设计,也是在当今社会国际化、市场化形势下政府气象行政职能转变的现实选择和战略选择[2,3]。在建构公共气象服务体系进程中,基层公共气象服务体系建设理应成为一个重要组成部分。本文在阐述公共气象服务体系建设目的、特征、主体与要素的基础上,从新公共服务理论的指导价值入手,针对安全气象示范社区的实践,分析基层公共气象服务体系建设基本思路和发展方向。

一、公共气象服务意义与内涵

(一)　公共服务与公共气象服务

公共服务并不是一个新概念,在国内外社会管理实践和有关公共管理与行政管理各种理论中均会提及。一般认为,政府的公共服务主要指公共部门履行社会管理职能、为公众提供公共产品与服务。公共服务与政府职能之间存在着本质的内在关系,而且当代社会的政府公共服务职能范围是动态变化的。我国正式引入这一概念始于 2002 年,随着建设服务型政府共识的确立,公共服务被国内学者概括为"三公共、一公众",即:公共产品的范围和内容是提供公共设施,发展公共事业,发布公共信息;公共服务的目的和导向是为社会公众生活和参与社会经济、政治、文化活动提供保障和创造条件[4]。

公共气象服务作为政府公共服务体系的组成部分,是政府公共职能在气象事业领域的必然体现与客观要求,准确地讲,是指气象部门使用各种公共资源或公共权力向政府决策部门、社会、公众和生产部门提供气象信息和技术服务的过程。

(二)　公共气象服务体系的主体构成

根据国情,我国公共气象服务体系的主体主要由 4 方面构成,即:政府气象行政部门、气象事业单位、非政府组织、企业。政府气象行政部门担负着组织并提供公共气象产品与服务的主要任务,旨在提供公共气象政策和法规服务、监督保障整个体系的正常运行等。气象事业单位是公共气象服务的中坚,是公共气象产品与服务的主要生产者,也是我国有别于西方的一大特色。非政府组织是对我国现阶段公共气象产品与服务的补充,是今后公共气象服务社会化、市场化的主要参与者。企业在公共气象服务体系中所占份额不大,但因其强大的生产能力与市场竞争力,以及在基础设施建设及部分产品生产上的独特优势,从而成为公共气象服务体系的延伸与补充。概言之,政府气象行政部门是公共气象服务的核心主体,是公共气象服务的组织者、监督者,后3者是公共气象产品与服务的生产部门、产品提供者与实施者。在具体操作上,前者常以项目委托者身份出现,后3者则以受托者、代理者身份出现。

二、新公共服务理论与公共气象服务体系建构

(一) 新公共服务理论的基本观点

美国学者登哈特夫妇[5]在对传统公共行政理论和新公共管理理论的反思与批判基础上,提出一种新的公共行政理论,主张用一种基于公民权、民主和为公共利益服务的新模式,代替当前那些基于经济理论和自我利益的主导行政模式,力促未来公共服务以公民对话协商和公共利益为基础,因而更适合于当代公民社会发展和公共管理实践需要。该理论有助于我们重新认识公共服务的公共性,以及公共服务主体的多元性。该理论具有4方面的思想来源,即民主公民权理论、社区与公民社会理论、组织人本主义、后现代主义。具有7项核心观点:(1)政府职能是服务,而不是掌舵。(2)公共利益是终极目标,不是公共管理的副产品。(3)战略视野,民主执行。(4)服务公民,而不是服务顾客。(5)责任本身很复杂。行政人员的关怀精神应当超越市场空间。在立法活动,政治规范,社区价值建设活动,公民利益发展活动当中,同样应该有他们的身影。(6)重视人的价值,而不是仅关注生产率。(7)对公民权利和公共服务的重视多过企业家精神。7个方面观点基本涵盖了服务型政府的主要特征。

(二)公共气象服务核心理念与建构

1. 公共气象服务体系的核心理念,就是以人为本、无微不至、无所不在

坚持以服务人民为根本宗旨,不断增强气象为经济社会发展和人民安全福祉服务的能力,既是气象工作多年经验总结,也是建设顺应国家改革方向的公共气象服务系统的根本所在。要保证人是气象服务的核心,就必须用优良的作风服务于人,将最先进技术应用到服务中满足于人。

2. 建构思路

一是树立新型发展理念。根据内外环境、政策、科技等不断发展变化的情势,提出发展理念、目标、重点、措施等,确保发展得又好又快。二是建立相关法律法规和公共财政相配套的一整套制度。制定和出台确保相关法律法规实施的细则、规范性文件,争取"权随责走、费随事转"的公共财政供给保障。三是公共气象服务主体多元化[6]。改变行政包办公共气象产品的体制,推动公共气象产品供给主体的社会化、市场化、多元化。推进政事、事企分开,通过购买、

外包、租赁、招标等市场竞争机制,充分调动市场和社会力量,生产和供给非核心公共气象产品、准公共气象产品,满足人民群众对公共气象服务的需要。

三、基层公共服务体系实践

政府对城市基层社会的组织和管理并提供相应公共服务,社区建设已经越来越重要,特别是涉及气象防灾减灾、气象信息,由于灾害发生、影响在社区,利用气象信息趋利避害的效益也是在社区,因此建设安全气象社区就有其自身发展动力[6,7]。2005年9月,日本神户世界减灾大会提出:认识减灾在可持续发展中的重要性,建立具有自我修复功能的社区,降低由于自然威胁、相关的技术和环境灾害导致的生命、社会、经济的损失。这标志着社区作为城市构成的基本单元,在城市防灾减灾的重要性得到了充分的关注,建立减灾社区、安全社区已经成为城市治理通行做法。2006年,为推进公共服务体系建设,使政府公共服务覆盖到社区,国务院专门下发了《关于加强和改进社区服务工作的意见》,提出了发挥政府、社区居委会、民间组织、驻社区单位、企业和居民个人等在社区服务中的作用,进一步明确了以提供公共服务为社区建设的重要方向之一。根据这一形势,按照中国气象局建设公共气象服务体系要求,东莞市气象局进行了安全气象社区示范单位的创建活动。

(一)东莞安全气象社区理论依据

美国联邦紧急事务管理总署(FEMA)对灾害管理定义为:灾害预防教育、灾前准备、灾中应急与灾后重建,4个阶段互成一种循环的关系[8]。Maskrey(1989)提出以社区为基础(Community Based Approach)的灾害防救观点,认为从灾害发生前的减灾活动、灾害发生时的应急、到灾后的复原与重建时期,如果能由民众及其组成的自发性团体掌握、控制,才可能碰触到问题的核心,从而解决问题。一些发达国家和地区经历过耐灾社区、抗灾社区和可持续社区的实践[9,10],耐灾社区是具有"从灾变中迅速复原与调适能力"的社区;抗灾社区为具有"抵抗灾害能力"的社区;可持续社区则是"一个能与灾害共存"的社区。

东莞提出的安全气象社区,具有防抗救于一体,最终实现可持续社区。这个概念的提出,既吸收了耐灾社区、抗灾社区和可持续社区的理念,又根据我国有关气象灾害防御条例原则,结合东莞行政管理实际情况。安全气象社区的建设强调由信息传播、学习到行动的过程,切入点为预警应急和预防为主。不仅构建一个当灾害发生时能迅速应变的社区,而且更要透过群众的动员,进行防灾减灾的学习与训练、社区灾害环境的调查、减灾对策的研究、社区防灾组织的建立、防灾救灾物资的准备,来改善居住环境的安全性,强化社区整体的防灾抗灾能力。其目的是要营造一个适宜居住、工作的生活环境。因此,如果将安全气象社区的理念融入到社区建设的事务中,就能达成建立安全的居住环境,并迈向安全气象社区的目标。

(二)东莞创建安全气象示范社区

东莞市濒海沿江,是气象灾害多发、高发区,台风、暴雨、雷电、强对流等气象灾害发生频率高,破坏程度大。东莞实行的是"两级政府(市和街道、镇)、两级管理(市和街道、镇)和三级网络(市,街道、镇,居或村委会)"的城市管理体制。防灾减灾是社区最现实、最迫切需求,是社区气象服务主要内容。安全气象社区创建围绕防灾减灾组织、预防、救助等展开。经过多次沟通协商,根据所在地理特点、社会经济状况、灾害影响不同特点,在全市 591 个社区(村)中选取了 11 个作为示范创建单位。

(三)政府主导、部门联动、社会参与机制

推动基层防灾减灾能力建设,必然要充分依靠和发挥政府主导体制的优势。市政府印发安全气象社区(村)示范单位创建工作实施方案,主持召开创建工作会议;将安全气象社区(村)示范单位创建试点工作与创建全国综合减灾示范社区工作相结合,市、镇两级财政投入创建工作专项经费。安全气象社区(村)示范单位创建试点工作由市气象局、市民政局、市文明办、市政府应急办和市三防办等部门组织实施;镇(街)由农办、宣教办、应急办、水利所等负责落实;社区(村)志愿者队伍和民兵、治安、消防等队伍建立了互通机制。气象部门发布预警信号以后,市、镇、社区(村)根据不同灾害性天气种类、预警等级,自动启动相应预案,实行部门联动和社会响应。

(四)安全气象社区的 7 有标准

(1)有工作场所。有一个场所固定、面积>50 m^2 的社区(村)服务中心,在灾害性天气影响期间可以 24 h 值班。(2)有人员配备。社区(村)有一名负责人分管气象灾害防御工作,有一名或一名以上的气象协理员(兼职),协助进行灾害性天气应急工作,并向上级部门报告本社区(村)的气象灾害情况(数据、视频、图片等)。(3)有应急处置。有气象灾害应急处置预案,有安全避难场所,在需要时能安置转移人员,避难场所可以是社区(村)的礼堂、附近学校地势高的教室等。(4)有接收终端。有显示屏、固定电话、传真、电脑(能上网)等设备,与市气象局保持通信畅通,接收市气象局灾害性天气预警信息,包括实时接收雷达图像等。(5)有宣传培训。每年市气象局对协理员进行一次气象灾害防御、预警信号含义和天气雷达图像识别培训,由协理员再对社区(村)有关人员进行气象灾害防御培训,并开展气象灾害防御知识宣传活动。(6)有应急物资。各镇街要统一储备应对气象灾害的应急物资,并建立相关管理制度。(7)有防灾减灾志愿者队伍。建立相关志愿者队伍,或与现有社区(村)民兵、治安、消防等队伍力量建立互通机制,在气象灾害发生后,能迅速响应,防抗救灾。

四、基层公共气象服务体系发展方向

(一)社区(村)气象社会管理职能法规化

实现基本公共服务均等化,是党的十七大作出的重大战略决策。气象灾害对生命财产威胁、经济社会的影响发生在社区(村),气象服务效益也体现在社区,因此做好社区(村)气象服务管理工作,是社区(或者村委会)职责应有之义。要在今后的规划、行政改革和职能转变过程中,强化社区(村)气象社会管理职责。

(二)建立考评体系推动体制创新

将气象防灾减灾水平纳入到基层发展改革综合考评中,建设完善考评制度、流程和指标,

是推动基层公共气象服务体系建设必然选择。东莞通过将基层气象防灾减灾能力建设主要内容纳入《中共东莞市委、东莞市人民政府关于2009～2011年创建全国文明城市工作的意见》，作为东莞市创建全国文明城市的重点工作。

(三)基层公共服务多元化

为满足社区不同利益群体的防灾减灾利益诉求,社区共同治理必须发挥政府、社区自治组织和社区居民等多元主体的力量。首先,政府在社区培育、社区服务以及提高社区自治能力等方面发挥重要作用;其次,在政府放权和转变职能的前提下,鼓励社区居民在防灾减灾方面自我组织、自我管理和自我服务,支持社区居民自治组织的发展和社区居民的自治。

(四)公民培训和教育

加强防灾减灾宣传、教育和普及,提高防灾减灾意识成为防灾减灾工作取得成效的关键。转变人们的防灾减灾观念,是落实公共气象服务观念现代化、创建安全气象示范社区(村)的重要工作之一。通过培训将有助于提高社区(村)气象灾害的自我管理能力,初步将以"国家主导、自上而下"的基层气象灾害防御模式,逐渐转变为"国家主导、自上而下"和"社区自发、自下而上"相结合的模式。

(五)依靠科技实现基层公共气象服务标准化

利用最新科技成果,建立覆盖社区多手段传播方式,使居民方便、快捷获取相关气象信息。通过社区灾害防御组织领导、制度、支援者、抢险队伍等规范化、标准化,提高社区气象服务效率和质量。

参 考 文 献

[1] 广东省基本公共服务均等化规划纲要(2009—2020)[OL].广东省政府门户网站.2009.
[2] 矫梅燕.坚持需求牵引推进改革创新努力开创公共气象服务工作的新局面[R]第五次全国气象服务工作会议上的报告,北京:2008.
[3] 矫梅燕.发展公共气象服务的认识与实践问题[N].2010.
[4] 王欣欣.服务型政府:政府职能的新定位——从新公共管理理论看当代中国服务型政府建设[J].理论学刊.2008(10).
[5] 登哈特[美]著;丁煌译.新公共服务[M].北京:中国人民大学出版社.2004.
[6] 矫梅燕.探索公共气象服务发展的体制机制创新[N].中国气象报.2009-2.
[7] 冯英,赵耀.社区组织在减灾社区建设中的作用[J].中国减灾.2007.
[8] 周红云.通过治理创新构建和谐社区—中国城市社区建设的现状与未来;和谐社会与政府创新[OL].2008.
[9] 美国联邦紧急事务管理总署网站[OL],2010.
[10] 防灾社区指导手册,台湾灾害防救委员会[OL],2008.

第四章　服务模式

农村市场信息服务

郭作玉

（中华人民共和国农业部信息中心，北京　100125）

摘　要：文章共分五个部分：引子；关于农村市场信息服务的几个概念；关于农村市场信息服务的发展阶段；关于农产品等商务信息服务；关于农村市场信息服务的落地问题。

关键词：农村；市场；信息；服务

一、引言

(一)知彼知己百战不殆

知彼知己者，百战不殆；不知彼而知己，一胜一负；不知彼，不知己，每战必殆——孙子兵法谋攻篇。

(二)信息对称先决性及其重要意义的实例

例1　在 2003 年 3 月 20 日开打的美国与伊拉克的战争，就是"信息不对称"的战争。面对美军"武装到牙齿"的电子装备，伊拉克的正规部队成了"瞎子"、"聋子"，坦克找不到开火的目标，飞机干脆全数"趴窝"，被动挨打，节节败退，最后只有靠散兵游勇放放冷枪。而美军靠"千里眼"、"顺风耳"，再加上火力的准确强大，以"小战而屈人之兵"。美国原拟花 800 亿美元拿下伊拉克，结果只花了 200 多亿美元。伊拉克战败的时间如此之快，既出乎人们的想象又似乎在情理之中。这种情况和结局，首先是"信息不对称"所起作用的结果。后来呢，反美武装对以美军为首的占领军同样祭起了"信息不对称"的大旗，敌人在明处，他们躲在暗处，找准机会就打，美国损失严重，拿下伊拉克只死亡 100 多人，现在死亡达到 4000 多人（一个整编旅以上）。这也是在利用"信息不对称"，打"不对称战争"。

例2　在我国抗御 2002 年 11 月开始爆发的 SARS 病毒"非典型肺炎"的过程中，也出现了严重的"信息不对称"：一是弄不清楚这是一种什么病毒，二是没有掌握彻底防治 SARS 病毒的医学手段，三是无法完全掌握 SARS 病毒传染的每一个途径和每一个潜在的个案。由于这种"信息不对称"，一度带来了严重的"不确定性"，使人感到"心中无底"、"手无良方"，有关行动的代价注定很大。例如,政府动用力量对一座大楼实行隔离,结果到最后却很可能发现这幢大楼里根本就没有 SARS 病毒。然而,这是没有办法的办法,政府只能这么做,在有关疫苗和特效药问世之前,只能采用这种"笨办法"来对付 SARS 病毒。对于 SARS 病毒,全国处处都要防治控制,人人都在防治,一个城市或者一个省(区、市)哪怕没有一个确诊或疑似病人也要如此,戴口罩、吃药、消毒、隔离。尽管如此,居然有些地方医疗战线一开始有相当不少的人(医生、护士等)被传染。后来,情况搞清楚了,路子总结出来了,问题就解决了。

例3　四川汶川发生特大地震以后,一度出现信息盲点。各种联系中断、交通中断,外部不知道主震区的情况,令人非常焦急,感到可怕甚至恐怖。由于信息不通,主震区的人也不知道外面的情况,不知道外面有多大灾害范围,是否世界末日来到了,更加不安与恐怖。这就是信息不对称引起的问题。在特定情况下,掌握的信息越多越有利,反之则不利。如果继续不明真相,怎么决策怎么救援?所以,总理等领导同志非常着急,要求不惜代价尽最大力量突进,接通联系,为此总理曾有两次发火。之后,外面的人克服艰难,不畏牺牲,由徒步、涉水等多种方式进入。这样做,目的首先是为了获得情况、给予重灾区人以希望,接着决策与实施救援。足见获得信息和信息对称具有先决性。这完全像打仗,一点不知道对方的情况,根本没有办法打,所以必须先搞情报。这次抗震救灾,一些部门、企业和个人在破解通信障碍方面是有功的。如 5 月 13 日 01:15,通过近 11 个小时的努力,四川省阿坝藏族羌族自治州政府副秘书长、州应急办主任何飚与汶川县县委书记王斌通过卫星电话取得了联系。如 5 月 13 日 21:06,中国卫通用卫星电话首先接通了地震中心区汶川映秀镇。如在电力通讯瘫痪的情况下,阿坝州政府网站克服重重困难,通过互联网源源不断披露重灾区一手数据,成为全球媒体和不少人了解灾情的重要渠道之一。

(三)市场信息对称对于管理与决策具有先决性

在买方市场形成、市场经济深入发展、全球经济一体化的条件下,必须解决市场信息对称问题。为了顺应买方市场本质和规律的要求,解决市场信息对称先决性的问题,中共中央 2007 年 1 号文件、2008 年 1 号文件分别出了具体部署。

二、关于农村市场信息服务的几个概念

农村市场信息服务,要弄清楚这个问题,首先须从概念谈起。

概念反映的是客观事物的本质属性和它所适用的范围。它或它们是人们在不断实践的基础上,对大量丰富的感性材料进行反复思考,撇开表面的、次要的和非本质的因素,抽象和概括出事物的本质的东西而建立起来的,并随着客观事物的发展而发展。它或它们对于人们的实践和认识起着十分重要的作用,每一门科学在解释客观世界的各种现象时,都要运用一系列的概念。毛泽东说:"只有认清中国社会的性质,才能认清中国革命的对象、中国革命的任务、中国革命的动力、中国革命的性质、中国革命的前途和转变"(见《毛泽东选集》第 2 版第 2 卷,第 633 页)。今天讨论农村市场信息服务,首先应该明确其本质属性和它所适用的范围,以有利于明确信息服务的任务,信息服务的主体和客体,有利于确定工作范围、思路和方法,有利于制定政策和出台措施,有利于形成科学的体制和机制。

我认为,农村市场信息服务所涉及的最基本的概念有 3 个,即农村市场信息、农村市场信

息服务、农村市场信息服务体系。根据个人理解,仅对三个概念表述如下:

——农村市场信息

这里需要特别明确一下什么是"信息"。有多种说法。本人倾向于我国《现代汉语词典》对"信息"一词的有关解释,即指资料和消息。资料:是用作参考或依据的材料。消息:是关于人或事物情况的报道,同时也有音信的意思。

农村市场信息,是指各级领导、有关部门在农村经济工作的决策与管理中和农村市场主体(即农产品的生产者、经营者、消费者)在经济活动中所需要的全部信息。具体讲,它的内容包括:有关的理论、方针、政策;新品种、新技术、农业质量标准;农业生产资料的供求及其价格情况、农产品的供求及其价格情况;农村劳动力的情况;农村资金的情况;农村土地的情况;农村经济宏观情况,国民经济宏观情况,世界经济宏观情况等等多方面多层次的信息。它可以细分为种植业、畜牧业、渔业、林业、农垦、水利、气象、农机、农技、乡镇企业等行业方面的信息,也可以细分为农产品生产、加工、经营、流通、消费、储藏等产业化各个环节方面的信息,还可以细分为有关的基础性信息、综合性信息、动态性信息和预测性信息。

——农村市场信息服务

这里需要特别明确一下什么是"服务"。有多种说法。本人倾向于我国《现代汉语词典》对"服务"一词的有关解释,即指为别人利益、集体利益或为某种事业而工作。

信息服务就是为他人利益或集体利益等提供有关的资料和消息,农村市场信息服务就是为有关的决策与管理者和农村市场主体(即农产品的生产者、经营者、消费者)提供农村市场方面的资料和消息。换言之,农村市场信息服务,就是为有关的决策、管理、生产、加工、经营、消费提供农村市场信息的活动。

按照以上理解,可以说,凡是能够为各级领导、有关部门和农村市场主体提供农村市场方面资料和消息的工作,都可以叫作农村市场信息服务。同时,在某种意义上说,凡是为各级领导、有关部门和农村市场主体提供农村市场方面资料和消息的个人或单位,都是农村市场信息服务者或农村市场信息服务单位;凡是主要或专门为各级领导、有关部门和农村市场主体提供农村市场方面资料和消息的个人或单位,都可以被纳入农村市场信息服务主体的范围。

农村市场信息服务,从外部看它是我们国家整个市场信息服务的组成部分之一,从内部看它可以分为全国农业部门的信息服务、涉农部门的信息服务、民间组织和经济实体的信息服务等几个组成部分。

——农村市场信息服务体系

这里需要首先了解"体系"一词的意思。按照通常的说法,它是指若干有关事物互相联系而构成的一个有机整体。农村市场信息服务体系,顾名思义是指农村市场信息服务领域有关各方构成的一个整体。它应该包括农村市场信息的获取、加工、处理、传递、存储以及分析、发布等有关多个环节,有关多种载体、媒体,有关方式、方法,有关部门、单位、社团组织和经济实体。

关于农村市场信息服务体系,目前事实上有狭义和广义两种理解。其主要区别,是在农村市场信息服务主体的范围界定上。前者理解为,农村市场信息服务主体就是指那些专司信息服务的组织,如信息中心、各种媒体、有关信息服务实体,不把有关政府部门、有关技术推广部门、有关教学科研部门以及有关社团组织、有关企业等看作是农村市场信息服务主体。后者理解为,除以上所说信息中心、各种媒体、有关信息服务实体等组织以外,有关政府管理部门对信息体系建设和信息服务工作有极重要的作用,有关技术推广部门工作实际上是在搞技术信息发布和传播,有关教学科研部门不但产生信息而且在不断地向社会发布和传播信息,有关社团组织在自己的活动中传播了很多的针对性很强的信息,有关企业在生产经营中也在产生、利用、扩散信息,它们都应该被列入农村市场信息服务主体的范围。作者比较倾向于后面的观点。据作者在美国、英国、法国等国考察所知,那里对信息服务主体的说法,所接触到的当地的不少人都持上述后一种理解。对农村市场信息服务主体的范围,作广义理解,无论如何也都会比较全面比较客观因而也会比较准确一些。

在实际工作中,人们通常把"农村市场信息体系"和"农村市场信息服务体系"当成一回事。根据以上理解,叫"农村市场信息服务体系"可能更合适一些。加上"服务"这么两个字,至少便于我们认识和确定农村市场信息体系建设的主体及其外延,从而有利于相关的政策制定和工作安排。

以上三个概念是本书写作所依据的基础性概念,本书的内容和体系皆建构其上,不少观点也由其脉络产生,书的封面设计也是对这种由点到面再到各环节从而形成体系的形象化显示。

三、关于农村市场信息服务发展阶段的分析

农村市场信息服务,从哪里来,到哪里去? 远的暂且不论,从新中国成立半个多世纪以来农村市场信息服务的发展变化,有明显的阶段性特征,可以说大体经历了五个阶段:

——以统计信息服务为主的时期:新中国成立至 1978 年农村改革以前

该阶段我国农产品供给总体上是短缺的,农业发展的任务主要是解决生产与供给问题,生产与供给主要靠计划安排,市场的作用十分微小。农产品的生产者、加工者、经营者执行的是政府指令性计划,消费者没有太多的商品(物品、替代品)及花样可供选择,大家对市场信息不敏感。农业信息服务工作,主要体现在各种统计、汇总、报表上,为上级决策和有关计划制定工作服务。信息的收集、汇总是自下而上的,其反馈和利用是自上而下的,上下传递是人为规定的模式,是硬性的和指令性的。

——以政策信息服务为主的时期:1978 年农村改革开始以后至 1992 年邓小平同志发表南方重要讲话

这是一个政策性信息服务呈现狂飙突进、卓有成效的时期,是来自农村基层实践活动的信息对上面决策产生重大影响、来自于中央的政策信息对农业农村经济发展发挥巨大促进作用的时期。其表现是,一方面,广大农民希望改革,出现了安徽省凤阳县小岗村等突破原有农业生产经营模式自发实行包产到户、包干到组的做法,拉开了我国农村改革的序幕,信息反映出来,一石激起千层浪,上面不断派人调查,对这些做法有人支持有人反对,引起了激烈的层层争论。另一方面,中央经过调查研究,很快给予了肯定,允许试验,并于 1982—1986 年连续发了五个中央"1 号文件",主张切实推行农村家庭联产承包责任制,提出了 15 年不变的政策,让农民吃"定心丸",大幅度提高粮食等农产品价格,改变粮食等主要农产品的统购政策为定购议购相结合,鼓励发展乡镇企业,出台了鼓励发展农村专业户等不少其他方面的新政策。这些政策信息反馈到农村,亿万农民如鱼得水,被压抑了多年的生产积极性和发展多种经营的聪明才智充分地调动起来,我国农村社会生产力得到了极大的解放,农业农村经济出现了空前的发展,农产品供给出现了从未有过的大好局面。完全可以说,这一个时期是政策信息(经营体制,价

格也由政府制定)服务呈现非常生动性和活跃性的一个时期,它对微观层次发挥的作用,实有"立竿见影"之效,真正体现了信息——战略资源的意义。

——向市场信息服务过渡的时期:1992 年至 1997 年我国以粮食产量突破 1 万亿斤为标志的农业快速发展时期

1992 年春天,邓小平同志发表了南方重要讲话,进一步解放思想,提出"三个有利于"的原则,正式发出要发展社会主义市场经济的信号。很快,我国社会主义市场经济取向的改革掀开了新的一页,新一轮经济建设和社会发展的热潮如火如荼。当年,党的十四大在提出建设社会主义市场经济体制改革目标的同时,明确要求各级政府加强"信息引导"工作。这一年,农业部出台了《农村经济信息体系建设工作方案》,基本的工作内容就是生产信息、市场信息和科技信息,对农业部已经开展的市场价格信息网点的完善和改革给予了必要的关注。1996 年,我国粮食生产破天荒首次突破 1 万亿斤,农产品供求基本平衡、丰年有余。农业部第一次召开全国性的农村经济信息工作会议,主题报告是《提高认识,明确任务,努力开创农村经济信息工作的新局面》。

——以市场供求和价格信息服务为主的时期:1997 年至 2001 年农业部成立农业部农村市场信息体系建设领导小组

1997 年,我国农业农村经济发展进入了新的阶段:农产品供给由卖方市场过渡到买方市场,信息服务工作以市场供求和价格信息服务为主的时期。

1998 年 6 月,农业部市场信息司改名为市场与经济信息司。其信息服务方面的主要工作职责,是组织农产品监测预警工作、农村经济综合信息服务工作、全国菜篮子产品价格信息服务、农业生产资料市场信息服务、农产品供求信息服务和农业标准信息服务等。

2001 年,农业部将农村经济信息体系建设领导小组改名为农村市场信息体系建设领导小组,对全国农村市场信息服务工作进行规划、指导和监督检查,并于当年出台了《"十五"农村市场信息服务行动计划》。随后,农业部即建立了初步的信息发布制度,规范了信息发布标准和发布时间,信息的整理、分析、发布开始逐步向制度化和标准化迈进。

——以农业质量标准和食品安全信息服务为主的时期:自 2001 年至今

2001 年 12 月我国加入了世界贸易组织(WTO),正式实现了与国际市场接轨。之后贸易领域拓宽了,贸易量增加了,技术交流与合作增强了,围绕农业质量标准和食品安全问题的各种国际摩擦也增多了。在国内市场上,随着买方市场的形成,对外开放程度的提高,人们对农产品消费质量问题更加关注。为了应对国际市场的竞争与挑战,我们必须增强自己的农业国际竞争力,这中间主要也是农产品的质量问题。顺应时代及形势发展的要求,政府做出了积极的反映,农业质量标准和食品安全问题被空前地提上了重要议事日程。

该阶段农业部在市场与经济信息司新成立了质量标准处、市场秩序处和质量监督处,新成立了一个直属事业单位——农业部农产品质量安全中心,2008 年则进一步成立了农产品质量安全监管局。各省(区、市)农业系统也相应强化了有关的机构及体系建设并有关工作。

在该阶段,关于农村市场信息服务工作,中共中央、国务院文件提出了进一步要求,有关会议和领导讲话也比以往要多。2003 年 1 月,《中共中央、国务院关于做好农业和农村工作的意见》文件中要求:"抓紧实施'金农工程',加强农村市场信息服务。"在 2004—2008 年中共中央、国务院连续五个"1 号文件"中,都提出并部署了加强农业农村信息化建设及信息服务工作的任务。

上述农村市场信息服务的五个阶段及其特征,实际上也是在说明不同阶段的信息服务重点问题。"重点"就是新情况新问题,是一个阶段具有标志性的事物,是具有发展趋势的事物。这样,也就为我们指示了农村市场信息服务的路向。

四、关于农产品等商务信息服务

农产品等商务信息服务,是商业上的事务,即关于解决农产品及其加工品、农业生产资料和其他生活必需品"买"与"卖"问题的信息服务。

(一)供求信息服务

供求信息服务,即提供农产品及加工品、农村劳动力(主要是农民工)、农业生产资料、农民生活必需品等方面的供求信息服务。这些牵涉到多方面市场主体,重点是解决农民的买难、卖难问题,是推进农村商务信息服务要完成的第一个层面的任务。

近年来,在供求信息服务方面,各级农业(含涉农)部门和社会力量借助网站等多渠道开展了积极有效的服务,取得了明显的社会效益和经济效益。但是,也还存在诸多不足。如:信息的及时性和适用性不够;供给信息多,需求信息少;只注重产销信息简单对接,考虑交易撮合不够,成交量少;农产品认证信息、信息发布企业及个人的资质核实困难,信用管理缺失;城乡之间、区域之间信息服务不平衡等。因此,应该基于社会需要,应用先进技术,借鉴先进的经验和方法,对现有供求信息服务加以完善和创新。

——全面整合供求信息。对农产品及加工品、农村劳动力(主要是农民工)的供给能力,包括对生产者、加工者的供给能力,区域性供给能力,季节性供给能力进行调查,将所获信息整理发布。同时,对农业生产资料、农民生活必需品的供求信息进行整理、发布。在服务内容方面,需增加以县或乡或村的区域性主要产品供给表,并提供全国分品种供求平衡分析信息。

——积极解决供求难题。以发展网上订单农业为突破口,减少生产的盲目性,实现按需供给。农产品经纪人、流通企业、城市超市等应根据市场需求或消费者青睐与偏好实行网上订货。

——多帮助农民和企业发布供求信息。政府、中介组织、协会、基层信息服务站、信息员、合作社等要多帮助农民和企业发布有关信息。在信息系统的使用上要多为农户考虑,方便他们学习和使用。同时,注意为用户提供更加个性化的服务,如利用网上即时工具保证买卖双方及时沟通、为企业提供自助建网站的服务。

——加强信息发布审核管理。宜采用严进宽出的策略,对注册会员的身份和资质进行严格审核、确认,保证企业及产品信息的真实性、完整性,对其发布的信息进行简单审核或直接发布。

——完善信息服务链。供求信息服务应与价格信息服务、质量信息服务、电子商务等进行有效关联,形成一套完整的供求信息服务链。如买方发布求购信息后,卖方可通过电子商务系统发布竞价信息;买方获得竞价信息后,可通过质量信息服务对卖方资质及产品质量进行确认,并可通过网上即时消息等工具与卖方及时沟通,从而确定交易价格;双方可通过电子商务系统进行网上签约,然后买方发布配送消息,由物流商竞标配送,待买方收到货物后,通过电子商务系统将验收信息反馈给卖方,最后双方通过电子商务支付系统完成交易。

——注意信息服务的均衡性。要解决好产区与销区、城市与农村、东部与中西部、国内与国际买卖双方的对接问题。

——加强分析预测。对商品供求态势、消费热点、消费偏好、发展趋势等进行分析预测，并及时发布有关信息。

——提高供求对接的效率。对于发布的信息，用户可以通过关键字、产地、发布时间等多种方式进行智能查询；加强供求信息的智能匹配，提高供求对接的效率。

——降低使用信息的成本。在全国推广资费优惠的农业公益性服务电话，为农民和企业提供及时有效的信息服务。注意让更多的农民用得起、用得上、用得好，不断提高农民直接上网发布信息的数量和质量。

——理顺机制和完善政策。鼓励和扶持多元化信息服务主体的成长；出台优惠政策，充分利用财税杠杆；建立基金，奖励先进行为；树立典型，发挥示范带动作用。

(二)价格信息服务

价格公平与否，是实现买卖公平的基础或前提。价格信息服务，是推进农村商务信息服务的主要内容之一。价格信息服务，牵涉到农民种什么、种多少、卖给谁的问题。做好价格信息服务，有利于实现买卖公平，有利于实现供需平衡，避免资源浪费。如 2008 年农业部对若干种农产品从地头到大城市超市的价格调查，具体验证了"两头叫、中间笑"的问题。如寿光农民卖的一种西红柿 1.42 元/斤[①]，北京超市 4.70 元/斤，中间环节拿走了 3.28 元/斤。由于生产和销售价格的信息不对称，以及缺乏有关措施，结果对生产者和消费者利益显失公平。有关部门应该认真研究此一问题并提出对策建议，国家应该出台有关政策切实平衡各方利益。

目前我国的价格信息服务，主要体现在价格信息的发布、汇集、展示、查询等基本服务。据有关人员对全国数千农业网站的抽样调查，多半网站都蕴涵着大量的农产品价格数据，涉及种植、养殖以及地方名特稀优不少品种。其中，玉米、小麦、水稻、油菜等大宗农作物以及主流消费的果、蔬、蓄、禽价格数据分布广泛、时间连续、属性齐全、持续稳定，为农村价格信息服务向深层次发展提供了坚实的基础。这些服务，一方面起到了积极有效的社会效用，另一方面对于网上的大量价格数据，农户、经纪人、农民协会和农贸企业等若去直接捕捉、筛选和利用，存在不少困难。针对产前种什么(效益好)、产中用什么农资(优质优价)、产后在哪里销售(价格高)这些具体问题，如何通过对价格数据的挖掘、分析、决策等过程，实现价格数据——商务信息——市场交易——营销策略的实现，才是价格信息服务的核心功能和主要目的。

今后的价格信息服务，要下工夫逐步做到全面和实用，同时有必要提供使用价格数据的先进方法。

全面的价格信息服务，即要为各市场主体提供商品的批发价格、零售价格、期货价格、价格指数、物价指数以及价格走势分析，等。实用的价格信息服务，即提供及时的有用的价格信息服务。

农产品的批发价格分产地价和销地价。其同一品种，在不同地方不同时间会有不同的产地价和销地价，不同规格会有不同的价格。零售价格分集市价和超市价。其同一品种，在不同地方不同时间会有不同的集市价和超市价，不同规格会有不同的价格。期货价格是约定期限所交付货物的价格。价格指数，是反映不同时期商品和服务项目价格水平变化方向、趋势和程

---

① 1斤＝0.5千克，下同。

度的经济指标。物价指数,主要是商品零售价格指数、居民消费价格指数、城市居民消费价格指数、农村居民消费价格指数、农产品收购价格指数、农村工业品零售价格指数、工业品出厂价格指数、固定资产投资价格指数等。价格走势分析,是对商品供求平衡关系进行分析,对价格趋势做出判断。

据有关专家介绍,商务智能是帮助实现价格信息服务的核心功能和主要目的的好方法。简单讲,商务智能就是把数据转化为信息,由信息提炼知识,再由知识形成策略的过程。农村商务智能,就是通过对农产品与农资价格数据分析,帮助农业企业、农民协会、农村经纪人乃至广大农户便捷、准确地捕捉市场信息,及时调整种植、养殖及销售方向,赢得市场先机。

在经济一体化的形势下,不仅要关心国内农产品市场价格数据的变化,还要睁大眼睛盯住国际农产品价格的发展趋势,不仅要研究城乡消费者对各种农产品价格变化的反应,更要重视贸易自由化对国内市场价格的影响。在搞好国内农产品价格信息服务的同时,还要从战略的高度、全局的角度探索我国优势农产品的价格优势、国际竞争力及营销策略。

(三)质量信息服务

质量信息服务,重点是解决农产品质量与食品安全问题,是农村商务信息服务的主要内容之一。其必要性,一是经济发展,生活水平上升,人们对食品质量的要求越来越高;二是加入世界贸易组织,农业标准面临着全球一体化的趋势;三是消费者"宁吃好桃一口,不吃烂桃一筐",以质论价,有质量才肯出好价钱,质量越高出价越好。可见,质量信息服务是消费者和生产者的共同需求,经济越发展,质量信息服务越重要。

做好质量信息服务,要强化基础,即抓好质量标准体系、检验检测体系、信息服务体系等三大体系建设,提供有力和有效的支持。

质量信息服务,首先要注意收集、整理、发布农业质量标准、检验检测情况等方面的信息。农业质量标准建设,近年来有很大的进展。目前我国已有农业国家标准 800 多项、行业标准2235 项、地方标准 8000 多项,这些标准都已经在农业部等网站上发布。在标准的建设方面,将逐步与国际贸易接轨。农产品和食品检验检测体系建设,近年来也有很大的进展。目前全国已建有 323 个国家级质检中心、省地县级 1780 个检测机构,大部分机构都有相应的网站,并发布了认证机构、检测机构、技术规范和产品的检测信息等。生产者、消费者、经销商可以依据这些标准和检测信息进行交易。

其次是要发布有关企业及品牌产品的信息。我国有无公害农产品 28660 个,具有使用绿色标志的企业 5315 个、产品 14339 个,有机标志使用企业 600 家、产品 2647 个。尽管这些企业和产品都通过了国家的认证,质量有保障,也要在权威网站上发布相关企业和产品的认证、监测信息,开设网上展厅,上载视频信息,增加企业的知名度,方便消费者识别。

第三是要采集、发布监督和检测信息。如农业部自 2001 年开展例行监测工作以来,共监测蔬菜样品 8.3 万个,畜产品 4 万个,水产品 1500 个。应该开发适宜的采集系统,获取监测数据,通过加工整理,把结果数据以多种形式发布出去。对有害物质超标的产品要公布"黑名单",增加生产者和消费者的知情权,还要公布举报、投诉电话和电子邮箱,方便消费者监督。

第四是各级政府网站上要加强质量安全方面的政策信息、法律法规、执法和监管动态信息的发布,以便交易活动依法进行;各行业、专业以及企业网站上要建立邮箱、问卷、论坛、专门的调查系统,为消费者提供质量评价和信息反馈渠道,帮助生产者提高产品质量。

　　第五要大力加强食品安全追溯方面的信息服务,即提供从"源头到餐桌"全程质量跟踪追溯服务。对于不同类型的农产品及加工品,采用不同的方法,从生产的源头对产品进行标识。如养殖业用耳标、RFID 等,种植业用一维或者二维条码。然后,把生产信息(如产地所用过的药和肥等)、产品形成的过程信息(如肉的部位等产品的分解信息、屠宰商、运输商等)、检测信息(如化学成分含量)等沿途信息,通过软件系统存放到计算机网络的服务器上。消费者在购买农产品时,采用专门(如扫码器)或通用的设备(如手机、PDA 等)扫描标识代码,通过电话、手机短信、电脑和触摸屏等设备就能得到该产品的全流程的质量信息。上海市在这方面已经有了比较成功的做法,开展了畜产品的质量追溯试点。北京市建立了蔬菜质量跟踪追溯系统。广东佛山使用全球卫星定位系统(GPS)对境内的供港、澳蔬菜种植场进行监管,确保供港、澳食品安全。

　　追溯系统是质量信息服务比较理想的方案,在美国、日本等发达国家的应用已经比较成熟。在此方面,我国政府应该高度重视和给予大力扶持,进一步加强标准制订工作,建立健全各类农产品的标准数据库,包括品名、规格等,同时注意与国际标准接轨;要加强基础设施建设和技术研发的投入;协调农产品及食品从生产到销售的各个环节,调动质量信息管理与服务的原动力。生产者和加工企业要加强产品标识并注重质量信息采集,确保质量信息的真实性和可靠性。

五、关于农村市场信息服务的落地问题

　　农村市场信息到用户手上,是信息采集到利用的最后一个环节,因而有人将其称作是"最后一公里",落地就是要解决"最后一公里"问题。

(一)"最后一公里"问题

　　由于我国城乡之间、地区之间发展很不平衡,各地接受信息服务的条件很不一样,农村特别是贫困落后地区以及偏僻边远地区接受信息服务的条件较差,也有人把贫困落后地区以及偏僻边远地区农民接受信息服务的问题说成是信息服务"最后一公里"问题。比较具有普适意义的,是农村市场信息到达用户手上的最后一段距离,即这样的"最后一公里"。

　　发达国家有没有信息服务"最后一公里"的问题? 由于他们基本上消灭了城乡差别,农民或农场主的素质与城里人群几乎没有什么差别,所以没有听说过有这么一个问题。

(二)摸准需求保障供给

　　要满足农村市场主体的信息需求,首先就要了解他们的愿望。不同地区、不同类型的农村市场主体需要的信息都是不同的,不同农业发展阶段不同经济发展水平的信息需求也是不同的,摸准这些阶段性、地方化、个性化的信息需求,在农村市场信息服务工作中有着不可或缺的基础地位。建立科学的信息需求评估机制,引导各类信息服务主体提高信息服务水平,是政府有关部门的职责所在。

　　农村经纪人需要的信息,和一般种植、养殖农户需要的信息不完全一样。

　　农产品加工企业需要的信息,和农产品的生产者及其经纪人又不相同。作者于 2003 年 3 月曾对河南淇县大用、永达两个禽畜养加销一体化经营企业询问过他们的信息需求问题,回答是以下几个方面:1. 政策法规信息;2. 市场信息;3. 国际市场信息;4. 科技信息;5. 管理信

息;6. 社会环境信息;7. 金融信息。

在具体操作上,政府有关部门(主要应是农业部门)可根据大的农业区域布局、农业市场化程度,吸收不同类型的农村市场主体和各类信息服务主体参加,建立相对稳定的区域信息需求评估小组,提出信息需求评估报告,国家农业部在此基础上发布全国农村市场信息需求白皮书。

菲律宾的做法,也许值得我们借鉴。他们在推进农业市场化的过程中,就把农村市场信息需求评估制度放在了十分重要的位置,分别建立了 8 个区域信息需求估价小组,对于搞好全国的农村市场信息服务起到了积极作用。

(三)发挥多重力量的作用

主要是发挥政府和市场两个层面的作用。从比较贴近用户的角度看,需要重点发挥如下行为主体的力量。

1. 发挥县、乡信息服务组织和农村信息员的力量

县级信息中心将有关信息以简报、快讯的方式发送到农民手中,或通过广播、电视等媒体发送给农民;通过给乡村信息服务站、种养大户、经纪人、批发市场、农村网吧提供能上网的低端专用 PC 机,通过统一的信息平台(网站)进行信息交流。通过卫星上网方式(不受时间、地点和传输的限制),在村级建立互联网站,解决通讯和连接问题,实现农民高速上网,也可以通过乡村的有线广播或高音喇叭,向农民提供信息服务。

基层信息服务站和农村信息员对当地农民的生产经营活动及其信息需求最为熟悉,应该主动地收集传播有关信息。

2. 发挥农村专业技术协会、农民合作经济组织的作用

目前,我国农村基层已有 17 万多个农民专业技术协会、合作经济组织,这个数量肯定还会不断增加,规模还会不断扩大,涉及的行业和领域还会更宽更广。这些协会和合作组织在提高农民组织化程度、抵御市场风险、推动农业产业化经营方面发挥了重要作用,也为农民提供了大量政策、科技、市场等方面的信息服务。在发达市场经济国家,这些、样的组织所提供的信息服务有着顶天立地的作用。

在我国,对农产品的生产者、加工者、经营者提供的信息服务,目前基本上还是通过各级政府部门及直属事业单位逐级传递的,一般只延伸到乡(镇)一级,在乡镇与农民之间常常有一个断层。这个断层的存在,致使大量的农村市场信息滞留在政府部门,不能及时传递到广大农民,这就是人们所说的信息沉淀。农村各种专业技术协会、合作组织恰恰位于这个断层中间,他们积极应用信息化建设的成果,将政策信息、市场信息、科技知识及时传递给农民,从而打通了农村市场信息通向乡间用户的路。

农村专业技术协会、合作组织利用多种渠道,多方面地搜集各种信息,加以鉴别、整理,将杂乱的信息有序化、规范化,为农户提供专业性的咨询服务,引导农民的生产和决策,减少了农民生产经营的盲目性。同时,将农民的农副产品供给信息和农业生产资料、生活资料需求信息通过网络、报刊等多种途径发布出去,及时地帮助农民解决生产生活中的困难和问题,起到了信息集散站的作用。

农村专业技术协会、合作组织一般具有一定的专业化水平和规模,追求各种新品种新技术

的愿望比较迫切。而各种科研机构也越来越依赖它们，将其视为"运载农业科技信息的车"、农业科技成果转化为生产力的新型载体。不少农村专业技术协会、合作组织也主动与大专院校、科研机构挂钩联系，引进、消化、传播、推广最新农业科技成果，从而加速了农业科技成果转化的速度，降低了农业科技的推广使用成本，提高了农产品的科技含量和经济效益。

3. 发挥农村经纪人的作用

农村经纪人，是在农村经济活动中为促成农村生产与流通的商品交易，而从事咨询、中介（居间）、代理、行纪以及产品运销等经营服务，并获取不同形式收益的自然人、法人或其他经济组织。其经纪业务范围涉及农、林、牧、副、渔等各个行业，包括各种农副产品的购销、加工、贮运以及技术、管理、劳务输出、农资供应、资金项目引进、信息集散与咨询服务等各个方面。他们活跃于城市和集贸市场，延伸到乡镇村落和田间地头，贴近农民，深受农民的欢迎。

农村经纪人占农村人口的比例不大，但在把小生产引入大市场、畅通物流、推广应用先进的农业科学技术、拓宽农村劳动力就业的门路、优化农村经济结构、提升农业产业化水平、带动农民增收致富方面都起到了重要的作用。

比如，海南省澄迈县由200多名经纪人组成果菜运销协会，联结6万多农户，请来大量外地运销商与农户签订生产合同，实现了以销定产。

又如，安徽省蒙城县庄周乡经纪人引来外地客商，在蒙城建立了蔬菜脱水基地，并逐步扩展到周边10多个乡镇，成为蒙城县蔬菜发展的龙头企业，促进了蔬菜生产。

农村经纪人出于经纪业务的需要，必然着力收集和传播与经纪业务相关的各种信息，从而成为集散农村市场信息的"库"。

及时可靠的信息是农村经纪人开展经纪活动的前提，是正确决策经纪的依据，是把握商机的源泉，因此开发利用信息资源就成为农村经纪人的首要目标，善于收集利用信息正是他们的拿手好戏。

农村经纪人手里拥有的都是最实用的信息，能够在产需双方之间牵线搭桥，把小型、分散的农副产品引向大市场，把农业生产资料和农村实用技术提供给千家万户，因此他们是通向供求双方最经济便捷的桥梁。

由于多年形成的利益关系，使当地农户对经纪人比较信任，经纪人让种什么养什么，农户愿意听。他们根据商品供求双方的愿望采集、加工、传播可靠的信息，因而是实现信息入户最便捷的转运站。

4. 发挥农业产业化龙头企业、批发市场的作用

农业产业化龙头企业、批发市场与农民的生产经营活动密切相关，与农村专业技术协会、农民合作组织、农村经纪人一样，贴近"三农"，了解直接需求，针对性强，都是有效解决信息服务"最后一公里"问题的有生力量。

农业产业化龙头企业，是农民的产品实现其社会价值的场所，其经营需求本身就是对农民很有价值的信息，是农民生产经营销售的市场导向。它们有收集、加工、发布信息的能力，能够为农民提供包括农产品品种、品质、规格、价格、数量等具体要求和市场行情方面的信息服务。它们可以直接引进新品种推广新技术，用于自己经营产品的生产区和加工点。它们的生产经营一步也离不开信息，同时也向农民发挥着信息辐射的作用。

批发市场，信息传递非常快，影响也大。在今天买方市场的情况下，它们的经营更加需要

市场信息,比如农产品质量方面、消费方面的信息,为生产者和消费者同时提供信息服务。实践中他们已经做了大量的市场信息服务工作。如张贴广告、传递信函、人员宣传或直接联络,编印报纸杂志,兴办电子大屏幕、网站,提供电子商务服务,等等。

5. 发挥农村信息服务示范户的作用

近年来,有些地方已经尝试在一些农民中建立农村市场信息服务示范户。这些农民,一般都是农产品生产经营大户。如广东中山市,选择一些"两水经营大户"即水产品、水果产品经销规模大、文化素质高的农民作为信息服务示范户,市财政拨专款补贴购买电脑,市农委开设网站专页并派人培训上网知识技术,市农副产品流通协会将其发展为会员。

在自然村,社区范围比较有限,人口数量有限,地缘血缘关系和乡土文化味浓,农民们有爱"扎堆儿"的习惯,吃饭也常常来到一起,长期以来这些"扎堆儿"的时候或者"扎堆儿"的地方,就是农村市场信息集散的时候或者场所。因此,在他们中间设立了信息服务示范户,实际上起了导向作用,这些信息服务示范户与其他农民本来很熟,他们的家很快既是人们聚集起来聊天的地方也是信息服务的地方,自然而然就成了农村信息集散的场所。

6. 发挥期货市场价格信息的指示作用

在我国农业生产中,农民习惯于根据上年收获季节的市场现货价格来安排本年度生产,而这种现货价格信号是已经过时的、局部的、短促的,不能准确反映未来全国农产品供求关系的变化和生产发展的方向,对于安排生产往往有误导作用。这种情况,仿佛刻舟求剑。再加上农业生产周期长,就必然产生价格和生产的滞后效应,造成价高时没多生产、价低时没少生产,使农业生产始终陷于"蛛网现象",导致了农产品买难卖难等现象经常出现。

解决上述问题的办法之一,是在农业生产中充分利用期货市场信息来调整农业生产结构,根据农产品期货价格信息来指导和安排生产。这方面的过程是,期货市场的预期价格直接影响经销商、中间商的行为,商人们的行为进而影响农产品生产者的决策。

我国在20世纪90年代初期建立了农产品期货市场,经过近10多年的发展,目前市场运营基本正常,交易活跃。少数运作较规范的大宗农产品期货品种如大豆等,较好地发挥了价格发现和套期保值功能,逐渐为广大农业生产者和经营企业所利用。农产品期货市场事实上已经成为我国农村市场信息服务的重要组成部分,农民们亲切地把期货市场价格信息称为"早知道",使"生产跟着市场走"不再成为一句空话。

2005年中共中央1号文件已经明确提出,"要注重发挥期货市场的引导作用。"农村基层信息服务,今后应该进一步拓宽现有传递期价信息的渠道,有意识地多加利用期货市场信息,使即时动态的价格信息迅速地得以传播和反馈,从而充分实现期货价格的指示作用。

(四)运用多种服务形式和手段

1. 金农工程、三电合一、农村信息化示范、农村商务信息服务工程

金农工程:国家农业数据中心;国家综合农业门户网站;农业电子政务支撑平台;建设农业监测预警系统、农产品和生产资料市场监管信息系统、农村市场与科技信息服务系统。

三电合一:电脑、电话、电视,基于网络。

农村信息化示范:2007年农业部发布的100个信息化示范点。

农村商务信息服务工程:2008年中共中央1号文件强调。2006年4月国家商务部首先提

出该概念。实际行动,农业部 1994 年就开始了。这中间有公益性服务也有商业化服务。电子商务具有极其广阔的发展前景。

2. 农业网站、农业远程教育、12316、农技呼叫中心(包括农技 110)、农业信息短信平台

农业网站:农业部网站(包括中国农业信息网商务版)等,目前共有 1 万多家农业网站。可以预见,以后会有类似小麦、猪、枣等各种农产品的专业网站产生,新网站会雨后春笋般地出现。电子商务仰仗于此。

农业远程教育:从中央到地方的农业广播电视学校,中共中央组织部的农村党员远程教育网等。目前,我国农业远程教育呈现着服务形式多样化的特点,具体表现是开发和引进现代传媒技术,充分利用农技电波入户、农业广播电视教育、网上教育、函授等现代远程教育手段,拓宽农民接受各种信息的渠道,快捷、高效、广泛地为农民提供信息服务。

12316:农业部市场与经济信息司发了文件,为全国农业信息服务特服号。

农技呼叫中心(包括农技 110):呼叫中心简单、方便,对用户能力要求不高。农民通过电话专号(呼叫号码),即可与本地的呼叫中心实现信息的查询和咨询。呼叫中心采用多种服务方式,如自动查询、人工坐席和专家热线等形式,为农民解决生产问题和了解市场信息。现在呼叫中心逐渐与互联网和无线网联系起来,从服务形式和接受方式上实现多元化,并及时更新信息资料数据库,使农民可获取实时的系统。由于农民只要有手机即可实现农业信息的咨询,因此对农民本身素质、设备条件要求不高,而获取的信息面广、科学性强、信息及时,成为农民的贴心助手。农技 110,浙江衢州农技 110 比较早比较好。

农业信息短信平台:中国移动、中国联通等已在各地且是多层次地建立了农业信息短信服务平台。

3. 发展适用的现代信息终端:电脑、掌上电脑(PDA)、固定电话、手机、信息机。在此方面,各级政府、各有关部门应该增加投入,将此作为落实科学发展观、推进城乡协调发展、支持新农村建设的切实行动。电信、IT 企业等社会力量为此也要多出资源,解决基础条件问题。

4. 发挥传统媒体的作用:广播电视、报纸杂志、黑板报、简报、标语等。传统媒体还是非常有效的信息载体,有些普及率高如广播电视,有的简便易行如黑板报、简报、标语,应该辟专时、专栏、专题,多进行农村市场信息服务。

5. 口手相传:在广大农民那里,这却是最简单最常见最有用的方法。技术人员与农民、农民与农民之间说一说、听一听、比画比画,就有用。

相信"滴水石穿","只要工夫深,铁棒磨成针"。

探讨加强国家级民生气象服务能力建设的问题

王 超

（国家气象中心，北京 100081）

摘 要：中国气象局致力于加速建设的公共气象服务体系面向民生、生产和决策三个范畴。其中，决策与民生气象服务的关系较为复杂，其间的相互作用也显得尤为重要。作为改革与发展的过渡，现阶段，国家级民生与决策气象服务存在衔接不紧密、技巧有冲突的问题；决策向民生气象服务借力较少，资源利用率低的问题；在现有决策气象服务信息搜集和反馈渠道有限的情况下，民生气象服务系统与之相关的主动性发挥不畅的问题；民生与决策气象服务之间需要保留过渡地带，但政策支持欠缺，力量发展缓慢的问题；等等。对产生这些问题的原因进行分析，探讨性地提出，可以通过改革或发展国家级民生与决策气象服务的协调联动机制，维护气象服务体系有机地统一；通过承认民生与决策气象服务过渡地带存在的合理性和现实意义，给予政策支持，加强实力建设，发挥重要作用；等等，进一步加强国家级民生气象服务能力建设，取得更高的服务效益，充分发挥现代气象业务体系在建设服务型政府当中的重要作用。

关键词：公共气象服务体系；民生气象服务；决策气象服务

引 言

中国气象局致力于加速建设的公共气象服务体系将由防灾减灾气象服务、决策气象服务、公众气象服务、专业专项气象服务等四部分构成[1,2]；区分国家与地方层面；面向民生、生产和决策三个范畴，依据各范畴自身间的关系，又可将气象服务体系的结构简单描述如图1所示。

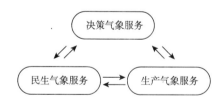

图1 气象服务面向民生、生产和决策的关系

其中，决策气象服务与民生气象服务的关系较为复杂，其间的相互作用也显得尤为重要。下面以此作为切入，从国家层面，探讨几个有关加强民生气象服务能力建设的问题。

一、切入民生与决策气象服务的关系，查找制约国家级民生气象服务发展的问题

首先澄清概念，探索性地提出"国家级民生气象服务"的定义——以国家级气象预报服务

机构为主体,对象范围超过1个省(区、市)辖区的民众,围绕保障或提高生活质量,防范或减轻气象灾害的不利影响,开展一系列的气象服务工作。而通常意义上的"国家级决策气象服务",其对象是国家层面各种决策部门、权力机构及其从属人员,主要围绕民生、生产等重大决策的制定与实施,开展一系列的气象服务工作。

在此基础上,对气象服务面向民生与决策的关系进行再分析。从服务的直接对象、技巧、方式等角度,民生与决策气象服务存在较大的差别,两个范畴相互独立,各自发展。但在服务宗旨上,二者都以人民的安全与福祉为最终目标,方向是一致的。结合引言中对公共气象服务体系结构的描述,民生与决策气象服务之间应该是相互影响、互为补充的理想关系。

现状是,在现行的气象服务体系当中,国家级民生气象服务业务主要归口公共气象服务中心及其从属机构,上游素材来源国家级气象预报和监测部门,终端产品发布渠道包括国家级(全国性)媒体以及中国气象频道、中国气象广播电台等,整个业务系统运行相对独立。国家级决策气象服务业务归口决策气象服务中心,上游素材来源广泛,强调各级决策气象服务部门互动,终端产品发布渠道以直接上报党中央、国务院为主,整个业务系统在"小实体、大网络"的模式框架下运行。目前,出于流程需要或机制体制规定,两套系统之间的具体联系仍集中在民生气象服务对决策气象服务产品单向地、直接地使用方面。

上述理想与现状的差距直接导致了几个方面的问题:一是民生与决策气象服务衔接不紧密、技巧有冲突;二是决策向民生气象服务借力较少,资源利用率低;三是在现有决策气象服务信息搜集和反馈渠道有限的情况下,民生气象服务系统与之相关的主动性发挥不畅;四是民生与决策气象服务之间需要保留过渡地带,但政策支持欠缺,力量发展缓慢。

二、以方向和领域为突破,分析制约民生气象服务发展问题的影响和成因

从发展的角度分析问题,方向和领域至关重要,下面就此为突破口,对制约国家级民生气象服务发展的若干问题进行分析。

(一)民生与决策气象服务衔接不紧密、技巧有冲突的问题

具体表现为,决策气象服务产品从任务提出→制作→完成通常贯穿着独特的背景,且目的性十分明确,决策服务技巧应用充分。忽略这些因素的影响,仅将终端产品用作原始素材,直接引入民生气象服务要素,进行二次加工,这是通常的做法。中间的信息断档可能造成服务技巧冲突,扰乱民生与决策气象服务目标,甚至陷入被动。

问题影响民生气象服务的发展方向,既国家级民生气象服务不应成为决策气象服务的简单下游。

分析原因,统一在人民的安全与福祉这个目标之下,民生与决策气象服务不可或缺有效且高效的衔接。实际情况是,决策对民生气象服务的指导制度以及二者的信息共享制度仍需建立或加强,与之配套的业务流程需要调整或优化。

(二)决策向民生气象服务借力较少,资源利用率低的问题

具体表现为,受到时间、空间以及服务权重的影响,决策气象服务存在这样的需求,通过民

生气象服务实现决策气象服务目标,以解决低权重决策气象服务问题,或鼓励民众参与,分担决策压力等,经常体现在对天气实况的服务方面。目前这种需求仍不能得到有效满足,直接影响决策气象服务的效果,制约了民生气象服务优势资源效力的发挥。

问题影响民生气象服务的发展方向,即民生气象服务仍不能承担起决策气象服务强大帮手的作用。

分析原因,一是决策向民生气象服务的任务落实与协调机制需要建立或加强;二是配套的业务流程需要调整或优化。

(三)在现有决策气象服务信息搜集和反馈渠道有限的情况下,民生气象服务系统与之相关的主动性发挥不充分的问题

具体表现为,决策气象服务受到人员、任务等条件的制约,难以做到及时、广泛地掌握民生气象热点,对气象服务的敏感性、及时性和针对性不利。而民生气象服务具备人员、受众、媒体资源等优势,但技术进步和经验积累均偏重于纯粹的民生服务用途,较少进入决策服务领域,需要进一步拓展。

问题影响民生气象服务的发展领域,既对民生气象热点信息的搜集、分析、反馈的力量投入有限,发展缓慢。

分析原因,一是对零散信息的搜集、分析、反馈本身是困难的课题,需要长期坚持、科学发展;二是激励机制不健全,影响有关人员参与工作或从事研究的积极性;三是业务流程不适应,需要调整或优化。

(四)民生与决策气象服务之间需要保留过渡地带,但政策支持欠缺,力量发展缓慢的问题

具体表现为,实际存在这样的过渡地带,介于决策与民生气象服务之间。代表性地,需要一种国家级的日常气象预报服务产品,它既跟踪民生的热点,又被赋予一定决策服务目的,活跃在中国气象局官方网站等媒介,某种意义上代表对外宣传的口径,充分展示国家级气象预报与服务的形象,并突显气象行业的特点。适应这一需求,国家气象中心创建了《每日天气提示》,通过发展,取得了较好的成效(参见第四部分)。然而,作为一个领域,决策与民生气象服务过渡地带的定位仍然模糊,实力较弱。

问题影响民生气象服务的发展领域,既决策与民生气象服务过渡地带发展非常缓慢。

分析原因,对于民生与决策气象服务之间过渡地带需求的合理性仍不被广泛认同,跟进的措施和制度保障欠缺,导致发展受阻。

三、从协调体制内气象服务关系的角度,提出加强国家级民生气象服务能力的几点建议

按照公共气象服务体系建设要求,现阶段作为过渡,允许在体制之内对气象服务进行分类,并以此建立不同的运行管理机制,为逐步过渡到目标模式奠定基础[1,2]。

从协调体制内气象服务关系的角度,探讨性地提出加强国家级民生气象服务能力建设的建议:

（一）改革或发展国家级民生与决策气象服务的协调联动机制，维护气象服务体系有机地统一

为了维护民生与决策气象服务相互作用、互为补充的有机统一，需要改革或发展二者的协调联动机制，目的是起到三个方面的作用：

一是在协调联动机制的框架下，决策气象服务根据需要将对民生气象服务使用其产品提出建议，同时提供必要的一手数据和资料。以此为基础，民生气象服务重新组织内容，制作发布与决策气象服务出发点和目标相呼应的产品，强调协调一致，共同发挥好气象服务系统整体的效率和效益。

二是在协调联动机制的框架下，决策气象服务将可以适时地提出需求，独立或共同制作发布固定或特定的民生气象服务产品，既贴合决策气象服务主旋律，又恰当满足服务民生的需要。从而实现决策向民生气象服务借力，辅助决策气象服务目标的效果。起步阶段的重点工作可以集中在对天气实况的服务等领域。

三是在协调联动机制的框架下，民生气象服务部门将抽调专人，从事民生热点搜集、分析、反馈的工作，强调组织性和专业化，依托并充分发挥民生气象服务资源优势，其成果直接用于加强民生气象服务能力建设，提升服务效益，并有望作为决策气象服务的重要参考依据。

（二）承认民生与决策气象服务过渡地带存在的合理性和现实意义，给予政策支持，加强实力建设，发挥重要作用

需要所以存在。现实地，民生与决策气象服务过渡地带被需要。以中国气象局网站为例，他代表了官方和权威，出于社会对气象行业的期待和需求，十分必要保留天气预报与实况栏目。栏目内容不能直接引用一手的天气预报结论与实况分析结果，因为服务技巧使用不足；不能引用纯粹的民生气象服务产品，因为事关重大，决策氛围浓厚；不能引用完整的决策气象服务产品，因为常常面对民众和公共媒体；只能使用介于民生与决策气象服务之间的过渡产品，从而完成直接服务决策与民生的双重任务。

只有承认了民生与决策气象服务过渡地带存在的合理性和现实意义，并给予适当的政策支持，不断发展实力，才能更好地发挥作用。

四、国家级民生与决策气象服务过渡产品的成功尝试，《每日天气提示》与天气预报语言的"信达雅"

在加强民生与决策气象服务过渡地带建设方面，国家气象中心围绕《每日天气提示》的由来和发展以及天气预报语言"信达雅"的逐步实现过程，做出了自己的尝试和贡献。

（一）创建"信达雅"载体

2008 年 2 月，人民日报撰文：天气预报也要"信达雅"。文章把天气预报比作大自然"语言"的翻译，认为虽然其难度极高，若能充分实现"信、达、雅（忠实、通顺、美好）"的要求，化繁为简、由深而浅，必然会取得更高的社会服务效益。

文章反映的是社会需求，为气象服务民生提出了新的要求。面对这种情况，国家气象中心

快速做出响应,汇集专家,多次研讨,最终决定:引进文学与新闻类专业的优秀人才,改革《天气公报》《灾害性天气预报警报》等传统天气预报文字图形类产品的内容和形式,创立全新的《每日天气提示》作为载体,逐步实现天气预报语言的"信达雅",以满足新需求和新要求。

(二)升华"信达雅"内涵

面对一份由气象专家制作完成的常规天气预报文字图形类产品,在有限的时间内,提炼个中对民生有重大影响的关键内容,把所有专业性词汇"翻译"成百姓易懂的"白话",包括对图像、图表进行适当说明,帮助理解——这就是《每日天气提示》的产品宗旨。

要"信"——忠实天气预报结论。为此,《每日天气提示》制作人员循环接受培训,掌握气象专业知识;在产品制作过程中与气象专家随时保持沟通,第一时间解决"翻译"难题;等等,确保实现天气预报语言之"信"。

要"达"——让百姓准确理解天气预报信息。为此,《每日天气提示》制作人员通过强化学习、发展创新、认真积累深入分析和掌握百姓理解气象专业术语的偏差,仔细推敲和把握对天气造成人员切身感受的描述性语言,逐渐形成一套民生气象服务用语库,用来支撑日常业务;另外,所有《每日天气提示》产品均经过决策气象服务专家审核,部分产品更是直接引用决策气象服务结论,以此依托丰富的决策气象服务经验和现代化灾害性天气评估技术与方法,再通过转变语言风格适应百姓需求;等等,高度实现天气预报语言之"达"。

要"雅"——行文优美,让大家喜闻乐见。为此,《每日天气提示》制作人员充分发挥自己的文学与新闻专业特长,在实践中积极探索,形成了各自独特的写作风格,符合大众的阅读习惯,全力实现天气预报语言之"雅"。

(三)初显"信达雅"效果

2008 年 6 月 20 日创办以来,《每日天气提示》及其专稿已制作完成 1300 余期,经过气象服务人员近 2 年的不懈努力,产品质量得到不断提高,已成为天气预报语言"信达雅"的重要载体。

目前,融合了天气预报、天气影响及防范建议,与决策气象服务方向保持统一,致力于满足民生需求的《每日天气提示》作为中国气象局网站的首页专栏产品,纷纷被中央政府网、新华网等主流媒体所引用,其社会影响力及认可度日益得到扩大和提升,发挥了愈来愈好的气象服务效益。

其他

实质上,《每日天气提示》及其专稿承担了现阶段决策与民生气象服务过渡地带的角色,实践验证这种运作模式是成功的、有效的。

在追求天气预报语言"信达雅"的过程中,国家气象中心推出了一系列产品,形成了一个团队,总结了一批经验,初步完成了一种探索,可以预期这些成果将在发展决策与民生气象服务过渡领域方面继续发挥积极的作用。

参 考 文 献

[1] 矫梅燕,王志华.2009.公共气象服务是气象事业科学发展的必然选择[J].气象软科学,4:9-12.
[2] 矫梅燕,王志华.2009.探索公共气象服务发展的体制机制创新[J].气象软科学,4:13-18.

气象服务"区域模式"探索与实践

丁德平[1]　范永玲[2]　刘建文[3]　周锦程[4]

高建国[5]　李　强[2]　张喜娃[2]　王存喜[6]　萨日娜[5]

(1. 北京市专业气象台,北京　100089;2. 山西省气象科技服务中心,太原　030002;

3. 河北省气象科技服务中心,石家庄　50021;4. 天津市气象科技服务中心,天津　300074;

5. 内蒙古气象科技服务中心,呼和浩特　010051;6. 北京万云科技开发有限公司,北京　100089)

摘　要:华北区域气象中心担负着组织协调、业务指导、科研组织、技术支撑、专业培训等五项任务,华北五省气象科技服务中心主任联席会研究决定于 2009 年 1 月 10 日组建了北京区域气象传媒发展促进会。对区域气象服务产品资源共享、地方特色成果推广创新气象传媒等方面做了有益的探索,初见成效。

关键词:区域;气象服务;模式

贯彻落实第五次全国气象服务工作会议和华北区域气象工作会议精神,经 2009 年 1 月 10 日第一届北京区域"气象科技服务中心(专业气象台)主任(台长)联席会议"研究决定,成立了北京区域气象传媒发展促进会。第一次将气象传媒多元化、专业化、精细化、海量信息、集约经营等优势集约整合,将创新发展模式,区域共享和媒体成果两个优势列为气象服务发展战略着力点,发挥气象传媒在本区域(省、市、区)气象服务中的纽带和辐射作用。在推动区域公共气象服务整体科学发展上,做了新的实践和探索,初步形成区域搭平台、省级唱主角、全区共发展的一变五区域模式。

一、构建区域共享平台,提升气象服务减灾能力

为了加强区域内各省市内部及之间的气象服务产品和灾害性天气信息及时沟通和共享,更好地发挥上下游地区气象服务产品的作用,进一步提高预警和服务能力,提高气象服务和灾害性天气服务的整体水平,以更好地满足本区域内社会及百姓对气象服务工作需求和防灾减灾的需要,2009 年开展了中国气象局气象监测与灾害预警工程(软件项目)——华北区域气象服务产品共享与预警发布平台的建设。

本项目系统依托华北区域(北京、天津、河北、山西、内蒙古)内气象系统现有的业务平台,在保证区域内各气象服务中心现有业务系统正常运行的基础上,遵循中国气象局编制的《气象资料分类编码及命名规范》和相关标准,结合华北区域气象服务包括灾害性天气服务的特殊需求,从进一步加强气象服务产品和灾害性天气信息质量控制和建立北京区域气象服务资料共享角度出发,对华北区域内各"气象服务子系统"的气象服务信息资源进行整合,建立华北区域

气象服务产品及灾害性天气信息共享平台,实现整个北京区域内各气象服务中心、各级政府和各行业部门间的公共气象服务信息资源准确、及时互联互通,进一步提升气象服务和灾害性天气服务业务网络化、协同化、信息化应用水平。

本项目系统主要由共享数据库子系统、应用服务子系统、预警发布平台子系统三部分组成,其中,共享数据库子系统主要为另外两个子系统提供各种基础数据,应用服务子系统主要根据基础数据提供丰富的气象服务产品应用,以及各种统计分析功能;预警发布子系统主要根据各类统计分析信息,及时得到华北区域的预警信息,并进行发布,便于各子区域提早准备,减小气象灾害带来的影响。

在区域内建立统一的服务产品共享平台,这在全国范围内尚属首次。届时华北区内气象服务产品数据将更为规范化,在增强区域内常规服务能力、灾害预警能力、防灾减灾水平的同时,还促进了气象事业集约化、开放式发展,提升了气象服务华北区域经济社会可持续发展的保障与支撑能力。为将来建立全国公共气象服务信息资源共享平台奠定基础和取得示范经验。

二、普及区域地方品牌,提高气象服务发展速度

组织召开华北区域省级特色气象服务产品应用推广会实现一变五效应。2009 年 1 月 10 日在河北西柏坡,2010 年 1 月 25 日在天津召开区域研讨会。开展华北区域各省特色品牌项目的交流与合作,实行现实需要的引进、因地制宜的成果转化、推广应用的集成综合,迅速把气象服务成果渗透到区域各个角落。诸如:北京奥运、国庆 60 周年重大气象精细化服务系统带动了各省重大服务效益屡创高新;天津灾害气象信息手机现场采集直报处理系统平移到各省手机传媒平台;河北智能化一站式交通预报服务系统开通区域交通沿线;山西应急气象服务多媒体服务系统各省引进推广;内蒙古新农村气象服务模式全区普遍开花等,在短期内达到嫁接移植一变五的推广应用。

三、促进区域传媒发展,提高气象服务窗口效应

气象传媒是气象服务的窗口,是服务最易见成效的手段。近年来,随着气象电视、电台、报纸、手机、网络、户外六大媒体服务拓展,以其多元化、专业化、精细化、海量信息、优势集约等特点,已成为信息服务领域重要的提供者,在推进气象服务建设中发挥了积极作用,新兴的气象媒体应运而生。为此,促进会提出华北区域构建现代气象传媒体系的发展战略:区域气象服务实现跨越发展重点应放在气象媒体开拓领域上,从当地最有优势且投产少,见效快的气象媒体入手。建设一批精细化、广覆盖、规模优势大、社会经济效益好的立竿见影的气象服务气象媒体项目产品。充分利用电视、电台、报纸、手机、网络、户外电子屏等传播媒体,形成现代气象传媒体系,使人们能够越来越方便地获取气象信息和服务,从而带动气象服务的整体发展。尽快把区域气象服务推向一个新阶段。

(一)区域气象传媒建设指导思想:龙头牵引,项目促进,多角延伸,百花齐放

1. 龙头牵引:联合区域(省、市、区)气象部门、广电部门以及网络、移动通讯运营商,以各

省气象服务中心为龙头,以气象影视、电台、报纸、手机、网络、户外电子屏等六大领域为载体,集中优势力量,实现气象传媒战略发展的多角度、全方位协调与合作。在"龙头"的带动下,积极推进区域气象服务工作。

2. 项目促进:发挥气象部门集团军优势,以项目为纽带组建区域气象公众、专业、科技、应急等上下联动机制,努力在多媒体、新媒体传播领域拓展气象传媒联动互动,带动新一代气象传媒又好又快地发展。充分发挥区域气象传媒研究部门"智囊"团队的作用,多方申请研究项目,吸引资金,运用研究成果提高气象传媒工作的科技含量,推进气象传媒工作阶梯式向上发展。

3. 多角延伸:充分运用研究成果、战略思维和"龙头牵引"取得的成功经验,将气象传媒协调与合作逐步推进到电视、电台、报纸、移动电视、城市资讯电视、电子显示大屏幕、网站、移动电话等各媒体,建立适应不同媒体双赢发展的协作机制,共同构建区域气象传媒协作平台。

4. 百花齐放:在建立现代气象业务体系战略思想和气象传媒战略研究成果的指引下,气象部门、协作部门、媒体及经营部门充分共享气象传媒协作平台资源,运用上下联动的协作方式,在各领域、各媒体开展气象传媒宣传与交流工作,开创统一协调、分工合作、百花齐放、共同发展的良好发展局面。

(二)区域气象传媒体系建设

整合气象传媒资源,大力拓展多媒体领域,逐步形成多样性、数字化、多媒体化的气象服务模式和多层次、广覆盖、无缝隙的气象服务网络体系,为社会公众提供及时、准确、详细的各种气象服务。

1. 区域公共气象服务传媒协作平台:建立气象电视传媒服务系统;建立气象电台传媒服务系统;建立气象报刊传媒服务系统;建立气象手机传媒服务系统;建立气象网络传媒服务系统;建立气象户外传媒服务系统。

2. 区域新农村气象服务平台:建立防灾减灾综合信息农村智能广播系统;建立农村信息化服务系统;建立村村通电子屏。

3. 区域防灾减灾应急公众传媒服务系统:创办大众防灾减灾手机报;开展防灾减灾手机"安全通"服务;开办防灾减灾 IPTV、防灾减灾可视电话、防灾减灾手机电视应急指挥快车;开办防灾减灾广播电台专栏节目;开办防灾减灾应急电视直通车;建立防灾减灾信息电子发布系统。

(三)区域气象传媒创新发展

提出区域气象传媒优势集约发展方向,寻求精细化、广覆盖突破口,解决气象服务发展中的难题。研究和实现第一时间通过主流媒体获取最新的气象信息,建立比较完善的气象传媒业务体系,为建立有效的气象服务铺平道路,力图在气象信息转换为生产力和拓展领域上发挥关键作用。

1. 开发六大媒体精细化产品

设计六大气象传媒系统针对不同的用户群体,提供专业化、多样化、纵深化的气象服务产品。各省精心组织六大媒体专门的力量,捕捉各媒体的特色与需求、加工针对性强的气象产品、包装老百姓最喜爱的气象品牌和最容易获取渠道、组织制作六大媒体多样化产品,在各媒体平台上产生立竿见影的效果。

建设新一代气象影视精细化服务平台,捕捉各种信息分析、创意凝练出形式发展更多样,更全面,更细致的气象影视产品,全区日常节目有 67 套时长累计 4.8 小时。

建设新一代气象电台直通车。组织策划《天气有约》等真正具有气象特色的电台栏目,在各省广播开播了系列自办广播气象节目。全天正点滚动播出气象节目,每天有气象专家坐席热线答询手机互动,全区有 72 套栏目时长 2 小时 15 分钟。形成真正具有气象特色的电台栏目向全区 2.6 亿人发布,实现社会效益和经济效益双赢。

建设新一代气象报纸自制系统。打破常规的合作模式,针对不同报纸自制气象科普之窗,农业新看点等各种报纸合作版样。拓展主流报纸,增进与报社的紧密型合作拓展了气象信息在平面媒体的发展方向。实现气象信息资源的效率最大化。全区有 54 种主流报纸,气象栏目总版面大约达到:76000 cm^2,面向 1100 万读者。

建设新一代气象手机多功能服务系统。策划了区域移动气象站:6 大功能(手机短信、彩信、电台、报纸、网络、电视)、3 个专用通道、16 种手机气象信息模块。第一时间抢占制高点,全力打造以手机报纸、手机短信彩信、手机电视、手机广播、手机网络为代表的气象媒体是当前最为迅猛的传播方式,面向全区手机用户 12400 万用户发布。

组建新一代气象网络特色系统。开办各省气象局重大新闻和农业气象服务的主流网站。聚焦三农业,报道本省农业气象新闻、服务本省三农、满足农民需求、反映农民心声。实施"电视上网"(IPTV)工程,在所有的乡(镇)、村、街道、社区建设宽带线路的基础上,通过机顶盒和电视机收看电视节目、视频课件和图文信息(IPTV),强化社会合作,有针对性地深入开展"三农"服务。

组织拓展气象户外传播平台。利用公共场所资讯电视传播,整合社会资源,电话亭寻求多方合作,拓展多元化,全方位气象信息传播渠道,全区有 3700 各种电子屏滚动播出。

2. 开通公共气象服务广覆盖五个绿色通道

发挥部门"独家"优势,组建"自主"服务体系。创新服务传播技术,建设功能先进、资源丰富、广覆盖、高时效、多媒体公共气象服务发布通道,千方百计把千变万化的气象信息传递到千家万户。拓展气象预警信息覆盖面,不断提高气象服务于各行各业的水平和能力,提升气象影响力。

促进气象——活跃在各媒体绿色通道。由单一气象信息向多功能、精细化转变实现高密度。发挥气象独家优势,占领各媒体黄金时段。任何人在任何时间以任何可能的方式最快、最方便的获取所需要的气象信息和服务。

促进气象——深入到各行业绿色通道。由单一气象服务向综合化、多元化转变实现高价值。专业气象服务四进(进社区、进企业、进学校、进农村),满足社会多元化、多层次的气象服务需求,制作了针对性强具有各行业特色的气象产品,实现时间上、空间上、领域上的无缝隙气象服务。

促进气象——拓展到防灾减灾的绿色通道。由单一信息提供向高端型、高参型转变实现高层次。提出第一时间为领导层提供气象预警信息,实时性指导性气象服务构建政府主导、多部门联动、全社会参与的新格局。

　　促进气象——自主专用传播绿色通道。由单一气象模块向综合化、专用化转变实现高速度。集成气象信息专用通路精心策划包装,个性化手机媒体多样化的自主通道,整体传播,实施连续滚动播出。

　　促进气象——国家级平台直达绿色通道。搭乘中国化发展的快车设计推进中国天气网、中国兴农网、中国气象频道、中国气象彩信进各级政府。由单一气象地方向全网化、特色化转变实现高效益。真正成为各级政府利用气象趋利避害防灾减灾帮手。

四、启示与思考

(一)"华北区域气象传媒发展促进会"

　　旨在加强华北区域气象服务领域的互动与合作,实现产品共享、成果共享、资源共享,合力开发公共气象服务领域急需的新技术、新产品,将各省(市、区)的先进经验和优势项目向区域辐射,努力推进"一变五"快速发展捷径。经过一年多的探索和实践,我们感到充分发挥区域组织协调、业务指导、科研组织、技术支撑、专业培训等五项功能,推动区域气象服务的发展有着广阔的前景,"华北区域气象传媒发展促进会"正在逐步显示出生机与活力,我们相信,它将会随着气象服务中心的组建和发展,越来越为各省所重视,成为各省气象服务中心推广优势项目、壮大服务手段、提高服务水平的有力措施和得力助手。

(二)气象媒体是气象服务工作和社会的接口,利用社会的力量壮大区域现代气象媒体

　　在推动区域公共气象服务发展的实践中感到:气象传媒吸引了各合作单位变我要服务为要我服务。气象传媒是气象工作和社会的接口,通过这个接口气象成果可以转换为社会效益、经济效益和生态效益。正如回良玉副总理所指出的"气象工作从未像今天这样受到各级党政领导的重视,受到社会各界的高度关注,受到广大人民群众的高度关心。受到世界的高度关注。"我们坚信只要以科学的态度,科学的方法进行实践,利用气象传媒的优势,向社会辐射和渗透,争取更多的公共气象服务产品融入到防灾减灾、各行各业、人民日常生产生活中,气象服务的效果将被越来越多的行业重视,其社会效益和经济效益价值是不可估量的。

　　因此,要把发展壮大气象媒体作为我们气象一项重要的事业,把社会化作为推动其健康发展的一项重要途径,把社会各界充分参与、社会力量充分调动、社会资源充分利用、社会需求充分满足作为其发展的一项重要目标,把社会公众满意度作为衡量其服务能力的一项重要指标,使气象媒体真正融入社会,融入经济社会发展各行各业,融入百姓生产生活。

(三)加强气象传媒研究,推动气象服务跨越发展

　　通过多年的探索开发与资源整合,气象信息传媒业务已初具规模。气象传媒在气象服务中价值和作用脱颖而出,气象传媒已成为气象科技成果;气象信息转化为生产力的法宝,成为社会各界香饽饽,政府夸它一字值千金,单位有时靠它一锤定音,老百姓说一天也离不了它。就连众多媒体都争先恐后地利用气象信息来实现效益。气象信息传媒在某种意义上,有集约各大主流媒体优势和引领媒体发展的潜在优势。时不我待,与时俱进,我们应加强探索气象传

媒发展的新内涵、新模式,成为新传媒的领跑者、开荒者。建议由中国气象学会、中国气象传媒战略发展中心增设气象传媒战略研究专家委员会,主要职责是研究建设现代气象业务体系中气象传媒体系建设的指导思想、方法、手段与平台,提出符合气象事业总体发展战略要求的,适应经济社会发展需求的气象传媒发展总体方针与具体组织措施,提出气象传媒发展战略的关键性问题、核心建设项目和发展方向,制订气象传媒发展长远目标和阶段目标,制订长远工作计划和阶段工作计划等。气象传媒战略研究专家委员会设以下若干个专家组:诸如:政策理论研究组、战略规划设计组、市场与媒介研究组、媒体与传媒研究组、媒体开发组、电视媒体发展组、广播电台媒体发展组、报刊媒体发展组、网络媒体发展组、流媒体发展组、广告策划研究组、移动传播媒体发展组、新媒体开发与发展组。

推进气象服务科学发展任务既繁重艰巨又光荣神圣,我们将以发展的眼光、创新的精神、务实的作风,着力破解气象服务发展中的遇到的新问题和困难,继续在气象服务"区域模式"道路上进行艰苦实践和探索,努力谱写区域气象服务科学发展的新篇章。

参 考 文 献

[1] 郑国光.在第五次全国气象服务工作会议上的讲话[R].2008.

[2] 郑国光.在2010年全国气象局长会议工作报告所作的题为《总结经验,开拓创新,进一步推动气象事业实现更大发展》[R].2010.

[3] 许小峰.在2007年全国气象局长工作研讨会上的专题报告[R].2007.

[4] 矫梅燕.在第五次全国气象服务工作会议上所作的题为《坚持需求牵引推进改革创新努力开创公共气象服务工作的新局面》[R].2008.

[5] 矫梅燕.探索公共气象服务发展的体制机制创新[R].2009.

[6] 谢璞.在华北区域促进会上所作的题为《立足区域需求,加强协作联合,积极推进区域中心气象事业又好又快发展》[R].2008.

[7] 孙健.中国气象局公共服务中心发展现状及未来展望[R].2010.

[8] 刘汉博.华风天气手机产品介绍知风晓雨指点天气[R].2010.

[9] 袁丽丽.北京区域服务产品共享与预警发布平台项目需求汇报会[R].2010.

[10] 北京市专业气象台.开拓创新推进气象服务发展[R].2010.

[11] 天津市气象科技服务中心.工作汇报[R].2010.

[12] 河北省气象科技服务中心.气象服务工作汇报[R].2010.

[13] 山西省气象科技服务中心.立足山西经济和社会需求全面推进公共气象服务业务发展[R].2010.

[14] 内蒙古气象科技服务中心.完善服务体系,拓展服务领域,提升服务能力[R].2010.

加强部门联动,服务海上山东

丛春华　吴　炜

(山东省气象台,济南　250031)

山东濒临黄渤海,海岸线长 3345 km,所辖海域 15.95 万 km²;全省水产品产量、产值、出口总量和贸易额连续 14 年居全国首位,占全国水产品出口总额的 1/3。海上捕捞、航运、石油开采、风能开发、海洋旅游等产业发展迅速,据有关部门统计,2008 年山东海洋生产总值达5346 亿元,占全省 GDP 的 17.2%,占全国海洋生产总值的 18%。可见山东省是名副其实的海洋大省。从历史上看,黄渤海及其沿岸地区属气象灾害频发区,大风、海雾、强对流、风暴潮、暴雪和热带气旋等灾害性天气种类多、频次高,对社会生产和人民生活影响巨大。独特的地理位置及频发的海洋气象灾害对社会经济发展的制约,给山东省海洋气象预报预测及服务保障提出强烈的需求。

一、山东省海洋气象预报服务发展历程

山东省是较早开展海洋气象预报与服务业务的省份之一。从 1880 年起,英、德、日等国先后在山东沿海和胶济铁路沿线设置测候所或观象台,1898 年德国在青岛设立气象天测所,1911 年,青岛观象台开始制作天气预报。1953 年 8 月以后,气象部门由军队转归人民政府建制,气象台站网迅速扩大。1953 年 2 月山东省石岛气象台建立。1986 年夏,国家气象局开始筹办海洋气象导航青岛分中心,建立海洋气象导航业务和服务体系。2005 年,由山东省海洋气象台和青岛、东营、烟台、潍坊、威海、日照、滨州等 7 市海洋气象台构成了全省海洋气象预报服务业务体系。

山东省气象台成立之初即开展了海上大风的预报业务,连同日常预报要素一起对外发布。自 20 世纪 70 年代起,伴随海洋经济对海洋气象需求的日益增加及现代气象科技的不断发展,山东省海洋气象预报能力不断得以提高,海洋气象服务领域不断拓展。

1. 早期海洋气象为渔民服务:省气象台在 20 世纪 70 年代至 80 年代以石岛和龙口两测站为基地,每年捕鱼季节派遣预报员和观测员组成简单的"移动海洋气象台"深入渔场开展气象为渔民服务。

2. 有偿专业服务:20 世纪 80 年代在全国开展专业有偿服务的浪潮下,烟台市气象局、威海市气象局、东营市气象局、潍坊市气象局等积极开展海上养殖业、滩涂晒盐业、远洋捕鱼业等海上专业气象服务。

3. 渤海海峡航线服务:21 世纪初(2001 年)烟台市、威海市等正式与轮渡公司签约开展烟台—大连、威海—大连的海上航运气象专业服务。

4. 重大活动及海上搜救及保障服务:山东省气象台圆满完成 2008 年青岛奥帆赛和

2009 年十一运会水上项目,以及青岛奥帆赛场海域浒苔处置气象保障服务,受到政府表彰。并多次在海上救援工作中,以出色的海洋预报与保障服务工作赢得政府及有关部门的充分肯定。

二、"政府主导、部门联动、社会参与"的海洋气象服务体系初步形成

山东省气象局坚持以科学发展观为统领,按照中国气象局和省委、省政府的工作部署,抓住有利时机,争取中国气象局和地方部门大力支持,面向山东半岛蓝色经济区建设,以"打造海洋气象服务品牌"为切入点,积极推进和构建由海洋气象预测预报、服务、综合观测和业务保障等五大系统组成的海洋气象服务体系,使山东省邻近海域海洋气象服务能力有了明显提高。

(一)良好的海洋预报服务业务基础

1. 海洋气象监测网初具规模

到目前为止,全省沿海区域气象观测站 500 多个,其中距海岸 50 km 以内约 220 个,距海岸 2 km 以内 60 多个,海岛站 20 个,浮标站 6 个,船舶站 6 个,海上石油平台站 4 个;气象探空站 2 个,新一代天气雷达 4 部,713、714 雷达各 1 部。青岛、烟台风廓线仪 3 部,GPS/MET 水汽监测站 9 个(与相关部门共享共建 20 个),70 m 以上测风塔 22 座,卫星遥感信息接收处理系统 1 套,具备卫星通信能力的移动气象台 7 部,全省建成的由 20 个探测子站和 1 个中心站组成的闪电定位系统基本覆盖半岛区域,已初步形成了沿海岸基地基海洋气象监测网。另外,省和烟台市海洋气象台与渤海轮渡公司合作引进的"渤海海峡船舶动态显示与视频监控系统",实现对过往渤海海峡 500 吨位以上船只的动态跟踪、分类识别和对客滚船舶运行情况及其周围海况、天况等全天候监控。

2. 省—市—县集约化的海洋气象预报业务格局初现端倪

山东省和 7 个沿海市气象局全部成立了海洋气象台。其中,省海洋气象台自 2009 年 3 月 1 日起正式实体化运行。2009 年初省气象局采用最新技术自主研发的山东海洋气象业务平台投入业务运行,该平台在省—市—县气象局内部实现海洋气象实时观测资料、短临灾害性天气监测与预警、预报技术、预报服务产品等海洋气象信息共享,为省—市—县集约化的海洋气象预报服务业务提供了一个良好的平台。结合 2010 年中国气象局海洋气象业务试点工作,山东省已初步建立省级指导、市局订正、产品省—市—县共享的海洋业务集约化发展流程。在优化省—市—县海洋气象服务工作职责、避免重复劳动、实现对外服务统一、集约高效的海洋业务服务上迈出了第一步。初步形成了省—市—县集约化的海洋气象预报服务业务新格局。

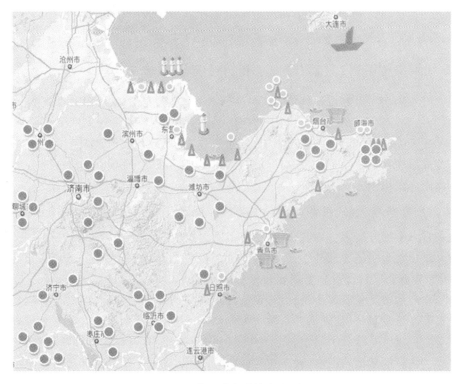

图1 山东已建海洋综合观测网

3. 完善海洋气象信息发布系统

充分发挥主流气象信息发布系统,如:传真、电话、短信、互联网、12121咨询电话、电视、广播、报纸等通讯及宣传手段对外发布海洋气象灾害预报预警。各沿海市气象部门围绕海上航运、海水养殖和海上捕捞、航运、风能开发、海洋旅游等服务需求,建立海洋专业服务网,向决策部门及专业用户提供了形式多样的专业化海洋气象预报服务。积极研发"海洋天气警报系统",成立石岛海洋气象广播电台,并于2009年4月3日正式开播。该广播系统具有传输存储数字信号、语音播送和收听等功能,传输距离可达1500 km,实现了环渤海海域海洋气象预报预警无盲点覆盖,大幅度提高了海洋气

图2 石岛广播覆盖范围

象公共服务能力,对环渤海及其附近海域海上运输、海洋渔业、海上搜救及环渤海区域经济发展,尤其对抗御自然灾害,减少人员和财产损失,发挥重要作用。

4. 海洋气象科研工作逐步推进

以省级科研所为核心、沿海市级气象部门积极参与的海洋气象科研机制逐步建立。全省围绕海洋气象业务发展确定科研方向,承担了部分国家级和省级科研项目,开展了海雾、风暴

潮、海上大风、台风路径、沿海局地强降水等预报方法研究,取得了一批科研成果,部分已投入业务应用,为推动海洋气象业务服务发展发挥了重要作用。

(二)海洋气象灾害"部门联动"防御机制已经初步形成

山东省气象局切实做好海洋气象防灾减灾工作,认真落实《国家气象灾害应急预案》,进一步完善"政府主导、部门联动、社会参与"的气象灾害防御机制。除通过海洋气象信息发布系统将海上灾害性天气消息、警报和预警信号等发送给省委、省政府及省政府应急办、安监、海事、渔业等相关部门和社会公众外,还积极开展与海事、交通等部门的互动与合作,加强部门联动,共建海上救助应急机制。

1. 与山东海事局联动、服务海上防灾抢险应急

与山东省海事局开展多方面合作,建立海上防灾抢险应急机制,共同提高海上交通应急处理能力和气象灾害预防能力,保障人民群众海上活动安全、保护海洋环境、维护社会公共利益。2007年,为完善恶劣天气海况预警制度和应急待命机制,与山东海事局签署了《关于共同做好海上交通安全与搜救气象服务协议》。分别就双方建立信息互通机制、建立信息通讯专线、完善海洋气象信息分发系统、加强海洋气象灾害监测系统建设、开展海洋气象灾害脆弱性分析、建立技术交流机制以及联合开展演习工作机制等七个方面的内容达成合作协议。双方本着"共享、共建、共赢"的原则,通过真诚务实的合作,共同提高海洋气象灾害预警信息发布能力,不断增强气象服务的及时性和针对性;共同提高海上安全的保障能力和应急能力,有效预防和及时应对海上险情,提高海上搜救作业水平。该协议搭建了山东海上交通应急与搜救气象服务新平台,并为我省扩建船舶自动观测站打下了良好的基础。

2009年,省气象局作为山东省海上搜救中心成员单位,积极参与《山东省海上搜救应急预案》的修订和完善工作。与相关部门建立海上应急抢险联动机制:省气象局根据职责通过短信、电话、传真、网站等方式第一时间向政府及涉海管理和生产单位发出海洋气象灾害预警信息和防灾;搜救中心根据气象预警信息确定海上风险预警等级,发布海上风险预警信息;从事海上活动的有关单位、船舶和人员根据不同预警级别,积极采取相应的防范措施;搜救中心成员单位根据不同预警级别做好预防及应急救助准备工作。真正形成"政府主导、部门联动、社会参与"的海洋气象灾害性天气应急服务网,在防抗恶劣气象灾害、减少海上险情事故中越来越明显地发挥了"第一道防线"的重要作用。省气象台还积极参加山东省海上搜救中心组织的每年一次的"海上防抗台风、风暴潮工作落实情况进行督查活动",直接了解到海洋防灾减灾现状,获取一手需求资料,优化海洋气象服务规范和流程。

2. 与渤海轮船公司合作、实现资源共享

山东省气象局积极与山东渤海轮渡有限公司开展多方面合作。截止2009年底已经在其"渤海金珠"、"渤海银珠"、"渤海明珠"、"渤海珍珠"和"渤海玉珠"5艘轮船上成功安装了船舶自动气象站,并正式投入灾害性天气监测预警业务运行。5座船舶自动站的建成,弥补了渤海海峡烟台至大连航线气象观测资料的空缺,扩大了海洋移动气象监测保障服务范围。

省气象台及烟台市气象局还与该公司合作引进电子海图显示与信息系统。该系统的电子海图显示与信息系统部分,利用船舶自动识别(AIS)等技术,实现了对渤海海峡过往的500吨位以上船只的动态跟踪,在天气会商室就可对渤海海峡的货船、客滚船、救助船等各种船只进

行精确定位、分类识别。该系统的船舶视频监控系统,可实时获取山东渤海轮渡公司客滚船上的监控视频,实现对船舶运行情况及其周围海况、天况等的全天候监控,为海洋气象预报警报及海事保障气象服务提供了精细直观的动态资料,提高了山东省海洋气象短时预警预报能力和重大海事气象保障服务能力。

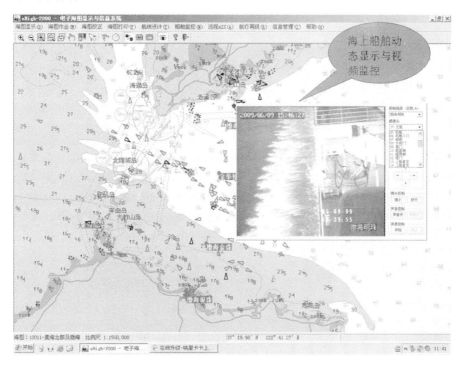

图3　共享渤海轮渡有限公司的电子海图显示系统

3. 与山东省交通厅合作,服务港航生产

2009年,为应对处理水上突发事件,与山东省交通厅式签署建设《山东省港航水上应急突发事件气象预报专项服务电子网络平台合作协议》。通过此平台建设,在全省港航系统建立起更加及时全面的气象灾害预警系统,为应急指挥机构处理水上突发事件,预防次生、衍生事故发生,提供科学的参考依据。项目覆盖范围包括山东沿海陆域、码头、仓储水域,渤海湾、黄海内航线,陆岛运输航线,京杭运河山东段,省内河流、湖泊等区域。平台的建设,将对加强山东省港航应急管理工作,提高处置突发事件能力,预防次生、衍生事故的发生发挥重要作用。

4. 与交通运输部北海救助局合作,共建海上气象观测系统

2009年12月,与交通运输部北海救助局签署《共同做好海上救援服务工作合作协议》。双方就共建信息互通和共享系统以及救援保障联动机制、进一步做好北部海域救助工作,提高海上应急救助快速反应和生产安全保障能力,助力山东半岛蓝色经济的发展,共建平安山东保驾护航达成协议。同时约定共建海上救助船舶自动气象观测系统。

图 4　2009 年山东省气象局与北海救助局签约　　　图 5　交通厅服务专网

北海救助局的救助船在无海上救援任务时长期锚定在固定海域待命,有利于获取某一固定海域的、连续的海洋气象观测资料。北海救助局的救助船抗风能力强,即便在灾害性天气发生时也可在海面上活动,进而可以获取灾害性天气下的海洋气象观测实况。其中有一条救助船锚定在渤海,在此船舶上安装船舶自动观测站获取海面天气实况,可以弥补渤海海域没有观测站的缺陷。海上救助船舶自动气象观测系统的建设必将在提高我们对海上灾害性天气的认识水平和预报能力,增强我们的海洋气象服务能力方面发挥积极的作用。

近几年山东省气象局通过与海事、渔业、交通等部门以及渤海轮渡有限公司,结合社会力量共同组建海洋气象灾害信息服务队伍,实现气象服务信息传播与海上气象灾害信息收集的互动,共同搭建海洋气象服务平台。

三、山东省海洋气象服务发展规划

山东气象局坚持用科学发展观统领山东海洋气象事业发展,深入贯彻落实国务院《关于加快气象事业发展的若干意见》《关于进一步加强气象灾害防御工作的意见》和中国气象局《关于现代气象业务体系发展的意见》,按照"公共气象、安全气象、资源气象"发展理念,坚持"以人为本、无微不至、无所不在"的服务理念,面向决策、面向公众,面向生产,以需求为牵引,以服务为引领,以科技为支撑,以业务为保障,建设山东现代海洋气象业务服务体系,全面提升山东海洋气象服务能力,为经济社会可持续发展提供优质的海洋气象服务。

(一)继续开展部门合作,加强联动机制建设

山东省气象局在前期与海事、渔业、交通等部门合作、联动的基础上,继续加强部门间的沟通,寻找合作的切入点,拓展合作领域与合作方式;加强海洋气象灾害的防范以及海上重大活动和海上搜救工作的应急联动机制建设。

(二)多方面着手、完善海洋气象服务体系

山东省气象局以解决沿海和海面气象信息无缝隙覆盖、提高信息发布及时率和建立科学高效、合作开放、多部门联动的面向政府、面向公众、面向生产的山东海洋气象服务体系为着力点,布局以完善一电台、开发一网站、充分发挥"三个重要作用"为基础,即完善石岛海洋气象广播电台,开发海上手机 WAP 服务网站;充分发挥气象部门短信、12121 等手段的重要作用,充

分发挥电视等社会媒体的重要作用以及充分发挥"政府主导、多部门联动、全社会参与"的防灾减灾机制的重要作用,构建多渠道、高频次、广覆盖、快速发布、响应迅速的海上气象服务系统;建设以石岛海洋气象广播电台为主,其他手段等为辅的海洋气象信息发布系统;形成政府领导、部门合作、上下联动、全社会参与的灾害预警和防范应急管理新格局。

1. 完善面向政府的决策服务平台

通过建立海洋气象决策服务平台、完善海洋决策气象服务分发系统和建立海上手机WAP服务网站来进一步完善面向政府的决策服务平台。

2. 构建面向公众的信息服务平台

通过建立和完善石岛海洋气象广播电台、海洋气象预报预警信息电视发布系统、海洋气象预报预警信息短信发布系统、海洋气象预报预警信息电话发布系统及海洋气象信息服务网站,来构建面向公众的信息服务平台,实现海洋气象预报预警信息在黄、渤海海区的及时、无盲点发布,增加灾害预警预报的及时性和主动性。

3. 构建面向生产的专业海洋气象服务平台

在充分考虑服务需求的基础上,建立以一个省级预警中心,海洋交通、盐业、海洋工程、海水养殖 4 个海洋气象专业预报分中心为架构的山东现代海洋气象预报新布局,山东省各专业海洋气象服务中心负责开发建立专业化海洋气象服务平台,满足专业化海洋气象资料分析、产品制作分发,灾害性天气影响评估等工作的需要。

4. 加强海洋气象服务科技支撑建设

建立环渤海气象部门海洋气象信息共享平台:增强海洋气象综合资料观测和分析能力,加强部门内的合作,围绕环渤海海洋灾害性天气的服务,加强业务互动与预警服务联动,提高环渤海地区海洋防灾减灾能力。

加强海洋气象科技支撑、提高海洋气象预报预测水平:形成具有本地特色的海洋气象优势科研领域,重点加强以多种资料融合同化技术和海气耦合的数值预报模式为核心,以数值预报解释应用、多种观测资料综合应用、多种预报技术方法并举为重点的预报技术能力建设。

黄土高原中部气象为现代农业服务
进村入户典型示范新途径的探讨

——以甘肃省庆阳市为例

王位泰[1]　张天峰[1]　徐启运[2]　焦美龄[1]　姜惠峰[1]

(1. 甘肃省庆阳市气象局，庆阳　745000；2. 甘肃省气象局，兰州　730020)

摘　要：根据现代农业发展、气候变暖对气象服务的迫切要求和中国气象局对农业气象服务工作的战略性调整，在认识传统农业生产和传统农业气象服务内容及方式不足的基础上，探讨气象科技进村入户典型示范服务的新途径，对开辟气象为农服务新局面具有一定的科学指导作用。

关键词：黄土高原；现代农业；气象服务；典型示范

引言

为切实贯彻落实党的十七届三中全会通过的《中共中央关于推进农村改革发展若干重大问题的决定》和《国务院关于加快气象事业发展的若干意见》(国发[2006]3号)精神，近年来，中国气象局在努力推进现代气象业务体系和气象灾害监测预警工程建设的同时，高度重视为农气象服务工作，大力推进农村防灾减灾能力和农业气象服务体系建设，积极应对气候变化，增强"三农"发展的气象科技支撑。

甘肃省庆阳市在坚持做好农业气象专题专项分析、农业气候论证、干旱监测预警评估和农业气象情报等为党政领导的决策服务的基础上，注意及时在业务中转化应用农业气象试验和气候变化影响等研究成果，提升了农业气象服务技术水平，通过报纸、电视等媒体传播为农气象服务信息和农业气象科技适用技术，并于2009年承担制作甘肃省局下达的《甘肃电视台·农业气象服务栏目》片头，在探索为农气象服务的方式和内容上取得的较好成效。

随着党的十七届三中全会决议的逐步深入实践，当前中国农村的土地流转和农业生产的集约化经营发生着深刻的划时代变化，一大批规模化果园、名优特产品、日光温室现代设施生产和粮食种植大户新型现代农业带头能手涌现出来，如何改进浮在面上的、社会化媒体传播的、没有与农业生产者密切对接的为农气象服务，是一个不容忽视的重要问题。

为了进一步完善现代农业气象监测预报服务系统，开展具有地方特色的现代农业气象服务，提供保障粮食安全的气象防灾减灾服务和农业适应气候变化的决策服务，加快建立比较完善的农业气象服务体系，实施农业气象科技精细服务计划，很有必要在为农气象科技服务进村入户示范服务的新途径方面进行深入探讨并大力予以实践。

一、现代农业发展对气象服务的迫切需求

20 世纪 90 年代以来,遥感、地理信息系统和全球定位系统等技术的引进和应用,使农业气象分析、评价、区划等工作更加精细化,大大提升了农业气象业务服务能力和工作效率,促进了农业气象学科的发展。但随着现代农业技术的发展,人口增长,气候变暖和土地资源的不断减少,农业气象业务和服务面临着新的挑战。中央连续五年下发一号文件就农业农村和农民增收,耕地保护和粮食安全问题,农业防灾减灾,社会主义新农村建设,农业应对气候变化,现代农业的集约化发展和农村土地的加快流转等工作进行部署,对农业气象业务服务提出了新的更高的需求。

(一)传统农业特征和农业气象业务的局限性

传统农业是以种植业为主,注重农作物的生产过程,其主要特征是从事初级农产品原料生产,以提高产量为主要目的;远离城市或城乡界限明显;传统农业部门分割、管理交叉、服务落后;处于封闭低效、自给半自给状态。

传统的农业气象业务也是围绕提高粮、油等主要农作物单产和总产,以解决人民的温饱为目标开展相应的服务工作。

(二)现代农业特征为农业气象业务提出了新任务

相对于传统农业,现代农业强调的是高产、优质、高效、生态、安全。现代农业的核心是科学化,特征是商品化,方向是集约化,目标是产业化。发展现代农业就是要稳定发展粮食生产,落实最严格的耕地保护制度,切实保护好基本农田,稳定粮食播种面积。按照高产、优质、高效、生态、安全的要求,积极应对全球气候变化,高度重视保护生态环境,高度重视人与自然的和谐共处,调整优化农业结构,切实转变农业增长方式,加快推进科技进步,促进农业科技成果产业化,加大农作物优良品种和先进实用生产技术的推广力度,健全和完善农业社会化服务体系,提高农业社会化服务水平。因此,现代农业的科学化、商品化、集约化和产业化为农业气象业务发展提出了新的历史性科学课题。

二、为农气象服务现状

近年来,甘肃庆阳市气象科技服务工作在上级气象部门和地方人民政府的正确领导下,坚持以决策气象服务为重点,努力做好公共气象服务工作,气象为农服务工作取得了长足进展。建立了天气、气候、农业气象、人工影响天气作业指挥四大业务系统和县级综合业务平台,进行了公共气象服务系统、专业气象服务系统专项开发,短期天气预报水平明显提高,灾害性天气短时临近预报技术逐步成熟,农业气象预报和分析评估服务能力逐步增强,为农业生产提高气象服务的能力进一步提高。

三、农业气象进村入户典型示范服务的目的意义

庆阳市是一个典型的旱作雨养农业区,靠天吃饭是基本市情,农业基础条件较差,抗御自然灾害的能力低下,风调雨顺则农业丰收,遇到干旱则农业减产歉收,气象灾害种类繁多,灾害重,干旱、冰雹、暴雨、霜冻、大风、雷电对工农业生产和广大人民群众的生命财产危害很大。在全球气候变暖的大背景下,灾害性天气增多、强度增强、气象灾害损失呈上升趋势。随着经济社会的快速发展,加强气象灾害防御工作,特别农业经济如何趋利避害提高生产效益,是贯彻科学发展观、建设社会主义新农村的要求,也是全面建设小康社会的重要保障。

四、庆阳市气候概况与气候变化特点

(一)庆阳市气候概况

庆阳市属北温带半湿润半干燥气候过渡区,年平均降水量 407.3～623.5 mm,年平均气温 7.4～9.8℃,极端最高气温 35.1～37.9℃,极端最低气温－27.1～－19.7℃,无霜期 143～163 d,年平均日照时数 2225.0～2518.0 h。时间分布具有春旱温度变化大,夏短降水量集中,秋湿气温下降快,冬长降水量稀少的四季气候变化特点;空间分布具有东部温凉较湿润,中南部温和较干燥,西北部温凉干燥的区域气候分布特点。由于位居内陆,远离海洋,海洋上的暖湿空气经过长途跋涉,到本市暖湿气流减弱,水汽含量减少,因此降水少且分布不均,易发生干旱,是生态环境的脆弱区和气候变化的敏感区。

(二)气候变化的主要事实及其对农业生产的影响

1. 气温变化

全市近 30 年平均气温比多年平均值上升 0.4～0.7℃,增温最大的季节在冬季,其次是春季,秋季和夏季升温相对缓慢,在表现方式上平均气温、夜间最低气温和白天最高均明显上升。

2. 降水量变化

全市近 30 年年降水量比多年平均值减少 30～50 mm,春季和夏季降水量减少明显。

3. 气候变化对农业生产的影响

冬小麦和冬油菜等越冬作物的越冬休眠期缩短,春季返青期提前 7～10 d 左右,秋季生长期延长,夏季高温时段明显提前,造成冬小麦逼熟,收获期提前[1,2]。特别是春季 3 月下旬至 5 月上旬,春旱频繁发生,十年九旱,常常对春播生产造成影响,严重时不能下种,并使越冬作物的营养生长严重受阻,造成夏秋粮减产。有利影响是冬小麦提前成熟收割后小秋作物的生长季延长,可利用热量增加的有利条件,提高粮食总产。

五、加强与地方科协机构的桥梁纽带联系,依托科普项目支持,增强农业气象服务的社会化服务能力

根据气象服务要坚持面向民生、面向生产、面向决策的要求,为了进一步发挥气象科技在农业生产的支撑保障作用,使气象服务更加贴近农村、贴近农业、贴近农民,提高气象服务的针对性、及时性和有效性。

由市气象学会牵头,在庆阳市科协和市气象局的大力支持下,与市科协学会部和普及部积极合作,集中全市气象科技人员的智慧和力量,通过实施气象科技服务进村入户普及计划,实现气象科技与农民的零距离接触,实现农业气象面对面服务和互动信息交流,进一步了解农业、农村和农民的气象科技服务实际需求,按照"三农"发展的实际需求,改进气象科技服务产品的质量,按照农民的需求制作和加工气象服务产品,提供有针对性的气象服务,增强防灾减灾能力,最大限度地减轻气象灾害损失,整体提高气象科技服务的社会经济效益,切实提高农业生产的科技含量、生产效率和效益。

六、确定种植大户和现代农业专业技术协会气象科技服务联系点,强化互动交流,开展试验示范气象服务工作

(一)发挥国家一级农业气象试验站的技术指导作用,积极提升县局为农气象服务水平

西峰国家一级农业气象试验站和各县气象局通过调查了解本地的农业生产现状、主导农作物和特色农作物分布状况,根据需求分别在本行政区域内确定规模化粮食种植、苹果、黄花菜、烤烟和蔬菜日光温室等特色作物生产大户 5 户、专业协会 3 个、涉农企业 2 户以上,全市共确定特色作物生产大户 40 户、专业协会 24 个、涉农企业 16 户以上,作为开展气象科技服务联系点,加强互动交流,开展试验示范服务工作。

(二)加强与专业生产大户与农业技术协会的联系

1. 开展座谈交流

开展定期和不定期的座谈交流,了解对方的每年每个生产时段的实际服务需求,根据需求制定年度气象科技服务方案,细化服务内容、指标、用语、措施建议等,根据服务方案提供针对性的气象服务产品,提高为农气象服务的及时性、主动性。

2. 加强信息互动交流

采取多种方式加强信息互动交流,可以采用电子邮件、手机短信、电话等方式加强联系,实行每月定期现场回访制度,加强交流合作。示范联系点应尽可能地将获得的信息传播到附近农民,提高示范带动的整体效益。

3. 加强与农业等相关部门的合作

加强与农业等相关部门的合作交流,共同探讨生产经营中遇到的开发利用农业气候资源、

气象防灾减灾和应对气候变化等方面的技术难题,提出最佳解决方案和措施建议,及时帮助农民解决存在的难题。

(三)气象部门提供的气象科技服务内容

1. 重大灾害性天气预报预警信息及生产建议;
2. 中长期天气气候预测预报信息及生产建议;
3. 农用天气预报信息及生产建议;
4. 关键生产季节和关键生产环节的农业气象条件分析评估对策建议;
5. 重大气象灾害灾后的灾情评估与大田作物及林果等特色支柱产业恢复生长对策建议;
6. 应对气候变暖,调整农业生产结构,改革传统农业耕作制度的技术咨询服务;
7. 年度农业生产布局的决策气象服务;
8. 干旱的动态监测评估预警气象服务。

(四)对生产大户、专业协会和涉农生产企业开展需求动态调查

1. 生产大户、专业协会和涉农生产企业不定期反馈农业生产现状及气象服务需求;
2. 根据生产需求不定期咨询气象科技信息;
3. 提出气象科技服务建议意见。

(五)建立典型示范服务数据库,探讨现代农业气象服务模式

详细记载服务内容和实际需求,客观评价服务效果和用户反映。根据服务需求,分月(分旬)针对不同作物建立农业气象指标和服务建议用语库。

(六)着力提高为农气象信息覆盖面

因势利导,充分利用气象灾害监测预警工程,发布具有针对性强和分类指导意义的气象服务信息,扩大气象服务覆盖面。

(七)加强为农气象服务的科学管理

强化组织管理,保障工作顺利开展。市气象局将试验示范工作列入县气象局年度目标任务考核,落实工作任务和具体指标,严格兑现考核,保证工作质量。

七、总结经验,完善方案,以点带面进行推广,提高气象科技服务效益

通过2~3年的联系试点,总结示范联系工作的经验,进一步细化完善气象为农气象服务工作方案,以点带面,依托甘肃省气象灾害监测预警建设成果和公共气象服务信息发布系统,在全市范围推广试验示范成果,预期达到以下目标:

逐步与更多的农业生产专业户建立更加紧密的联系,采用手机短信、电子邮件、电话等方式提供针对性更强的气象服务产品。

　　根据试验示范成果,促进提高决策气象服务水平,为各级决策部门提供针对性更强的决策建议意见。

　　依托试验示范成果,逐步在全市范围推进农用天气预报业务,市县气象部门通过电视等媒体制作发布农用天气预报节目,进一步扩大气象为农服务的覆盖面。

　　随着天气预报精细化水平的进一步提高,根据试验示范成果建立农作物和林果等名优特支柱产业等分类更精细、时间和空间分辨率更高、针对性更强的农业气象服务产品。

参 考 文 献

[1] 郭海英,赵建平,索安林,等.2006.陇东黄土高原农业物候对全球变化的响应[J].自然资源学报,**21**(4):608-613.

[2] 王位泰,张天峰,黄斌,等.2006.甘肃陇东黄土高原冬小麦对气候变暖的响应[J].生态学杂志,25(5):774-778.

发展专业气象服务的思考和建议

谢静芳　　姚国友

（吉林省气象科技服务中心，长春　130062）

　　摘　要：分析了专业气象服务的发展现状，阐述了专业气象服务在公共气象服务中的作用和地位，对发展专业气象服务的途径进行思考并提出建议。

　　关键词：专业气象服务；地位；作用；发展建议

　　专业气象服务是中国气象局发展公共气象服务战略的重要组成部分之一，在防灾减灾、国计民生、经济发展等方面都具有不可忽视的重要作用。但近年来，专业气象服务在基础理论、预报方法和实用技术研究等方面，却出现了停滞不前的局面，与数值天气预报等基础预报业务和公众气象服务的快速发展形成了鲜明的对比。如何认识专业气象服务在公共气象服务中的地位和作用？如何看待专业气象服务发展中的困难和问题？如何在新形势下加快专业气象服务的发展？都是我们必须认真思考和尽快加以解决的问题。

一、专业气象服务现状

　　20 世纪 80—90 年代，在政策的鼓励和支持下，我国专业气象服务得到了快速发展，成为我国气象服务体系中的一个重要组成部分。20 世纪末到本世纪初，在国家气象中心、国家气候中心、气科院等一批国家级科研和业务单位的带领下，在城市环境及相关领域，开展了较为广泛的基础理论、预报方法等研究。尽管现在看来，当初的许多研究还比较粗浅，但是，当时的这些研究工作，有效带动和极大地促进了大气污染、城市环境、医疗气象等领域专业气象服务业务的发展，在提高服务能力、拓展服务领域、加快发展、增加效益和人才队伍建设等方面都发挥了积极有效的推动作用。

　　近年来，专业气象服务的发展主要依靠网络、通信、包装等技术的发展，加密自动站监测系统的应用、服务系统产品包装、服务系统升级等成为拓展服务领域和提高效益的主要途径。而在基础理论和预报方法等研究方面却出现了停滞不前的局面，使专业气象服务的发展受到了明显制约。分析其原因，一是由于体制和机制等原因，将专业气象服务纳入科技服务的管理范畴，使专业气象服务在研究、技术、人才等方面遇到了一些实际困难。二是对于加强专业气象服务基础研究必要性的认识不足，同时专业气象服务具有跨学科、深入研究难度大的特点，发展的科技投入和支撑不足。第三，对于专业气象服务的作用、地位和发展方向认识不足，导致在基础气象学科和预报能力显著发展的同时，专业气象服务部分领域服务能力与需求的差距却进一步扩大。主要体现在以下几个方面：

(一)基础研究支撑不足

基础理论研究对于专业气象服务的发展具有重要的作用,江苏省桥梁建设气象服务的发展很好地证明了这一点。由于他们能够抓住机遇、深入研究、专业化服务,为实现该领域高水平、高效益、高速度发展奠定了坚实的基础。

但是,在专业气象服务领域中,缺乏科学基础理论和方法研究的现象依然普遍存在。统计分析成为专业气象服务研究中的最主要方法,我们似乎已经习惯于单纯用统计结果甚至经验来说话,忽视甚至放弃了深入的科学分析和研究探讨。感性主导了科学,认识便走向了极端。这方面最显著的一个例子,是 2006 年 2 月 13 日的延吉中毒事件。先是认为事件发生与气象条件没有什么关系,后来又简单地认为与大气污染有密切的联系,以至将大气稳定度的一些指标或模式作为室内 CO 污染预报的重要因子。可是,我们却忽视了一些最基本的科学问题的研究。首先,由于我们对研究对象的了解不足、研究不深入,对统计采用的因子和方法缺乏足够的科学分析,直接导致了片面认识。其次,大气污染理论、方法及应用对象是污染物进入自由大气以后,而对于炉灶和烟囱内烟气排放的适用性,至今尚没有任何理论研究和试验予以证实。第三,在建筑学烟囱排烟的理论分析、试验研究和建筑规范中,也从未见到大气稳定度影响排烟方面的阐述或研究。在这个问题上,理论基础研究不足直接影响到预报服务的针对性和准确性,防御措施的科学性和有效性。

(二)专业服务不够专业

专业气象服务的发展是气象科学发展和社会经济发展需求相结合的产物,需求是牵引、是动力,专业化是手段、是方法。过去二十多年,专业气象服务领域不断扩大、社会经济效益显著,充分体现了社会经济发展对气象服务专业化、针对性的持续和广泛需求。但近年来,专业气象服务不够专业的现象依然普遍存在。如何提高专业气象服务产品的针对性和专业化水平,提高服务技术和方法的科技含量,仍然是专业气象服务发展面临的主要问题之一。

目前的专业气象服务产品,虽然在名称和形式上已经实现针对性和专业化了,但在科技含量、服务能力等方面与需求的差距依然很大,与气象科技的发展也不相适应,产品的科技含量和服务的专业化程度,成为制约专业气象服务能力和发展的瓶颈。

产品的针对性是目前专业气象服务产品中普遍存在的问题。比如:某大城市研究的感冒指数与相对湿度呈正相关,但其阐述的医学机理却是冬季空气干燥易发感冒。这样的产品由于没有真正解决机理和方法问题,无论怎样包装,都很难从根本上提高其内在的科技含量,更无法体现预报的准确性和服务的针对性。

服务的专业化也是专业气象服务需要着力解决的问题。曾有电力部门的同志说:气象部门服务确实很努力,但是有些话说得不在行。为什么不在行? 既不是我们的天气预报不准,也不是服务技术不高。归根结底,是我们在理论基础和技术层面上,忽视了对相关领域与气象关系的深入研究探讨,专业化服务基础不扎实、不充分。这是目前重要行业和领域专业气象服务面临的主要问题,也是发展专业气象服务、提高专业化和针对性必须解决的问题。

(三)人才流失匮乏严重

近年来专业气象服务尤其是研发人才流失和匮乏现象比较明显。由于人才流失和匮乏,导致我们对于专业气象科技新问题和深层次的问题,常以简单的统计分析代替原理分析和方法研究,以气象理论和简单的生活经验代替深入的科学探讨,使专业气象服务领域的研究、产品和服务出现简单化、经验化、表面化等倾向,使专业气象服务在发展中缺少足够的科技支撑和保障。

人才流失主要有以下几个方面的原因:一是专业气象服务发展方向不明确、效益不显著,同时也存在着专业气象服务深入研究没有必要等模糊认识,科研支持和投入不足。二是由于专业气象服务涉及很多的学科,与气象和预报等基础学科偏离,深入研究、出成果难度大,对研发人员缺乏吸引力。三是对专业气象领域研究成果科技含量的认可度偏低,影响研发人员的积极性,能人不愿做,一般人又做不好。由于上述种种原因,造成了专业气象服务研究人才的流失,许多当年城市环境气象研究工作的科研技术人员人后来转入气候变化、能源等其他领域。目前在服务业务领域,以市场开发和产品加工人员为主,研发和业务技术人员数量较少。

专业气象服务领域的人才匮乏还与近年来专业气象服务缺乏良好的研发、培训、交流机制和环境有关。从事开发和服务的预报等业务人员,由于岗位的限制,较少有机会参加相关的专业技术培训和交流,而在专业气象服务领域,也没有建立相应的培训和交流机制。致使这部分人员在基础业务技能、新技术新成果应用等方面,比其他岗位同类人员素质普遍偏低,专业气象研发和服务技能也得不到很好的培养和锻炼,在人才流失的基础上,更加剧了人才匮乏的局面。

二、专业气象服务的作用和地位

专业气象服务不仅是公共气象服务的重要组成部分,同时也是发展公众气象服务和深化决策气象服务的重要支撑。准确把握、全面认识专业气象服务的作用和地位,进一步明确专业气象服务的发展方向,不仅有利于促进专业气象服务的快速和持续发展,同时也有利于充分地发挥专业气象服务的应有作用,有利于公共气象服务的全面和健康发展。

(一)专业气象服务是公共气象服务的重要组成部分

专业气象服务是公共气象服务的重要组成部分。为国民经济重要行业、国家社会和经济重大事项、重要活动活动提供气象服务保障,始终是气象服务的重要任务和内容之一,也是发展气象事业,提高服务能力的重要落脚点。随着人类社会的不断进步和科学技术的飞速发展,各行各业对专业气象服务的需求也日益增长,对气象科技服务的要求也显著增加。高科技含量的预报产品、高层次的服务技术已经成为各行业安排生产、防灾减灾的重要决策依据。这些需求对专业气象服务提出了更高的要求,同时也为专业气象服务的发展创造了机遇。

(二)专业气象服务是公众气象服务的重要支撑和保障

目前,通过电视、广播、报纸、网络等媒体为大众提供的气象预报产品中,健康气象、环境气象、生活气象等已经成为主要的公众气象服务产品,这些产品的加工制作,都要依靠专业化的气象预报方法和研究成果;交通、旅游等领域的专业气象研究和预报服务,不仅提高了对相关行业的气象服务保障能力,也极大地丰富和充实了公众气象服务的产品和内容。今后,以天气预报和专业服务为基础的生活化、科学化、个性化、专业化的气象服务产品,仍将是公众气象服务的主要内容,也是发展公众气象服务的重要基础。

(三)专业气象服务是深化决策气象服务的重要支撑

决策服务既是宏观的,也是具体的。所谓具体就是指决策气象服务不论是防灾减灾还是重大事项决策,都要不同程度地涉及具体的行业、部门、人群等。因此,针对性、专业化服务是深化决策气象服务、促进科学决策、实施有效防范的重要支撑,是提高决策服务保障能力的重要基础和依据,在决策气象服务中具有不可替代的作用。

长春市气象局 2006 年开始为政府组织清雪工作提供专项预报,依靠多年来交通气象的研究成果,不仅提供降雪性质、积雪深度、开始和结束时间等预报,还有融雪剂播撒时间、数量,组织清雪规模建议等服务。仅第一次小雪过程的服务,就为其节省资金 6 万元,清雪效率提高、效果更好。此前,两个部门很少来往,服务一年后,双方建立了全方位的友好合作关系,气象部门的各项工作都得到了城建部门的大力支持。

从实践中我们体会到,深入、科学的专业气象服务,将更有利于促进决策服务水平和能力的提高,在决策服务中也发挥着重要作用,但目前,由于公众预报尤其是决策预报人员缺少专业服务知识和技能的培训,在一些涉及行业部门的决策服务产品中,针对性和专业化通常只是简单泛泛的提示语,对现有成果应用不足、不科学、不准确的现象依然存在。

三、发展专业气象服务的思考和建议

(一)提高思想认识,强化职能作用

要加快发展专业气象服务,首先要提高对专业气象服务地位、作用和重要性的认识。要进一步明确发展目标和方向,制定科学的发展战略和相关政策,制定合理的业务体制和有效的管理机制。

发展专业气象服务,要以需求为牵引,以需求促发展。不仅要重视专业气象服务在行业生产决策中的作用,还要重视和充分发挥好专业气象服务在公众气象服务和决策气象服务中的作用。这两种作用的发挥,也将促进专业气象服务的深化、完善和发展。

(二)拓宽视野思路,探索发展途径

选择重点行业,区分国家和省级不同层面,探讨发展专业气象服务的新思路和新办法。

比如,是否可以在专业气象服务的规模化发展和集约化服务方面开展研发、服务和管理模式的试点工作?选择重点行业、重点服务内容,在中国气象局层面上,建立以中国气象局相关管理部门为主导、以国家级业务和科研单位为主要技术支撑、以省级业务单位为主要服务支撑的、全国性的、国家和省级联合专业气象研发和服务体系。通过该体系的建设,在基础研发、预报制作、服务保障、效益分配方面,合理规划、分工合作、强化管理;在资源共享和提供服务方面,分不同层次和区域,开展对口合作,实现系统内和外部门的多方合作共赢;在管理方面,制定合理的职能划分、严格的管理制度和有效的保障措施,切实保障改体系各环节的有效运行。按照这个思路,在省级层面上,建立以省级管理部门为主导,省、市级业务分单位分工合作的模式,从而实现专业气象服务的规模化发展和集约化服务的运行模式,将专业气象服务做准、做

细、做大、做强。在这方面,中国天气网及省级网站的开发、建设和服务是一个很好的例子。该网站在设计水平、开发效率、推广服务、管理保障等方面,对于绝大多数省级部门来说,都是无法实现的,但网站的信息服务却必须依靠省级业务单位才能有效实现和保障。它对于全国公共气象服务的促进和推动作用,同样也能给我们发展专业气象服务以很好的启示。

(三)重视研发交流,加强人才培养

要实现专业气象服务不断发展、与时俱进、满足需求,强大的科技实力和人才资源是重要的支撑和保障。

1. 加强对研发项目的支持

既要注重实用服务技术的研发,也要注重理论方法、预报技术、等基础研发,以研发促进和加快预报服务产品的更新换代,更好地满足需求。在一些重要发展领域和科学基础研究方面,还应该由国家层面的科研和业务部门主导,以确保在研究水平、研发效率、推广应用等方面,都能达到较高的水平。以前的城市环境气象研究和现在的中国天气网省级站建设都是很成功的范例。

2. 积极组织和开展高层次的技术交流与合作

近年来,数值天气预报、灾害天气预报等领域,培训、交流和合作日益广泛深入,预报水平显著提高。与此同时,专业气象服务领域的交流、培训、合作却日渐减少,甚至几乎销声匿迹。应总结以往的经验和好的做法,积极组织和促进高层次的交流与合作,通过交流,促进理论研究与解决实际问题相结合,有利于权威专家对基层科研和服务业务中科学问题的准确发现及对基层业务工作的指导,也有利于促进基层业务能力建设、服务水平提高和人才培养。

3. 强化人才培养和技能培训

一是针对专业气象服务,建立长期的培训机制,实施有效的培训计划。通过培训,提高专业气象研究和服务队伍人员的素质,加快专业气象服务研究成果的推广和应用。

二是要加强对专业气象服务人员的基础理论、基本业务技能、专业气象等方面的培训。

三是要加强对公众和决策预报服务人员包括高层次决策服务人员的专业气象知识、研究成果和服务技能等方面的培训,使专业气象服务在发展公共气象服务中发挥其应有的作用。

市级农业气象服务的逻辑思考与实践

何志学　　艾劲松

（湖北省荆州市气象局，荆州　434000）

摘　要：农业是一巨大的"露天工厂"，对天气气候高度依赖。发展现代农业，趋利避害地顺应气候变化、抗避各种气象灾害，确保农业安全与可持续发展，已成为市级农业气象服务的一个急待向广度与深度发展的问题。本文论述了市级农业气象服务的逻辑思考与实践，着重归纳与演绎了农业气象服务的主要内容、方法，气象与相关信息整合、加工及其服务产品制作。

关键词：市级；农气服务；逻辑思考；行为轨迹

在一个 13 亿人口的中国，农业在国民经济中的基础地位毋庸置疑。这一巨大的"露天工厂"，对天气气候的依赖，决定了气象与之长久结缘。要发展现代农业，在农业产量、品质、绿色与健康农牧水产品的生产上，能够利用的最大可再生资源就是气候，如何合理利用、保护、优化气候资源，趋利避害地顺应气候变化、抗避各种气象灾害甚至变害为利、化险为夷的理性辨识、科学运筹；服务创汇农业、特色农业、设施农业、精细农业、轻简化农业等问题，已成为市级农业气象服务的一个急待向广度与深度发展的问题。

一、农业气象服务行为轨迹的思考

(一)崇尚"三气象"理念

"三气象"理念，是中国气象局应用科学发展观，对中国气象事业发展战略研究的重大成果[1]。公共气象指明了气象的社会属性，安全气象是出发点与落脚点，资源气象则是气候自身固有的资源本质。它们是相互联系、相互渗透、互成体系的统一体。公共气象，就是以公共服务为引领，带动各项业务、科研、现代化建设的开展；安全气象，就是以保护人民群众的生命财产安全为宗旨，在气象保障安全上，时刻都不可掉以轻心；资源气象，就是帮助人们认识气候资源的可再生性、可改善性，对其他资源的可激活性，把农业发展的生长点，注入对气候资源的"超常规"开发和利用上[2]。并把握资源与灾害的量度关系，因势利导，趋利避害，加以保护。只有崇尚"三气象"理念，才能明确市级农业气象服务要干什么。

(二)不可忽视的"三性"

1. 为领导决策服务的首要性

气象为决策服务，就是为党政领导正确决策提供全新科学依据。气象的公益性，对领导的整体决策，具有"天然"的针对性，而领导的决策又往往是出于战略思考，关乎全局，产生效益最大。此乃在任何时候都不可忽视。

2. 气象服务的公益性

气候资源是人类赖以生存的必要条件之一，可以不通过任何媒介，都能随时传播，影响着每个人。但作为未来农业气象服务信息和具有工程型内涵的气象适用技术，则必须通过各种公益渠道加以传输或者推广。

3. 气象防灾减灾服务的长期性

我国是一个季风气候国家，气象要素变率大，气象灾害占整个自然灾害的 70%[3]，而且还会衍生、次生其它灾害，其危害严重，损失大，因此，气象防灾减灾服务是一项长期而艰巨的任务。

二、农业气象服务的主要内容

（一）农业气象预报

农业气象预报是根据多年试验研究所确定的农业气象指标、经验，采用一定的预报方法，对过去、现在和未来气象条件以及对农业生产所产生的影响加以鉴定、预测，并针对性地提出趋利避害的途径与措施。

1. 农业气象预报类型

像湖北省荆州农业气象试验站等，近 30 年来，主要开展有以下几种类型：

一是主要农事活动或田间作业适宜期预报，诸如作物适宜播种期、收获期预报；杂交水稻"三系"制种父母本播差期预报；水稻晒田适宜期预报；鱼苗孵化适宜期预报；土壤解冻期预报；牧区放牧条件预报等。

二是农业气象灾害预报，诸如早稻烂秧、死苗的低温阴雨预报；中稻抽穗扬花期高温（低温）预报；晚稻"秋寒"预报；小麦"干热风"预报；干旱预报；洪涝预报；病虫害预报；森林火险预报；成鱼泛塘预报；气象灾害诱发的次生灾害（泥石流等）预报。

三是气象年景（产量）的农业气象预报，如作物重要发育期生长状况预报；主要作物（水稻、小麦、棉花、油菜、玉米、黄豆、高粱等）产量预报。

2. 编制农业气象预报的一般方法

一是选用具有明确农业意义的农业气象指标

在明确了预报任务后，首先就要设法确定相应的预报指标。如编制中稻的适宜播种期预报，在长江中游的江汉平原，一般都采用中偏迟品种或杂交组合，首先考虑播种时日平均气温要稳定通过 12℃以上，光照充足，移栽期有充足的水源；再就是要保证能安全齐穗。若过早在 4 月 25 日前播种，抽穗扬花期正值常年 7 月下旬到 8 月上旬的高温时段，易遇日平均气温连续 3 天以上达 30℃、最高气温达 35℃以上高温[4]，引起授粉、受精不良，导致空壳率增高，结实率降低；若过迟在 5 月 15 日以后播种，又会使抽穗扬花期推迟到 8 月中旬后期到下旬初，又易遭受日平均气温连续 3 天或以上低于 23℃的低温冷害，同样使结实率降低。因此，在正常年份都把中稻的适宜播种期定为 4 月 30 日到 5 月 10 日，考虑到中稻面积较大，为缓解农活矛盾,其播种的上限期不早于 4 月 25 日,下限期不迟于 5 月 15 日。

3. 进行农业气候鉴定与当前农业气象条件分析

即对历史农业气象条件(含日照、温度、降水等平均值、距平值、极端高、低温值、频率、80%的保证率)加以分析鉴定,以便掌握常年农业生产、农事活动中的一般气候状况、优劣程度、可能的风险。对当前气象条件分析,主要是指前期及当时气象条件对农业的影响,即已形成的农业气候特点,并估计当前和未来气象条件对农业生产的影响。这样农业气象预报才能更贴近实际,更准确。如制作早稻成熟期预报,如果前段活动积温偏低,使早稻抽穗开花期较常年推迟,那么一般来讲当年早稻成熟期将会推迟,在没有特异的"高温逼熟"情况下,即使对未来气温预报有误,也不至于使成熟期预报出现大的偏差。

4. 对未来农业气象条件预报

一般可采用长、中、短期天气预报中的相关内容。在方法上有天气图预报法、数理统计方法、要素时间曲线图方法、自然物候法、群众经验(农谚、天气谚语)等,尤其是要使上述方法有机结合,加以综合分析。

5. 提出有针对性的生态与农业气象建议

要根据当前农业生产与农业气象状况、未来变化趋势,有针对性地提出趋利避害、行之有效的生态农业气象建议与农业技术措施,尤其是对可能出现的气象灾害防御措施。如对双季晚稻(粳稻)抽穗扬花期,预报有连续 3 天以上低于 20℃ 的"秋寒",可提出低温来临前田间深灌沟塘水,以保温防冷害。但对于有纹枯病的田块忌灌深水,可提出叶面喷施磷酸二氢钾,提高植株对低温的抗性。就是说技术措施要因天、因地、因作物制宜。

6. 农业气象预报的编写

要求突出重点,简明扼要,通俗易懂,实用性强。一般要阐述前段与当前农业气象特点;预报思路、方法、结论;对未来农业气象条件(尤其是农业气象灾害)分析及农业气象建议。

(二)农业气象情报

大凡鉴定已经发生的气象条件对农业生产影响的报告或报道,统称为农业气象情报。它在充分调查研究和农业气象观测试验的基础上,针对当时、当地天气气候对农业生产影响的利弊,给予恰当的鉴定,并提出相应的解决办法(措施),供地方领导与农业部门指挥农业生产参考,以便趋利避害加以应对,促进高产稳产。农业气象情报分定期与不定期两种。

1. 定期农业气象情报

主要指农业气象旬报、节气报、月报、季报。但并不是每旬每月都要编制,通常在春播、夏收、夏种、秋收、秋种期间才作。其内容包括:一是前段的温度、雨量、日照实况及对农业的影响;二是下一段天气预报及对农业可能产生的影响;三是主要农业气象措施建议。

2. 不定期农业气象情报

通常指不是在旬、月初,而是在出现重要影响农业的天气时所发情报,是已经或即将使作物的生长发育受到影响的时候进行编制。一般包括三方面:一是农业生产和气候变化实况;二是农业气象调查材料的分析;三是根据未来天气特点,对今后生产提出针对性的措施。

不定期的农业气象情报可形式多样,不要局限于只向当地党委政府领导与农业部门发送情报,只要是社会公众普遍关注的情报,还可通过各种新闻媒体及时报道。

如荆州农业气象试验站,在 2010 年 3 月 16 日,针对小麦迟迟在 3 月 10 日拔节,较常年推迟 10 天左右且长势差的状况,及时提出了"加强田间管理,主攻大穗、多粒、粒重,夺取小麦稳产丰收"的农业气象情报服务建议,受到荆州市政府高度重视。还在中国气象局门户网,后在 18 日《中国气象报》发表"小麦长势差荆州农试站提醒农户巧应对"文章。

(三)农业气候分析与区划

1. 农业气候分析

此是编制农业气象预报、情报、农业气候区划的基础。其分析内容愈来愈广且学科交叉、渗透的层面愈来愈多愈重叠。现实主要有:作物种植气候分析、耕作制度气候分析、引种的气候可行性分析、气候型病虫害分析、特种水生动植物的气候适应性分析、农业气象灾害专题分析等。

一般应围绕当时当地农业生产所要解决的农业气候问题进行深入调查,包括所在地地理环境与农业生产概况;农业气候特征;群众经验。这样做出的农业气候分析,就显得扎实、古朴,易被使用者接受。

在通过深入调查研究的基础上,确定农业气象指标。如荆州农业气象试验站根据彭曼方程估算,并参照当地排灌试验站实测资料分析,确定双季早稻本田生长期的需水量约400 mm;双季晚稻约 300～400 mm;中稻约 600～650 mm;棉花约 450～750 mm。这样就可以根据上述指标,分析棉花对水分要求的盈缺。

2.《农业气候区划报告》的编写

其编写是建立在对当地农业气候调查研究,农业气候分析与确定各类农业气候指标的基础上。要求摸清气候及相关资源的家底,给予定性尤其是定量的分析鉴定,并根据当地农业发展的需要,按照最宜性、适宜性、不宜性,划分出不同等级的农业气候区,为部署和安排农业生产提供气候依据。市级农业气候区划报告的编写一般包括以下内容。

一是农业气候的形成与农业概况;二是农业气候特点;三是农业气候资源状况与鉴定;四是农业气候灾害;五是农业气候分区与评述。

值得指出的是,为了较客观地反映各地农业气候资源状况,大都采用分级区划方法。一级区的指标通常是考虑热量条件,而水分条件作为二级区指标,农业气象灾害可作为三级区指标。然而,如果考虑发展特种水生动植物,可进行单项区划,那么水分条件就应成为一级指标。

在分区的基础上,要科学地评述各级区的农业气候资源与不利气候条件,并据此提出对农业生产上的建议,包括合理利用与保护气候资源的途径、措施,气候变化应对等。

三、农业气象服务产品的制作

(一)气象与相关信息的整合

气象与相关信息的整合,是气象信息服务产品制作的依据与前提。这是一项重要的业务技术与信息服务建设,包括气象与相关信息的搜集、气象与有效信息集成。

1. 气象与相关信息的搜集

在现阶段,气象信息的搜集主要包括光、热、水等资源状况的基本数据。相关信息的搜集主要包括:当地地理位置、经纬度、海拔高度、地形地貌特征、土质、水文、生态环境状况;农林牧副渔各业发展状况;主要农作物、畜牧、水产养殖的面积、单产、总产;主要作物生长发育的物候期,关键生育期所需的热量、水分、光照指标;主要气象灾害与衍生灾害;农田水利基本建设、农业设施、防灾减灾能力;气象能源开发、大气污染、医疗气象、建筑气象、交通、通讯气象等。

2. 气象与有效信息集成

主要是指与气象相关性强,对"三农"影响较大的可靠信息。气象与有效信息集成,不是简单的拼盘,而是把具有内在联系,可以加工成服务产品的信息,通过信息服务平台集成加工。当前可根据主要的服务对象、以服务对象为引领的进行气象与有效信息集成,如气象与大农业有效信息的集成,并力求给以定量指标化。

其包括气象与粮食作物:含气象与水稻、小麦、玉米;气象与油料作物:含气象与油菜、花生、大豆;气象与棉花;气象与经济林:含气象与柑橘、茶叶;气象与畜牧;气象与鱼类养殖;气象与病虫害。

如荆州农业气象试验站对气象与有效信息稻飞虱是这样简要整合的:"稻飞虱是一种迁飞性的害虫,近些年发生日趋严重,危害猖獗,其大发生的适宜气温为 20～30℃,35℃ 以上或低于 8℃ 则不能存活,18℃ 以下雌虫产卵管不能发育。气温在 27℃ 以上,虫源地稻飞虱可自动扇翅上升,向外地迁移。

在我国江汉平原荆州市,5 月初就会有少量稻飞虱,由南方和西南各省稻区迁入,到 6 月中下旬进入梅雨季节,此时西太平洋副热带高气压的脊线,北抬到 20°N 或以上,500 hPa 长江中下游盛行平直的西风环流,汉口的高度一般在 579～589 dagpm,宜昌为 581～589 dagpm。在地面上,云贵川湘等虫源地 14 时气温高于 27℃,850 hPa～700 hPa 西南各省有一致的西南或偏南气流,风速达 10～16 m/s 以上(宜昌、汉口温度在 15℃ 以上),成为运载气流。江淮一带有东西向的切变线,本地日平均气温在 20～22℃ 以上。在中低层切变线、锋面降水、甚至低涡影响的强降水所迫使下迁入,上述为稻飞虱迁入的基本气象条件。此外,在梅雨结束后,受沿海登陆的强热带风暴、台风减弱后的低气压或台风倒槽影响,在 850 hPa～700 hPa 上空,江汉平原以东、东北、东南地区,若有一致的 10～16 m/s 以上东北、东、东南气流,浙江、江西、江苏、安徽等省稻区,也会成为虫源地,稻飞虱由上述运载气流带到江汉平原上空,迁入江汉平原。而且在一些年份的 8 月下旬到 9 月份,随偏北或东北气流影响,又在下沉气流的配合下,从北到东北各省回迁的稻飞虱,还会在江汉平原堆积危害,这尤其发生在'秋寒'(日平均气温连续 3 天或以上低于 20℃ 的日期)出现较迟在 9 月下旬后的年份"。

(二)服务产品的加工

服务产品的加工是一项精细的工作,包括定性与定量分析并进行终极服务产品的编辑。

1. 分析加工产品的方法

首先应在弄清历史的一些相关资料的前提下,对当时当地发生的新情况、新问题作动态调研。其调研内容主要是当前出现的天气气候,对当地的地理环境、各种产业(含农林牧副渔各业尤其是各种作物生产)、生态环境的影响;重大转折、灾害性天气影响的特征,温、光、水气象要素值与常年同期值的比较,偏离的程度。

接着通过平行分析法,找出气象要素的变化对各个方面造成的利弊影响,即经济上的益损值,如产量、产值、成本的增减等数量变化,应用历史上总结的气象指标,与现实进行对照分析,弄清各个天气、气候影响事件的真相。

最后进行归纳,把所有影响的事件排列组合,分有利与不利影响,有利与不利的主要事件、次要事件,从中找出主要矛盾与矛盾的主要方面,并用反向思维方式,对主要矛盾与主要矛盾方面再进行一次演绎、订正、再归纳。

例如,在干旱期间下了一场暴雨,其有利的影响是缓解了旱情,不利的影响是,突如其来的强降水会带来水土流失,或者会有伴随而至的大风、雷电现象,这就可能造成作物倒伏,电器设施遭到雷击,甚至人畜伤亡。在加工未来服务产品时,就要从有利方面分析使多少面积的作物解除或缓解了旱情,又解决了多少牲畜饮水问题。从不利方面,要分析大风造成多大面积的作物倒伏,雷击损害了多少电器?人畜造成多少伤亡?降水引起水土流失状况如何?历史上由于防灾减灾设施较差,类似暴雨过程造成了多大损失?由于农田基本建设的改善减少了哪些损失,还存在什么不足?未来天气怎样?若暴雨继续会否产生洪涝灾害?如何抗避?天晴会产生什么好的影响,如何因势利导、趋利避害的采取有效技术措施?

2. 终极服务产品的编辑

可按以下步骤进行:(1)对上级气象部门服务产品的收集与编辑;(2)对本地气象与相关信息的编辑;(3)其他信息的编辑;(4)终极服务产品编辑。

从构建以人为本和谐社会的要求,一个完整信息应包括天、地、生、人、文。然而又要突出重点,不面面俱到。譬如说,天气预报下雨农民种田关注,小商小贩经营关注,学生上学也关注……但又总会有人不关注。然而,如果处于"梅熟时节家家雨"或"久旱不雨"的日子里,对雨的关注者就多了。一种有价值农业气象服务产品,不只是信息简单的拼盘,还应具有"促用"的感染力,倘能有效地被所需用户采用,编辑者还要对周围各种人物的"心理素材"加以"编辑",使之产品如贴"诱惑标签",尽量能收到"人人用气象,个个夸气象"的效果。荆州市电视台的"垄上气象站"、荆州晚报的"艳子说天气",在气象服务产品的宣传上,就特色浓郁,别开生面……

终极农村(农业)气象服务产品的编辑,包括农业气象(含作物气象、病虫气象)、水产(养殖)气象、畜牧气象、林业气象、水文气象、生态与环境气象、医用气象、交通通讯气象、建筑气象等产品。

荆州农业气象试验站,为了做好气象为农业的周年服务工作,增强服务的针对性、实用性,并使服务产品的编辑制度化、规范化、程序化,在1988年就编制了《气象为农业周年服务大纲》,将一年逐月的主要作物发育期、有利与不利气象条件、指标,主要农事活动,需要编制的气象服务产品等,都编入了服务大纲之中,在实践中收到了"以概统全,纲举目张"之服务效果。

(三)服务产品的一般形式与内容

服务产品的一般形式与内容包括四个部分:①前段气象条件对农业(或其他)影响的回顾;

②未来天气预报与农业气象趋势;③对农业生产、农民生活、社会经济的利弊影响;④拟采取的主要对策与措施。

(四)气象灾情的搜集及专题调查、评估

做好气象灾情信息的收集及专题调查、评估,对于深入认识气象灾害的性质、危害机理,加强监测、预报、预警研究与采取有效防灾减灾的宏观决策与具体对策,有着重要的意义。

1. 气象灾情信息的收集

气象灾情信息的收集,包括由水分引起的干旱、洪涝、湿害;由温度引起的高温热害(浪)、低温冷害;由光照过强引起的灼热、日烧害或光照缺乏的阴害;由冰雪引起的雪害、冰凌、冻融;其他由复合因子引起的冰雹、大风、雷电、大雾、沙尘暴、浓霾、台风、干热风、焚风、暴风雪以及酸雨等大气化学灾害。

收集上述灾害发生的时间、地点、主要气象要素的变化,发生的规律、特点、受害对象的受害机理与生态条件,受害的类型、指标,危害程度,时空分布特征,造成的影响与损失,采取的主要防御手段与对策措施,防御效果及存在的主要问题。

2. 气象灾情专题调查报告

气象灾情专题调查报告,应在灾害发生后即行调查并写出专题调查报告,报告大致包括以下内容:

气象灾害名称。应根据灾害的分类给予命名。如双季晚稻抽穗扬花期,出现的日平均气温连续3天或以上低于20℃的冷害,俗称"秋寒",其灾情调查报告的标题可写为:××乡晚稻遭受"秋寒"危害的专题调查报告。

灾害的类型。仍以冷害为例,一般分为障碍型冷害、延迟型冷害、混合型冷害。

气象要素值的变化与受害对象危害征状及程度的描述。又如冷害,主要应对平均气温、极端最低气温,以及光照、湿度等配合因子的状况作定量描述,并对受害对象(作物)受害征状、程度给予描述。如因低温引起抽穗不畅、包颈、授粉不良等。

受害面积损失程度的评估。可根据粳型、籼型、杂交稻等不同品种、种性分别进行调查,分辩、评估损失程度、受灾面积。

采取的抗避措施效果、失误教训。如为了防避"秋寒",可选择抗寒高产品种,在栽培技术上早管促早发,及早晒田控苗促进营养生长向生殖生长转化,从而促进早熟避灾;或者在"秋寒"来临前,田间灌深水,减缓降温,改善小气候,或喷施磷酸二氧钾增强抗寒能力等,所收到的效果。相反,因不采取抗避措施,或者抗避措施不当,而导致的失误教训。

拟采取的减灾补救对策措施。在遭遇冷害后空壳率一般都较高,但是,如何加强后期管理,提高千粒重又是一重要补救措施。据湖北省气象局乔盛西研究,双季晚稻的气候影响产量,与9月中旬的平均气温,10月的月平均气温呈显著的正相关,前者主要是影响穗实粒数的多少,后者主要是影响千粒重高低。10月份的温光条件,对双季晚稻的千粒重有至关重要的影响,一般"秋寒"发生早的年份,过后都有一段"回温"天气,9月下旬到10月份灌浆充实期温光条件较好,有利于灌浆充实增粒重,只要不放松后期水肥管理,防早衰,不过早断水,使稻田保持干干湿湿到谷黄,一定能对空壳率高所造成的损失以补偿。因此,提出"莫因秋寒怠秋管,空壳损失粒重补"的减灾补救措施是切实可行的。

参 考 文 献

［1］秦大河,孙鸿烈,等.2004.中国气象事业发展战略研究［M］.北京:气象出版社,22～25.

［2］黄智敏,黄璟.2007.中国东亚热带农业湿地高效种养模式研究与实践［M］.北京:气象出版社,114～115.

［3］姜海如,等.2007.中国气象灾害大典·湖北卷［M］.北京:气象出版社,1～2.

［4］崔讲学.2007.湖北省气象灾害防御手册［M］.北京:气象出版社,25～27.

贵州省农业气象发展现状与思考

陈中云　　胡家敏　　古书鸿

（贵州省山地环境气候研究所，贵阳　550002）

摘　要：贵州省农业气象经过多年的发展，特别是近 4 年的发展，初步形成了围绕地方农业生产和产业发展规划的业务服务格局，在方法上大胆利用最新科技成果和科学理念，以实事求是的态度，在大量的科学考察的基础上敢于创新，提出了农田干旱墒情指数分析法、作物根系活动层土壤水分分析法，引用了光温水对作物不同发育期影响的定量化评价法，创建了作物长势气象指数，还利用主要作物病虫害发生发展的与气象有关的生理特点创建了病虫害发生发展气象指数，同时对贵州农业气象未来的发展作了初步思考。

关键词：贵州；农业气象业务服务；农田干旱墒情；定量化评价；作物长势气象指数

一、引言

20 世纪 80 年代，贵州农业气象主要围绕情报、预报服务及科技扶贫工作展开，初步形成了农业气象产量预报和农业气象旬月报两大服务产品，同时完成了农业气象区划工作。20 世纪 90 年代在农业气象产量预报和农业气象旬月报两大服务产品的基础上，新增了农业气象专题和决策气象服务等重要服务产品，同时引进了地理信息系统进一步进行了农业气象区划细化工作。进入本世纪以后，贵州农业气象业务服务已经初具规模，但和贵州农业生产实际需求和农业产业发展规划的要求还有很大的差距。主要表现为：统计方法的局限性使其分析结果的科学性、解释性受到质疑；定性分析过多，定量分析不足；生物的生理生化特性与气象条件的关系定性的分析多，很少甚至没有定量的描述。

2006 年以后，在中国气象局的支持下，贵州农业气象提出了农田干旱墒情指数分析法、作物根系活动层土壤水分分析法，引用了光温水对作物不同发育期影响的定量化评价法，创建了作物长势气象指数，还利用主要作物病虫害发生发展的与气象有关的生理特点创建了病虫害发生发展气象指数，基于这些研究基础，新增了基于农田水分测定的农田墒情监测、农田干旱监测、农田干旱预报、农田土壤潜在库容监测、农田（最优、最适）灌溉量预报、（小麦、油菜、水稻、玉米）长势气象指数监测、（稻飞虱、稻瘟病）发生发展气象指数监测、植烟地抗旱决策气象服务、重大农业气象灾害监测等业务服务。

2008 年还开发了农业气象服务短信平台，取得了较好的经济效益和服务效果。由于思路广，方法新，针对性强，贵州农业气象得到公众一定的肯定和认可。在土壤水分分析方面获得贵州烟草公司 80 万元的科研经费支持，贵州省农科院也支持了 10 万元用于基于单站资料的农业气象分析软件的开发工作。

二、农田干旱墒情指数分析法

土壤墒情指数,是表征作物耕作层土壤水分供应状态的物理指标(无量纲),是反映土壤水分自由度的重要参数。是由适宜有效水分贮存量、有效水分贮存量构建的连续函数。

$$S_q = \frac{S_u}{U - S_u} \tag{1}$$

式中,S_q 为土壤墒情指数,S_u 为适宜有效水分含量(单位:mm),U 为土壤有效水分贮存量(单位:mm)。

$$S_u = \rho \times (R - g_0) \times f_c \times h \times 0.001 \tag{2}$$

式中,ρ 为土壤容重(单位:g/cm³);R 为土壤相对湿度(单位:%);g_0 为作物干旱临界点时的土壤相对湿度(单位:%);f_c 为重量含水率表示的田间持水量(单位:%);h 为土层厚度(单位:cm);0.001 为换算系数。

$$U = \rho \times h \times (W - W_k) \times 0.1 \tag{3}$$

式中,ρ 为土壤容重(单位:g/cm³);h 为土层厚度(单位:cm);W 为土壤水分重量含水率(%);W_k 为用重量含水率表示的凋萎湿度(%);0.1 为换算系数。

土壤水分能否供作物正常生长发育,取决于作物根系所在层土壤的水分状态,考察的土壤水分对作物正常生长发育的满足程度时,需要对作物当时生长发育阶段的根系层土壤水分作为整体分析。利用土壤墒情指数可以满足农田土壤墒情评估的需要。

利用农田土壤墒情指数评估当前土壤墒情状况,判断土壤水分对作物生长发育的满足状态,并以此为根据,划分农田土壤干旱等级,共分为 5 级,见表 1。

表 1　农田土壤墒情评估标准

农田土壤墒情指数(S_q)	干旱等级	说明
$S_q \geq 0$	无旱	作物生长发育正常、农田水分完全满足作物生理代谢需要。
$-0.33 \leq S_q < 0$	轻旱	作物能够维持基本的生理活动,但正常的生理代谢受到一定抑制,生物产量降低。
$-0.67 \leq S_q < -0.33$	中旱	作物能够勉强维持基本的生理活动,但正常的生理代谢受到较大抑制,生物产量明显下降。
$-1 \leq S_q < -0.67$	重旱	作物生理活动基本停滞,正常的生理代谢受到严重抑制。
$S_q < -1$	特重旱	作物生理活动完全停滞,正常的生理代谢中断。

三、作物长势气象指数

作物生长发育是光、温、水等气象要素和其他物质条件共同作用的结果,其影响机制非常复杂。假定其他条件不变的情况下,就能够确定单一要素对作物影响的数学模型。本项目利用利用国家气候中心给出的基本数学模型,结合贵州实际,对贵州主要作物的光、温、水特性进行分别处理。

　　根据农气站观测资料,结合田间调查确定作物生长各发育期对应的时段。研究表明,栽培技术,品种更新等因素,作物生长各发育期对应的时段有前移现象。具体表现为:油菜播期提前,而收获期变化不大;小麦从播种到收获均变化不大;水稻、玉米从播种到收获均有提前。

(一)温度评价基本模型

$$f(T)=\begin{cases}(T-T_{\min})\times(T_{\max}-T)^a/(T_s-T_{\min})\times(T_{\max}-T_s)^a & a=(T_{\max}-T_s)/(T_s-T_{\min})\\0 & T>T_{\max} \ or \ T<T_{\min}\end{cases} \quad (4)$$

式中,$T_{\max}$:作物发育上限温度;$T_{\min}$:作物发育下限温度;T_s:作物发育最适温度;T:实时温度。

　　从表 2 中可以看出,作物各发育期适宜温度是一个范围,本项目采用中值法确定作物的适宜温度。

表 2　贵州主要作物各发育期三基点温度

	发育期			温度(℃)	发育期			温度(℃)
水稻	播种育秧期		上限	40	玉米	播种育苗期		上限	30
			下限	12~14				下限	10
		最适	上限	32			最适	上限	28
		最适	下限	20			最适	下限	25
	移栽返青期		上限	35		移栽返青、定苗期		上限	30
			下限	13~15				下限	10
		最适	上限	30			最适	上限	23
		最适	下限	25			最适	下限	18
	分蘖期		上限	33		七叶期		上限	35
			下限	15~17				下限	17
		最适	上限	30			最适	上限	30
		最适	下限	25			最适	下限	25
	拔节孕穗期		上限	40		拔节孕穗期		上限	40
			下限	15~17				下限	17
		最适	上限	32			最适	上限	28
		最适	下限	25			最适	下限	25
	抽穗开花期		上限	35~37		抽雄开花吐丝期		上限	32
			下限	18~20				下限	18
		最适	上限	32			最适	上限	28
		最适	下限	25			最适	下限	25
	乳熟成熟期		上限	35		乳熟成熟期		上限	33
			下限	13~15				下限	16
		最适	上限	28			最适	上限	24
		最适	下限	23			最适	下限	20

续表

发育期			温度(℃)	发育期			温度(℃)
小麦	播种出苗期	上限	34	油菜	播种育苗期	上限	25
		下限	3～5			下限	3
		最适　上限	18			最适　上限	20
		最适　下限	15			最适　下限	16
	三叶、分蘖期	上限	23		移栽返青、定苗期	上限	10
		下限	0			下限	—3
		最适　上限	17			最适　上限	7
		最适　下限	10			最适　下限	3
	拔节孕穗期	上限	30		开盘、现蕾期	上限	10
		下限	8			下限	—3
		最适　上限	16			最适　上限	7
		最适　下限	12			最适　下限	3
	抽穗开花期	上限	32		抽薹开花、结荚期	上限	27
		下限	9			下限	10
		最适　上限	24			最适　上限	25
		最适　下限	18			最适　下限	16
	乳熟成熟期	上限	32		绿熟成熟期	上限	30
		下限	10			下限	6
		最适　上限	22			最适　上限	22
		最适　下限	18			最适　下限	18

(二)降水评价基本模型

$$f(R) = \begin{cases} R/E_0 & (R < E_0) \\ 1 & (R > E_0) \end{cases} \tag{5}$$

式中，R：实时降水量(mm)；E_0：农田蒸散(农田基本耗水量)。

$f(R) \in [0,1]$；E_0 可以通过彭曼公式和作物系数来估算，由于彭曼公式较为复杂，但用于小范围分析较为有效，对大范围的分析就很难实现了。本文参考原苏联谢良尼诺夫(Г. Т. СеЛЯнИhob)经验公式的原理推算 E_0。

$$E_0 = K_c \times \sum_{i=1}^{n} T_i \tag{6}$$

式中，K_c：作物系数(经验值，或称水热系数 mm/℃·d)；$\sum_{i=1}^{n} T_i$：逐日温度累积值。

表 3　贵州主要作物各发育期 *Kc* 旬计经验取值表

作物	发育期	*Kc*	
水稻	播种育秧期	1.2	
	移栽返青期	1.8	
	分蘖期	1.2	
	拔节孕穗期	1.5	
	抽穗开花期	1.6	
	乳熟成熟期	1.3	
玉米	播种育苗期	1.2	
	移栽返青、定苗期	1.3	
	七叶期	1.4	
	拔节孕穗期	1.6	
	抽雄开花吐丝期	1.8	
	乳熟成熟期	1.6	
小麦	播种出苗期	1.2	
	三叶、分蘖期	0.9	
	拔节孕穗期	1.1	
	抽穗开花期	1.2	
	乳熟成熟期	1.2	
油菜	播种育苗期	1.2	0.9
	移栽返青、定苗期	1.1	1.1
	开盘、现蕾期	0.9	1.8
	抽薹、开花、结荚期	1.1	1.5
	绿熟成熟期	1.2	1.4

(三)日照评价基本模型

$$f(S) = \begin{cases} S/S_0 & (S < S_0) \\ 1 & (S > S_0) \end{cases} \tag{7}$$

式中，S：实时日照时数（小时）；S_0：光合作用达到作物潜在光合能力（光饱和点）的 95％时的日照时数（可通过实验获得，目前采用气候经验值代替）。

气候经验值充分考虑贵州各地的特点，增强了评价效果，如果用作物通用日照标准，评价结果在很多情况下都将被压缩在较小的数值区域，评价效果变差。

光能是光照强度与日照时数的积分，对某一特定地区，光照强度从气候尺度上看，相对而言较为恒定，用日照时数表示光能资源对当地仍有一定参考价值。

(四)作物长势气象指数模型

$$ZHSH = [K_1 f(R) + K_2 f(S) + K_3 f(T)] \times 100 \tag{8}$$

$ZHSH$：作物长势气象等级指数，$ZHSH \in [0, 100]$；K_1、K_2、K_3 为权重系数，$K_1 + K_2 + K_3 = 1$；$f(R)$：作物生育间降水评价；$f(S)$：作物生育间日照评价；$f(T)$：作物生育期间温度评价。

四、病虫害发生发展气象指数(以稻瘟病为例)

(一)稻瘟病发生发展气象指标(资料来源于农业部网站/生产调查)

表4 稻瘟病发生发展气象指标

生长发育时期	气象指标	
菌丝生长	最高温度(℃)	37.0
	最低温度(℃)	8.0
	最适温度(℃)	26.0~27.0
	相对湿度(%)	>90
	>2.0 mm 雨日数(d)	9
孢子形成	最高温度(℃)	35.0
	最低温度(℃)	10.0
	最适温度(℃)	25.0~28.0
	相对湿度(%)	>90
	风速(m/s)	5
	>2.0 mm 雨日数(d)	9

(二)温度影响评价基本模型

$$f_1(T) = \begin{cases} (T-T_{min}) \times (T_{max}-T)^a / (T_s-T_{min}) \times (T_{max}-T_s)^a & (a = (T_{max}-T_s) \times (T_s-T_{min})) \\ 0 & (T>T_{max} \, or \quad T<T_{min}) \end{cases} \quad (9)$$

式中,T_{max}:上限温度;T_{min}:下限温度;T_s:最适温度;T:实时温度。

(三)相对湿度影响评价模型

$$f_2(u) = \begin{cases} (u/90)^3 & u<90 \\ 1 & u \geqslant 90 \end{cases} \quad (10)$$

式中,u:相对湿度。

(四)风速影响评价模型

$$f_3(w) = \begin{cases} (w/5)^2 & w<5(m/s) \\ 1 & w \geqslant 5(m/s) \end{cases} \quad (11)$$

式中,w:风速,m/s。

(五)降水日数影响评价模型

$$f_4(R) = \begin{cases} (R/9)^3 & R<9(d) \\ 1 & R \geqslant 9(d) \end{cases} \quad (12)$$

式中,R:降水日数,d。

(六)稻瘟病气象发病指数综合评价模型

稻瘟病气象发病指数与温度、相对湿度、雨日数关系密切。

$$P_f = 30 \times f_1(T) + 30 \times f_2(u) + 40 \times f_4(R) \tag{13}$$

式中,T:温度,℃;u:相对湿度;R:雨日数,d。

(七)稻瘟病气象传播指数综合评价模型

稻瘟病气象传播指数与温度、相对湿度、雨日数、风速等关系密切。

$$P_c = 30 \times f_1(T) + 30 \times f_2(u) + 20 \times f_4(R) + 20 \times f_3(w) \tag{14}$$

式中,T:温度,℃;u:相对湿度;R:雨日数,d;w:风速,m/s。

五、贵州农业气象业务服务发展初步思考

贵州农业气象经历了从无到有,从小到大的过程,特别是近年来,随着我国综合国力的逐步提高,工业化、城市化进程不断加快,"三农"问题越发突出,农业气象服务也面临前所未有的机遇和挑战,我们准备好了吗? 没有! 至少是没有完全准备好。我想,贵州农业气象可从以下几个方面入手,供大家参考。

首先是把农业气象工作方向转移到省的农业发展战略思路上来,同省农业生产保持高度一致,通过调查研究,找出服务的关键点和技术盲点,并通过扎实有效的服务,不断提高农业气象在农业生产中的地位和影响力,争取得到政府支持,建立和完善农业气象科研和服务装备。

其次要在服务、调研中不断总结,提炼科学问题或技术问题,争取科研经费,为做好农业气象服务提供坚实的科学技术支持。

最后需要说明的是,服务要发展,人才是关键,高收入才能吸引高水平的人才必要条件之一,经费从哪里来,靠财政拨款? 显然是不行的。农业气象定位是技术服务部门,它有双重任务:一是坚定不移地为地方政府做好服务,它是农业气象服务部门作为国家事业单位存在的理由;二是在做好为地方政府服务的前提下,可以为社会部门提供技术支持,并收取一定费用,用于提高技术人员的待遇,留住和延揽本专业或相关急需专业的高水平的科学技术人才。

参 考 文 献

[1] 吴东丽,王春乙,张雪芬,薛红喜.华北冬小麦作物气候干旱指数研究[J].科技导报,2009(7):32-36.

[2] 彭世彰,魏征,窦超银,徐俊增.加权马尔可夫模型在区域干旱指标预测中的应用[J].系统工程理论与实践,2009(9):173-178.

[3] 高桂芹,花家嘉,赵景旺.Y干旱指数在冀东春旱监测中的应用[J].中国农业气象,2009(3):431-435,444.

[4] 赵鸿,李凤民,熊友才,王润元,杨启国,邓振镛.土壤干旱对作物生长过程和产量影响的研究进展[J].干旱气象,2008(3):28-30.

[5] 宋博,夏婷.作物需水量确定方法及适用条件浅谈[J].科技情报开发与经济,2009(19):134-135,138.

[6] 姚渝丽,杨信东,郭明智,王立昌.利用天气促病指数表模型预报稻叶瘟发病趋势[J].气象,2003(7):

52-55.

［7］黄春艳,朱传楹,张增敏,商世吉,张匀华,郭梅.稻瘟病综合防治决策模型的研究[J].植物保护学报,1996 (4):289-292.

［8］谢佰承,郭海明,欧高财,帅细强,尹明,彭莉.气象因素与早稻稻瘟病发生的条件分析[J].湖南农业科学, 2007(6):142-143.

［9］何永坤,阳园燕,罗孳孳.稻瘟病发生发展气象条件等级业务预报技术研究[J].气象,2008(12):110-113.

［10］王馥棠.中国气象科学研究院农业气象研究 50 年进展[J].应用气象学报,2006(6):778-785.

拓展专业气象服务领域
促进气象业务、科研、服务的良性循环发展

糜建林　　柯小青

（福建省气象服务中心，福州　350001）

摘　要：我省气象部门长期存在业务、科研、服务脱节的问题，缺少有效的解决途径，通过专业气象服务领域的拓展，可为解决这一难题搭建起一座桥梁。专业气象服务存在的双重属性，使气象部门在开展专业气象服务过程中发现了大量的行业气象服务需求，针对公共气象服务产品存在的不足制作精细化、专业化的气象服务产品，实现了许多传统气象服务没有实现的业务服务功能，同时带动气象业务、科研和人才水平的提升，实现良性循环发展。

关键词：专业气象服务；促进；良性循环

长期以来，在我省气象部门中一直存在业务、科研、服务脱节的问题，缺少有效地解决途径。近几年，我中心通过专业气象服务领域的拓展，为解决这一难题搭建起一座桥梁，在促进气象业务—科研—服务的良性循环和水平提升中发挥了重要的作用。由于专业气象服务包含的社会和市场双重属性，使气象部门在开展专业气象服务过程中发现了大量的行业气象服务需求，通过针对公共气象服务产品存在的不足制作精细化、专业化的气象服务产品，实现了大量传统气象服务工作没有实现的业务服务功能，带动气象业务、科研和人才水平的提升，同时也促进了福建省专业气象服务工作的深化和气象事业的创新发展。

一、把握机遇，拓展专业气象服务领域

随着经济社会的发展，气象与各行各业的关联度越来越大，除与传统上的农业、林业、渔业等第一产业关系密切外，与能源、建筑、制造等第二产业以及交通、旅游、保险等第三产业的关系也越来越密切。社会经济越发展，天气变化对各行各业的影响就越加凸显，对个性化的气象信息需求也越来越大，迫切需要定时、定量、更加精细的专业气象服务产品，以便科学、合理地安排生产经营活动，规避风险，获取更大的经济效益。

加速经济建设的大环境和各行各业对气象防灾减灾的新需求，为我们拓展气象服务领域提供了机遇，也为我们尝试通过专业气象服务促进气象科技成果向行业应用转化提供了机会。由于中国市场经济体制特点所决定，我们在承接许多专业气象服务项目时经常遇到这样的现象：用户在策划、酝酿项目阶段，时间往往拖得较长，一旦确定实施时，时间要求却大都十分紧迫，希望尽快完成。因此，在应对市场和客户的需求时，要求我们能迅速地做出反应并在很短的时间内拿出方案，尽快提交成果，满足项目业主的需求。回顾专业气象服务过程，我们体会是必须敏感地抓住机遇，不断拓展服务领域和项目，提高知名度和形成品牌，才能使服务项目

越做越大,服务领域越来越宽。当年我中心从承接、完成《福建省风能资源评价》项目开始,通过积极有效地的运作,在任务重、时间紧、项目资金不到位的情况下高效率地完成了项目工作,得到省发改委等有关部门的肯定和赞扬。通过我们的工作成果,省发改委和合作单位第一次了解我中心的专业气象服务能力和管理水平,为后来争取世界银行"支持中国可再生能源开发赠款"项目,以及多个行业服务项目打下了良好的基础。更重要的是,依托一个个项目工作,在与服务单位联系交流的过程中,用户逐步加深了对气象部门技术实力、管理能力和敬业精神的了解,双方建立起信任感后,对方往往会主动放心地把新项目交给我们来做,推进了气象服务领域不断辐射扩展。近几年我中心开展的核电、电力灾害预警、太阳能资源评估、海上救援气象预警等许多专业专项气象服务项目,都是做好了前一个后,后面类似的项目自己就找上门来。

二、依托专业气象服务的桥梁作用,促进气象业务、科研和人才培养的良性循环

在我省气象部门中,气象业务、科研、服务脱节的问题存在已久,科技人员在获取相应的技术职称后,普遍存在工作、科研积极性下降的现象,一直找不到有效的解决途径。拓展专业气象服务领域,为我们尝试通过专业服务项目促进科技成果向行业应用转化,带动气象业务、科研和人才培养的良性循环提供了机会。

(一)开展专业气象服务,有利于拓展气象业务服务领域

专业气象服务最重要的贡献在于拓展了气象业务的服务领域。与公共气象服务不同,专业气象服务更偏重为用户在生产经营中规避气象灾害风险、产生直接的经济效益提供有针对性的气象服务,从而使气象部门在开展专业气象服务中发现了大量的气象业务服务需求,了解到公共气象业务服务存在的不足和诸多问题。通过针对公共气象服务产品存在的不足制作精细化、专业化的气象服务产品,实现了大量传统气象工作没能实现的业务服务功能,促进气象服务朝集约化、精细化、专业化方向发展,带动了气象事业的创新和业务的发展。

(二)开展专业气象服务,能有效解决科研经费不足的矛盾

长期以来,我省气象部门的科研经费匮乏,无法为科技人员提供良好的工作和研究环境,调动科技人员的积极性,开展相关项目和课题的研发工作。近几年,通过拓展专业气象服务,我中心与许多行业、部门开展业务合作和专项课题研究,通过这种行业、部门间的横向合作,可以从对方获取较为充足的经费支持,数额远远超过了省局每年安排的气象科研经费。经统计,从2005年开始,我中心通过承接《福建省沿海地区架空输电线路设计风速研究》、《气象灾害预警在输电网络中的应用研究》、《输电线路冰冻灾害预警系统》、《森林火险气象等级预警系统》《海事极端气象事件预报平台》等应用研究项目,获取横向合作项目研发经费达200多万元,从而保证课题研发所需软硬件购置、人工费以及发表学术论文等费用,有效地调动了广大气象科技人员钻研业务、参与科研的积极性。

我中心还通过开展气象服务,每年还为省局筹措开放式气象科研基金达几十万元,为全省

气象科研工作的发展提供了坚实的经费支撑。

(三)开展专业气象服务,促进人才的培养和业务水平的提高

与纯粹的公益气象服务不同,专业气象服务兼有市场的属性,服务工作通常以用户的需求为导向,有明确的合同要求,研发和制作出的服务产品用户都将实实在在地应用到日常生产、经营中去,这就迫使气象科技人员要不断地学习,及时了解掌握新的科技动态和方法,充分运用自己掌握的知识、技能在限定的时间内完成服务产品的研发、制作。通过专业气象服务,一方面可以充分调动起科技人员的积极性,在业务上做出实绩,科研上取得成果,同时获得合理的劳动报酬,使其发自内心地热爱自己所从事的工作,愿意投入自己的精力,不断提高专业气象服务的科技含量和服务产品质量,促进气象服务不断深化;另一方面,科技人员在承担项目工作过程中经常受到启发,不断找到新的研究方向,也带动了科技人员综合业务素质的提高。

综上所述,通过专业气象服务的桥梁作用,使科研成果及时转化为行业服务产品,同时能有效地带动科研及科技人员水平的提升;大量的行业服务需求又促进了气象业务发展,为拓展气象服务领域提供技术支撑,形成一个良性循环的过程。

三、做大做强专业气象服务,不断提升气象服务的社会和经济效益

做好气象服务,有利于提升气象部门在社会上的影响力。因此,气象部门充分发挥自身的技术和资源优势,在做好公益、公众气象服务的同时,应深入拓展专业气象服务领域。2005 年开始,我中心通过分析传统专业气象服务对客户吸引力有限、服务市场萎缩的问题,开展市场和行业需求调查,提出做大做强专业气象服务的思路,改变以往仅靠旬、月报和一份常规天气预报稿服务所有行业的粗放式服务方式,加强专业专项气象服务产品的研究和开发,增加服务产品的科技含量,改善服务手段,提高服务质量,实现服务产品的多样化、系列化。具体做法是依托基础天气业务系统和计算机通信网络系统,建立专业专项气象服务平台,为省电力调度中心、福州长乐机场气象台、福鼎核电站工程建设指挥部、驻闽海军航保处、保险公司、省海事局等重要用户建立数据专线和计算机终端,针对用户需求提供相应的气象服务产品。逐步开展电力气象、海洋气象、农业气象、军事气象、交通气象、森林火险气象预报等服务,不断满足和适应各类用户的个性化需求,有效地拓展了专业气象服务领域,产生了较好的服务和经济效益。目前中心的专业专项气象服务年收益可达 100 多万元。

四、我省专业气象服务存在的问题和解决的思路

近几年,我中心在与外部门的合作过程中发现,一项有价值的专业预报产品或预报系统必须是通过深入了解使用产品单位的生产过程的各个环节,有针对性地研发出来的,并且要在今后的业务中不断完善和改进,才能使得它们具有经久不衰的市场需求。

几年来,我们与电力部门开展了多项的研究工作,取得了一定的成绩,但对于他们提出的一些要求目前就我们的预报能力尚难以解决,如电力部门的雷电预警系统建设,由于可预报的时间太短,预报准确率不高而被搁浅;电网冰冻灾害实时监测与预警系统虽已建成,但实时监

测系统因闽西、闽北地区观冰站稀少,资料来源不足,冰灾预警服务无法达到预期的效果;各水库流域面雨量预报无法精细到各条溪流而被用户认为预报不准确;交通气象监测与预警预报系统虽已建成,但高速公路与港口的大雾预报的开展也因缺少基本的探测仪器而显得非常困难,使得开展精细的专项预报服务受到限制。因此,专业专项天气预报能力的提升有赖于监测网络的完善和现代化,但目前监测系统的建设又受到经费投入的制约,如高速公路管理部门和沿海作业单位虽然都对大雾天气预报非常感兴趣,但要他们在短时间内投入大量经费来布设探测雾的仪器有一定难度,结果是制约了专业专项预报服务工作的开展;而预报能力有限则从另一个方面制约了专业专项服务工作的深化,有不少的用户愿意出经费请我们做出精确预报,包括量级、落区和准确的时间,但靠我们目前的预报能力却是很难实现的。

　　未来五年内,我中心将继续通过行业、部门间的合作,加快专业气象服务的发展。在现有的基础上,建立以模式预报为主、多种预报方法互补的专业专项气象服务业务平台,为各行业研发和建立专项预报服务系统;同时通过各种渠道推进气象监测网络系统的现代化,为检验模式中关键点的要素预报是否准确提供实测值,不断改进模式,使天气预报朝着精细化方向发展,不断提升专业专项预报能力。建立由公众气象服务和专业气象服务互补构成的公共气象服务体系,为海峡西岸经济区建设、发展提供优质的服务。

发挥气象科技在道路交通安全畅通中的支撑作用
为首都道路交通防灾减灾提供气象保障

李　迅[1]　丁德平[1]　段欲晓[2]　尤焕苓[1]

(1. 北京市气象科技服务中心,北京　100089；　2. 北京市气象局应急与减灾处,北京　100089)

摘　要: 在《国务院关于加快气象事业发展的若干意见》、《国务院办公厅关于进一步加强气象灾害防御工作的意见》和《中国气象事业发展战略》、中国气象局《气象科学和技术发展规划(2006—2020)》的指引下,随着北京城市经济的快速发展和交通气象服务需求的日益增长,北京市气象局以主动服务大城市经济社会发展为切入点,以增强气象为首都道路交通安全畅通服务能力为增长点,加快能力建设,提升服务水平,开展了一系列的交通气象服务和科学研究,初步实现了各部门之间的道路观测资料共享和应急联动机制,并有针对性地开发了相关交通气象服务产品和服务系统,在包括奥运会和 60 周年大庆等一系列重大活动中,针对政府决策和公众出行,取得了较好的服务效果。本文还对今后的工作设想进行了一些思考,希望在不远的将来,全市道路交通气象服务和综合防灾减灾工作能取得了长足发展,并为首都经济建设和社会发展提供了有力的保障。

关键词: 大城市；资料共享；部门联动；交通气象服务产品和系统

一、气象为道路交通安全畅通服务的主要成绩和经验

多年来,北京市气象局十分重视气象为道路交通安全畅通服务工作,主动与市交通委、市交通安全应急指挥部、市扫雪铲冰应急指挥部、市交管指挥中心等相关部门以及市公路管理、高速公路管理等单位沟通和联系,深入了解具体需求,提供有针对性的气象信息服务。当高影响天气事件发生时,参加联合办公,及时提供现场决策服务等。及时、准确、丰富的交通气象信息服务为市政府、应急管理部门和有关道路交通责任单位科学决策,有效预防或减轻本市发生严重交通拥堵和交通事故,增强道路交通系统应急能力,确保道路交通安全畅通,保障首都城市正常运行、市民的日常交通和生产生活提供了科学依据,取得了良好的社会效益和经济效益。

(一)推进气象与交通部门间合作,形成气象为道路交通服务的工作合力

为贯彻落实《交通部中国气象局关于进一步加强合作切实做好交通气象服务工作的通知》精神,北京市气象局分别与市公安交通管理局、市路政局签署了工作合作协议,逐步建立了有效的合作机制。2009 年 7 月,北京市气象局和北京市路政局签署了道路交通气象监测及信息服务合作协议,由双方相关技术人员组成合作技术支持小组,定期开展技术交流和合作,由双方分管领导和相关职能部门组成合作领导协调小组,负责双方合作事宜的具体协调管理,以不断推进两局在道路交通气象监测、道路交通气象信息发布、道路交通应急联动等方面的共享机

制的建设。道路交通气象监测和信息服务合作对推进首都公共气象服务体系建设、促进气象信息有效延伸、加快实现城乡一体化进程具有积极作用。

目前,已初步形成由北京市气象局(28 个自动站)、市交管局(12 个自动站)和市路政局(31 个自动站)共 71 个道面自动监测站组成的北京交通气象监测网(如图 1 所示),除监测常规气象要素外,还有交通敏感能见度、内外车道的道面温度、积雪深度、积水深度、冰点、道面状况、融冰剂数量和浓度等。实现了部门间的道路气象实时监测信息共享。同时,还实现了市气象局与交管局、路政局的道路视频图像信息共享。

图 1　北京市交通气象监测网

(二)结合首都大城市气象服务需求,不断增强科技支撑能力建设

随着首都道路的发展以及道路网的形成,灾害性天气对道路安全的影响越来越成为人们的关注的热点,道路需要加强高影响天气时的交通管控,特别是要加强各种气象环境因素对公路安全行驶速度影响的分析和采取相应措施。因此,通过各种气象监测和预报技术,提前向交通部门通报高影响天气信息,逐步完善公路交通气象服务体系,将有利于道路交管部门提前采取应对措施,最大限度减少气象灾害对公路交通产生的不利影响,确保公路运输更好地为经济发展和群众出行保驾护航。针对各级公路和城市道路服务的需要,京津冀气象部门联合研发建立了基于 WebGIS 北京地区道路气象信息服务系统(如图 2 所示),内容包括精细数值预报系统,道面气象信息数值预报模型,道路状况专家决策系统,用支持向量机方法进行能见度的数值预报释用系统,结合道路气象监测资料,用网页方式进行交通干道气象服务信息发布;我局专业气象台和城市气象研究所联合承担了"高速公路交通气象预报服务系统",开展对涉及影响交通的部分高影响天气及气象要素研究,特别是涉及影响交通安全的能见度、路面温度、路面状况、路面积雪深度、路面摩擦系数及安全限速等特色预报,另外专业气象台还专门开发了利用数字化静止卫星的大雾监测产品;我局气候中心牵头 2009 年中国气象局业务建设项目"高影响天气对城市交通的影响评估"等,这些科研协作开发都为交通气象服务提供了雄厚的科技支撑。

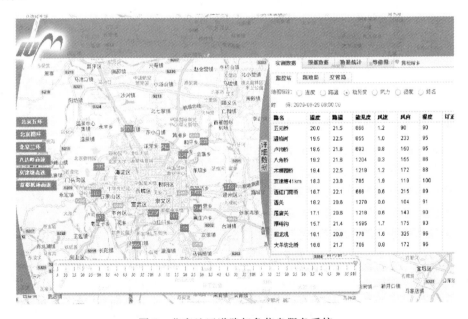

图 2　北京地区道路气象信息服务系统

(三)立足首都大城市特点,打好"精细"、"特色"交通气象服务两张牌

1. 大力推进精细化交通气象服务

结合北京交通特点,我局自主开发的精细化城市交通气象服务产品,在时间分辨率上:预报达到逐小时滚动、实况达到每 5 min;空间分辨率上涵盖:北京各环线、高速公路、国道和重

要交通枢纽(集散地)。系统能够在网络客户端上展示服务端生成的高速公路气象预报三维图片。包括显示高速公路附近地形,以带状方式显示高速公路并标示公路地段名;以颜色映射技术在高速公路上可视化地表温度数据;以气象符号可视化天气、风速及风向、降水、能见度分类信息等。

结合奥运气象服务需求,2008 年 5 月北京城市交通路段精细化预报服务系统正式运行,并对社会发布北京 2～5 环路、主要高速公路、主要国道和交通枢纽地区预报服务信息及道面监测实况等信息,如图 3 所示。

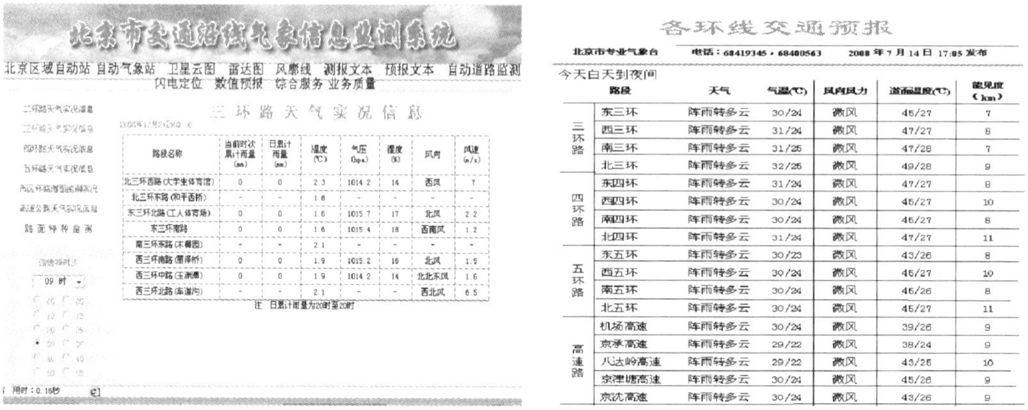

路段名称	当前时次累计雨量(mm)	日累计雨量(mm)	温度(℃)	气压(hpa)	湿度(%)	风向	风速(m/s)
北三环西路(大学生体育馆)	0	0	2.3	1014.2	14	西风	7
北三环东路(和平西桥)	-	-	1.8	-	-	-	-
东三环北路(工人体育场)	0	0	1.6	1015.7	17	北风	2.2
东三环南路	0	0	1.6	1015.4	18	西南风	1.2
南三环东路(木樨园)	-	-	2.1	-	-	-	-
西三环南路(丽泽桥)	0	0	1.9	1015.2	16	北风	1.5
西三环中路(玉渊潭)	0	0	1.9	1014.2	14	北北东风	1.6
西三环北路(车道沟)	-	-	2.1	-	-	西北风	6.5

注 日累计雨量为20时至20时

各环线交通预报

北京市专业气象台　电话:68419345、68480563　2008 年 7 月 14 日 17:05 发布

今天白天到夜间

	路段	天气	气温(℃)	风向风力	道面温度(℃)	能见度(km)
三环路	东三环	阵雨转多云	30/24	微风	45/27	7
	西三环	阵雨转多云	31/24	微风	47/27	8
	南三环	阵雨转多云	31/25	微风	47/28	7
	北三环	阵雨转多云	32/25	微风	49/28	9
四环路	东四环	阵雨转多云	31/24	微风	47/27	8
	西四环	阵雨转多云	30/24	微风	45/27	10
	南四环	阵雨转多云	30/24	微风	45/27	8
	北四环	阵雨转多云	31/24	微风	47/27	11
五环路	东五环	阵雨转多云	30/23	微风	43/26	8
	西五环	阵雨转多云	30/24	微风	45/27	10
	南五环	阵雨转多云	30/24	微风	45/26	8
	北五环	阵雨转多云	30/24	微风	45/27	11
高速路	机场高速	阵雨转多云	30/24	微风	39/26	9
	京承高速	阵雨转多云	29/22	微风	38/24	9
	八达岭高速	阵雨转多云	29/22	微风	43/25	10
	京津塘高速	阵雨转多云	30/24	微风	45/26	9
	京沈高速	阵雨转多云	30/24	微风	43/26	9

图 3　北京交通监测网信息

2. 大力开展特色交通气象服务

北京市专业气象台在国内率先制作提供了道面温度、最高安全车速、积雪深度等道面状况预报,丰富交通气象服务产品;率先利用数字化静止气象卫星实现对大雾的监测,制作提供了生动直观的图像产品。这些特色服务受到了道路管理部门和公众用户的欢迎。

(四)积极拓展信息分发渠道,努力解决交通气象信息发布“最后一公里”问题

为更好地做好首都道路交通气象信息服务工作,最大限度地减少不利气象条件对交通的影响,保障交通畅通和人民生命财产安全,市气象局充分利用电视、电台、电话、手机、网站、报纸等媒体向社会发布交通气象信息;根据用户需求,专门为市春运办公室开通春运气象服务信息网;还通过共享机制,利用市路政局已建的 102 块道路显示屏发布常规气象信息和气象预警信息,为解决信息发布的“最后一公里”问题奠定了基础,显著扩大了交通气象信息的覆盖面。

二、进一步发挥气象为道路交通服务的作用,为北京综合防灾减灾提供有力保障

近年来北京逐步形成了首都大城市交通气象新模式,为减少首都的交通事故和提高交通运输效率发挥了重要的参谋作用,交通气象服务社会经济效益已经初步显现。

(一)交通决策气象服务

服务对象包括市委、市政府和各级领导、应急部门;市政市容管理部门;交管、环卫、清扫、

高速公路运营部门等。为政府确保首都城市生命线安全运行提供了参考和决策依据;为交通管理部门调度、指挥提供有针对性服务,进一步提高城市交通管理水平和应对灾害性天气的能力;使灾害天气造成事故减少 5%～10%。

(二)百姓出行交通气象服务

利用多种媒体为百姓提供交通气象服务,滚动提供环线和高速公路等交通实况、预报和预警。交通台每小时滚动播出、早中晚气象专家连线直播交通气象深受市民欢迎。通过 12121 电话气象服务,从 2007 年向社会推出交通气象信息服务,为公众提供不断更新的城区二环至五环及高速公路的交通天气实况和交通天气预报,累计公众咨询次数超过 30 万次,平均月咨询近 4 万次,深受社会欢迎。

(三)重大活动交通气象服务

奥运期间为奥组委及社会各界提供精细化交通气象服务,深受欢迎。奥运期间公众满意率 93.1% 较上年提高 6%。新中国成立 60 周年大庆期间提供服务,取得良好效益。

(四)典型服务事例(今冬降雪服务)

2009 年 11 月 1 日、9—10 日、12 日三次降雪重点服务:降雪开始、结束时间、降雪大小、积雪厚度、道面温度等。

1.对政府决策和应急服务

提供 19 期天气情况、3 期重要天气报告、4 次道路结冰预警信号;为各级领导(国务院各大部委、北京市委、政府、应急办、委办局等)不定时预警天气实况短时临近预报等决策服务短信 24 次、累计 30 余万人次。

2.对市民出行服务

通过电话、电台、电视、报纸、网站、手机短信等气象节目滚动提供交通气象预报预警信息对降雪、道面湿滑、结冰、持续降温提供有针对性预报服务,仅手机短信提供服务 645 万人次。

三、下一步工作规划

道路交通安全离不开气象科技的支撑和气象信息服务的保障。随着首都道路交通的发展以及机动车辆迅速增加(汽车保有量已超过 400 万辆),另外北京作为中国北方最大的交通枢纽,交通作为维系城市安全运营的生命线,道路交通安全畅通的保障任务越来越严峻,道路交通对天气的敏感性日趋加强,如何最大限度地避免不利气象条件对道路交通所造成的影响,实现主动趋利避害与科学防灾减灾相结合,将是气象为交通服务及公路交通发展长期所面临的任务和挑战。

下一步还需要根据首都交通气象服务的新要求,充分发挥气象监测预报预警、应对气候变化、气候资源开发利用等方面的科技支撑作用,全面提升交通气象服务的综合防灾减灾能力。

1.完善交通气象专业观测网建设

尽管目前北京交通气象尤其是城市道路和高速公路方面已有较大突破,但专业观测网布局密度还远远不够,部门之间的信息共享程度还不够等。因此要更好地推动交通气象服务发展,应加强部门支持和合作,继续完善交通气象专业观测网建设、建立公路、铁路、大型桥梁等交通项目建设的气候论证和评估制度等。与此同时,气象部门应充分利用高科技手段,利用卫星、雷达、自动站、GPS水汽、微波辐射计等高时空分辨率的特种观测手段,研制精细化的道路分析实况场,以弥补了监测站点不足。

2. 进一步拓展交通气象服务

尽管北京市气象局今年来针对交通气象服务开展了一些工作,但距离用户的需求还有一定的差距,如目前交通管理部门希望气象部门为其提供道路管制措施的决策依据;道路运营方希望得到更精细、更准确的预报服务,为交通流量平衡控制、经济效益最大化提供决策依据;道路养护方希望对道路养护特别是铲冰扫雪提供准确的预报,为合理作业、人员设备调度、特别是减少环境污染提供决策依据;市政部门在强降雨、降雪时也有同样的需求。目前北京市气象局已经具备了先进的观测设备和快速更新的中尺度数值预报模式,这些基础为交通气象高影响天气的监测、精细化的预报、科学研究及影响分析奠定了坚实的基础。下一阶段,还应针对用户需求开展有针对性的研究,并利用北京的科技优势进一步拓展交通气象服务。

3. 加强部门间合作,整合社会资源,进一步完善交通气象服务

近年来,北京市气象局与各政府部门间、交通主管单位建立了联动合作机制,未来应进一步加强在资料共享、科研项目、资源整合方面的合作,在深入了解需求的基础上,开展"融合式"的交通气象服务,为首都交通安全畅通做出贡献。

4. 建立专业化的交通气象预报服务队伍

尽管目前北京市气象局已经具备了较好的科技手段,也有较好的天气预报及服务队伍,但是在交通气象预报服务人才队伍建设方面仍存在短板现象,鉴于交通对于北京的特殊重要性,今后应大力加强培养一批了解服务需求、可进行针对性研究、有交通气象预报服务经验的专业化队伍,为交通气象预报服务的可持续发展奠定良好的基础。

第二篇　技术方法与系统

第一章　决策气象服务与灾害防御

浅谈精细化气象服务的重要性

王维国

（国家气象中心，北京　100081）

摘　要：随着气象科技的进步，气象服务于经济社会发展、国家防灾减灾和粮食安全生产、生态环境规划以及参与国际政治等方面有了显著提升，气象服务于社会的影响力和社会对气象服务信息的依赖程度日益突出，气象服务取得了显著的社会效益和经济效益。

改革开放 30 年来，中国气象局已与国土资源部、交通运输部、农业部、卫生部、林业局、海洋局等部委局开展了合作，气象服务于社会已覆盖到各个角落，如交通气象预报、地质灾害预报、农业气象预报、高温中暑预报、空气质量预报、渍涝风险预报、海洋气象预报、森林火险气象预报、供暖指数气象预报、人体风寒指数气象预报、洗车指数气象预报、夏收夏种气象条件预报、秋收秋种气象条件预报，等等。多元化的气象服务无所不在，已深入到政府决策、防灾减灾和百姓生活的方方面面。根据 2007 年的调查估算，气象工作的投入产出比达到 1：50，气象服务为社会的贡献突出。

然而在看到气象服务社会取得成绩的同时，必须清醒地看到，一方面政府和社会大众对气象服务的要求越来越高，需求也越来越广；另一方面，气象服务还存在服务不够精细准确，气象科技含量和内涵不高，尤其是在对政府决策和防灾减灾中还有很大的努力空间。正是因为服务不能够做到精细化和完全准确，在防灾减灾中政府要投入大量的工作人员去转移人口、安置灾民，以至于政府在防灾减灾中的运作投入成本和机制运转的协调成本上付出更多，效益不高。

为使气象更好地服务于经济社会发展、国家防灾减灾和人民群众的福祉安康，首先必须提高气象服务的科技支撑能力。目前发达国家已开始实行无缝隙气象预报战略，那么以预报为基础的气象服务可以跟进无缝隙的气象预报开展无缝隙的气象服务活动，以逼近预报精度的方式，提高气象服务目标的精细化和准确性；其次是针对重大气象灾害事件开展灾害预评估工作，为政府防灾减灾决策和群众避灾提供灾前科学指导，这在一定程度上可以减少人员伤亡和财产损失；三是在重大事件的服务中提供有针对性的贴身服务，并用科技武装服务，如 2008 年北京奥运会、残奥会气象保障服务、神舟七号飞船载人飞行气象保障服务和 2009 年国庆 60 周年气象保障服务等等，都取得满意的服务效果；四是加强气象服务人才队伍的建设，组建一支业务素质高、掌握现代科技和拥有丰富经验的专家型队伍,势必在精准气象服务中有更大的作为;五是继续深化和推进向社会公众普及气象灾害防御的科普力度,培育全民防御灾害的基本意识,以及学会自我保护、逃生避险、自救、互救和灾害应对的基本常识,尤其是对农村、学校和幼儿园要作为重点的科普宣传基地;六是加强民居和基础设施抗御灾害风险的能力建设,使之成为大众百姓应对灾害的保护场所。

总之,只要经过气象服务工作者的不懈努力,气象服务就会做到细致入微,向精细化、准确性方面更进一步,针对政府指挥决策、针对社会大众、针对社会重大活动、针对重大突发事件的应对,等等,都会提高气象服务的针对性、精准性和有效性,也会进一步提高政府在指挥灾害防御和应对方面的效力,减少浪费和不必要的投入,提高防灾减灾效益。

参 考 文 献

[1] 矫梅燕.坚持需求牵引 推进改革创新 努力开创公共气象服务工作的新局面.在第五次全国气象服务工作会议上的报告.

[2] 周旭霞.2007 年 3 月.经济发展与防灾成本分析.灾害学.

[3] 宋嘉宁.2008 年 6 月.解读中国政府防灾预案中的协调成本问题.新西部(下半月).

基于 WEB 和 3S 技术的蔗糖生产气象决策服务系统研究

欧钊荣　　谭宗琨　　李自安

(广西气象减灾研究所,南宁　530022)

摘　要:概述了广西甘蔗种植概况和我国蔗糖产业的现状,分析了蔗糖生产中存在的主要问题,探讨了气象部门做好甘蔗特色农业气象服务的对策,结合新农村建设对气象服务的新要求,基于 WEB 和 3S 技术为广西蔗糖生产研发了一系列功能相对完善的气象业务服务系统软件,经过多年的改进和服务,取得了预期的效果。

关键词:甘蔗;特色农业;气象服务

　　甘蔗是热带、亚热带作物,其生长期具有喜高温、强光照、需水量大等特点,对气候条件有着特殊的依赖性。广西地处我国南疆,属亚热带季风气候区,发展甘蔗生产具有得天独厚的气候资源优势。年产蔗糖量占全国食糖产量的 60% 以上,贸易量则超过 70%。连续 10 年种植面积和产糖量稳居全国首位,蔗糖业已成为广西经济的支柱产业。

　　广西地处低纬,气象灾害多,发生频率高,干旱、雨涝、寒潮、霜冻、台风等都在不同程度制约着甘蔗生产。特别是近年来,由于甘蔗区域布局不够合理,以及部分地区盲目扩种,使得气象灾害对甘蔗造成的损失越来越大。如 1999/2000 年度冬季出现了是新中国成立以来最为严重霜冻、冰冻天气,广西甘蔗受灾面积 33.4 万 hm²,占有收面积的 69.29%,西部、中部和北部蔗区秋冬植蔗几乎全军覆没,蔗糖产量比上榨季减少 73.05 万 t,比本榨季灾前预计产量减少约 43 万 t,更为严重的是,由于蔗源严重不足,加上宿根甘蔗大部受害,结果导致 2000、2001 年广西甘蔗种植面积大幅度下滑,严重影响了广西国民经济的发展。

　　传统的气象服务技术主要以旬报、专题等方式为主,以县气象站所在地的观测值(点值)代表整个县的面值进行评述,误差较大,服务手段主要通过纸质文件邮寄或者交换,服务滞后,难以满足蔗糖发展的需要。20 世纪 90 年代后期以来,随着计算机、地理信息、卫星遥感等现代高新技术的快速发展,采用 GIS、RS、GPS 等 3S 技术和数理统计方法在农业气象灾害中得到广泛应用。GIS 的优势在于具有强大的数据综合、地理模拟、图形创造、空间分析能力以及快速的空间定位搜索和空间决策支持功能,GIS 为具有空间立体特征的气候资源和气象灾害监测评估提供了很好的应用工具。近年来,WEB 和 3S 技术被广泛应用于农业生产中,明显提高了服务的精度,改善了服务的手段,提高了服务的速度。广西尝试基于 WEB 和 3S 技术为广西蔗糖生产研发了一系列功能相对完善的气象业务服务系统软件,经过多年的改进和服务,取得了预期的效果。

一、系统的基本结构

　　卫星遥感(RS)具有覆盖范围宽、观测周期短、平台运行稳定、通道信息丰富、处理技术成熟等许多优点,随着卫星遥感向高空间分辨率、高光谱分辨率、高时间分辨率方向发展,无疑会极大地提高气象灾害的监测水平。地理信息系统(GIS)具有管理、采集、分析和输出多种空间信息的能力,GIS 技术在许多行业都得到了广泛的应用。目前广西有相当数量的自动气象观测站投入使用,为蔗糖生产提供了丰富的数据资料。蔗糖生产气象决策服务系统需要尽可能地利用好丰富的自动站气象数据和丰富的多源卫星数据,要充分发挥 3S 技术的魅力,蔗糖生产气象决策服务系统构成如图 1 所示。

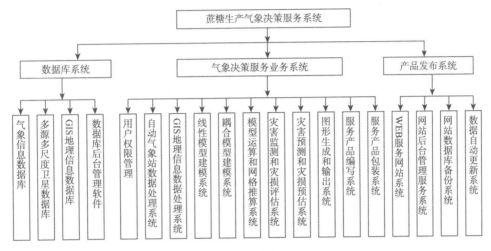

图 1　蔗糖生产气象决策服务系统结构图

二、系统数据库的内容构成

数据库系统选用 Microsoft SQL Server 2000 类型数据库,数据库系统包括气象信息数据库、多源多尺度卫星数据库、GIS 地理信息数据库、服务产品信息库、气象灾害指标库和数据库后台管理软件。气象信息数据库包括人工地面观测站历史和实况数据,自动气象站历史和实况数据,短期、中期、长期三种天气预报信息数据。历史和实况气象观测数据包括最高气温、最低气温、平均气温、降水量、日照时数、相对湿度、蒸发量等要素,各气象要素分为逐日(部分逐小时)、逐候、逐旬、逐月、逐年、多年平均、多年极大值极小值等数值。短期、中期天气预报数据包括数据报表(报文)、天气预报服务产品材料、数值天气预报网格数据,包括三小时预报到十天预报时间尺度的预报信息资料;长期预报包括月和年预报。多源多尺度卫星数据库包括多年 EOS/MODIS、ETM 和 FY-3A 卫星遥感资料。GIS 地理信息数据库包括 1:25 万 TM 影像数据、行政区划图、地形图、栅格图。地形图用于气象预报和灾害分析,其中应包括河流、水库和山体等基本要素。栅格图用于栅格数据模型,便于 GIS 中分析和应用。数据库后台管理软件可以对数据进行增加、删除、更改等操作。

三、业务子系统及其运用

气象决策服务业务系统在 Windows 环境下,选用 VC++6.0 和 VB6.0 开发语言,基于

Mapinfo 系列产品和 ESRI 系列产品组件进行开发。气象决策服务业务系统包括甘蔗信息识别和面积估算子系统、基于 WEB 和推理模型的甘蔗智能实时决策子系统、模型运算和网格推算子系统和蔗糖产量监测预测服务子系统。

(一)甘蔗种植信息识别和面积估算子系统

应用近几年的 EOS/MODIS 和 FY-3 卫星遥感资料,对选定连年、连片种植甘蔗样本训练区域光谱特性进行分析,找出并建立广西甘蔗周年生长光谱特征变化曲线,在此基础上,根据广西甘蔗与其他作物物候期的差异及甘蔗生长发育周期较长等特点,结合多年 EOS/MODIS 卫星遥感资料和 2001 年的 ETM 等高分辨率卫星资料,研究识别和提取广西区域甘蔗种植信息的技术方法,解决"同物异谱或同谱异物"造成的甘蔗提取信息不准确问题,甘蔗信息识别和面积估算子系统实现了广西甘蔗种植面积的遥感估算,为开展广西甘蔗长势遥感监测和广西甘蔗干旱、霜冻等灾害遥感监测,以及广西蔗糖产量遥感监测预测服务提供客观、科学依据。

(二)模型运算和网格推算子系统

模型运算和网格推算子系统是基于 3S 技术,统计分析 250 m 细网格区域经度、纬度、海拔高度、坡度、坡向、自动气象站气温资料、NDVI 遥感资料、LST 遥感资料与多种中短期数值天气预报气温雨量预报资料之间的关系,通过单相关和复相关分析,找出相关性比较好的细网格推算因子,建立细网格气象要素推算模型。根据此模型推算所有网格点的气象要素数值,实现细网格气象灾害监测,把推算出来的网格数值保存成符合 GIS 组件标准的栅格数据文件,以便基于 WEB 和 3S 技术的服务产品发布系统分析和显示使用。

(三)基于 WEB 和推理模型的甘蔗智能实时决策子系统

基于 WEB 和推理模型的甘蔗智能实时决策服务信息是根据过去一段时间的雨量、气温等天气气候信息及未来天气预报信息,结合甘蔗生产的发育进程,分析天气、气候信息对甘蔗的利弊关系,给出相应的生产决策建议和当前病虫害防治管理信息。甘蔗智能农业专家系统实时决策模块经过近 5 年示范和完善,目前已在广西智能农业信息网、"三农"科技信息网和广西区、市、县三级兴农网 90 多个网站同时发布甘蔗智能农业专家系统实时决策服务信息,覆盖了广西各县市甘蔗种植区,系统自动更新数据,逐日滚动更新决策服务信息。

(四)蔗糖产量监测预测服务子系统

蔗糖产量监测预测服子系统可以通过对历史蔗糖生产资料与气象条件的分析研究,找出影响甘蔗产量、蔗糖分含量和蔗糖产量的主要气象因子及关键期,分别建立原料蔗产量和蔗糖产量的预测模型。系统收集并建立了历年蔗糖生产资料和相应气象资料库,确定了影响广西甘蔗产量、蔗糖分含量的主要气象因子和关键期。建立具有一定预报服务能力的、可日常业务化的广西蔗糖产量监测预测模型,实现了蔗糖生产动态监测预测服务的目的。

四、产品发布系统的基本功能

基于 GIS 开发组件和技术,使用 Microsoft SQL Server 2000 类型数据库和 ASP 开发语言,开发一个专业蔗糖生产气象决策服务网站系统,通过 WEB 服务器将蔗糖生产系列化气象服务产品向各级政府、糖业主管部门、各制糖企业、蔗糖经销商及广大蔗农等提供气象决策服务信息。网站开设天气实况、霜冻等灾害实况、天气预报、防灾减灾栏目。网站提供广西各人工观测气象站及各乡镇自动气象站逐小时气象资料历史和实时资料,广西各地霜冻等气象灾害发生情况资料,各市、县七天滚动天气预报、旬天气预报、月天气趋势预报资料,阶段天气过程或灾害性天气对蔗糖生产影响的分析、评价及生产对策资料。用户可随时随地浏览、了解广西各蔗区的降水、温度资料信息,了解广西各蔗区的霜冻或冰冻灾害发生情况和未来天气趋势信息,了解各时期气象实况对蔗糖生产影响分析和评价。网站提供甘蔗砍收砍运气象决策服务信息,指导糖厂合理调度,优先砍运容易出现霜冻区域的甘蔗,尽量减少因气象灾害带来的损失,增加糖厂和蔗农的经济效益。

五、服务效果及社会影响

通过蔗糖生产气象决策服务系统在获取广西区域年度甘蔗种植空间分布信息的基础上,开展了广西区、市甘蔗种植面积估算,及区域性甘蔗长势、干旱、寒害冻害及甘蔗砍收进度等系列化服务工作,对 2005/2006 年、2006/2007 年、2007/2008 年、2008/2009 年、2009/2010 年度榨季广西及全国蔗糖产量进行预测模型回代检验及监测预测试验,取得了一定的社会和业务效益。

通过蔗糖生产气象决策服务系统制作完成的蔗糖生产气象服务产品,引起有关媒体的关注和宣传。2009 年 3 月 11 日中国气象局网站率先以"'FY-3'卫星数据在广西甘蔗生产应用示范方面取得重大技术性突破"为题对此项目研究进展进行报道,2009 年 3 月 12 日广西新闻网以"广西:有望通过卫星对甘蔗种植进行指导"为题进行报道。随后广西新闻网、中国新闻网柳州新闻、云南糖网、中国食品产业网、中国期货交易网、中国轻工业网、广西糖网等众多知名网站纷纷转载。2009 年 3 月 12 日《南国早报》以"甘蔗怎么种,卫星来帮忙"为题,对广西区气象减灾研究所应用 FY-3 卫星开展甘蔗监测应用科技成果转化应用进行了报道。2009 年 3 月17 日,中国气象报以"卫星遥感监测甘蔗生产取得突破"为题,对广西气象减灾研究所利用'FY-3'气象卫星数据成功提取 2008/2009 年度广西区域甘蔗种植空间分布信息,并对甘蔗年度种植面积增、减趋势进行了估算,以及低温雨雪冰冻灾害对蔗糖生产影响、甘蔗砍收进度等内容进行了全面的报道。

六、结论

随着蔗糖气象服务系统平台的不断完善,不断提供及时、周到的气象服务,基于卫星遥感资料的甘蔗专项服务产品引起了有关部门的高度重视。广西利用卫星遥感资料进行甘蔗种植信息提取和面积估算具有宏观、客观、定量、科学、省时、省钱等优势,开展甘蔗种植面积估算、长势监测、灾害监测等系列化气象服务已经成为有关部门决策不可缺少的参考依据。

参 考 文 献

[1] 焦念民.中国糖业代表团赴泰国考察报告[J].广西蔗糖,2001(2):49-52.

[2] 茅飞龙.加入 WTO 对我国糖业生产的影响及对策[J].甘蔗糖业,2002(5):46-49.

[3] 谭中文,梁计南."入世承诺"对我国蔗糖生产的影响及其对策[J].甘蔗糖业,2002(1):47-49.

[4] 张跃彬,刘少春,黄应昆.云南蔗区自然气候特点与生态区划[J].中国糖料,2006(4):38-40.

[5] 苏广达.蔗栽培生物学[M].北京:轻工业出版社.1983.

[6] 谭宗琨,吴全衍,符合.原料蔗产量波动与气象条件关系及产量预报[J].中国农业气象.1995,16(3):50-53.

[7] 谭宗琨.甘蔗糖分含量动态变化与气象条件关系及榨季糖分预报方法研究[J].中国农业气象.1997,18(2):43-45.

[8] 吴全衍,谭宗琨,符合,李伟贤.原料蔗不同熟期品种合理搭配与提高原料蔗分关系的研究[J].作物学报.1998(2):111-116.

[9] 符合,吴全衍,谭宗琨.原料蔗生产最佳榨期和高糖期的预报[J].气象.1995(11):50-53.

[10] 谢平.影响粤西甘蔗糖分的主要气象因子和粮分预测[J].甘蔗.1999(4):8-12.

[11] 蒋菊生,谢贵水,林立夫,等.气象因子与甘蔗生长的关系及其预测模型的建立[J].甘蔗.1991(1):1-5.

[12] 熊志强,刘建清.金沙江河谷甘蔗生长的气象条件[J].气象,20(11):51-54.

[13] 李有良.新平县甘蔗生产浅析[J].甘蔗.2003,10(4):49-55.

[14] 广西壮族自治区地方志编纂委员会编,广西通志 农业志[M],广西人民出版社,1995,265-266.

[15] 钮公藩,对广西糖业"十五"发展计划的建议和意见[J],广西蔗糖,2000(4),60-65.

[16] 钟健.广西蔗糖业发展特点与加入 WTO 的应对措施[J],甘蔗.2002,9(1),47-50.

[17] 覃蔚谦.从建国后数次冻害看今冬冻害甘蔗糖的损失[J],广西蔗糖.2000(1),14-18.

手机移动气象防灾减灾综合服务系统应用及推广

金勇根　　黄芬根　　雷桂莲　　王冠华

（江西省气象科技服务中心，南昌　330046）

摘　要：介绍了我国首款手机气象服务系统及其推广应用情况。该系统为气象信息的快速传播服务提供了一种安全快捷的途径，建立了一种伴随性、实时性、动态性强的新型气象服务模式，开创了以手机为信息服务终端，以无线通讯网络为载体，以分众为传播目标，提供具有个性化、定向化、互动性、丰富的气象服务产品为内容的气象信息传播新技术和新方法。系统采用模块化、参数化的相对独立的设计模式，有效地解决了推广应用中遇到的可移植性、可维护性等问题，已在国内等 20 多个省市气象部门投入业务应用。通过省内多层次多领域的广泛应用和省外的推广应用，极大地促进了气象行业的技术进步。

关键词：手机气象；防灾减灾；服务系统；应用推广

引言

近年来，全球气候异常现象越来越显著，气象灾害及其由气象引起的次生灾害发生越来越频繁。承担防灾减灾指挥任务的各级领导，经常面临着跨区域、大流动的工作环境，而其对快速、准确地获取各类气象信息及其灾害信息的要求很高；同时对于从事防灾减灾的业务人员也需要随时获取和递交气象及其灾害信息，得到防灾减灾的指令；广大社会公众也需要及时得到更详细的气象灾害预警信息及其防御指导信息。目前常规的气象信息服务手段和服务途径还不能满足这些要求，研究开发基于移动互联网技术的手机气象防灾减灾业务服务系统[1]，为解决任何人在任何地方任何时间得到各类气象信息、气象灾害预警信息及其防御指导信息提供了有效的新途径。系统核心软件和业务流程经过规范化完善设计，已在国内 20 多个省、市气象部门推广应用。

一、系统简介

系统依托现代化气象信息业务、气象防灾减灾信息等资源，应用移动互联网技术、手机应用技术、计算机技术等，建立了基于移动互联网技术的手机气象防灾减灾服务系统，实现在手机上浏览、查询各类气象防灾减灾信息和向系统递交相关信息的目的。

(一) 系统组成和流程框架

系统主要分为用户手机端和服务器端两部分（图 1），用户手机端部分主要是手机客户端气象应用软件或手机自带的 WAP/IE 浏览器；服务器端包括信息服务网站、与手机端软件配合使用的后台处理软件、气象产品处理软件系统、数据库系统、在线业务管理页面等构成。在手机上安装专用气象服务软件，经过服务器端授权，用户可以访问业务系统中授权的所有信息产品；也可以通过手机 WAP/IE 浏览器直接上网浏览公众气象防灾减灾信息。

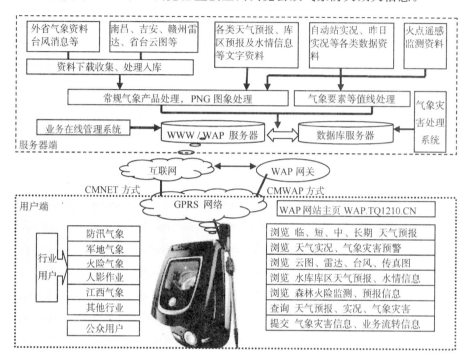

图 1　手机气象服务系统流程图

(二) 手机端气象应用软件设计

手机端气象应用软件主要是针对智能化手机来开发设计的。根据手机操作系统的不同，2005 年开发了基于 J2ME 技术的 KJAVA 手机端软件，主要安装在 NOKIA、MOTOROLA 等支持 KJAVA2.0 技术的手机上，2006 年以"手机移动气象综合减灾业务服务系统"作为软件名称，获得国家版权局计算机软件著作权登记证书；在 2007 年开发设计了基于 Windows Mobile 的手机端软件，并以《Windows Mobile 防汛气象掌上服务系统》为软件名称，获得国家版权局计算机软件著作权登记证书。该软件可运行在基于 Windows Mobile 操作系统的多普达、三星等手机终端，实现了通过手机浏览、查询各类气象服务图文信息，并支持图像缩放及动画浏览等功能(如图 2)。系统采用手机 IMEI 串号作身份认证，操作方便灵活，软件运行稳定。

由于手机屏幕有限，手机端软件的设计原则就是要求操作简单灵活，便于用户无需特别的培训即可操作使用。软件的功能主要有：身份权限验证、多级混合菜单设计、文本信息浏览、大尺寸图像无压缩浏览、自动保存、信息查询、图像动画和缩放、气象灾情上报等。

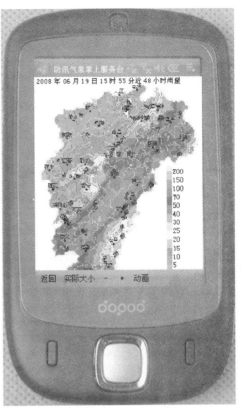

图 2　Windows Mobile 版手机气象软件浏览雷达、降水实况

（三）手机气象资料处理软件

为便于将现有的气象资料处理成适合手机浏览的样式，我们设计开发了一套比较独立的手机气象服务产品处理软件。该软件集资料收集、处理、分发为一体，通过节目表的方式能自动处理有一定规律的文本、图像产品信息，功能强大。从原始信息收集、处理、最终输出适合手机浏览的气象业务产品，全部使用数据库控制。尤其是自动站实况资料的等值线色斑图处理[3]，得到国内气象部门的许多行家认可。软件提供可操作的数据库控制，具有很好的开放性，既可以作为手机气象服务产品的处理程序，也可以作为其他气象服务产品的处理程序。

该软件的图像处理流程、自动站气象实况资料处理流程等都是规范化、模块化设计，每个产品的处理只需要在数据表中添加一条处理信息的记录即可，简单灵活。支持 HTTP、FTP、COPY、SQL 四种数据获取方式，可以从不同的内网或外网获取有一定规律的文件资料，资料类型主要支持图像、文本、网页、WORD 文档、自动站实况资料、全国城镇预报等。

（四）业务运行和维护管理

系统设计开发了业务运行的在线管理系统，手机气象业务服务的开展工作均可在网页上完成，包括用户管理、气象服务产品管理、主菜单项管理、用户访问记录查询等。

二、系统应用

系统自 2004 年开始研究开发以来,本着边研究、边应用、边推广的原则,不断完善系统设计,以适应各气象应用部门的需求。系统最初是针对气象防汛抗旱业务和管理等部门开发设计的,后来陆续把系统应用到人工影响天气(以下简称"人影")作业、森林防火、电力调度、铁路防汛以及气象业务自身的监控等方面,并与新农村建设网联合推出了手机农经气象服务系统,为农村提供农村经济信息和气象防灾减灾信息手机应用服务。

(一)在气象防灾减灾业务中的应用

该系统已经广泛应用到江西各级党政领导、防汛抗旱指挥部门,为他们解决了在任何时候在任何地方能够随时得到最新最细的各种气象资料的难题,在各级领导指挥防灾减灾工作中发挥了重要作用,取得了很大的社会经济效益。2007 年 4 月 27 日,江西省气象局就进一步做好为地方党政领导手机气象服务工作作出部署,下发《关于做好为地方党政领导手机移动气象服务工作的通知》,要求各级气象部门向地方党政领导大力推广由江西省气象部门自主研发的手机气象服务系统,大力丰富系统的服务内容,为科学指挥防灾减灾提供快速便捷的信息服务。这是江西气象部门创新决策气象服务形式所采取的重要举措。

(二)在人影作业指挥业务中的应用

该系统研究开发初期,就开始在人影作业业务中投入应用,取得了良好的效果。为了加强手机气象业务系统在人影作业中应用力度,需要完善开发系统功能和手机人影作业产品。申报了《移动式人工增雨作业技术支撑系统》新技术推广项目。在系统经过完善并增加了的大量人影作业产品后,江西省人影办下文规定该系统为人影作业小分队的必配系统,应用该研究成果,提高了人影作业现场人员的指挥能力,从而提高了人影作业的科技水平和服务能力,得到了作业指挥人员和管理人员的充分肯定和高度评价,具有较强的科学性、指导性和操作性。2007 年江西省发生罕见的伏、秋、冬三季连旱,在长时间大规模开展的人工增雨抗旱减灾作业过程中发挥了重要作用。

(三)在为农服务中的应用

2007 年江西省气象科技服务中心联合江西省新农村建设网,向科技部申报了农业科技成果转化资金项目《基于手机的农经信息和气象防灾信息服务系统中试示范》。该项目在原有基础上,依托现代气象信息服务业务和江西新农村建设网等资源,建立了基于手机的农经信息和气象防灾信息服务系统(http://njqx.tq1210.cn),实现了农经气象信息和基本气象信息的自动处理,并能够与"江西新农村建设网"的主要业务信息进行无缝连接;用户可通过手机浏览或查询各类服务信息。项目成果成为解决农村气象信息服务"最后一公里"的有效手段,为农经信息和防灾减灾信息的传播提供了一种新的途径,形成了一套农户手机网络服务模式。

(四)在行业气象服务中的应用

系统已经在江西省电力调度中心、铁路防汛、空军飞行气象业务中推广应用,配置了掌上电力气象、掌上铁路气象、掌上航空气象服务界面,为行业气象服务用户提供了快捷灵活的手机气象服务业务,取得良好的应用效果。

三、系统推广应用

系统研究开发完成后,对整个业务流程、手机气象产品软件等核心内容进行了规划、标准化处理,建立了独立的数据库支持系统和统一的服务产品处理流程和软件系统,使得整套软件系统便于推广应用。自 2005 年来,陆续在 20 多个省(市)气象部门推广应用,为各地建立全套的手机气象防灾减灾业务系统。主要包括:为使用单位提供全部手机端应用气象软件,配置手机气象服务系统网络流程,提供相关的服务器端控制程序和数据库结构,建立标准的手机气象服务网站系统;提供标准化的手机气象服务产品处理软件系统,并做部分的本地化产品处理,如雷达图、自动站实况图像处理、台风路径图等。为便于使用单位二次开发和维护,产品处理软件系统提供源代码程序供其参考。

四、系统完善和发展

(一)增强交互性

手机端软件的交互性还不够强大,除了全国城镇预报查询外,可增加实况产品、灾情信息等产品的查询浏览。同时服务器端的预报预警信息可以向手机端软件即时发布,使得用户可以随时随地得到最及时的预报预警信息。

(二)增加拍照上报功能

允许手机端软件拍照片,并把照片传送到指定的服务器中。该功能的实现可以使得用户随时随地把气象灾害现场图像信息及时传输到气象服务中心,供气象预报和气象灾情管理部门在最快的时间掌握气象灾害信息。目前智能手机相机的像素点一般达到 100 万像素点以上,有的达到 500 万像素点以上,拍照效果完全可以满足业务需求。

(三)增加 GPS 定位发送功能

现在很多手机都带有 GPS 功能,可以在手机气象软件中增加 GPS 定位信息发送功能,将GPS 信息发送到指定的服务器。该功能与拍照上报功能配合使用,结合服务器端的 GIS 地理信息系统,可以很明确的确定灾害发生地及其周边情况,为气象预报和灾情管理人员提供最直观的信息报告。另外还可以将 GPS 信息叠加到图像产品的浏览中,使得手机用户可以通过手机气象产品(如雷达图)的浏览,得知自己所处的位置附近的气象情况。

(四)丰富产品内容和形式

随着 3G 移动互联网的普及应用,手机气象服务产品的内容和形式需要加以丰富和完善,尤其是图像处理方式和图像浏览方式。由于网络速度快,图像尺寸可以更大些,色彩可以更丰富些;可以在图像浏览方式中增加热点链接等功能,使得信息的浏览顺畅自然。

五、结语

随着 3G 移动互联网络的发展,手机将是最广泛的气象信息的传播终端。手机气象服务系统可满足用户移动化服务需求,可以为用户单位每个相关人员提供最及时的气象信息服务和信息提醒服务。

参 考 文 献

[1] 金勇根.手机移动气象防灾减灾服务系统的设计与实现[J].自然灾害学报.2006,5:126-131.

[2] 雷桂莲.WAP 手机气象服务系统的图像绘制技术[J].井冈山医专学报.2007,14(6):120-122.

[3] 雷桂莲.中尺度自动气象站资料处理分发系统设计与实现[J].科技广场.2007,11:165-167.

[4] 雷桂莲.WAP Push 在江西气象预警信息发布平台中的应用[J].气象科技.2009,37(5):593-596.

气象灾害手机直报，防灾减灾快捷增效

周锦程 肖 健 高 军

（天津市气象科技服务中心，天津 300074）

摘 要：随着国民经济的不断发展，气象灾害已经成为影响经济社会发展的主要灾害之一。通过该系统对灾害发生的事前、事后、事中信息第一时间及时上报，决策部门第一时间掌握信息，应对变化采取措施，可有效地减少灾害损失。

关键词：气象；灾害；采集；天津

随着国民经济的不断发展，气象服务对国民经济的健康发展越发重要。特别是近几年，灾害性天气对国民经济和人民生产生活的影响越来越突出，气象灾害已经成为影响经济社会发展的主要灾害之一。

目前，中国气象局下发了灾害直报信息系统，充分发挥气象信息员作用，规范管理气象信息员工作，促进灾害信息的收集及时性和准确性起到了很好的作用。但在实际使用过程中，依然存在着信息收集录入和核实较为繁琐，导致了灾害信息的收集效率和准确性受到了一些影响。

因此，我们新开发一套加强气象灾害信息采集，建立灾害气象信息手机现场采集直报系统。通过该系统能够迅速将灾害信息的一手资料收集上传，有利于将各类灾害性天气预警信息和防范措施在第一时间向各级、各单位传递，有效、快捷、及时采取防灾减灾应对措施，最大限度地减少灾害损失。

一、系统结构

该系统由一网、一平台和手机终端组成，一网指通过 Internet 对外发布的服务专用网站，是供用户上报采集信息的主要媒介；一平台是指气象灾害信息管理平台，供管理人员用于日常业务使用；整个平台由一台数据服务器和一台 Web 服务器作为主要的硬件支撑环境。数据服务器的任务是提取各个手机终端的上传信息内容，按照事先制定好的配置完成采集、入库、监控、管理、分发等任务，是 Web 服务器的主要数据支撑。

平台设计基于 B/S 架构，连接 SQL SERVER 数据库，包括"灾害信息、服务总结、信息统计、法律法规、通知通告、系统管理、单位管理、用户管理、权限设置、代码维护、系统日志、法规维护"等栏目。

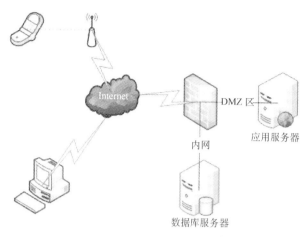

图 1　系统架构示意图 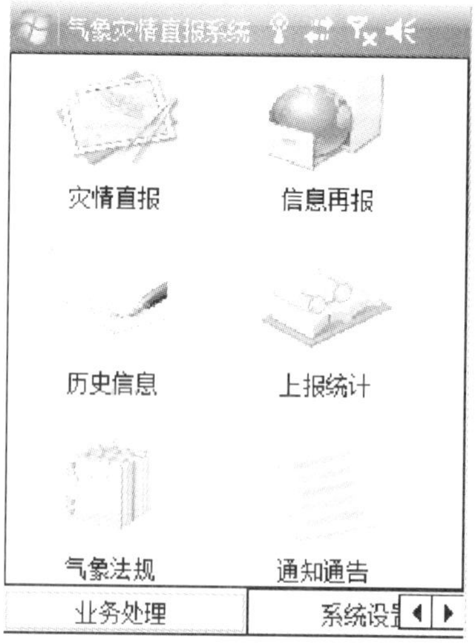　　　　　　　　　　　图 2　手机终端平台功能示意图

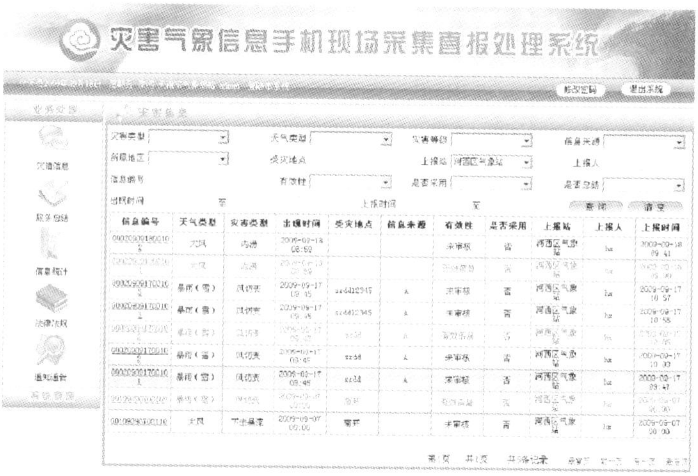

图 3　管理平台功能示意图

二、主要功能

(一)管理平台

在实际工作中,灾害情况上报包括"灾害天气上报"、"气象灾情快报"和"重大灾害性天气过程预报服务情况上报"三个表单,但为了方便信息采集员使用,收集端将灾害情况"灾害天气上报"、"气象灾情快报"上报合并为一个"灾害情况上报"表单。客户端不提供单独的"重大灾害性天气过程预报服务情况上报"功能,在服务器端提供预报服务总结功能。上报信息分为人工填写部分和系统自动获取部分,其中人工填写部分信息包括:人工填写部分包括灾害性天气类型、出现时间、观测数据、图片、声音等内容、受灾地点、灾害种类、灾害等级、受灾总人数、死

亡人数、受伤人数、直接经济损失、信息来源、受灾详情；自动获取部分信息包括信息编码（站号＋年月日＋天气＋编号＋次数）、GPS经纬度、区站号、站名、填报人、申报次数。除灾害地点、灾害详情之外，其他信息均为选择项。信息应增加确认状态，信息初上报时为未确认状态，经负责该信息的台站用户确认通过后，状态为有效，如果台站认为该信息无效则将信息设置为无效状态，并可输入无效原因，信息被台站设置为确认后，无论结果是有效还是无效，信息员和台站均不得再次修改此记录。在确认有效后，市局管理员可更改此信息的内容和确认状态。信息上报24小时后，信息员将不允许进行修改和删除操作。台站和市局用户仍可对信息进行修改和删除。

市、县两级气象部门的业务人员，信息员及协理员，通过手机直报系统，就可填写上报灾害性天气、灾情等信息，在服务器端入库后，提供文档下载，为各级气象部门整理、编辑预报服务材料提供依据。为便于用户使用，手机终端系统设计时尽量减少界面层次，各功能块都只通过填报、列表、菜单选项界面实现。直报系统管理平台通过在填报页面设置序号，实现新增填报和已填报信息的修改两项功能。在列表页面对所有填报信息进行分页列表时，根据不同用户的权限，对每个记录提供"修改"、"查看"、"删除"权限。

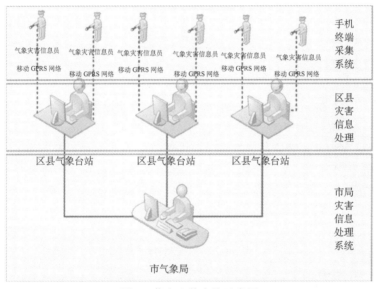

图4 信息上传审核示意图

管理台还增加为预报服务提供总结功能。重要灾害性天气服务总结目的是总结每次天气过程的监测、预报、服务情况，分析、查找存在的问题，以便不断提高预报服务水平。要求填报灾害性天气过程的天气实况与灾情、监测联防情况、预报情况、服务情况、灾情收集上报情况、预报服务效果以及存在的问题和改进措施等七个方面的内容。以上七个方面的内容为手工录入总结文字。同时需要在总结中关联相关灾害上报信息。

（二）手机终端

手机终端填报灾害性天气类型、出现时间、观测数据、图片、声音等内容（观测数据、图片、声音等内容为一项内容，为对现场的摄像、拍照或录音），系统自动读取手机中的GPS经纬度（所使用手机必须支持GPS功能）、区站号、站名、填报人，并确定资料上报的时间。灾害天气上报由两部分组成，一部分是气象观测站观测到的暴雨（雪）、大风、龙卷、冰雹、积雪、雨淞、台风、寒潮、低温、高温、雷电、干旱、霜冻、大雾;另一部分是由气象引起的灾害,如风切变、下击暴流、结冰、积涝、内涝、干热风、连阴雨、洪涝、山体滑坡、泥石流、寒露风、森林火灾、城市火灾、作物病虫害、酸雨、空气污染等。

　　气象灾情要素设计了受灾地点、灾害种类、灾害等级、受灾总人数、死亡人数、受伤人数、直接经济损失、信息来源、受灾详情、服务情况、申报次数等内容。填报页面上已注明每个填报项目的具体要求,便于信息员在填报过程中掌握。气象灾情要素是根据中国气象局灾情直报制度要求,当出现上述灾害天气并造成灾害时,2 小时内初报,6 小时内上报重要灾情,12~24 小时内上报调查后的灾情。初报时为新建灾害情况上报记录;之后可以在初报的基础上再报,自动显示为 6 小时上报灾情;在 6 小时上报灾情的基础上再报,则自动显示为 12 小时灾情。

(三)用户身份权限管理

　　本系统的用户分三类:普通用户(信息员,每位信息员一个账户)、区县站(每台站一个账户)、市局信息收集员(可以多个用户)。系统为不同用户提供了不同的权限,并通过用户识别手段实现。一方面,为便于台站直接浏览本站上报的资料、市局快速了解所属台站的上报情况,系统在列出所有资料的目录清单的同时,根据用户所属的台站和部门名称,确定用户类型,为市县局提供不同的资料目录。具体手段为:根据数据库中台站信息表提供的上级台站资料,依据用户区站号获取所属台站的区站号列表,提高查询的效率。另一方面,在资料管理过程中,以区站号为依据,本站和上级主管单位可以修改台站填报的各项资料;以填报人为依据,用户只可删除由本人填写的记录,从而杜绝了数据的误删或误改的现象发生。

　　针对每项上报内容,系统为台站提供了上报、修改、查询、删除和下载功能,对灾害性天气、灾情及服务情况进行管理。管理员通过系统提供的修改、查询、删除和下载功能,随时了解灾害性天气、灾情的发生、发展、变化情况,指导灾害性天气气象服务。普通用户可以通过手机终端上传气象灾情信息;台站具有普通用户的权限,同时可以上报、修改本站上报的气象灾情;管理员具有台站的权限,并有权删除错误的资料。

图 5　地理信息查询示意图

(四)精确定位

手机端可自动获取精确的地理信息,充分利用手机的 GPS 导航功能获取上报信息的经纬度,在管理平台上精确定位。

三、应用效果

目前天津有 4000 名市区、乡村气象协理员、信息员,但各地履行职责的情况参差不齐,有些乡村的气象协理员、信息员已经在气象灾害防御工作中发挥了重要作用,但是这种作用在一些地区尚未得到充分发挥。通过该平台的试点使用和不断完善,使气象灾害防御传播手段进一步增强,有助于真正发挥基层气象灾害防御队伍在灾害社会管理中作用。为建立科学管理和有效运行的长效机制,提供了一种的方法。

灾害气象信息手机现场采集直报系统的建设,可以极大地提高灾害气象信息搜集的效率和准确性,是增强自然灾害防范能力的重要举措,是保障人民群众生命财产安全、构建和谐社会、加快社会主义新农村建设的重要基础。

参 考 文 献

[1] 谢红伟. Windows Mobile 中如何建立 GPRS 连接以便 Socket 能正常通信[CP OL]. http://www.vck-base.com/document/viewdoc/? id=1803.

[2] 樊澜. 刘珺. 张传雷等. 3G 智能手机操作系统的研究和分析[J]. 电信科学,2009,(8).

[3] 马军. 2006. 3G 时代的中国移动终端产业[J]. 现代传输.(3).

[4] 宋俊德. 王劲松. 2003. 无线移动终端的现状与未来竞争[J]. 当代通信.(24).

[5] 袁楚. 2006. 关于智能手机的操作系统[J]. 数字通信,(21).

以多部门联动机制建设为抓手，
大力推进上海多灾种早期预警系统建设

刘　静[1]　　居丽丽[2]　　张　晖[1]

（1. 上海市气象局应急与减灾处，上海　200030；2. 上海市气候中心，上海　200030）

摘　要：本文介绍了上海多灾种早期预警系统示范项目的背景、建设内容，通过前期系统建设在基层中的进展情况，描述该系统的最新进展，并探索了多灾种系统在世博园区的应用。世博期间，多灾种早期预警机制在 2010 年上海世博会的气象服务中发挥了重要作用。特别是多灾种早期预警子系统在世博气象服务得到了较好的应用，其中，细菌性食物中毒和高温热浪早期预警子系统，为防范世博园区内细菌性食物中毒风险和应对高温热浪方面提供了技术支撑。

关键词：多灾种；联动；早期预警

上海地处我国东南沿海，位于长江三角洲的最东端，面海背陆、腹地开阔，濒江临海的特殊地理位置使上海很容易受到台风、暴雨、雷击、大雾、风暴潮等自然灾害的侵袭[1]。同时上海又是中国经济最活跃的地区、超大型城市，目前上海户籍人口加常住人口已近 1900 万，城区人口密度是东京的 3 倍，巴黎的 1.74 倍，城市建筑密集，生产、生活要素高度集中、高度关联，一旦出现城市突发事件往往会引发灾害及相关的次生、衍生灾害（交通、能源、卫生、农业等）的发生，而且，各类灾害相互之间还会互相产生影响，涉及多个部门、多个行业。

为全面提高上海应对气象灾害等突发事件的紧急处置能力，上海市气象局积极研究并构建适应特大型城市的综合减灾体系，建立健全了应急管理组织体系，基本形成适应城市发展要求的应急管理预案体系框架，确立了应急联动机制，并在综合信息平台建设、跨部门联合行动、减灾各环节的一体化等方面积累一定的经验。

上海市委市政府对城市突发事件预警工作高度重视，积极贯彻落实《"十一五"期间国家突发公共事件应急体系建设规划》，已联合中国气象局将"上海多灾种早期预警系统"建设列入部市合作项目加以重点支持，为完善上海突发事件预警工作体系提供技术平台支撑。

一、多灾种早期预警系统示范项目背景

据最新统计，全世界 90% 的自然灾害和气象相关，我国气象灾害造成的直接经济损失相当于国内生产总值（GDP）的 3%～6%[2]。因此，气象及其相关灾害的防御是多灾种早期预警系统建设的重点。WMO 作为联合国系统负责气象及水文的一个专门机构，十分重视多灾种早期预警系统，并将多灾种早期预警系统建设作为实施《兵库行动框架》的优先领域。

2006 年 5 月 23—24 日，由 WMO 主办、联合国开发署（UNDP）、国际减灾战略委员会（IS-DR）、联合国人权事务协调办公室（OCHA）、国际红十字会（IFRC）、联合国教科文组织

(UNESCO)、世界银行共同组织的多灾种风险管理及其早期预警系统国际研讨会在 WMO 总部召开,18 个部门和 99 位专家参加。会议认为上海、法国、孟加拉和古巴等四个地方的多灾种早期预警实践较为成功,但需要进一步的示范计划来阐明多灾种预警的概念、可行性和潜在效益,并呼吁 WMO 根据不同国家的经济文化背景,发起多灾种早期预警系统发展的示范项目,通过部分国家在基层的实践,在综合灾害方面积累早期预警系统建设的经验,提供进一步的示范。建议将上海、法国作为首选地实施多灾种早期预警系统示范和开发项目。

二、上海多灾种早期预警系统的主要建设内容

1. 建立一个先进的多灾种早期预警系统,实时发布气象及次生衍生灾害早期预警和灾害预评估信息,并通过其指挥决策支持系统,向市领导提供指挥方案建议,智能生成各部门联动方案。

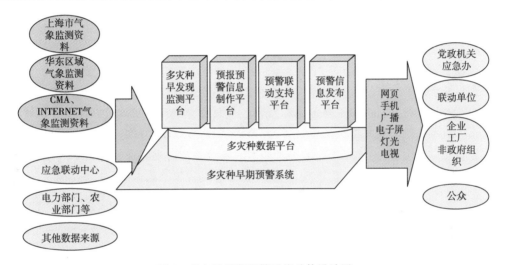

图 1　多灾种早期预警系统总体设计图

2. 按照国家突发公共事件预警信息发布系统总体建设要求,建立上海市突发公共事件预警信息发布系统。

3. 建立多灾种灾害预警及灾情查询网站和呼叫中心,通过双向互动方式,实现上海灾害早期预警的“一门式”服务。

4. 通过多灾种综合、多部门联合、多阶段一体化响应的防灾减灾实践,加快监测、预警、信息分发系统的建设,普及预报预警产品制作、信息发布、社会自救互救的理念,提升整个社会的防灾减灾水平和公众自救能力。

三、上海多灾种早期预警系统的最新进展

(一)系统平台建设稳步推进

目前已完成了早发现平台综合探测资料的监测和显示功能开发以及报警指标体系的设计;基本完成预警制作模块开发工作,现已建立了基于 web 的预警产品制作和审批的业务流

程。预警子系统中,已建成城市交通、热浪与人体健康、电力能源安全、细菌性食物中毒等 7 个早期预警子系统并投入业务运行,超过半数的预警子系统已初步建立了业务平台;预警联动支持平台已完成了灾情录入查询(110、灾情上报、信息员等)、应急预案任务通道、决策支持产品上传审批、部门联动产品制作与反馈等模块的开发;

(二)基本完成与市应急平台的对接工作

以"部门联动"为核心的多灾种早期预警系统与市应急平台对接专用版已基本完成,多灾种早期预警系统将作为市应急平台的重要组成部分,为市政府处置突发公共事件应急指挥提供服务与支持。建立了规范化部门联动机制。与防汛指挥部、农委、食品药品监督局、卫生局、电力公司、建交委、海事局、市政局、市政府重大工程项目办等部门开展紧密合作。围绕洋山港、化工园区、宝钢、火车站等高敏感部位,设立部门联动专岗。形成早通气、早会商、早预警、早发布、早联动、早处置的多部门一体化、规范化联动工作机制。

(三)多灾种早期预警系统向基层拓展进展良好

1. 以松江区为试点,努力实现气象预警信息发布与传递的多渠道、全覆盖。

自早期气象预警信息融入松江城市网格化管理平台以来,双方按照既定的管理与实施细则要求、工作流程,充分利用该平台传递和发布了气象预警信息。目前已有约 170 名城市网格化管理员被纳入气象信息联络员队伍,松江气象局于 2009 年 11 月底前对其进行专业培训,组建气象灾情收集队伍,收集气象及相关灾害的实时灾情并即时反馈。经过两年的建设,松江区气象信息发布显示系统已于 2009 年 3 月 18 日全部通过竣工验收。

2. 积极探索超大型城市气象信息发布的途径和方法,实施了气象灯光预警系统建设。

气象灯光预警系统建设主要是结合城市景观灯光工程建设,选取区域标志性建筑物,通过赋予灯光颜色具体的气象含义,使一定范围区域内的市民能方便地看见并实时了解气象灾害预警发布及天气预报相关信息。2008 年 8 月 6 日,上海首个"社区气象灯"项目在宝山区建成并启用。

上海市气象灯光预警系统(社区气象灯)气象灯设定为 6 种颜色,分别为:蓝色、黄色、橙色、红色、白色和紫色。

气象灯光预警系统建设作为上海城市景观灯光工程的延伸工程和社区气象信息发布的重要手段,将城市景观、设施功能与公共服务有机结合起来,是在上海城市网格化管理模式的基础上,对公众气象预警信号发布渠道

图 2　社区气象预警灯

和传播方式的补充完善和发展创新,是利用社区公共资源传播灾害性气象信息和防灾减灾科普知识,进行资源共享的全新尝试,有效提高了预警时效和信息覆盖面,切实解决了预警信息传递"最后一公里"问题。

四、多灾种在世博园区中的应用

为了使多灾种早期预警系统在世博气象服务中发挥作用,上海市气象局开发了园区版多灾种早期预警系统,积极推进园区版多灾种早期预警系统的建设工作。

世博会期间,世博气象台在世博运营指挥中心设有气象席位,负责气象信息的发布、面向世博园区指挥部、园区管理层(运营指挥中心)的部门联动与决策支持等,为园区部门早联动、早处置做好准备。届时,园区版多灾种早期预警系统将为气象席位工作人员提供园区内以及园区外围的各类早发现信息、预警数据、灾害评估产品、易损对象信息、园区灾情数据以及园区联动措施建议等,各类灾种的预报预警等信息将由世博运营指挥中心利用广播系统、电子显示屏、手机短信等多种手段发送至参展服务中心、组织方和参观群众。世博气象台依托多灾种早期预警系统和《世博园区应对气象风险应急预案》,与相关管理部门共同制定标准化联动措施,在应急状态下开展部门联动。

此外,预警子系统在世博气象服务得到了较好的应用。多灾种早期预警系统中的多个子系统如台风、强对流、雷电灾害、细菌性食物中毒、高温热浪与人体健康、危险气体扩散等早期预警子系统等已经业务化运行,在技术层面为世博气象服务提供科技支撑。

以细菌性食物中毒为例,上海市气象局通过与上海市食品药品监督管理局合作,研制了以气象条件为主要因子的细菌性食物中毒早期预警模型,建立联合会商和发布细菌性食物中毒预警产品的业务流程,发布的预警产品在防范世博园区内细菌性食物中毒风险发挥了重要作用。

同时,在世博园区实现了高温热浪与人体健康预报预警工作。2010 年 7 月开始,上海市气象局正式对外发布世博园区热指数预报,通过集成上海、香港、美国、德国、加拿大模型,提供适用于不同纬度游客的热指数预报。其中香港模型预报的净有效温度适用于来自中低纬度地区的游客,美国模型的预报的热指数适用于来自中纬及中低纬度地区的游客,上海模型的预报的体感温度适用于来自中纬度地区游客,德国模型预报的体感温度适用于来自中高纬度地区的游客,加拿大模型预报的温湿指数适用于来自高纬度地区游客,实现了多灾种在世博气象服务方面的又一突破。

多灾种早期预警机制将继续在 2010 年上海世博会的气象服务中发挥重要作用,为世博会高效、安全运营提供高水平的服务和保障。

参 考 文 献

[1] 温克刚,徐一鸣.2006.中国气象灾害大典·上海卷[M].北京:气象出版社.1-5.
[2] 姜海如.2007.大豆分离蛋白的酶法改性[J].暴雨灾害.**26**(3):193-194.

设施农业气象监测预警服务系统开发与业务应用

黎贞发　王　铁　刘淑梅　李　春　刘德义

（天津市气候中心，天津　300074）

摘　要：伴随着农业结构调整步伐加快和现代农业技术发展，我国设施农业发展迅速[1-2]。本文以日光节能温室为例，对本市开展设施农业气象监测与灾害预警服务技术研究、业务系统开发以及应用服务情况进行较详细的介绍，并对设施农业气象业务服务技术的发展进行展望。

关键词：设施农业；气象监测；预警服务

天津地处华北北部，气候特点为：冬季多晴天，气候寒冷，平均气温仅为－2.4℃；春季气温回升迅速，平均气温升至13.0℃，但阶段性低温过程较多，4月初最低气温可降至－3℃以下。在冬春两季，该地区农民大多进行设施种植，栽培种类有蔬菜、特种水果、花卉等作物。由于经济效益较高，政府扶持，近几年天津市设施农业发展迅速，至2011年，全市设施农业的面积预计将发展到100万亩①，仅2008年一年新增种植业设施面积已经超过10万亩。设施农业已逐渐成为实现农业增效、农民增收的重要突破口和增长点。据不完全统计，天津市现有设施农业类型中，不加温或节能型日光温室占90％以上，虽然该类温室通过利用太阳辐射提高温室的温度而实现反季节生产，但其调控能力有限，需要的气象保障服务更加迫切。因此，做好以日光温室为主的设施农业气象监测预警服务十分重要。

近年来，根据设施农业发展对气象服务需求的特点，以及气象部门在气象监测、预报、通讯、服务手段等方面的技术优势，选择以典型日光温室气象监测与灾害预警为突破口，开展设施农业气象保障关键技术的研究与业务应用，取得可喜的进展[3-7]。从2005年起，通过集成创新，结合多年技术积累，较完整地构建了从自动监测、数据远程采集、温室小气候模拟、产品制作与发布、灾害预警于一体的设施农业气象监测预警综合服务业务系统。下面简单介绍本市在设施农业气象监测预警服务系统开发进展与业务应用情况。

一、设施农业气象监测系统建设

近年来，随着区域气象观测站网的建设，本市已经建成较高密度的自动气象站，使我们能实时掌握全市各地区各类温室室外环境的气象变化状况，但对温室内的变化状况以及室内外的相关关系缺乏了解，急需建设针对温室内状况的实时自动气象监测站网，以达到对各区县各类温室温湿度实时监测和预报。考虑到本方案实施时间较短，本局拟选择不加温温室作为监测对象。从2007年开始，本单位在试验取得经验的基础上，在设施农业比较集中的区县，选择

---

①　1亩＝0.0667公顷，下同。

种植有代表性作物的典型日光温室,安装小气候自动监测仪器,同步开展相应的生物学观测,组成全市的设施农业气象监测网,实时监测温室大棚内气象变化状况及其对种植作物的影响,为做好设施温室气象监测预报服务提供实时观测资料。

目前,已建成 7 个多要素自动监测站,16 个温湿度自动记录仪,以及相邻区域自动站组成的日光温室农业气象监测网,部分温室同步开展实时生长发育视频监测。另外,每个区县配备专用照相机,选择有代表性温室作物生长状况进行拍照记录,出现灾害时开展调查。

观测的气象要素包括温度、湿度、地温、总辐射,设备具备无线传输功能;生物学观测主要有作物的发育期、长势、产量等要素,由天津市农业气象中心负责制定观测规范。观测时间为每年的 11 月 1 日至下一年的 5 月 30 日。

二、设施农业气象监测预报与灾害预警服务系统开发

由于设施农业气象服务需要根据天气预报、农业生产安排来制作和发布相关的服务产品,并且与天气预报、信息传输、农业气象情报预报、产品分发等业务密切相关,需要包括气象台、信息中心、装备中心、区县气象局、农气中心等部门紧密合作,要构建从观测、信息传输、资料分析处理到产品发布等过程构成的一套新的业务流程及相关的业务运行平台。

(一)信息采集与传输

日光温室无线远程监测系统主要目标是针对远程无人值守场所的环境因子进行监测,并实现数据的采集、远程传输、存储管理、发布和分析处理。从结构上划分,本系统由三部分组成:终端数据采集与发送模块,服务器端数据接收存储模块、基于 Web 的数据管理模块。其总体体系结构如图 1 所示。

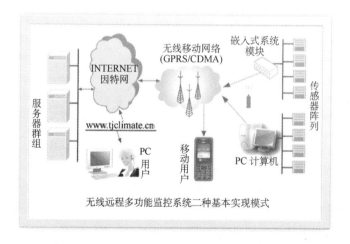

图 1　温室气象信息监测与传输示意图

该系统包括硬件部分和软件系统(见图 1):硬件主要包括各类传感器、具有嵌入系统和 TCP/IP 协议的数据采集模块、GPRS/CDMA 无线模块、计算机主机和服务器等。传感器数量和种类可根据项目的需要增加或裁减,可以实现远程分散条件下主要农业环境信息数据的

采集、传输、网络发布,提供远程下载和浏览等功能。

温室气象观测信息采用网络数据库开发与管理技术,实现基于 Web 下运行的数据采集、传输、存储、交换等高效应用,传感器数据经无线网络(GPRS/CDMA)传输至本地服务器,按站点按要素进行入库操作,后续操作在本地进行。与此同步的区域自动站观测数据、天气预报等资料通过内网调用。

(二)日光温室小气候数值模式研制

进行温室气象条件预报首先要建立日光温室小气候模拟模型,采用统计回归的方法,以温室内观测数据为因变量,同时段区域自动站的观测数据为自变量,建立温室小气候模拟模型,模型因子选择依据相关性大小与观测经验相结合的原则。因变量和自变量观测点位置空间最近,地理参数近似,观测时间同序列。日光温室小气候变化模拟模型较为复杂,一是与温室种类有关外,还与地温情况、天气类型有密切关系。本文介绍近年摸索出一套按月分天气类型构建日光温室气象要素变化模拟模型新方法[8],即以月份和天气类型为预报节点,分月分天气类型建立模型(以下简称"分类型"模型),并使用实时观测资料修正,提高模拟精度。目前已经建立了日光温室主要生产季(11 月至翌年 5 月)五种天气类型日光温室内温度模拟方程,并在业务中应用。

表 1 以后墙为砖墙的二代节能型日光温室 1 月份为例,各种天气类型下的温室气温模拟模型,x 代表室外气温,y 代表温室内气温。

表 1 不同天气条件下的二代节能日光温室气温模拟模型。

月份	当天实况	24 小时预报	模拟模型
1 月	晴(晴间多云)(晴转多云)	晴(晴间多云)(晴转多云)	$y=18.74+2.37x$
		多云	$y=15.51+1.88x$
		阴	$y=19.34+2.06x$
		雪(雨)(阴有雨雪)	$y=16.49+1.99x$
	多云	晴(晴间多云)(晴转多云)	$y=14.02+1.49x$
		多云	$y=11.64+1.50x$
		阴	$y=11.86+1.21x$
		雪(雨)(阴有雨雪)	$y=16.49+1.99x$
	阴	晴(晴间多云)(晴转多云)	$y=27.04+2.82x$
		多云	$y=11.87+1.57x$
		阴	$y=16.54+1.73x$
		雪(雨)(阴有雨雪)	$y=13.67+0.26x$
	雪(雨)(阴有雨雪)	晴(晴间多云)(晴转多云)	$y=18.41+1.80x$
		多云	$y=21.52+2.07x$

依据上述原理,可建立各种典型温室不同气象要素的推算模型,从而利用每天天气预报产品以及实时监测数据,分类进行日光温室气象条件预报。

统计分析表明,采用分月分天气类型构建日光温室气象要素变化模拟模型,比采用全生育期单一回归方程模拟计算(以下简称"单一"模型),温度预报精度提高超过 30%,达到可使用的精度,详见表 2 统计结果。

表 2　温室气温预报误差(绝对误差 R)统计表

天气组合类别	连晴(%)		先晴后阴(%)		连阴(%)	
模型类别	单一	分类型	单一	分类型	单一	分类型
R≤1℃	13	33	4	35	6	53
1℃<R≤2℃	13	31	4	35	2	17
2℃<R≤3℃	21	18	13	13	17	10
小计	47	82	21	83	25	90

(三)数据分析与处理业务功能模块开发

设施农业气象监测预警服务系统,其主要目的是实现每天发布各类典型温室气象变化实况、未来 1～3 d 变化趋势与管理措施,不定期发布灾害预警、关键季节与农时专题分析等专业气象服务产品。

首先,围绕设施农业气象服务的特殊需求,建立专门的农用天气预报服务单,包括预报的要素和预报的时段,由气象台负责提供未来 1-3 天的天气预报特别是大风、强降温、持续低温、连阴天、大雾、暴雪等灾害天气预报,包括出现以后的持续时间;然后,由气候中心利用建立的温室小气候模型进行温室气象条件预报,遇上灾害发生制作预警产品,同时,提出管理决策建议。

该软件功能模块主要包括数据预处理、数据管理、数值模拟、决策服务、数据分发等五部分。其中数据预处理部分负责数据入库工作,包括自动站数据入库,气象台常规数据预报入库,温室实时数据入库;数据管理部分完成指定时间段对温室实时数据库进行数据检索与查询,并将查询结果以图表的形式直观显示;数值模拟是整个平台的核心部分,其主要功能是以温室小气候模型为基础,利用短期数值天气预报产品预报未来温室小气候变化趋势;生成的决策服务产品需要通过多个渠道进行分发。目前实现的分发包括手机短信息、网站、局域网、电视等渠道,能实现全天候全方位服务产品实时发布。

该系统的主要开发工具为 Visual studio 2005,基于 . NET FRAMEWORK2.5 进行开发,数据库平台为 Microsoft SQL Server 2000,图像显示部分使用了开源软件 ZedGraph。

(四)服务产品发布平台的构建

为了满足各类不同服务用户的需要,我们陆续建立了包括手机、电视、网站、电子信息显示屏等服务媒体组成的产品发布综合服务平台,实时发布监测和温室小气候变化产品。其中,手机和电视用户发布平台,依托气象科技服务中心已有平台发布;为了更好地服务于高端用户,建立了专门的设施农业气象信息网站,每天提供包括温室气象条件预报、灾害警报、温室小气候与作物生长状况监测实况、站网布局等实时专业信息服务。另外,在种植面积较大的设施农业园区,布设电子信息显示屏,全天 24 小时提供设施农业气象信息服务。

三、业务应用及效果

由于本系统的开发与应用,充分利用了气象自动监测、信息实时传输与分析等气象新技术成果,紧紧围绕现代农业的发展需要,取得了较突出的服务效果。

(一)该软件系统于 2008 年投入业务应用,建立了设施农业气象业务服务平台,拓展了服务领域,使我们初步具备了为设施农业尤其是设施蔬菜安全生产提供专业化的气象服务保障能力,有效减少气象灾害损失。下表为 2008—2009 年度灾害预警服务部分统计内容。

表3　2008—2009 年度设施农业气象灾害预警服务统计表

日期	天气背景	服务内容	服务对象
2008.12.4—6	阴天→寒潮大风	2-7 日连续短信提醒,3 日发布专题服务,5-6 日跟踪服务,7 日对过程评价	示范户、手机用户、相关部门
2008.12.21—24	大到暴雪后强降温,22 日出现今冬气温极低值	连续短信提醒,20 日启动预警系统,发布预警信息,跟踪服务,24 日对过程评价	示范户、手机用户、市设施农业办公室等农业管理部门
2009.1.22—26	阴天后持续强降温	连续短信提醒,21 日启动预警系统,发布预警信息,跟踪服务,27 日对过程评价	示范户、手机用户、市设施农业办公室等农业管理部门

(二)我们在全国较早开展设施蔬菜气象监测预警业务,并形成较大的服务规模。目前,具备每天发布专项服务产品能力,专业短信用户超过 1 万多户,在设施农业基地已建成信息显示大屏超过 17 块,至 2010 年 5 月,服务人次 500 多万,服务辐射面积超过 30 万亩。从 2008 年以来的两个设施蔬菜生产季,通过开展服务,受灾面积与因灾损失大幅减少,效果明显,年效益超过 4000 万。

四、存在问题

(一)目前我们以二代温室为主开发的系统,而适合简易温室、一代温室以及现代化温室等类型温室的系统有待开发。

(二)市场上针对设施农业的气象自动观测系统种类少,价格高,可靠性能有待完善,影响了大规模布点,不能满足业务服务试验的需要,有待加强。

(三)针对设施农业的天气预报产品不多,相关技术开发有待加强。同时,设施农业服务手段仍需要充分利用新传播技术的发展成果不断完善。

五、展望

快速发展的日光温室对气象服务提出了越来越高的要求,从而极大地推动了设施农业气象新技术新成果的应用。可以展望,温室气象服务技术将在监测预警、服务方式与内容、服务手段等方面得到更大的提高与发展[4]。

(一)监测预警能力将进一步提高

1. 日光温室监测将向多要素、精细化发展。随着探测自动化技术的发展和应用,建立具有多要素监测能力,且先进可靠的观测站网将成为开展日光温室气象服务的基础。

2. 日光温室气象条件预报服务更加及时准确。各地根据生产对象的气象服务需求,不断优化以温室内外气象条件和数值预报信息为驱动因子的小气候要素预报模型,以及基于能量平衡的温室内气象要素预测模型,以此来开展未来 1~3 d 的动态温度、湿度和地温的预报服务,为温室栽培蔬菜生产的生产管理与环境调控提供更精细化气象预报服务。

3. 日光温室生产灾害预警与评估服务能力将进一步提高。随着区域自动站网、温室自动气象站、精细化数值预报产品等现代气象监测与服务技术的发展,针对设施农业生产,开展灾害性天气预警和影响评价服务能力将不断提高。

(二)服务内容将进一步丰富

1. 针对日光温室建设和生产对气象条件的要求,开展农业气候资源评价,提出不同区域设施农业生产布局,开展不同区域设施种养殖业生产方向、气候资源利用途径、设施结构与光能利用关系的研究,为设施结构设计和设施生产安排的优化提供科学依据。

2. 蔬菜收获期和产量预报服务。利用设施环境数据和蔬菜的生长发育数据,建立蔬菜生长发育与温室环境因子的关系模型,基于环境监测信息开展蔬菜的发育进程、收获期和产量预报服务。

3. 通过提供运输通道和产品储藏地的天气预报服务,能够降低生产成本,提高经济效益,保证市场均衡供应。

(三)服务方式更加先进快捷

未来,随着移动通讯技术和信息技术的发展,基于彩信、WAP 网站、3G 网络等手段的手机信息发布平台将逐渐进入日光温室气象服务的领域中。届时,将摆脱手机短信目前内容单一、信息量小、被动服务的缺点,真正成为农户手中用于指导生产、获取信息的"参谋"。

参 考 文 献

[1] 张英,徐晓红,田子玉.我国设施农业的现状、问题及发展对策[J].现代农业科技.2008,12:83-86.
[2] 陈超,张敏,宋吉轩.我国设施农业现状与发展对策分析[J].河北农业科学.2008,12(11):99-101.
[3] 黎贞发,钱建平,李明等.基于 ArcIMS 的农业气象信息发布系统[J].农业工程学报.2008,24(S2):274-278.
[4] 黎贞发,李春,刘淑梅.日光温室气象服务技术发展现状与展望[J].安徽农业科学.2010,38(12):6292-6294.
[5] 李春,柳芳,黎贞发等.环渤海地区节能型日光温室生产的气候资源分析[J].中国农业资源与区划[J].2009,30(2):50-53.
[6] 黎贞发,刘德义.设施农业气象信息网站的设计与实现[J].现代农业科技.2009,23:265-286.
[7] 李春,黎贞发等.天津市日光温室生产的气候资源比较分析[J].北方园艺.2010,4:63-65.
[8] 柳芳,王铁,刘淑梅.天津市第二代日光温室内部温湿度预测模型研究——以西青为例[J].中国农业气象.2009,30:86-89.

第二章　公众气象服务

未来的网络气象服务

李海胜　　陈　钻

（中国气象局公共气象服务中心，北京　100081）

摘　要：网络气象服务正发挥无可替代的重要作用，基于网络的多元信息融合是未来服务的发展趋势，因此建立基于网络的预警信息发布平台和"以气象服务人员为需求"的产品共享平台是未来的网络气象服务发展方向，树立"以用户为中心、以服务为导向"是未来的服务理念，打造具有国际竞争力的网络气象服务品牌是未来网络气象服务的发展目标。中国天气网作为中国气象局公共气象服务的门户网站，对未来网络气象服务做了诸多尝试和富有成效的探索性工作，取得了良好的社会服务反馈并赢得了好口碑。

关键词：网络；气象服务；发展

20世纪末、21世纪初，人类已步入了互联互通的信息时代，网络随着社会经济发展已经成为信息传播的最好和最快的平台，人们生产信息、获取信息、消费信息的方式发生了根本性的转变。特别是随着各种网络增值服务（如网站、电信、移动数据等）的推出，网络成为一种方便快捷的交易渠道，各种信息通过网络快速传播。

与人们生产生活息息相关的气象信息传播也经历了从平面、广电媒介到移动通信、互联网媒介的转变。通过回顾近十余年来的信息技术发展的几次主要浪潮，我们就能发现气象服务与之结合的清晰脉络，影视、短信、网站、WAP、3G等气象服务应用层出不穷，深入人们生活的方方面面。我们可以清晰地看到，气象信息从来都是处在最新传播媒介的风口浪尖。

随着信息交互水平的不断提高，能够提供个性化和灵活交互手段的网络气象服务越来越显示出较其他媒介的强大生命力。随着信息技术的发展，庞杂的气象信息从收集、运算、加工到传播的各个环节也越来越多地依赖于网络。原先缺少交互能力、低信息容量的服务方式，比如声讯、短信等，其魅力正在逐渐丧失。而具有交互性强、信息获取便捷和海量信息支撑的以网站、3G为主导的网络气象服务正方兴未艾。

展望未来，网络气象服务将发挥无可替代的重要作用，网络气象服务将决定一个国家气象服务能力的强弱，也将是国家发展气象服务能力建设的必然选择。在未来不论是针对机构的专业气象服务还是针对个人的贴身气象服务，网络将是主要的手段和渠道。基于网络的气象服务将是气象服务部门研究和应用的主要方向之一。随着网络气象服务的国际竞争日趋激烈，面对国外专业气象服务机构的直接冲击，如何打造我国有价值、重实效的网络气象服务，是摆在全国气象服务部门面前最紧迫的课题之一。

一、网络基本情况和气象服务用户分析

总体网民规模。截止 2009 年底,中国网民规模达到 3.84 亿人,较 2008 年增长 28.9%,在总人口中的比重从 22.6% 提升到 28.9%,互联网普及率在稳步上升。

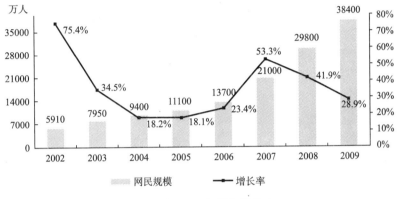

图 1 中国网民规模与增长率

分省网民规模。目前,全国互联网普及率为 28.9%,高于世界平均水平,但是各省的互联网发展状况差异较大,如图 2 所示。互联网发展水平较好,普及率高于全国平均水平。主要集中在东部沿海地区,包括北京、上海、广东、天津、浙江、福建、辽宁、江苏、山西、山东十个省或直辖市。其中,辽宁和山东网民规模仍保持较快增长速度,年增幅分别达到 40.2% 和 39.6%,增长排名第 10、12 位。互联网普及率低于全国平均水平,但是高于全球平均水平。包括海南、重庆、青海、新疆、吉林、陕西、河北、湖北 8 个省和直辖市。其中湖北和吉林省网民增速最快,年

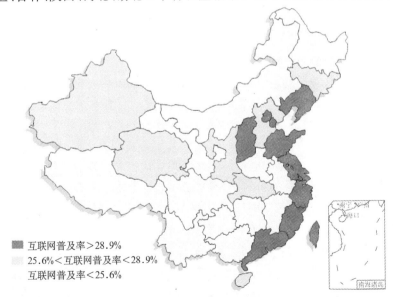

互联网普及率 > 28.9%
25.6% < 互联网普及率 < 28.9%
互联网普及率 < 25.6%

图 2 中国互联网普及状况

增幅 39.9% 和 39.6%，增长排名第 11、13 位。互联网发展水平较为滞后，网络普及率低于全球平均水平。包括黑龙江、内蒙古、宁夏、湖南、广西、河南、甘肃、四川、云南、西藏、江西、安徽、贵州 13 个省、自治区或直辖市。这些省份网民增速较快，其中甘肃、河南、云南排名全国前三甲，分别为 63.6%、56.4% 和 54.0%。

　　网络气象服务用户年龄分布情况。图 3 是网络气象服务调查中受访者年龄层次的分布情况，73.2% 的受访者年龄都在 18～39 岁之间，其中 18～29 岁的青年人占据了近一半的比例，达到 48.4%。

　　网络气象服务需求调查。如图 4 所示，接受调查的公众对网络气象服务信息的需求排在前三位的依次为：日常天气预报信息、灾害性天气预警、气象新闻，比例分别为 87.3%、37.2% 和 36.9%，表明公众通过网络最想获得的气象服务信息是日常天气预报。

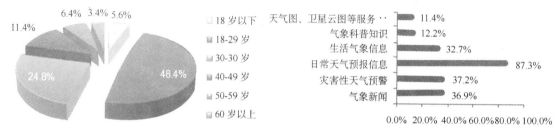

　　　图 3　网络气象服务用户的年龄分布　　　　　　图 4　公众在网络上关注的气象服务信息

二、基于网络的多元信息融合是未来服务的发展趋势

　　网络气象服务必然是与时俱进的。电信、广电、互联网三网融合本质是各种媒体在信息生产及经营等方面的业务将产生更多的交叉互动，并且各媒体的发行平台会逐渐融合。三网融合主要是基于网络的服务能力会大大加强，各个平台之间的融合最终将基于有线、无线网络技术实现。一个突出的趋势是，广电网络将大量引入互联网内容和互联网式的交互行为，大量电视终端也将具备和个人电脑相似的联网和计算功能，基于电视终端的互联网应用将大量出现。气象信息作为广大公众最关注的信息内容之一，必将率先在其中占据一席之地。

　　三网融合后，原有的媒体产品形态也将随之发生一些变化，基于有线、无线网络技术的新的媒介产品将出现，随着三网融合在国内的逐步加快推进，对以声讯电话、手机、电视为主要服务渠道的气象信息服务将带来重要影响，而网络气象服务将迎来大幅增长的新型需求和全新的发展机遇。届时，各种基于网络和电视终端的客户端应用和内容服务将会大量出现，普通百姓无论是坐在家里的沙发上还是外出的路途中，都可轻松获取气象资讯，只需通过一张网络就可以通过上网、看电视、打电话等手段完成所有的日常的信息处理。

三、树立"以用户为中心、以服务为导向"的服务理念

　　近些年来，气象服务一直处于"进退两难"的境地。一方面，气象服务的社会需求日益增长，而我们服务的内容难以做到既"准"又"专"；另一方面，行业应用的气象服务缺乏针对

性和精细化,更是显得捉襟见肘。长期以来,我们更多的是将气象业务产品和数据直接用于公共气象服务和专业气象服务,服务用户需求研究不够,针对不同用户的气象服务不够精细,气象服务机构分散且能力不高的问题突出。要解决这些问题,就必须改变原来拿业务产品的分类包打天下的服务模式,就必须建立具有先进服务理念的精细化、集约化、针对性强的服务体系。

树立"以用户为中心、以服务为导向"的服务理念,逐步建立包含细分用户需求、建立天气影响指标、提供天气风险解决方案的新型网络气象服务流程。各种用户通过网络更加集中、更加快捷、更加有效地获取所需要的气象服务。根据不同用户的需求,首先要建立以服务为导向的产品分类体系,例如,可以将在原来"实况监测"、"预报预测"、"灾害预警"等的分类体系基础上,规划"生活"、"健康"、"运动"、"商旅"、"户外"、"休闲"等个性化服务分类和"旅游"、"交通"、"物流"、"电力"、"能源"、"家电"、"服装"、"海洋"、"水文"、"保险"等行业服务专业化分类;其次要按照不同分类服务需求的天气影响指标提供针对性强的综合气象信息服务,使得气象服务不断深化。

四、建设"以气象服务人员为需求"的产品共享平台

目前公共气象服务平台集约开放程度不高、分散管理、操作复杂、效率低下,公共气象服务产品不能分级共享,基层气象服务能力薄弱。建设以从事气象服务的工作人员为服务对象,支撑各级气象服务单位服务产品需求的全国共享应用的公共气象服务产品库势在必行。产品包括中国气象局公共气象服务中心统一提供的再加工产品、部分中国气象局直属业务单位直接提供的产品和各级服务单位希望能共享的省级服务产品。

为满足各级气象服务单位共享气象服务产品、提高气象服务能力的需求,制定全国统一的公共气象服务产品分类、格式和命名、产品表现、共享分级等标准;研发信息存储、分发、共享等公共气象服务信息管理技术和信息共享技术,研发具有"一点接入,全局访问"的全国统一的公共气象服务产品库,通过网络技术应用实现各级气象服务单位用户管理和产品共享。

公共气象服务产品库将提供统一的服务产品加工制作和管理平台,从简单地按业务产品分类加工管理转向到按服务方向分类加工管理,针对交通、旅游等基础性的需求,将基础数据加工为可供二次复用的基础化服务产品。各地气象服务部门可以借助该平台实现在线的产品再加工和定制分发。例如,公共气象服务产品库中集成的交通气象 WebGIS 产品可以提供底层基础的地图数据和常规的气象要素叠加,各地气象服务部门可根据需要十分便捷地在之上添加更多的附加信息,使该产品更适应于本地化、特色化的服务需要。

五、建立基于网络的预警信息发布平台

三网融合战略的实施,为国家预警信息的发布提供了丰富多元的分发渠道,同时也对气象部门发布预警信息提出了更高的要求。要想在三网融合大背景下做好气象灾害预警信息的发布,就要利用网络信息传播快速、实时更新的优势,不断开发出基于网络的气象灾害预警信息发布表现形式,使之能适合在电视、电脑、手机、信息屏等不同终端平台的显示。

从各省实际情况出发,建立针对新型网络的气象灾害预警信息发布体系,及时发布到各种终端设备;建立联动发布机制,统一出口,方便社会媒体及时传播,保持气象灾害预警信息发布高度的权威性。

六、打造具有国际竞争力的网络气象服务品牌

中国天气网作为中国气象局公共气象服务的门户网站,定位于建设全球领先的以天气为主线的综合服务类门户网站。网站以服务百姓生活为宗旨,以社会防灾减灾为目标,着力提高气象服务的社会经济效益。打造网络气象服务三个平台:防御气象灾害的预警信息发布平台,关注民生的天气信息服务平台,面向生产的专业气象服务平台。第一时间、权威发布气象灾害预警信息,直击报道天气事件,解析天气热点问题,提供天气气候数据,注重天气影响分析,成为用户了解天气信息和相关影响的第一选择。

图 5　中国天气网总体服务架构

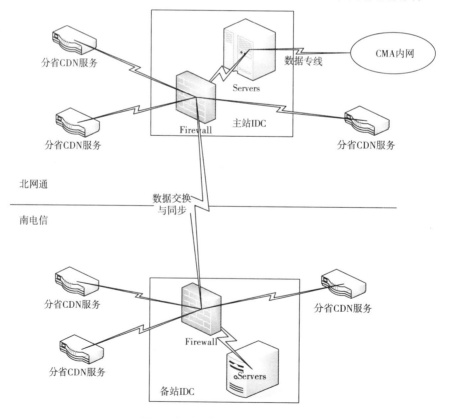

图 6　中国天气网系统服务架构

服务有属地,而网络无疆界。如何利用气象部门上下联合的整体优势,带动并发展省、市、县各级机构的服务能力,是现代气象服务业务的重要发展规划。举全国气象部门之力共同打造网络服务品牌,集约化运行管理,注重用户体验、突出特色,以省、市、县为主开展精细化服务并创造收益。

中国天气网省级站正是遵循了"统一设计、集中开发、共同维护、共创品牌、利益共享"的原则,谋求在统一框架的基础上,充分发挥各地气象部门的服务特长,共同构建利益共享、共同发展的气象服务格局。中国天气网计划用 2009 年、2010 年两年时间建设完成所有 31 个省级站,全面提升省级网络公共气象服务的能力,未来将进一步打造中国天气网地市级站,把属地化的气象服务做得更加精准而富于特色。

中国天气网作为网络气象服务的总平台,还可以支持省、市气象服务单位开展网络个性化定制服务。通过构建开源式的在线专业气象服务平台,提供灵活的模块外挂功能,从用户订单管理到专业服务产品制作和分发的各项功能,承载各地大量的中小型专业有偿气象服务业务的开展,任何个人或机构将能够依靠互联网快捷地定制和获取具有针对性的精细化、个性化气象服务。

七、注重用户行为分析和信息挖掘

网络作为现阶段气象服务最前沿、最具交互性的手段具有其他服务方式无可比拟的优势,服务信息挖掘就是其中重要的一点。

用户在交互式的网络气象服务中产生的每一个动作和行为均可在后台以数字化的方式采样记录,通过这些记录我们可以分析用户的行为与网络气象服务内容间的内在联系,进而根据这些联系指导并改进服务,实现气象服务信息的"挖掘"。

例如,我们可以通过对用户访问量和天气事件的对比分析,准确地预判不同地域、不同需求的社会大众对于某个或某类天气事件的关注程度,并借此来精准地面向不同地区、不同群体用户投放针对性的服务内容。

又例如,我们可以根据用户的来源地、关注天气的城市或其交通旅行线路来预判用户的实际需求,提供针对性的提示建议和服务信息,做到贴身的、管家式的服务。

这一切的新型应用都将依托于智能的服务信息挖掘,她将为未来的个性化网络气象服务提供有价值的帮助。

八、未来畅想

在不久的将来,互联网(物联网)将深入到社会每个角落。到公元 2025 年,我们生活的地球将披上一层"通信外壳",这层通信外壳将由热动装置、压力计、污染探测器等数以百万计的电子测量设备构成。它们负责监控城市、公路、环境和天气,并随时将监测数据直接输入网络,而我们的系统也将接收并处理海量的实况监测数据,并将这些数据投入业务应用。

海量实况数据中的视频、音频、图像等元素将给未来的网络气象服务提供大量的基础数据和应用素材,用户可以随意调用指定地点的高频次实况数据,并享用依据海量实况数据生成的各类精细化服务产品。预计在不远的将来,人们使用和消费气象服务的方式将发生根本性的转变,网络气象服务也将从简单的基础数据提供,转向高度个性化、智能化的数据服务。

同时,人们使用互联网的终端设备也将日新月异,不仅仅是手机之类的随身设备,未来任何一个显示器、一个广告牌、甚至一面墙壁,都会是网络应用的舞台。人的个性化需求将被进一步放大,成为所有网络应用的根本出发点。无论手机上的信息,还是屏幕上的广告,都将因使用者的不同而不同,充分体现以人为本的互联网精神。也许很快有一天,你清早起床洗漱的镜子里就会显示贴心的天气提示,启发式地指导你一日的行程安排。气象服务将随着网络终端的日益延伸,变得无孔不入、无所不在、无所不能,按照使用者的喜好和感受,变幻着表现的形态,真正融入人们生活的点点滴滴方方面面。

面对用户基于互联网平台、有线网络平台、无线网络平台、物联网平台的服务需求,我们将致力于移动客户端、桌面客户端、数据挖掘与应用、特色行业应用等领域的研究,以中国天气网为核心,逐步建立起3G手机网、台风网、交通旅游网、气象科普网、气候变化网、兴农网等气象服务网站群,实现网络校园气象站、网络个人天气顾问、网络天气景观直播、网络智能交通服务、网络智能居家服务、网络商业服务平台等服务功能。

未来网络气象服务的发展水平是衡量未来中国气象服务能力和科技水平的重要指标,代表着气象服务先进生产力的发展方向,具有无限的生命力。在网络气象服务领域,将由国家级业务单位来构建网络气象服务的基础技术框架,各地气象服务部门根据自身特点来添加或改良服务内涵,从而形成上下一体、协作分工的服务体系。让我们共同努力,一起来建设神奇而美好的未来网络气象服务。

参 考 文 献

[1] 郑国光.在第五次全国气象服务工作会议上的讲话[R].北京:2008.

[2] 郑国光.在全国气象部门深入学习实践科学发展观活动电视电话会议上的讲话[R].北京:2008.

[3] 许小峰.在2007年全国气象局长工作研讨会上的专题报告[R].北京:2007.

[4] 矫梅燕.探索公共气象服务发展的体制机制创新[R].北京:2009.

[5] 孙健.中国气象局公共服务中心发展现状及未来展望[R].天津:2010.

[6] CNNIC.中国互联网络发展状况统计报告.北京:2010.

[7] 2010年网络气象服务调查报告.北京:2010.

[8] 公共气象服务门户网站可行性研究报告.北京:2009.

加强气象科普宣传的实践与思考

邵俊年 李 新 武蓓蓓

(中国气象局公共气象服务中心科普宣传室,北京 100081)

摘 要:中国气象局公共气象服务中心科普宣传室采取多种形式积极推动气象科普业务发展,开发以《气象知识》杂志为核心的多种科普资源,策划现代科普展览,有效组织科普活动,建设气象科普队伍,取得了良好的社会效益与公共服务效果。进一步加强气象科普工作,必须紧紧围绕防灾减灾和应对气候变化两大主题,加强科普资源建设,加强(实体)气象科普教育基地与(虚拟)数字气象科普馆建设,大力提高气象科普的社会化程度。

关键词:气象科普;科普资源;科普展览;科普活动

中国气象局公共服务中心成立、启动运行后,适逢学习实践科学发展观的大好机遇,科普宣传室全体围绕中心、服务大局,采取多种形式切实将气象科普工作落到实处,初步建立了气象科普业务发展框架,不断加强《气象知识》采编与发行、通讯员队伍建设、网刊互动、中国气象科技展厅运行、推动气象信息员队伍建设与管理、推动"校园气象站"建设、参与与组织科普活动等,取得了良好的社会效益与公共服务效果。

一、开发以《气象知识》杂志为核心的多种科普资源,携手报纸、网络等现代传媒,不断扩大气象科学覆盖面

(一)创新《气象知识》采编与发行工作

凭借严谨的办刊宗旨、知识性与趣味性交融的刊物内容,《气象知识》2008 与 2009 年连续两年入选新闻出版总署"农家书屋重点报纸期刊推荐目录"。"打造精品《气象知识》,搭建全新科普平台"工作,荣获"2009 年度全国气象部门创新工作入围奖"。

1. 探索调整杂志定位

在加强防灾减灾和应对气候变化科普宣传的大形势下,为进一步加强气候变化和防灾减灾科普宣传工作,《气象知识》定位做出相应调整:紧密围绕气象防灾减灾和应对气候变化,面向社会大众,以科普活动、气象信息员队伍、中小学图书室、社区图书室、"农家书屋"等为主要发行推广渠道,宣传普及气象防灾减灾知识和气象科学知识。坚持贴近社会、贴近生活、贴近百姓,坚持科学性、通俗性和趣味性有机统一,促进气象信息员在气象灾害防御中的组织动员能力不断提高,促进公众气象防灾减灾意识不断增强,促进公众避险、避灾、自救、互救、应急的能力不断提升,最大限度地减轻气象灾害造成的损失,保障人民群众的安全福祉。

2. 推进改版设计

紧密围绕加强防灾减灾和应对气候变化科普宣传这个中心,策划进行《气象知识》的改版。将《气象知识》杂志作为气象信息员进一步深入了解气象防灾减灾知识、做好气象灾害防御科普宣传的重要读本。新增了《灾害防御》、《气象信息员园地》,加强了《气象与生活》、《气象热点》等重点栏目建设,加强了更贴近气象信息员科普需求的气象知识文章的策划、组稿、约稿、编辑工作。

2009 年连续三期携手社会设计公司改进杂志版面设计,增强图片本身的视觉冲击力,强化图片的叙述功能,强化主题感染力,使整个版面图、表、文字之间的关系更加和谐,加强图片与读者的互动性。

3. 加强专刊的策划

2009 年,结合"323 世界气象日"、首次"512 防灾减灾日"、华风气象影视节和建国 60 周年庆祝活动,将《气象知识》第 2、3、4、5 期按照活动主题分别策划成"世界气象日专刊"、"防灾减灾日专刊"、"气象影视节专刊"和"国庆献礼专刊"。2010 年借鉴 2009 年成功经验,将第 2 期打造成"世界气象日专刊"。专刊内容针对性强,有力地支持了省市县气象部门在世界气象日、防灾减灾日等时机开展科普宣传活动的需要。

4. 着力加强发行推广工作

在不到两年的时间中,《气象知识》发行量由不足 0.5 万册跃至 5.4 万册,2010 年第 3 期达 8 万册,气象科普覆盖面迅速扩大。这得益于以下两种创新做法:第一,加强团体大客户服务和定向公益性发行。联合河南、陕西、宁夏、安徽、四川、浙江、黑龙江、新疆等省气象局向当地的气象信息员赠阅《气象知识》。通过在大型展览上向社会公众发放《气象知识》以及通过邮局寄送,开展向基层台站、相关部委领导、学校、农村赠阅的活动,依托杂志积极推进科普进学校、进农村、进企事业单位。第二,加强专刊对各省气象局的支持和征订的力度,由于专刊非常符合省局开展科普活动的需要,得到了各省局的欢迎与支持。2010 年"世界气象日专刊"发行量再次打破纪录,创下 8 万份新高!

5. 加强气象科普专家队伍和通讯员队伍建设

在各省推荐的基础上,组建了一支由 174 名一线气象科技工作者组成的通讯员队伍。2009 年 4 月 8 日至 9 日在北京召开了《气象知识》通讯员工作研讨会。10 月和 11 月又分别在沈阳和长沙举办了第 2 期、第 3 期《气象知识》通讯员培训班。进一步加强了通讯员队伍建设,为通讯员队伍建设的持续发展夯实人才基础。

邀请 37 位气象科普专家成为《气象知识》编委,请他们为每期杂志每篇文章提供专业指导,并每年定期召开编委会,与专家共商杂志的发展方向与发展方法。2009 年 12 月 22 日,2009 年度编委会会议成功召开。

6. 加强对读者意见的调查分析

2009 年 3 月中旬开始,通过电话调查、电子邮件、书面来信的方式收集读者反馈意见,为《气象知识》改版提供基础信息。读者们对《气象知识》杂志总体表示肯定,对《气象万千》、《气象与生活》、《气象热点》等栏目印象深刻,充分肯定。与此同时,也提出意见和建议,如有些文章通俗化有待加强,并建议开辟读者互动栏目。这些意见与建议对进一步改进《气象知识》,做好《气象知识》的改版工作将是非常重要。为表示对热心读者的感谢,杂志社为他们精心选购并寄送了礼品。

2009 年 10 月,杂志社设计了随刊发放的《读者意见反馈问卷》,并同时在《气象知识》网站上推出"读者调查"栏目,多种方式进行读者意见调查。2010 年 3 月,抽奖选出中奖者,并安排了礼品发放。

7. 广泛征集优秀科普作品

广泛发动社会各界力量共做科普。在《气象知识》杂志和网站上刊登"气候变化科普作品征集活动"征稿启事,与中国天气网联合开展"2009 年冬季摄影大赛"活动。采取多种手段进行广泛征集优秀科普作品活动。结合应对气候变化,开展了"气候变化科普作品征集活动"。与北京科技报等社会媒体、中国气象报等行业媒体积极合作,共同致力于气象科学知识的传播。

(二)积极推进网络科普工作

1. 全新改版《气象知识》网站。为更好地全方位的展现《气象知识》杂志,有效实现网刊互动,科普宣传室组织对《气象知识》网站进行了全新改版。网站不仅从页面设计风格上有了全新的变化,同时也增加了热点话题、热点专题、气象科技馆、公告栏、编辑荐图、留言板以及《气象知识》的一些拓展科普产品。在新版网站上更多的增加了与网民互动的环节,通过留言板、读者在线调查、在线投稿等互动栏目,和网民之间实现多种形式的互动。

2. 围绕公共气象服务热点在网站上组织开发了"2009 年气象防灾减灾志愿者中国行"、"积极应对雪灾　减轻不利影响"、"应对大雾　远离灾害"、"倡导低碳生活　应对气候变化"以及"2010 年 3·23 世界气象日"等专题。2009 年 11 月,为有效配合建局 60 周年成就展览,在《气象知识》网站上以专题组图的形式展开网上宣传,实现网络媒体和立体展板的有效互动,让那些没有机会实地参观展览的观众通过网络形式也能感受到新中国气象事业 60 年来所取得的巨大成就。

3. 联合网络室共同打造中国天气网科普频道。为更好地充实中国天气网服务功能,科普宣传室联合网络室于 2009 年 3·23 世界气象日之际推出全新的科普频道。科普频道的建立有效整合了各类气象科普资源,充实了中国天气网气象科普的服务功能。气象科普频道栏目内容比较丰富,形式比较活泼,图文并茂。设计了热点话题、灾害防御、气象词典、科普资源、气象百科、气象万千、气候变化等十余个栏目。

二、策划现代气象科普展览,运行中国气象科技展厅,充分发挥科普教育基地作用

设计组织"中华人民共和国成立六十周年成就展"气象展区、"中国气象局成立六十周年成就展",向社会公众普及气象科学知识,宣传气象科技发展成就。"中华人民共和国成立六十周年成就展"气象展区所在"资源环境组"获"优秀组织奖"与"优秀设计奖","中华人民共和国成立六十周年成就展"气象展区受到胡锦涛等 6 位中央政治局常委的检阅,超过100 万公众接受气象科普教育。科普宣传室获中国气象局"新中国成立六十周年庆祝活动

气象服务先进集体"称号。

充分发挥科普教育基地建设作用。2006年中国气象科技展厅建设并投入运行,几年来注重与时俱进地更新展板内容与更新科技展项,注重创新科普展览理念,引进社会科普力量,推动气象科技知识、专家资源与现代化声光电展览展示手段的有机融合。连续培养五届展厅讲解员,保证科技展厅在重大展览与日常接待中发挥重大科普作用。2009年中国气象科技展厅评选为"全国科普教育基地"。

推动全国"校园气象站"建设,注重发挥学校教育的主渠道作用。2009年在全国范围内开展了"校园气象站"调查工作,初步掌握现有的"校园气象站"现状、管理方式、资金来源等基本信息。2010年进入实地调研阶段,现已与北京理工中心附中等三所学校建立经常性业务联系。

三、有效组织科普活动,充分利用各种契机向重点地区、重点人群普及气象科学知识

(一)世界气象日与防灾减灾日活动

精心筹备世界气象日与防灾减灾日活动,抓住气象部门重要的科普机遇,组织中国气象科技展厅开放接待、《气象知识》专刊与科普材料发放等活动,都很受公众欢迎,社会效果良好。

(二)农村气象科普活动

积极推动农村气象科普宣传工作,加强农村气象信息员队伍的建设,科普宣传室向广大农村地区赠阅《气象知识》。为有效配合2009年全国科普日宣传活动,于2009年9月在河南省鹤壁市组织召开了以"农村防灾减灾科普'最后一公里'"为主题的"农村气象科普工作座谈会"。

(三)积极参与中国气象局与中国气象学会组织的重要科普活动

积极参与"2009年气象防灾减灾宣传志愿者中国行"活动、2009年(贵州)科技下乡活动、"2009年全国青少年气象夏令营"活动等。

四、鼓励和支持气象科技工作者,广泛动员社会力量,积极推动气象科学普及队伍建设

科普宣传室组建了以一线气象科技工作者为主的《气象知识》通讯员队伍,源源不断地推出集知识性、科学性和趣味性于一体、贴近基层科普需求的气象科普作品;

推动建设气象信息员队伍,帮助打通气象防灾减灾"最后一公里";

邀请气象科学及相关领域专家成为《气象知识》编委,创造条件鼓励他们将所掌握的知识转化成科普产品;

建立和发展气象讲解员志愿者队伍,并定期进行专业培训;

加强科普宣传室科普人员自身建设,打造出创造力强、凝聚力强的团队,为在人手少、任务重的条件下圆满完成各项科普工作提供人力与智力保障!

五、思考与建议

改革开放以来,特别是第二次全国气象科普工作会议以来,气象科普工作紧紧围绕公共气象服务,"面向民生、面向生产、面向决策",以社会需求为引领,以气象防灾减灾、应对气候变化为重点,以加强气象科普能力建设为核心,大力提升气象科普社会化水平,不断创新气象科普内容与形式,使气象科普工作在深度和广度上不断发展。

但与此同时,气象科普工作仍然存在一些不容忽视的问题。主要体现在:气象科普工作与党和政府的期望以及社会公众日益增长的需求还不相适应;气象科普工作的理念与科学发展观的要求还有一定的差距;气象科普工作的发展整体上还滞后于气象事业的发展;气象科普能力比较薄弱,内容还不够丰富,形式也不够新颖多样,科普方法和传播手段比较落后,高水平的科普作品和科普人才较为匮乏等。

加强气象科普工作,急需实施"气象科普 2121 工程"。这个工程的含义是,紧紧围绕防灾减灾和应对气候变化两大主题,加强气象科普资源建设,加强(实体)气象科普教育基地与(虚拟)数字气象科普馆建设,大力提高气象科普的社会化程度,推进气象科普工作科学协调发展。

(一)气象科普必须紧紧围绕防灾减灾和应对气候变化两大主题

全面建设小康社会的核心是以人为本、关注民生。防灾减灾、应对气候变化已成为影响我国经济社会发展和构建和谐社会的重要因素。随着经济社会快速发展和气候变化影响逐渐加剧,各类极端天气气候事件频发,气象灾害对社会经济和人民生活造成的影响越来越大,而社会和公众防御气象灾害和应对气候变化的意识和能力仍很薄弱,许多群众尤其是广大农民缺乏必要的防灾避险常识。着力加强气象防灾减灾和应对气候变化科普工作,通过组织多种形式的科普活动,综合运用各种传播手段和发布渠道,大力开展防灾减灾和应对气候变化科普工作,将防灾减灾和应对气候变化科普知识纳入国民教育体系,纳入文化、科技、卫生"三下乡"活动,纳入全社会科普活动,提高全民防灾意识和避险自救、互救能力。认真贯彻落实《中国应对气候变化国家方案》,面向政府和机关部门、企事业单位以及广大公众,大力宣传气候变化对经济社会发展和人民生活的影响,宣传节能减排等应对措施,营造全民积极应对气候变化的良好环境,使应对气候变化成为全社会的自觉行动。

(二)加强气象科普资源建设

进一步加强更贴近社会、贴近生活、贴近实际的高水平、原创性气象科普作品的生产;加强气象科普作品在平面媒体、影视、网络、新媒体中的传播和推广;设计制作科普挂图、展板、彩页、防灾明白卡等直观新颖的气象科普宣传材料。

努力吸纳文学、艺术、教育、传媒等社会各方面的力量共同投身气象科普创作,推动原创性的科普作品不断涌现;不断创新气象科普产品及其表现形式;加强与国外气象科普工作的交流与合作,借鉴国际科普工作先进理念和方法,引进国外优秀气象科普作品,提高自主开发科普产品创新能力;加强气象科普理论研究;开展科普作品有奖征文活动。

建议加快建设国家级气象科普资源共享与服务平台,实现气象科普资源的循环式生产和集约化管理。

(三)加强(实体)气象科普教育基地与(虚拟)数字气象科普馆建设

要在各地综合性科普场馆中建立气象科普展区;全国省级气象台和有条件的基层台站建设气象科普基地(展室);加强对气象科普教育基地设施建设和运行的宏观指导,通过检查、测评与管理,提升气象科普教育基地基础设施的服务能力,切实发挥气象科普教育的效果;在气象科普基地建设中,把农业、国土资源、环境保护、安全生产、地震、旅游等与气象科普工作有机结合,丰富气象科普教育基地展示内容;进一步完善已有科普基础设施,拓展社会资源的科普功能,依托县、乡、村镇的文化馆、图书馆、青少年活动中心、妇女儿童活动中心等,积极推进综合科普基地建设。

在做好(实体)科普馆建设的同时,有必要加强(虚拟)数字科普馆建设,强化网络气象科普,强化立体互动、数字体验、通俗活泼的网上知识普及教育功能发挥。

(四)大力提高气象科普的社会化程度

要紧密结合气象业务服务、气象学科发展的需求开展科普工作。在气象业务服务的过程中,积极开展气象科普工作。气象科技人员主动将成果在业务服务工作中展示,气象业务服务人员主动将专业名词、热点难点问题的解释等有机融入气象业务服务的文本、图表以及各类专题服务中,推进气象科普工作的业务化、常态化。

有针对性地开展面向未成年人、农民、城镇居民、领导干部和公务员等重点人群的气象科普宣传。与教育部门密切合作,加大气象科普进学校的工作力度。坚持不懈地开展形式多样的气象科普进农村活动,向农民提供灾害防御、科技应用技术指导、趋利避害、科学种田的知识,与农业部门紧密合作开展试点村建设,提高农民科学素质。大力推进气象科普进社区、进企事业、进部队等,有针对性地向城镇居民宣传气象科技知识。加强面向领导干部和公务员的气象防灾减灾和应对气候变化科普宣传,增强领导干部和公务员气象防灾减灾意识和应对气候变化的能力,提高他们的气象科技意识和科学决策水平。

大力加强与社会主流媒体的合作,采取邀请采访报道大型科普活动、举行新闻发布会、接受媒体专访、参与热线直播节目、开辟气象科普专栏等多种方式,充分发挥主流媒体的巨大号召力和影响力,不断提高气象科普的社会影响力。

参 考 文 献

[1] 发挥公共气象服务引领作用 推进新时期气象科普工作科学发展——第三次全国气象科普工作会议工作报告.2008.
[2] 中共中央关于推进农村改革发展若干重大问题的决定.北京;2008.
[3] 公共气象服务业务发展指导意见.
[4] 郑国光.总结经验　开拓创新　进一步推动气象事业实现更大发展——2010年全国气象局长会议工作报告[R].北京;2010.
[5] 国务院关于印发中国应对气候变化国家方案的通知.北京;2007.
[6] 中国气象局关于贯彻落实《中共中央关于推进农村改革发展若干重大问题的决定》的指导意见.北

京：2008.

［7］现代农业气象业务发展专项规划(2009—2015 年).北京：2009.

［8］国务院关于加快气象事业发展的若干意见.

［9］国务院办公厅关于进一步加强气象灾害防御工作的意见.北京：2007.

［10］中共中央国务院关于加大统筹城乡发展力度进一步夯实农业农村发展基础的若干意见.北京：2009.

浅谈电视预报节目的公众气象服务

刘巍巍

(华风气象影视信息集团,北京　100081)

摘　要: "公共气象"是我国气象事业发展战略研究中提出的"公共气象、安全气象、资源气象"3个气象理念的核心和关键。而公共气象服务的重要内容之一是为公众提供的气象服务,也就是公众气象服务。备受社会关注的电视天气预报节目则是为公众提供服务的一种重要和不可缺少的手段。本文回顾了电视天气预报节目的发展历程和现状,总结了电视天气预报在公众气象服务中的优势,并指出只有提升电视天气预报节目的"服务性"——"生活服务性、科学服务性、新闻服务性",才能满足社会日益增长的需求,才能巩固电视天气预报节目在公共气象服务中的优势。

关键词: 公共气象;电视天气预报;优势;服务性

引言

"公共气象、安全气象、资源气象"是我国气象事业发展战略研究中提出的3个气象理念,"公共气象"的服务对象是面向全社会,提供的服务渗透在全社会各行各业,事关人民群众的衣食住行和生命财产安全,关系到经济发展和社会进步的各个方面,是整个气象服务的关键和核心。而公共气象服务的重要内容之一是为公众提供的气象服务。特别是最近几年,越来越多的百姓意识到他们的生活与天气的关系越来越密切,从而使得面向公众服务的各种气象信息也受到了越来越多的关注。

面向公众发布的各种气象信息主要通过电视、广播、短信、手机、报纸、网络等媒介对外发布。尤其是电视天气预报节目,凭借着"受众广泛、形象生动、内容丰富"等特点,成为百姓获取气象服务的重要手段。正是这样的特点,使得电视天气预报节目在公共气象服务中具有独特的优势。但是,随着观众需求的逐渐增多,只有不断的提高电视天气预报节目质量才能提升电视天气预报节目在公共气象服务中的优势,以适应社会的不断发展。

一、中国电视天气预报节目发展历程和现状

(一)电视天气预报节目发展历程

1981年,中国气象局与中央电视台合作,首次推出了电视天气预报节目,中国气象影视服务随之拉开帷幕。1986年,国家气象中心声像室建立起我国气象部门第一代电视天气预报节目制作系统,开始独立制作电视天气预报节目,并在中央电视台正式播出。之后的两三年时间,省级各气象部门也纷纷在当地电视台开辟了电视天气预报节目。1993年,伴随着新一代

广播级电视天气预报制作系统的建成,推出了气象节目主持人、三维立体天气符号、天气图、卫星云图和景观画面,从而初步显现了节目的人性化和天气现象的三维立体化,初步奠定了电视天气预报的品牌形象,也使得我国电视天气预报节目形式与国际接轨。

2002 年 8 月,中国气象局华风影视信息集团正式成立,随之交通、旅游、农业等服务性强的多类型电视天气预报节目应运而生。2006 年 5 月,中国气象频道正式开播,中国气象影视第一次脱离了依附几十年的传统电视行业,像欧美许多发达国家一样,拉开了气象部门独立制播气象影视节目的帷幕。

(二)电视天气预报节目的现状

经历了 20 多年的历练,随着中国电视气象事业的不断发展,电视天气预报节目已经呈现了"百花齐放、百家争鸣"的好局面,特别是以华风集团为领头羊的中国气象影视,对电视天气预报节目进行了大胆的尝试和探索。

首先是大量挖掘电视天气预报节目内容。预报内容从单纯 24 小时预报拓展到 3 天、7天,增加了高温、大风降温、强降雨、强降雪等实况天气的介绍和预报,还增添了例如气象生活指数预报、穿衣指数这些服务民生的预报产品。从 2003 年起,华风集团还与农业部、林业部、国土资源部、交通部等相关部门合作,开展地质灾害气象预报、森林和草原火险气象预报、干旱监测和预警、渍涝预报等。除了挖掘电视天气预报内容,气象影视部门还根据不同栏目、频道的不同节目定位,引入了差异化的概念,例如旅游卫视是从旅游的角度介绍天气,CCTV 新闻频道的《朝闻天下》,则是以新闻为主线来介绍实况天气与重点天气预报,中国气象频道的《风云快报栏目》在遇到重大灾害性天气时,就需要主持人走出演播室,离开天气图,对台风、沙尘暴等灾害天气进行现场追踪和直播报道,而这也是近几年中国气象影视行业呈现的一大亮点。在台风追踪报道方面,华风集团每次报道都能抢在其他媒体之前,准确抵达台风登陆点和风雨最大区域,追踪台风的水平位于媒体前列,在社会公众中的影响也是非常广泛。

二、电视天气预报节目在公众气象服务中的优势

(一)受众广泛

电视已经进入千家万户,成为普及率最高、受众最多、影响最大的大众传媒。以电视为平台的天气预报节目,一般是在早、中、晚三个时段播出,它以视听结合、形象直观的方式,成为广大观众最爱看、收视率最高的一档节目,尤其是中央电视台《新闻联播》后的天气预报节目,多年来稳居收视之冠。根据中国气象局以及专业市场调查机构对大量有效调查问卷(以下简称:2008 年中国公众气象服务评估研究报告)显示:近 80%的公众每天都收看天气预报,其中一天看两次及以上天气预报的公众比例为 25.5%,表明公众对天气预报的关注程度高,收看天气预报已经成为公众生活的一部分。目前,电视天气预报仍然是我国广大人民群众接受天气预报的主要渠道,其较高的收视率、广泛的受众层面和强大的影响力仍然是其他媒体无法比拟的。

(二)形象生动　图文并茂

电视传播的特点就是形象、鲜活、直观,观众容易接受和理解。电视天气预报节目是一种感观上的视听协调,声像上的动静结合的综合艺术。它有声有色,有形有情,以生动直观的形象和逼真的表达形式,把各类天气信息传达给人们,它把抽象的概念形象化、把深奥的道理通俗化、把枯燥的天气生动化,从而达到吸引公众,感染公众的目的。它以优美的画面作为基础,通过主持人解说,配以音乐、文字、视频、图片等,让人们在欣赏画面、聆听音乐的同时,获取天气信息,了解气象知识。因此,无论文化程度高低,不论年龄大小,电视天气预报节目以其通俗易懂的方式、形象生动的画面,吸引了众多人的眼球。成为公众获取气象信息的理想渠道。

作为图文并茂的传播媒体,电视天气预报节目又成为防灾减灾和气象科普宣传的重要手段。防灾减灾知识的普及,不仅仅是节目的需要,更重要的是在公众正确理解气象信息的前提下,指导公众将气象信息正确运用到生产、生活中。当雷雨、大风、冰雹、干旱等一系列“天灾”发生时,不仅仅要让公众及时了解当时的天气状况,还要指导公众掌握未来的天气变化趋势,从而增强气象科技意识,提高防范自然灾害的能力。同时,通过节目向公众讲解气象预警信号、天气符号的意义,介绍天气、气候事件、气象专业术语等知识,让公众在获取天气信息的同时接受气象科普知识。内容深入浅出,道理通俗易懂,画面生动活泼,在确保科学准确的同时,力求形式多样,引人入胜。

(三)内容丰富

对公众气象服务来说,传播天气变化并提出指导性服务是电视天气预报为公众服务的必然要求。据统计,近10年来,央视《新闻联播》后的天气预报节目,平均每年针对各类灾害性天气发布预警预报多达800余次,内容包括台风、海上大风、暴雨、暴雪、寒潮、沙尘暴、高温、大雾、雨雪冰冻天气等。通过制作不同类型的节目,电视天气预报节目还具有不同的特点和主题:有气象专家解读重大灾害天气,有一周天气回顾和展望,有全年天气盘点,有24节气专题节目,有专门为高考、春节等节假日提供包含气象信息、交通信息、节日出游信息等综合资讯类节目,针对不同天气特征进行生活、出行指导。

(四)具有电视新闻的特点

电视天气预报节目具有电视新闻的特点,可以实现对天气的跟踪报道。这是电视媒体所具有的独特优势,是其他公众气象服务方式所不能与之媲美的。天气预报作为公益性服务,其本身也具有新闻服务性。根据气象信息和电视新闻的特点,遇到灾害性天气或者突发天气时,电视天气预报能够实现对天气的跟踪报道,让观众在第一时间了解天气实况和未来的天气变化趋势,做好信息发布和指导服务工作。在灾害天气来临前,发布预报预警信号,提出防御防范措施和建议。天气过程发生时,及时抓拍天气实景,采用画中画的方式或者是主持人配音的方式,制作天气实景节目,既体现了天气预报节目的实时性和新闻性,又增加了节目信息量。天气过程结束后,进行与之前天气过程的对比和总结,包括不同地区同一时间的气象要素对比和同一地区天气过程前后对比或者与历史同期的气象要素对比,让观众对整个天气过程留下更加深刻的印象。

三、提高电视天气预报节目质量要从提升节目的"服务性"出发

随着电视观众素质的普遍提高,最初的电视天气预报节目已经满足不了公众的需求。因此,要想充分发挥电视天气预报节目在公众气象服务中的优势,提高电视天气预报节目的服务性成为气象工作者面临的难题和重点。观众的"审美疲劳"成为当今很流行的一种电视态度,它反映了观众对一些做得很满或者很硬的节目的逆反心理,表现在气象节目上就是:生活服务指导太矫情,科普节目讲的道理太多太硬太生疏,气象新闻类节目过于"捆绑式"。

要抓住观众的心,首先要摸清楚观众的需求,现在观众的需求是多方面的:生活指导、满足求知、获取信息。这三方面服务折射到气象上,依次是:生活服务性、科学服务性、新闻服务性。所以,一档好的天气节目必须要融这三方面于一体。

(一)如何提高节目的"生活服务性"

经常听到观众的抱怨:你们的天气预报不准,我就是看了天气预报节目,结果下午出门被雨淋湿了。"天气预报不准"和"节目不准"其实是不同的两个概念。天气预报作为一门科学,是以大气科学理论为依托,在这一过程中,每一个环节都存在某些不确定性,不可能每一次的预报结果都与实际一致。提高天气预报的准确率,现在仍是一个世界性的难题。作为电视节目,要消除"天气预报"给观众的不准确的印象,则是如何用电视手段正确解读气象、传达更生活化的气象信息的问题了。

对于电视气象节目而言,最大限度的服务大众是它义不容辞的责任和义务。气象节目要触及人的心灵,要在指导公众生活出行等方方面面好好做文章。只有传大出"关爱"的气象节目才有生命力,才能赢得好的口碑。

这类节目应该确立"以人为本"的思想,内容必须要是百姓身边的事情。例如,当今世界性热门话题——全球气候变暖,很多人认为与我们无关,全球变暖的影响还没有发生在我们身边。在这种情况下,我们就要把老百姓看着宏观、生疏的天气变化,细化到、联系到与他们生存的微观环境。比如目前云南的干旱,专业人士认为与全球气候变暖有关。我们可以从百姓身边的事情入手,从百姓的角度出发来做节目,组织内容,就很容易能带动人的情感。同时解说词还要浅显易懂。题材本身就很深奥,我们的任务就是要把节目内容变得深入浅出。

除了服务于百姓生活,电视天气预报节目还有一个重要的任务是为经济建设服务。因此,生活服务指导还要拓展服务领域,应在诸如交通、旅游、医疗、农牧业生产、房地产等与气象服务关系密切的行业开展深入研究,结合行业特点,与相关部门共同探讨,制定科学的符合行业要求的指导性服务内容,细化天气变化对行业的影响,使电视天气预报节目的服务内容更加丰富,得出更有效、更实用用的天气预报指导服务,真正起到天气预报节目生活服务性作用。

(二)如何提高节目的"科学服务性"

近年来,电视节目故事化的表现手法逐渐被观众认同,气象科普类节目的电视化表现方式也在不断探索中。气象科学知识普及的实现,不仅仅是节目的需要,更是对观众的负责和尊重。要使观众理解和正确使用气象信息,气象科学普及的目的不在于教育和感召,而是服务。目前气象科普的重点应该是增加内容的深度,介绍气象科技发展的程度,尚未解决的难题,让

观众更多的理解气象科学、气象工作、气象人。科普服务旨在通过气象科学知识的传播,指导大众正确应用气象信息服务生活,因此,在节目内容上必须要有严谨的科学性,要深入浅出,通俗易懂。目前有些气象科普节目专业语言过多,晦涩难懂,脱离了我国收视群体的实际。气象科普应该在保证科学准确的同时,创作出观众乐意看、看得懂的气象科普节目,力求表现形式多样化,生动活泼、引人入胜。节目内容的故事化远比干巴巴纯粹科普更有吸引力,同时,也可以在节目形式上大胆创新,强调趣味性、可视性,只有寓教于乐才能提高科普类节目的关注度和观众满意度。除此之外,科普片要想把道理讲明白讲生动,除了要具备好的逻辑和构思外,精细生动的解说配以动画、表格、卫星云图等也是拉近与观众距离的法宝。

(三)如何提高节目的"新闻服务性"

所谓新闻服务性,说白了就是节目内容要含有鲜活的气象信息,为人们的出行安排等提供服务。随着社会的不断发展,人们对天气信息的需求日益增多。一般都把气象节目安排在综合新闻之后,一些节目还把气象节目放在新闻中间当做常规的子栏目,从这个意义上说,气象节目就是气象新闻。

电视新闻是以声音和视频画面对新近或正在发生、将要发生的事物进行客观报道。气象部门运用各种探测手段获取的资料、天气学理论和先进的计算机技术做出的天气预报产品,揭示了未来天气变化,这是观众事先不知道而又想知道的信息,这种天气预报信息的传播正是新闻的内涵。因此应根据气象信息和电视新闻的特点,牢牢抓住服务这个根本,做好气象信息新闻的传播工作。天气预报节目要针对百姓的关注,及时拓展天气预报内容,挖掘天气信息的新闻价值,使观众了解未来天气变化趋势,减少因天气突变带来的损失。同时,对于服务区域内已经出现的气象新闻,也应该成为天气预报节目新闻服务的重要内容之一,因为多数气象因素导致的灾害对人们的影响是持续的,人们需要了解,它也具有气象新闻的价值。

新闻要讲究时效性,那气象新闻的时效性也是至关重要的。天气形势瞬息万变,由于受到播出频次的限制,导致有时候一些气象新闻有些滞后,表现在观众的认知上就是"天气预报不准,天气预报忽悠人",但是只有我们自己知道这其中的原因,真是哑巴吃黄连,有苦说不出啊。唯一解决的办法就是加大播出频次,缩短节目之间的间隔,更精细化的预报是提高气象节目准确性的必要方法。

新闻价值也不仅仅体现在时效性上,还现在服务性和实用性上。首先,节目内容要通俗易懂。气象节目应该是气象预报员和观众之间的"翻译",要把生疏难懂的科学性天气"翻译"成老百姓能听得懂用得到的社会化天气。如:"由于冷空气逐渐东移南下,我国南方将开始一次大范围降雨天气过程"这句话可以通俗地翻译成"南方就要下雨了"。相信这样的语言会更受欢迎。一直以来,气象节目都不敢在措辞上有太多的延伸,因为越多延伸意味着越多猜测,怕与预报内容不符合,所以很多时候气象节目有点像表述一篇报告。所以,好的气象节目内容要平民化,而且应该有适当的"延伸"。

除了时效性和服务性,新闻写作中的"倒金字塔"结构也值得我们借鉴。也就说气象信息要具有新闻价值必须要突出重点,而不能套话连篇。有的时候我们可以开门见山直截了当的指出节目重点:从周一开始一直到周五,南方会持续阴雨天气。而不用每次都补充那句套话:"受冷暖空气的共同影响——"

以上是常规节目中如何体现气象信息具有新闻价值,在遇到重大灾害性天气时,如台风、沙尘暴,不妨采取实景拍摄、现场报道等方式,增强天气信息的视听效果,这也是体现气象信息新闻价值的方法之一。

四、结语

电视天气预报节目以其独特的形式,成为众共气象服务中最具有优势的传播媒体。要不断提升电视天气预报节目的优势,就要把提高节目的"服务性"作为核心,把气象节目做新、做活、做精,不断创新、拓展服务领域,提高气象服务满意度。认真贯彻"公共气象、安全气象、资源气象"的发展理念,坚持公共气象的发展方向,按照"以人为本、无微不至、无所不在"的公共气象服务理念,为社会提供更好更多的气象产品,为公众提供更好更优质的服务。

参 考 文 献

[1] 杨子才.理、事、情三位一体——从《庄子》看文章如何说理[J].新闻爱好者.2004.
[2] 周忠宁.电视天气预报节目的服务性研究[M].青海气象.2008.
[3] 朱定真,董丽丽,黄蔚薇.天气预报节目的公众服务影响分析[J].中国广播电视学刊.2009(11).

强化公共服务意识,提高电视天气服务能力

刘　新　于庚康　黄　亮

(江苏省气象影视中心,南京　210008)

摘　要:我国气象事业发展战略研究中提出"公共气象、安全气象、资源气象"三大理念,"公共气象"体现了气象面向全社会的内涵,也是整个气象服务的关键和核心。作为公众气象服务重要手段之一的电视天气节目类服务,已经成为公众了解掌握天气信息的良好的平台。江苏省气象影视中心深刻理解公共气象服务对电视气象服务的内在要求,强化公共服务意识,不断从组织保障、设施建设、人员配备、创新服务方式等方面入手,提高电视天气服务能力。

关键词:公共气象服务;电视;天气;服务能力

引言

我国气象事业发展战略研究中提出"公共气象、安全气象、资源气象"三大理念,"公共气象"位列第一,它体现了气象面向全社会的内涵,也是整个气象服务的关键和核心。经过多年来气象服务发展的实践,我国已经逐步建立了由决策气象服务、公众气象服务、专业专项气象服务和气象科技服务四部分构成的具有中国特色的公共气象服务体系[1]。公共气象服务正日益成为一系列不断变化的环境服务的基础核心,除传统的天气服务用户外,还满足多种社会经济部门的需求[2]。作为公众气象服务重要手段之一的电视天气节目类服务,更已经成为公众了解掌握天气信息的良好的平台,和广播、电话、报纸、短信等服务方式比,电视的高收视率、广泛的受众层面是其他传播媒体无法比拟的。防灾减灾、应对气候变化、服务经济社会发展和人民安全福祉是党和政府对气象工作的总体要求,也是公共气象服务的主要任务,同样也是电视天气节目服务的宗旨,这就要求各级气象影视部门深刻理解公共气象服务对电视气象服务的内在要求,强化公共服务意识,不断从组织保障、设施建设、人员配备、创新方式等方面提高电视天气服务能力。

一、深刻理解公共气象服务对电视气象服务的要求

发展公共气象服务符合社会公众对气象服务的期望,近年来气象服务的实践表明,随着气象部门公益性定位被全社会的广泛认可,气象服务工作越来越多地受到社会公众的关注,这方面的事例可以说是不胜枚举,特别是在2008年年初我国南方部分地区低温雨雪冰冻灾害发生以来,公众气象服务受到了前所未有的重视,与此同时,来自社会公众的监督和评价也越来越多、越来越犀利,给我们的气象服务提出了更高的要求。

据2009年公众气象服务满意度调查显示,分别有95.3%和97.6%的城市、农村受访者通

过电视获取气象信息,远远超过其他的气象信息获取渠道[3],电视气象服务业已成为公共气象服务的重要组成部分,也已经成为中国气象人密切联系社会需求,在气象服务上不断创新的体现。

中国的电视事业已经进入了新传播时代,以高清播出为代表电视技术发展成果已经进入千家万户,以广电、电信、移动三网融合为代表的全新传播方式也将展开,因此,更广义的电视化的气象服务在提高人民群众生活质量、扩大受众信息视野和宣传科普方面的作用会不断加强。气象影视部门通过制作更多的被受众认可、接受和喜欢的节目,进而创造出一种良好的气象服务电视形象,已经越来越为气象人、传播机构、社会公众所重视,电视气象类节目以独具个性的魅力在气象和电视观众之间架起了桥梁[4]。电视气象服务形式的不断创新、服务内容的日渐丰富、信息覆盖面的不断扩大、时效性的不断增强,都会对公共气象服务的效果产生显著影响。电视气象服务的好坏,在防灾减灾、应对气候变化和保障经济社会持续发展、提高人民生活质量等方面,和其他形式的气象服务一起将发挥着更重要作用。提高气象影视服务的能力、丰富服务内容、在电视气象服务方面解决服务的“最后一公里”的问题,是电视气象服务要着力解决的课题。

二、加强组织保障,为提升电视气象服务能力提供体系支撑

中国特色的气象服务体制由国家、省、市(地)、县四级服务业务构成的,它与我国行政管理体系相对应,在国际气象业务领域是独具特色的,这种服务体制有力地保证了气象服务工作紧紧地面向各级政府的需求,面向地方经济社会发展需求。电视气象服务也是如此,除了中国气象局有华风集团承担电视气象服务外,全国省、市、县的气象部门基本都有气象影视中心,承担对当地电视媒体的气象节目制作和服务工作。特别是中国气象频道的开播,和省级气象频道本地化节目插播的实现,为电视气象服务的“最后一公里”铺好了通道,已经成为中央级、地方省市县三级的气象影视部门通过电视媒体服务公众的重要补充手段,随着时间的推移,中国气象频道必将成为防灾减灾、服务大众的重要途径之一。

江苏省气象影视中心作为省级电视气象服务机构,应该从加强组织保障入手,为提升电视气象服务能力提供体系支撑。1985年国务院25号文件的下发,在江苏省气象局拉开了气象科技服务的序幕,电视气象服务作为公众服务的重要方式,被提上江苏省气象局的议事日程。在省政府的协调下,省气象局党组的大力支持下,1996年元旦开始,由气象部门制作的天气预报节目在江苏电视台黄金节目时段播出。这是江苏省级电视台第一次以专门的气象节目的方式,播出由气象部门制作的、有主持人电视天气预报节目,改变了当时只能通过广播收听天气预报的现状,进一步拓展了气象服务渠道,扩大了公众气象服务覆盖面,江苏气象影视发展新局面由此打开。

江苏省气象影视中心的前身是成立于1995年10月的“江苏省气象台声像室”,1999年4月从省气象台独立出来,更名为“江苏省气象信息技术服务中心”,2002年元月更名为“江苏省气象影视中心”。从成立初期“声像室”的科级建制到作为省气象局直属事业单位之一的“江苏省气象影视中心”,机构的变革也从另一个侧面展现了公众气象服务,尤其是电视公众气象服务在气象部门工作中重要作用,是中国气象局“以公共服务引领气象事业发展”理念的重要实践。

三、加强技术支撑,满足电视气象服务需求

电视气象服务是气象、电视、计算机和现代通信技术有机结合的一项系统工程,没有设备、技术的支撑,电视气象服务就无从谈起。江苏省气象影视中心自成立至今已经有15年,影视制作设备从无到有、由少到多、由简到精,经历了从"作坊"到"工厂"不断发展。

从1996年中心成立之初,电视还是处于模拟信号制作时代,影视中心的设备配备无论是数量还是品质上,都只能勉强达到广电播出的最低要求。到2002年,中心采购了数字非线性编辑系统和数字录像设备,电视气象节目逐渐进入数字化制作时代,并借此缩短了和专业电视部门的差距。2004年,随着江苏省气象局业务中心大楼落成,影视中心实现了从"作坊"到"工厂"的飞跃。中心顺应影视技术和设备的发展,由省局投资数百万元,建成了较为完整的、以数字化为核心的节目制作系统,初步按照专业化的广电工程进行了系统集成,不但能满足录播节目的制作,而且能满足电视直播的需求。

2008年,中心加快了影视制作设备的升级改造步伐。在原有制作系统的基础上,经缜密规划、细致设计,建成了全数字化演播室(系统包含了两部高标清兼容的演播室摄像机、高标清兼容切换台、应急切换矩阵、演播室可调冷光源系统等),真正实现了电视制作系统的全数字化。同年,中国气象频道江苏本地化节目插播系统也建成并投入试运行。

2009年,随着广电技术的进一步发展,在国家广电总局的推动下,中国的高清电视业务由试点进入了省级卫视频道建设期,江苏省气象影视中心积极应对,紧紧抓住了电视高清化制作的发展机遇,购置了高清的切换台、非编、P2卡录像机等设备,按照经济实用的原则实现高清制作系统一期建设,并在9月28日顺利实现高清播出,在全国省级气象影视中心里处于领先地位。

不断发展和更新,紧跟广电技术发展,专业化的电视制作设备为省级气象影视服务提供了强有力的技术支撑,成为江苏气象影视人全心全意为江苏做好公共气象影视服务工作的利器。

四、重视人才建设,为电视气象服务注入新鲜力量

江苏省气象影视中心成立初期,制作和管理人员不到10人,而大部分都是学的气象专业,1998年后的5、6年间,中心全体人员也只有13人。"班组"式制作一直持续到2003年,之后,影视中心人员的配备逐渐向"团队"式发展。如今,江苏气象影视的全体员工达到28人,其中高级工程师5人,工程师6人,近70%以上为大学本科以上学历,30岁以下的年轻人占50%以上。现在,江苏省气象影视中心已经形成了从气象专家到摄像、制作、编辑、主持、创作、新闻采集等分工明晰的专业"团队",制作能力、队伍规模、制作水平均有了跨越式发展。

电视气象服务的发展,得益于优化人才结构。近几年来在省局党组的关心下,中心注重吸收电视技术相关专业大学毕业生,他们来自广播电视新闻、多媒体制作、数字动画、通信网络、影视摄影、播音主持等多个专业,新员工的加盟,进一步优化了中心人才结构。尤其是2008年,选聘了两名专职主持人,打破了中心节目制作发展的瓶颈,主持人出镜节目录制实现了"全天候"。

　　电视气象服务的发展,得益于多种形式的业务培训和人才培养。影视中心先后有两名同志到南京信息工程大学攻读博士学位,一名同志攻读硕士学位,一名同志已取得北京电影学院电视导演专业硕士学位。中心还分期分批将所有业务人员、主持人派往中国气象局华风集团学习交流。通过实地考察与交流讨论,加强了沟通,开阔了视野,学到了技术,提高了水平。每年中心都要举办业务技术培训班,请华风集团的专家和著名的电视气象节目主持人、电视台的专家、大学的教授、部门内的专家和技术人员来讲课。通过培训,大家及时了解气象影视技术发展的新动态、新方向,水平不断提高。

五、注重形式,电视气象服务方式内容不断改进,提升服务效果

　　公共气象服务是气象部门的立业之本,江苏省气象影视中心紧紧围绕防灾减灾和应对气候变化两大主题,不断加强公共气象影视服务能力建设,在创新节目形式和丰富节目内容上下工夫、做文章。

　　江苏气象影视提供的电视天气预报节目已从成立之初起的一个频道发展到十个频道,从一套电视天气预报发展到一天33套,从单一晚间时段拓展到从早到晚,基本做到全天候,百姓只要打开电视,就能看到不同时次的天气预报。

　　2007年1月1日,影视中心与江苏电视台新闻中心合作,在全国省级气象部门较早开通电视气象服务直播连线节目,真正做到了"第一时间、第一发布"。节目里,气象主持人不但带给观众最新的天气形势、最新的天气实况和最新的天气提醒,还通过沪宁高速公路上的多点视频探头,向广大电视观众提供实时监测到的阴、晴、雨、雪、雾等天气实况,方便出行人员。同年2月1日又开设了《贝贝说天气》气象直播节目。对此,《中国气象报》和《新华日报》分别做了专题报道。直播天气预报的节目形式一度引起了全国同行们的高度关注,多家影视部门前来调研学习。在和省台通过光纤连接成功实现节目直播的基础上,2008年中心又和南京电视台连通光纤,实现了两档节目的直播方式播出。

　　2009年9月,江苏省气象影视中心按照广电部门的要求,对播出设备进行了高清数字化建设,对人员进行突击培训,对节目进行了新一轮改版,实现了高清电视天气预报节目与江苏广电总台卫视频道高清节目的同步播出,在全国省级气象影视部门中,成为第一批高清电视气象节目制作单位。

　　2009年12月,江苏实现了中国气象频道本地化节目的插播,进一步提高了电视气象服务的及时性和有效性,从而为提高公众防灾减灾和应对气候变化的能力发挥作用。

　　中心在节目的制作上,坚持做到"一年四季不放松,每档节目都做好"。在节目内容上,注重加强与气象台、气候中心、科研所、防雷中心等业务单位的联系,依据时令,加强对台风、暴雨、高温、大雾、寒潮和地质灾害等气象预报的影视服务工作,特别是加强灾害性、关键性、转折性天气的电视气象服务,并适时增加重大灾害性天气信息滚动播发频次和气象直播连线次数。此外,还将天气图表、卫星云图、雷达产品、自动气象站资料、交通气象信息、防雷知识等引用到日常的电视天气预报节目中,解读气象热点问题,增加观众对气象的认知度和关注度,提高全社会防御气象灾害的意识和能力。同时,中心也十分注重增加电视天气预报节目中的趣味性、通俗性、科普性、可视性。

　　江苏气象影视人通过各种形式的电视气象服务,总结出如果想更好地开展服务,应该让气

象节目的直播成常态,靠直播的魅力来彰显气象节目的优势,尤其对气象部门拥有的第一手天气实况数据,可以通过直播连线的方式方便、及时传播出去,让广大电视受众随时随地看到江苏省内主要地区的天气实况,强化天气事件的现场感,提升气象信息新闻性,提升服务效果。

六、强化宣传,彰显江苏公共服务特色

江苏的电视气象服务紧紧围绕江苏省气象局党组的中心工作,依托气象资源优势,坚持以公共、公益服务为原则,注重气象影视宣传,充分彰显江苏"公共气象"服务特色。

江苏地处长江中下游平原地带,虽然类似台风直接登陆、沙尘暴等极端天气不多发,但是每年暴雨、寒潮等灾害性天气也是频频发生。2008年在雨雪冰冻灾害期间,中心不仅拍摄了大量气象新闻,还联合江苏城市频道《南京零距离》栏目,专访省局局长卞光辉,使社会大众能够及时了解到有关雨雪冰冻灾害最权威、最准确、最及时的信息,引起了社会极大的关注和反响。中心积极配合省局应急办,将雨雪冰冻天气视频实况直送国务院应急办。此外,中心还在最短的时间内完成了两期《中南海天气专报》,通过中国气象频道直接传入中南海,第一时间报道江苏抗击冰雪的战况。在这次抗击雨雪冰冻灾害过程中,中心人员团结奋斗,不畏艰险,即使在暴风雪中滑倒也要将手中的摄像机高高举起,避免设备和资料受损,夜晚值班就在演播室打地铺,有的连续工作十余天,为此,中心被省局评为抗击雨雪冰冻先进集体。2009年6月5日和14日傍晚到夜里,强对流天气过境南京时,中心人员冒着狂风暴雨和电闪雷鸣等恶劣天气,第一时间出现在暴雨现场,拍摄到了最强烈的闪电天气过程。新闻传送到华风影视集团,获得了一致肯定,不仅在中国气象频道《国家气象播报》和《风云快报》等栏目中播出,视频素材也多次被其他最新专题所引用。

中心还着手建立了全省范围的气象影视网络体系,发动市、县局进行气象影视服务和宣传工作。目前已经建立了专门的传输网络,制定下发了《江苏省各市县气象局气象新闻素材采集传输业务管理规定》和《江苏省气象局气象新闻素材采集传输业务指导意见》,与市县的互动合作已经顺利展开。2009年,为加强全省电视气象新闻通讯员队伍建设,进一步提高全省气象新闻采编水平,中心举办了"电视气象新闻宣传和采编技术培训班",全省近40人参加了培训。

七、发挥电视技术优势,做好气象科普服务

为增强社会公众的气象防灾减灾意识,提高公众的气象灾害防御能力,江苏省气象影视中心发挥自身优势,历年来先后组织制作了《二十四节气》、《竺可桢与他的物候世界》、《风儿的故事》、《大气探测》、《走进人工消雨》等60余部气象科普专题片。这些专题片制作精良,深入浅出,内容涵盖天气气候变化、防灾减灾、气象科普、气象谚语等诸多方面,不仅向大众百姓普及了气象知识,也宣传了气象部门的工作。这些专题片大多在中央电视台10套《今日气象》栏目播出。专题片《大气探测》,还获得2003年"第三届江苏省优秀科普作品奖"一等奖。

为了积极应对气候变化,做好应对气候变化宣传工作和气象知识的普及工作,提高全社会参与的意识和能力,2008年7月与省广电总台联合开办大型直播栏目《气候变化大家谈》。该栏目每周一期,每期10~15分钟,内容涉及气候变化与粮食生产、气象与健康、应对气候变化

对策等多个方面。中心专门成立了栏目工作小组,负责栏目组织策划和协调管理。从与每位专家的联系沟通到与电视台相关部门的协调、从每期文稿的撰写和修改到主持人提问的设计、从每位专家出镜前形象设计到幕后相关视频的制作与插播,无不尽心尽力,认真对待。栏目紧紧围绕"大家"二字做文章,参加节目的不仅有院士、教授等"大家",也有地方政府领导、普通百姓、热心观众组成的"大家"。特别是 2009 年,栏目成功采访到前国家科技部部长、中科院徐冠华等一批院士,形成了院士谈气候变化系列,使栏目真正显示了"大家"风范。由于节目形式的创新和高影响力,《气候变化大家谈》栏目开播后,不仅受到了广大电视观众的喜爱,而且得到了气象部门的广泛关注。一些省份的气象影视中心特意带领当地电视台频道总监前来观摩学习。近期为开播同类节目,中国气象频道也前来借鉴中心的做法。在栏目播出一周年之际,《中国气象报》头版头条对栏目进行了大篇幅深度报道——"江苏有个《气候变化大家谈》"。

鉴于在科普工作上的努力,江苏省气象影视中心分别于 2002 年、2006 年获得"中国气象学会科普工作先进集体"、2003 年获"全国第三届科技活动周暨江苏省第十五届科普宣传周先进集体"等荣誉。

无论是中央还是地方,各级气象影视中心都气象局对外的窗口,只要有领导到气象局来视察都要到影视中心来视察,这不仅体现了各级领导非常关心江苏气象影视工作的发展,更体现出电视气象服务在各种气象服务方式中所有的重要地位。现任国务院副总理回良玉在江苏担任省委书记时就曾经视察过影视中心。2010 年 1 月 21 日,江苏省省长罗志军到省气象局调研时,也专门视察了江苏省气象影视中心,听取了中心领导对中国气象频道江苏本地化节目插播、电视天气预报节目、气象影视科普宣传等方面工作的汇报,观看了参赛片和日常节目,并给予了充分肯定。领导的关怀使中心员工备受鼓舞,更加坚定了做好电视气象服务工作的信心和决心。

2010 年,江苏省气象影视中心将在省局党组的领导下,在中国气象局公共气象服务中心的指导下,充分发挥现有的人才和设备优势,着力在电视气象节目形式、内容和质量上下工夫,把节目做得更专、更精、更有新意,努力适应突飞猛进的电视发展和与日俱增的公众需求,不断丰富和拓展中国气象频道本地化节目和江苏地方媒体的电视气象节目,积极探索新媒体气象服务方式,不断提高气象信息服务的覆盖率,加强与观众的互动与沟通,提升公众的满意度,以优质的公共气象服务为江苏的经济社会发展和百姓的福祉安康贡献力量。

参 考 文 献

[1] 矫梅燕,王志华.2009.探索公共气象服务发展的体制机制创新[J].气象软科学.4(78):13-18.

[2] WMO.《公共气象服务能力建设战略指南》[M].

[3] 许小峰.2009.在华风气象影视节暨第七届全国电视气象节目观摩评比开幕式上的讲话[R].10.21.

[4] 秦祥士,吴贤纬.2002.气象服务的电视形象工程[A].中国气象学会.第 25 次全国会员代表大会暨学术年会论文集[C],北京:气象出版社.53-55.

抓住契机，寻求发展

——剖析湖南气象影视发展之路

邓　玲　陈玉贵　董文蔚

（湖南省气象科技服务中心，长沙　410007）

摘　要：本文首先对湖南气象影视工作 14 年来的成长历程做了详细的介绍，之后结合湖南气象影视的现状，就如何抓住中国气象频道湖南本地节目插播和湖南气象防灾减灾预警中心落成后气象影视中心硬件条件全新升级这两大契机，全面分析湖南气象影视的未来发展之路。主要从节目的改进创新、新闻专题的规模制作、影视技术的发展应用、人才队伍的建设以及服务领域的拓展这五个方面加以论述。

关键词：湖南气象影视工作；节目创新；影视技术；人才建设；服务领域

一、湖南气象影视的成长历程

（一）影视设备不断升级换代节目质量明显提升

1996 年底，湖南气象影视工作开始起步，那时受各种条件制约，没有正规的演播室及制作机房，每天制作 1～2 套很简单的配音节目。

1998 年，湖南省气象科技大楼落成，湖南气象影视中心、万象广告公司相继成立，我们开始有了专业的演播厅和制作机房，组建了 1 套广播级摄录编系统，实现了模拟抠像技术。4 月 1 日气象节目主持人走上了湖南卫视的荧屏，至此湖南气象影视工作迈出了一大步。

1999 年底添置了第一台伍豪的非线性编辑机，不仅节目的背景活动起来，广告也鲜活了不少，节目的整体质量有了一个质的飞跃。

2003 年年底进行了节目制作系统的数字化改造，添置了两台非线性编辑机，并采用无线领夹话筒来配音，同时演播厅和制作机房重新布置装修，节目质量又上了一个台阶。

2008 年年底引进高标清兼容的 WEATHER CENTRAL 天气图文制作系统。2009 年 1 月 1 日，《卫视气象站》全新亮相湖南卫视，节目质量实现了大的跨越。

2009 年 9 月，湖南气象影视工作再上新台阶，顺利完成了高清版《卫视气象站》的制作，成为全国首批实现高清节目制作的省份之一，稳定了天气预报节目在湖南卫视黄金时段播出的位置。高清节目的出炉让湖南气象影视制作能力得到了提升，并站到了全国同行的前列。

（二）加强与电视媒体合作节目数量稳步增长

从湖南气象影视中心和万象广告公司建立的那天起，湖南气象影视人就一直与当地的电视媒体保持着良好的合作关系，每天制作播出的天气预报节目的数量随着湖南省级电视媒体的增加而增加。2004 年 9 月开始,湖南各省级电视台都上了天气预报节目,每天制作播出的节目增加到了 12 套,上主持人节目为 4 套。

2005 年 6 月,湖南气象影视工作迎来了发展的机遇。我们和当时的强势媒体湖南经济电视台合作,决定把气象节目做大做强。2006 年 1 月 1 日,全部 6 档气象节目上线,至此该频道全天制作播出节目达到了 7 套,播出频次高达 10 次,顺利实现了在省级电视频道全天候播出天气预报节目的目标,实现了社会效益和经济效益双赢的局面。从这一天起,湖南气象影视中心每天制作播出的节目达到了 19 套,有主持人节目 5 套。

2007 年 9 月,顺应湖南快乐农家频道的需求,3 档不同类型的农业气象类节目应运而生,并首次推出了气象科普类节目,至此我们制作播出的节目达到了 22 套。之后的两年随着湖南电视媒体的起伏变化,气象节目也随之有增有减,但节目数量始终稳定在 19 套以上。

2009—2010 年,湖南气象影视工作在节目拓展方面进展喜人,先后与湖南电视台移动频道、湖南卫视国际频道有了新的合作关系,节目制作数量增加到了 26 套。

(三)重视人才培养和引进改革创新管理机制

人才是事业发展之本,湖南气象影视工作之所以有今天的发展,离不开人才的培养和引进,离不开人才战略的实施,离不开不断创新的管理机制。

1997 年到 2008 年期间,我们先后进行了 4 次较大规模的主持人招聘工作,引进电视专业人才。尤其是 2008 年以来我们按照一岗多能、综合影视人才的目标培养和锻炼人才,通过实施全方位的内部培训以及工作施压等手段,不仅提高了个人技能,也发掘出了个人潜力。

此外,我们还引进了节目包装、化妆师、编导等其他电视专业人才,并在内部培养了 3 名应用气象的高级工程师分别在编导、制作和技术 3 个不同岗位上担任重要职位。

在注重人才培养和引进的同时,近年来,湖南气象影视中心在管理机制上也是不断地创新和完善。2003 年,成立了技术部、专题部、编辑播音部及制作部,不仅岗位职责开始细分,也拉开了重用年轻人的序幕。专题部的成立让湖南气象影视工作不再局限于节目,还向新闻和专题这两大领域延伸。

2004 年我们在湖南卫视率先启用了气象主播制,并逐步推广到其他频道,为主持人风格的形成提供了平台,也为塑造节目的品牌效应打下了基础。2006 年 5 月开始实施总编导责任制,加强节目的质量把关,确保气象节目的权威性和科学性。

2009 年 4 月,湖南气象影视中心全方位进行改革试点,首次将节目一分为二,成立节目一部和节目二部,并实行节目总监负责制和制片人制。节目一部、二部同时承担节目、新闻和专题制作,在内部形成了良好的竞争机制。在保留原有技术部和制作部的同时,增设了媒资管理部,并制订了一系列和岗位配套的考核管理办法。1 年的改革实践下来,湖南气象影视中心无论是整体的精神面貌、工作氛围还是工作成效都有了很大的改观和进步。

二、湖南气象影视的未来发展之路

(一)湖南气象影视的现状

湖南的气象影视服务工作经过十多年的发展和磨炼,在湖南的防灾减灾、社会经济建设过程中发挥了十分重要的作用,创造了很好的社会和经济效益。并逐步形成了一支充满朝气、积极进取、综合素质较高的创作团队。但由于制作场地的限制、人工送带传输方式的落后、电视台对气象节目时长、播出时间的制约、人才结构的不合理等等,湖南气象影视的发展显得有些缓慢,尚未形成规模。一方面气象节目的影响力和品牌效应没有凸显出来;另一方面随着近年来湖南气象信息产业的迅猛发展,尤其是在灾害性预警信息的发布和传播方式上,手机短信凭借其独有的快速性、直接性优势,使其在气象科技服务中的地位越来越重要,从而间接影响了气象影视工作的发展。

眼下电视行业之间的竞争越来越激烈,而网络等其他媒体对电视的冲击也是越来越大,如何能让气象影视更好更快地发展,在对手如云的年代立于不败之地,值得每一个气象影视人深思。我们认为唯有立足于为防灾减灾、应对气候变化、保障人民生活福祉安康、社会经济可持续发展的服务宗旨,制作出让政府满意、让百姓满意、让社会满意的电视气象节目,将气象节目做强做大,做出影响力,辅之以气象新闻、气象科普专题的规模制作,逐步打造成为以气象服务为核心内容的专业影视制作机构,湖南气象影视业才能走得更远、飞得更高。

(二)湖南气象影视发展的两大契机

2010年对于湖南气象影视人来说是个全新的开始。一方面湖南气象防灾减灾预警中心竣工在即,在新的预警大楼里,气象影视中心将拥有600多平方米的业务新平面,同时影视制作设备也会全新升级。宽敞舒适的工作环境、一流的影视制作设备将让我们彻底摆脱多年来因制作场地的简陋和影视设备的制约所带来的种种困扰,转而进展到可以放手去干、最大限度发挥创作潜能的工作状态。另一方面中国气象频道湖南本地节目插播工作的即将展开也让我们看到了湖南气象影视更长足的发展。每半小时3分钟的节目插播量,让我们将不再受当地电视台节目播出时间和节目时长的制约。我们有了足够的空间、足够的自由度可以制作播出不同类型的气象节目;L屏的设置让预警信息的发布可以真正做到最快捷、最规范;重大灾害性天气发生时的现场连线和电视直播可以让气象节目充分扩大它在当地的社会影响力。

应该说,中国气象频道这个平台给湖南气象影视工作提供了发展的空间,湖南气象防灾减灾预警大楼中全新的气象影视业务平面给湖南气象影视提供了良好的硬件设施,让气象影视工作更好更快地发展成为了可能。然而这还只是湖南气象影视发展的两个前提条件,如何抓住这两大契机,利用好新的影视业务平面的良好资源,经营好中国气象频道湖南本地插播节目,让湖南气象影视工作跻身全国同行的前列,迫切地需要我们深入地去探讨并明确湖南气象影视的发展方向和途径。

(三)湖南气象影视的发展之路

1. 紧紧围绕节目质量的提高扩大社会影响力

节目质量的提高一直以来都是湖南气象影视工作的第一任务。近年来我们在节目的内容编排、包装设计、语言的通俗转化、图形图像的规范直观、表现形式的创新、节目风格的形成上有了较大的改观。节目的收视率也很不错,但满意率并不高。也就是说气象节目虽然实用,但并不好看。笔者认为:节目质量的提升始终是湖南气象影视发展的关键。要提高节目的质量,制作出又实用又好看的气象节目可以从优秀气象节目评判的几个要素下手。

第一、节目内容贴近百姓生活服务的实用性、针对性强

天气无处不在,天气与人们的生活生产息息相关,不同的人群对气象的需求不一样,气象节目应根据受众的不同来决定节目的内容、而不是简单播报天气预报的结论。只有将预报结论转化成服务产品,想百姓之所想,急百姓之所急,节目才会有生命力。

第二、主持风格轻松自然、稳重又不失幽默

气象节目是具有科学品质、生活情趣、人文关怀的电视节目。所以气象节目的主持人应该是自然亲和,稳重大方,如和风细雨、冬日暖阳。点点滴滴,娓娓道来,而适当的幽默感会让主持人更容易被观众所记住,因为气象节目也需要"娱乐"。

第三、语言通俗易懂、生动形象温暖人心

电视是一门视听结合的艺术,语言文字是节目重要的一个组成部分。气象节目作为新闻资讯类节目,服务于普通百姓,语言风格必定是大众化、通俗化的,而要想贴近百姓,深入百姓,还必须拟人化、抓人心,达到生动形象、温暖人心的效果。

第四、画面包装精美表现形式富于变化

气象节目要好看,画面包装和表现形式是关键。画面是体现节目特色的一个重要因素,追求的是形式上的感召力。要增强竞争力,我们在追求节目内容创新的同时,也要追求画面的创新。在表现形式上要富于变化,像专家访谈、现场直播、户外主持等等一些电视的表现手法应逐渐成为常态的节目表现形式。此外气象节目的图表图像应该丰富而又直观明了。

如果我们的气象节目能够在内容、风格、语言、画面上得到完美的结合,气象节目就能真正进入百姓的心中,被百姓所喜欢所认可。

2. 加大新闻专题的制作力度形成有规模的创作团队

2002 年初,湖南气象影视中心开始为华风集团提供气象新闻稿件和视频素材,同年也开始了电视专题片的制作。8 年多的时间里,我们累计上传气象新闻视频素材 700 多条,制作各类电视专题片 30 余部。特别是 2008 年以来加大了新闻专题的制作力度,新闻专题的数量和质量得到了较大提升,也因此被中国气象频道授予了 2009 年度新闻贡献三等奖。

笔者认为,湖南气象影视要想更好更快地发展,在做大做强气象节目的同时,还必须在新闻和专题制作上有所作为。通过加大新闻专题的制作力度,培养和锻炼人才队伍,反过来为节目服务。要让气象新闻的拍摄跟天气预报节目制作一样常态化,拍回的素材一方面可以及时充实到天气预报节目里,另一方面可以制作湖南本地的天气新闻类节目。而有了大量新闻外拍的经验积累,今后在重大灾害性天气来临时主持人方能临阵不乱、应对自如,具备电视直播的能力;而专题片的制作则要成规模,要有计划性地制作系列科普专题片,形成影响力。只有通过大量的新闻拍摄和专题片的制作,才能逐步形成一支反应快速、思维敏捷、能吃苦耐劳的电视创作团队。

3. 加强影视技术的发展创新提高节目的质量和制作效率

这些年下来,湖南气象影视人在日常节目质量的提升和制作效率的提高上花费了不少的心血,但效果并不理想。原因之一就是影视技术的应用推广和发展创新不够,特别是在重大灾害性天气关键时期,节目想要变化、想要创新的时候往往因为影视技术跟不上,或者影视制作技术储备不够,导致工作效率相对低下,严重制约了节目的发展创新。

湖南气象影视工作要真正意义上获得发展,除了影视制作设备要适时更新升级,还应不断

加强影视技术的推广应用和发展创新。搬迁到气象影视业务新平面后,我们不仅要学会熟练正确地使用新的影视设备、节目制作系统,对于像虚拟演播室、WEATHER CENTRAL 天气图文制作系统、三维图文实时制作系统之类的先进设备,在引进之后,不仅要将系统的各项功能释放应用到实时的节目制作当中去,还需要有专人甚至一个团队根据节目自身的需求进行二次开发。因为气象节目演绎的是天气,是对天气的"翻译",而天气是瞬息万变的,每个地方的天气又各有特色,所以我们更需要原创的技术,需要气象与电视完美结合的技术。

4. 重视人才的培养和引进建立和完善管理机制

人才是立业之本,是创业守业的关键。而影视这个属于艺术创作的行当对人才的要求更高、更直接、更专业。不仅仅需要知识化、技能化、职业化、专业化、还必须年轻化。

这些年,湖南气象影视中心虽然吸纳和引进了不少影视方面的专业人才,也一步一步地从人员的年龄、学历、专业等方面改善着人才结构不合理的局面。特别是近两年通过大型招聘、内部培训、工作施压等手段挖掘并锻炼出了一些有能力能挑大梁的年轻人,但数量不多。

要想今后几年在人才队伍的建设上有所突破,快速打造一支精干强效的气象影视制作队伍,可以从以下几方面着手:第一,对外招聘选拔影视专业人才,可涉及播音主持、编导、新闻、摄像、影视制作等多个专业,为中国气象频道湖南本地节目插播工作的展开打下伏笔。第二,适时引进有丰富经验的影视高端人才和气象专家,分别从电视和气象这两个领域把握节目的质量。第三,建立完善的教育和培训机制,加大内部人员的培养力度。可定期聘请电视和气象方面的专家进行培训和指导,鼓励自学成才、以能聘人。

除了在人才的引进和培养上加以重视,我们还要使用好人才,唯才是用,给每个有能力的人创造充分的发展空间。要做到这一点,我们应遵循以人为本的管理哲学和竞争择优的用人机制,注重激励和分享,注重薪酬福利的合理分配,实行目标化、项目化的量化管理考核。最终建立一整套完善的管理用人机制、激励分享机制、薪酬福利分配机制,为打造一支年轻而富有朝气、能干而富有情趣、高效务实有执行力的创作团队提供有力的保障。

5. 加强对外合作的力度不断拓展服务阵地和领域

从 1997 年开始,湖南气象影视中心就努力寻求与当地电视媒体的合作。我们的宗旨是每开通一个新频道,就争取上天气预报节目,已开通天气预报节目的频道,就争取增加节目时长或增加节目套数、播出频次。14 年来,与我们有过合作关系的电视台有十几个,目前有着稳定合作关系的频道有 10 个,全部为省级电视频道。今后我们还将继续加强和电视台的合作,一方面通过节目质量的提高来稳定已播气象节目的地位,另一方面应努力开辟新的合作途径,争取节目频次或节目时长的增加,不断扩大气象节目的阵地。

除了和电视台的合作,气象节目要想走得更好和更远,还要最大限度地开拓服务领域,尽可能多地触及各个行业。要让气象节目不仅仅局限于日常的天气预报,而是要充分体现天气与人们生活及生产的息息相关,让"气象走进人心"。因为气象延伸的领域越广,气象为人们生活提供服务的范围越广,气象影视发展的空间就越大。要制作出让受众真正受益的天气资讯类、天气新闻类节目,我们必须加强与其他行业的合作,尤其是行业专家的支持。

此外,湖南气象影视中心还需加强和中国气象频道的合作。一方面继续加大给气象频道提供本地气象新闻视频素材的力度,同时加大新闻类专题成片的制作;一方面借助中国气象频道的技术力量和全国气象影视素材资源优势,努力建设经营好气象频道湖南本地插播节目。

三、结束语

我们相信,只要抓住中国气象频道湖南本地节目插播和湖南气象防灾减灾预警中心落成后气象影视中心硬件条件的全新升级这两大契机,加上所有湖南气象影视人的努力和团结进取,湖南气象影视未来的发展之路必将是一片坦途。

浙江省气象预警信息小区短信发布系统的建设及应用

张　旗　谢国权　张　锋　黄艳玲

(浙江省气象服务中心,杭州　310017)

摘　要:在面临紧急气象灾害时,加强气象预警信息发布的实时性、针对性是不懈的要求。阐述了移动通信中的小区短信技术原理及其特性,系统介绍了基于移动小区短信技术的浙江省气象预警信息小区短信发布系统的建设方式和功能特色。结合系统在台汛期的服务应用情况,进行小区短信发布系统服务能力的评估,进而对系统存在的不足进行分析并提出改进建议。

关键词:小区短信;信息发布系统;短消息;网关系统

引言

浙江省位于中、低纬度的沿海过渡地带,加之地形起伏较大,同时受西风带和东风带天气系统的双重影响,各种气象灾害频繁发生,是我国受台风、暴雨、干旱、寒潮、大风、冰雹、冻害、龙卷风等灾害影响最严重地区之一。灾害性天气的突发性和分布不均匀的特征尤为明显。

发生气象灾害时,通过普通短消息向公众发布气象预警信息是较常用的一种有效手段。但是一旦出现了时空分布极度不均匀的灾害性天气,由于短消息发布技术自身的局限性,就可能导致或者空报或者需要发布更高一级预警信号的地方没报造成漏报或者延迟发布等问题。而小区短信技术能恰好弥补这一不足,能有效地保障气象预警信息的实时性、针对性发布。

一、小区短信发布系统技术原理

小区短信发布系统是利用手机定位技术和信令检测技术,采用高集成度采集设备和数据分析平台,实现在特定区域、特定时间,向特定用户群发送特定信息的个性化短信服务系统。小区短信发布系统可实现短信的个性化服务,防止垃圾短信的任意下发,作为一种新型预警信息传播途径,可以更好地为防灾减灾服务[1]。其系统原理示意图如图1所示。

二、浙江省气象预警信息小区短信发布系统建设方式

浙江省气象服务中心联合浙江省移动公司通过应用小区短信技术建立了气象预警信息小区短信发布系统。气象预警信息小区短信发布系统采用了合作建设的方式。

(一)省气象服务中心职责

省气象服务中心负责气象预警信息小区短信发布系统建设;省气象服务中心租用移动运

营商的小区短信系统服务。

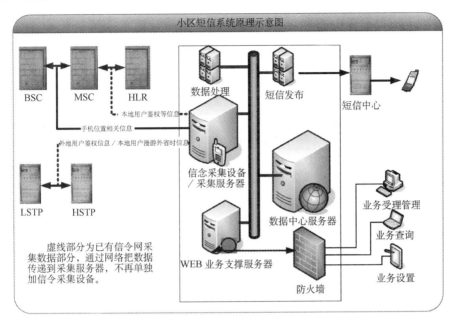

图1 小区短信系统原理示意图

(二)移动运营商职责

移动运营商负责小区短信接入系统建设;向省气象服务中心提供小区短信服务;配合省气象服务中心进行气象预警信息小区短信发布服务的宣传和推广。

三、浙江省气象预警信息小区短信发布系统功能特色

浙江省气象预警信息小区短信发布系统通过租用移动运营商的小区短信系统服务,实现气象预警信息的小区短信发布,系统主要包含有6大功能:

(一)小区短信信息管理

小区短信信息的创建、提交、审核、发布、跟踪和归档。

(二)小区短信发布区域管理

小区短信发布区域的设定和修改。

(三)系统告警管理

告警信息的确认、删除和统计。

(四)系统事件管理

事件查询和接口信息跟踪。

（五）系统状态管理

系统运行状态监控与管理。

（六）系统用户管理

系统用户配置及权限设置。

浙江省气象服务中心建立了气象预警信息小区短信发布系统和发布流程,为气象部门气象预警信息小区短信发布提供了解决方案,确保承担防灾减灾指挥任务的各级领导能发布各类气象灾害信息;保障受灾地区社会公众能得到详细、精确的气象灾害预警信息;在特急情况下,从收到进行预警信息小区短信发布的指令到向定点区域手机用户进行小区短信预警信息发送可控制在 10 分钟以内。气象预警信息小区短信发布系统为气象预警信息及其防御指导信息的针对性发布提供了一个新途径。其系统运行情况如图 2 所示。

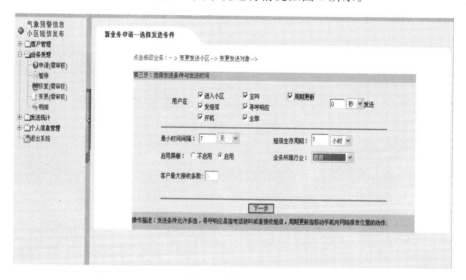

图 2　系统运行图

四、小区短信发布系统应对"莫拉克"台风服务应用情况

2009 年 8 月 8 日 19 时 30 分,根据最新台风"莫拉克"的预报信息,经省局领导签发批准,在浙江省移动公司的大力配合和支持下,省气象服务中心针对预计受台风影响较严重的温州苍南县所在地区,以 106573277702 为小区短信发布接入号,首次进行了预警应急信息小区短信的正式发布,在 19 时 30 分至 20 时 30 分的发送时段期间,实际下发条数为 12.34 万,成功接收条数为 11.64 万。

8 月 9 日 9 时 45 分,根据台风"莫拉克"的预报信息,省气象服务中心针对预计受台风影响较严重的温州地区,进行了预警应急信息小区短信的第 2 期发布,在 9 时 45 分至 11 时 30 分的发送时段内,实际下发条数为 68.1 万,成功接收条数为 64.3 万。

小区短信发布系统的两次下发,均取得了不错的效果,保障了受灾地区社会群众能得到详细、精确的气象灾害预警信息。

五、小区短信发布系统服务能力评估

(一)促进气象服务产品和气象服务手段进一步丰富

在台风"莫拉克"影响期间,各种气象服务产品和气象服务手段轮番上阵,各显神通。气象预警信息小区短信发布系统作为应急渠道确保承担防灾减灾指挥任务的各级领导能发布各类气象灾害信息;保障受灾地区社会公众能得到详细、精确的气象灾害预警信息;促进了气象服务产品和气象服务手段的进一步丰富。

(二)响应速度快

浙江省气象服务中心联合省移动建立了气象预警信息小区短信发布系统和发布流程。在特急情况下,从收到进行预警信息小区短信发布的指令到向定点区域手机用户进行小区短信预警信息发送可控制在 10 分钟以内。

(三)地域针对性突出

气象预警信息小区短信触发信号包括:进入小区、主叫、发短信、开机、寻呼响应。因此,只有处在预先设定灾害区域内的手机用户有触发信号时才会收到预警短信,小区短信发布系统的灾害地域针对性明显。

(四)小区范围界定灵活

小区短信发布系统是基于浙江全省来设计的,其小区划分系统分为两部分来识别。一为逻辑位置小区;二为物理位置小区。物理位置小区采用基站的 CGI 来标识;逻辑小区是以地市位置为界来划分的,逻辑小区实现与物理小区的对应关系。小区的设置由软件设置完成[2]。

(五)动态用户接收效果好

处在预先设定灾害区域内的手机用户有触发信号时,手机与基站(BTS)之间通过无限空中接口进行信息交互,再通过基站与基站控制器(BSC)进行信息交互,基站控制器与移动交换中心进行信息交互,移动交换中心根据信息的类型与其他网元进行信息交互。通过高阻复接相应的接口,可以得到手机关于位置的相关信息。该方式能够稳定,安全,可靠运行,确保动态用户能接收到小区预警短信。

六、存在的不足和改进建议

(一)成功率不高

小区短信触发信号包括:进入小区、主叫、发短信、开机、寻呼响应。经了解在温州苍南地区小区短信覆盖效果不是特别好,加上晚间灾害区域大部分用户处于相对静态,手机信号交互较少,号码捕捉效果不是很理想,并且由于气象短信的特殊时效需要,对小区短信相应设置了接收时效(一小时或两小时),因此在规定时段内接收到气象小区短信的用户数占总用户数约15%-30%,相对灾害区域总体用户来说,总体成功率不高。

(二)时效性欠缺

小区短信自身的触发机制必然导致静态用户接收短信的时效不理想,由于静态用户对手机的操作相对较少,因此用户接收到气象小区短信的时间也会推迟,从而造成时效性的欠缺。

台风结束后,我们对温州地区移动手机用户开展了分区域随机抽取用户的方式进行了小区短信服务的接收核实和回访工作。经任意抽查 20 位有效反馈用户,其中反映能接收到小区短信服务的用户有 3 位,用户对小区短信服务总体满意,希望在时效上进一步加强,并希望气象预警内容能更翔实;未接收到小区短信服务的用户中有 8 位希望能接收到气象预警小区短信服务,9 位表示有其他方式可了解气象信息,不需要小区短信服务。而且大多数用户因接收过气象短信,也不清楚哪个是小区短信。

经过调查与分析,本次气象预警信息小区短信发布基本达到了预期的效果,为气象预警信息及其防御指导信息的针对性发布提供了一个新途径。气象预警信息小区短信发布系统有着响应速度快、针对性突出等优点,但由于小区短信技术本身的局限性和气象预警信息特殊的时限要求,在实际操作过程中,还存在成功率不高和时效性较差等缺陷,不适合对大量的用户进行服务,实际效果并不显著,建议将其作为突发性、灾害性预警信息发布的应急补充渠道。

七、结束语

小区短信的优点是可针对目标区域特定用户群发送信息,服务目标指向性强;短信发布方可确定短信接收方的接收情况。缺点是受限于短信的发送速度,不适合对大量的用户进行服务。因此对于区域范围较小的气象灾害预警信息和应急信息的发布,将是气象预警信息小区短信发布系统发挥作用的主要战场。我们有理由相信,气象预警信息小区短信发布系统经过不断地改进、优化,发挥自身优势,做好定位,必将进一步丰富公共气象服务产品,实现多层次的公共气象服务。

参 考 文 献

[1] 孙剑骏.2002.数字移动通信中的小区广播业务[J].电子质量.**8**:51-56.
[2] 鲁士文.2002.多媒体网络技术与应用[M].北京:清华大学出版社.0-51.

浅析安徽省公共气象服务业务系统建设思路

徐春生　　张脉惠　　汪克付　　吴丹娃

（安徽省气象局,合肥　230061）

摘　要:在气象科技水平不断提高的今天,如何整合现有公共气象服务资源,建立公共气象服务业务系统,提供更加优质和完善的公共气象服务,成为公共气象服务工作能否持续发展的关键。安徽省气象局开发建立的公共气象服务业务系统,通过有效整合资源、优化业务流程,提高了公共气象服务产品的质量和公共气象服务的能力与水平,为安徽省公共气象服务的进一步深入发展奠定了坚实的基础。

关键字:需求;优化;流程;服务

在气象科技水平不断提高的今天,如何更好地开发与公众工作、出行、健身、医疗和日常生活相关的服务产品,实现公众气象服务多样性;如何更好地依托精细化的预报产品加工和包装服务产品,实现公众气象服务精细化;如何更好地及时发布、更新气象实况和预警信息,实现公众气象服务发布高频次,不断提高公共气象服务的满意度;如何更好地充分利用各种气象预警信息发布平台和各种社会资源与传播载体,推进公众气象服务信息"进农村、进企事业、进社区、进学校、进医院",实现公众气象服务广覆盖;如何更好地开展针对不同行业的气象监测、预警、评估和咨询服务,改变行业气象服务科技含量不高、服务产品不专的状况,提升行业和专项气象服务科技水平;如何更好地实现科技服务效益的快速增长。我们认为必须通过有效整合资源、优化服务业务流程,建立公共气象服务业务系统,为社会公众提供更加优质和完善的公共气象服务,才能解决上述需求。

一、公共气象服务业务系统建设的必要性和紧迫性

随着计算机网络与信息技术的不断发展和现代气象科技水平的提高,传统的公共气象服务业务流程和工作方式已经难以适应当今社会对于气象服务工作的新要求,具体表现在以下几个方面:

(一)气象服务资源有效整合的需要

以前,安徽省公共气象服务业务都分散在不同的服务实体和局直业务单位,公众气象服务和行业气象服务产品是由省、市、县气象部门制作发布,尚未完全形成气象产品全省共享机制。气象服务业务系统多种多样,尚未形成一个权威的、综合的信息收集、产品制作和发布业务系统。气象服务业务系统建设零散、缺乏统一规划、满足不了公共气象服务业务未来发展的需求。

随着气象服务信息化水平的不断发展,对于气象服务的实时性和准确性要求将进一步提

高。零散的气象服务业务系统不利于气象服务的拓展和传播,将会成为做好公共气象服务的严重障碍,规划建设全省统一的公共气象服务业务系统成为当务之急。

(二)业务流程完善的需要

对于公众生活和行业生产有着重大影响的专业气象服务产品的制作渠道单一、流程复杂,难以有效管理;部分专业气象服务产品的制作缺乏统一的衡量标准,许多产品脱离行业需求,行业气象服务信息特征体现不突出;或者因为专业化程度过高,无法转化成人们日常实际应用的规范化产品信息,使气象服务产品价值大打折扣。气象服务产品制作流程还需进一步完善,需要形成一个统一的、责任明确的、面向多个服务层次的公共气象服务业务系统。

(三)提高气象服务产品科技内涵和服务质量的需要

目前,我省公共气象服务产品已经拓展了与气象服务信息高相关度的行业和区域气象信息服务产品。但是短暂、拼凑式的整合并没有真正有效、长期地发挥气象服务优势。气象服务产品仍存在加工深度不够、产品内容和表现形式不够丰富的问题,主要体现在:专业气象服务产品在内容和形式上表现过于单一,产品图形图像化和再加工不足。

另一方面,公共气象服务产品的受众十分广泛,人们对公共气象服务产品的内容和形式有着多层次的需求。但是由于现行的业务系统缺乏顶层设计,业务系统的输入形式多种多样,加上各专业的技术特点不同,导致了存储方式不同、资料格式各异。这种情况导致的直接后果就是大量公共气象服务信息闲置;而与此同时,大量的专业气象服务资料却无法转化成公众所需要的日常气象信息资源,在气象产品供给和需求上出现了严重矛盾,人们的气象服务需求无法得到很好的满足。

综上所述,目前我省公共气象服务存在的问题为:公共气象服务能力建设滞后,公共气象服务能力和水平与经济社会发展要求不相适应;公共气象服务产品质量不高,科技含量不足;缺乏功能完备的公共气象服务业务系统,服务缺乏针对性,公众服务信息覆盖面不够宽,专业服务深度和广度不够。

经济在发展,社会在进步,现代气象科技的水平也在不断提高,人们对气象服务产品的高品质、精细化和实时性应用要求越来越高。作为整个气象服务的关键和核心,公共气象服务工作担负着面向地方党委、政府的决策气象服务、面向社会大众的公众气象服务和面向特殊需求用户的专项气象服务等主要任务;而公共气象服务业务系统的完善程度和先进性是气象服务能力和水平的体现。如何进一步细化服务需求、优化服务流程,能否研发更实用、更优质的公共气象服务产品,能否提供多角度、全方位的公共气象服务,成为公共气象服务工作能否持续发展的关键。因此,整合现有公共气象服务资源,建立一个公共气象服务业务系统,进一步调整和优化公共气象服务工作流程,提高公共气象服务产品质量,进一步提升公共气象服务能力与水平,显得尤为迫切和重要。

二、安徽省公共气象服务业务系统建设思路

安徽省气象局按照"全社会参与、多部门联动"的防灾减灾要求,遵循"资源、人才、技术和手段集约化"的原则,体现"社会需求引领公共气象服务,公共气象服务引领气象业务"气象发

展理念,建立公共气象服务业务系统。

(一)建设内容

根据安徽省气象服务中心公共气象服务信息化的战略目标规划,安徽省公共气象服务业务系统以公共气象服务产品库为核心,包括信息共享、产品制作、编审分发、业务监控、客户管理5个子系统。

公共气象服务产品库包括基本素材库、中间产品库和服务产品库。各子系统功能上相互独立,逻辑上相互联系,在数据流、任务流的引导下实现信息交换,通过对业务流程、数据信息、运行状态等关键环节的监控,确保公共气象服务各项业务有序、高效、稳定运行。

(二)总体目标

通过公共服务业务系统建设达到完善机制、优化流程、提升能力、强化服务的要求,逐步建成功能完备的安徽公共气象服务体系,基本实现服务业务现代化、服务队伍专业化、服务机构实体化、服务管理规范化。

1. 建设公共气象服务信息库和公共气象服务数据库

解决公共气象服务中基础信息资料匮乏局面。推进省、市、县级行业内部以及相关部门的资料交换共享。公共气象服务业务系统是面向全省公共气象服务业务的信息系统,涵盖公众气象服务系统、气象灾害防御业务系统、专业气象服务系统、社会调查与信息反馈平台和科普宣传平台等系统。要建立制度化、程序化的跟踪管理模式,让管理者做到一切尽在掌握之中。

2. 建立科学合理的公众气象服务、行业气象服务业务流程

以气象基本业务产品和公共气象服务产品为主线,按照"公共气象服务引领气象事业科学发展、公共气象服务引领气象预报预测和综合观测业务发展"的建设宗旨,面向服务需求,建立科学合理的公众气象服务、行业气象服务业务流程。以公众满意度和覆盖率为重点,科学合理建立公共气象服务跟踪管理和考核反馈机制。

3. 提供按需分发的服务渠道,提高公共气象服务整体水平

整合电视、广播、报纸、电话、互联网、手机短信、电子显示屏和专用警报机等各种气象服务信息发布平台,实现气象信息资源的充分利用,为公众提供按需分发的服务渠道,提高公共气象服务整体水平。中心异构平台间具有协调性和互操作性,减少重复劳动,提高工作效率。

4. 拓宽气象服务领域,满足社会对公共气象服务的新需求

健全部门合作与联动机制、效益评估与反馈机制,提高社会公众的参与度,关注社会对公共气象服务的新需求,不断拓宽气象服务领域,提升气象服务的社会经济效益。

5. 建立职责明晰、管理科学的工作平台

规范信息获取、产品制作、产品分发、系统运行监控、效益反馈等各环节的管理;实现对业务流程、业务组织的规范化和科学化管理;

(三)设计原则

安徽省公共气象服务业务系统的设计和实施将完全基于标准的三层体系结构,采用国际

先进的信息、通信、网络等技术和一系列的企业级服务器产品。

为了保证安徽省公共气象服务业务系统的质量,我们在进行系统的设计、开发、部署和运行管理规划时将遵循如下原则:

1. 信息安全

系统的安全性要作为所有功能模块的起点、重点,保证系统不被非授权用户侵入,数据不会丢失,传输数据安全可靠,业务系统要有对使用者、发送和接收者的身份确认等功能。

安徽省公共气象服务业务系统可以集成多种符合国际标准的安全协议,可以支持符合标准的数字证书集成。

2. 系统稳定

要充分考虑可靠性要求,采用多种高可靠、高可用性技术以使系统能够保证高可靠性,尤其是保证关键业务的连续不间断运作和对异常情况的可靠处理。

通过周密的系统调研和分析,确保对业务要求的正确理解;通过规范的项目管理和严密的系统测试,保证系统业务处理的稳定性。

3. 模块结构

系统符合三层客户/服务器体系结构,随着应用水平的提高、规模的扩大和需求的增加,系统应能满足新增的需求,而系统的体系结构不需做较大的改变。系统平台应能方便扩展,以支持有价值的新兴气象服务扩展业务。多种服务器协同工作时,要保证实现大用户量并发处理和高效的网页浏览速度。

4. 操作简单

安徽省公共气象服务业务系统在设计时系统应具有一致的、友好的客户化界面,易于使用和推广,并具有实际可操作性和易用性,使用户能够快速地掌握系统的使用。

由于系统分布式部署的范围比较广,因此系统平台应具有良好的可管理和易于维护的特点。

(四)设计要求

系统基于 GIS 的底层支撑系统,实现区域服务产品的可视化制作与分发;

基于 B/S 和 C/S 的混合模式,进行模块化设计,尽量实现与各单位已有的业务系统及有关管理信息系统的衔接;

基于以 XML Web Service 为核心的当前最先进的企业级应用开发平台 Microsoft. NET,同时采用国际上先进、成熟、实用的技术标准;

系统采用多层服务结构体系,表示层、业务层、服务层、组件层、数据层分开,以满足系统松耦合性、位置透明性以及协议无关性要求,提高系统结构的扩展性和柔韧性,方便系统迁移、修改和升级;

系统采用成熟的 Microsoft SQL Server 2008 大型关系型数据库作为系统后台的数据库管理引擎,并支持对各种类型数据库系统的访问和存储方式;

系统采用 XML Web Service、SOAP 等技术,提供数据交换、路由连接等服务,以满足业务应用整合的要求,采用多层架构的体系结构,具有平滑扩张能力;

　　基于工作流的流程管理,建立灵活多变的工作流,适合不同的公共气象服务产品制作、审核、签发等产品生产过程。实现集中分布式部署,并能通过扩展服务器达到无限用户数的性能要求;

　　灵活的权限设置,分级管理,实现严格的安全身份认证和授权管理,保证系统完整性与安全性;采用先进的开发平台和技术,确保系统环境的先进性。

(五)系统功能与结构

　　安徽省公共气象服务业务系统包括信息共享、产品制作、编审分发、业务监控、客户管理等5个子系统,以及其他系统运行必备的功能模块(如系统管理、系统权限管理等)。

　　1. 信息共享子系统

　　公共气象信息综合共享平台是基于 B/S 结构,对气象信息进行集中展示的平台。信息内容包括台站基础信息、综合观测资料、数值预报产品、历史气候资料、基本业务产品、气象服务产品、气象灾情档案等内容的数百种信息资料。平台的信息基础主要是实时资料文件库、历史资料数据库。平台上需提供气象信息显示、下载、检索操作,历史数据库、气象灾情档案功能。

　　2. 产品制作子系统

　　公共气象服务产品制作子系统,是利用基本气象信息加工制作气象服务产品的软件系统。子系统依托气象信息共享平台的综合气象观测、数值分析预报、基本业务产品等类别的气象资料,运用 GIS 技术,以用户需求为目标,加工制作出直观、形象、针对性强的服务产品。产品内容包括综合观测产品、精细化预报产品、灾害性预警产品、生活气象指数、行业气象服务产品等类别。子系统的设计重点是提高气象服务产品的数据表现能力,对历史气象资料的深层次应用,和对新型业务产品研发的技术支撑。实现服务产品的图形图像化、专业化和再加工。

　　3. 编审分发子系统

　　气象服务产品编审分发子系统是由公共气象服务产品的编辑、审核、发布等功能模块组成的软件系统。其主要功能是在确保信息安全、系统安全、操作安全的前提下,通过高速通信链路或网络,将经过审核的各类气象服务产品分发给不同媒体和用户,并且具备对发布过程进行监视、干预等相关功能。本子系统必须具备 GIS 的相关功能,以充分体现“分服务、分对象、分区域、分时段”的发布理念,和“多层次、多方式、高精度、广覆盖”的服务理念。通过气象服务产品分发系统建设,整合原有的业务流程和规范,再造全新的业务流程,实现更加合理、高效的公共服务新模式。

　　4. 业务监控子系统

　　公共气象服务业务监控子系统是对公共气象业务中主要业务流程进行监视、干预的软件系统。子系统以气象短信制作发布、影视产品制作发布、城镇天气预报深加工及发布、突发气象灾害预报信号发布、生活气象产品制作发布、行业气象服务产品制作发布、科普宣传产品制作发布等公共气象服务主要业务为管理对象,在对网络设备、硬件系统、数据信息、服务产品进行监视的基础上,按照工作流程、信息流程,对各项业务的状态、进程、数据、产品等关键环节进行监视。监控结果通过屏幕实时可见,业务值班人员根据流程管理反馈信息,及时调整发布对象、发布方式、发布手段,各平台系统根据流程管理反馈信息及时处理运行环节中的问题,确保整个业务系统安全高效运行。

5. 客户管理子系统

客户管理子系统是对享受公共气象服务的对象进行管理的软件系统。客户对象包括公众用户(短信、彩信等服务的对象)、行业用户(交通、电力、报纸、电台等用户)、决策服务用户(各级政府、部门领导和相关人员)以及应急预警所面向的,预先在服务系统数据库中已经登记的服务单位或个人。子系统的主要功能包括:客户基本信息管理、客户业务订购管理、客户交流反馈管理等模块。子系统通过对服务对象的组织管理,为其他子系统提供客户数据支持。系统将通过预定义的通用的标准的客户对象模型和功能接口,实现对服务对象的信息管理、服务管理、客户检索、统计查询和其他的管理。

6. 其他功能模块

用户及权限管理:实现系统操作人员的添加、删除,以及结合业务需求,针对业务不同的业务人员、管理人员、服务人员以及省局有关领导和职能处室人员等工作要求,通过角色分配和权限设置,分配操作权限。所有操作人人员分配操作账号和密码,登录系统前进行身份鉴权,系统用户的所有操作轨迹将自动记录。

系统管理:通过系统管理,可进行系统的平台参数设置、工作流程设定、功能界面的设置、自定义模块的添加、操作日志查询等功能。

三、安徽省公共气象服务业务系统建设的重要意义

(一)公共气象服务业务服务系统的建立,提高了信息共享水平,实现了气象信息资源的有效整合和高效利用

通过公共气象服务业务系统建设,优先整合一些使用范围广的基础数据,并规范各业务系统的数据要求,统一数据源,确保气象服务基础数据的安全和高效使用、数据共享和数据流畅通;同时,为满足公共气象服务业务系统对基础气象信息的需求,集中建设"安徽省气象信息综合共享平台"。该平台作为公共气象服务业务系统的唯一数据源,实现了对所有实况和历史气象资料、基本业务产品、气象服务产品和气象灾情等数据的统一查询、检索和应用。各业务单位按照"谁提供、谁维护"的原则,实行分布式数据管理。这些做法不仅为各个功能服务模块间应用整合提供了良好的基础,很好的满足省公共气象服务中心对核心业务数据的管控、分析、决策的要求,而且大大提高了各业务单位对气象服务中心的技术支撑能力和部门内业务协作水平。

(二)公共气象服务业务系统的建立,实现了服务业务的闭环管理,气象服务业务流程得到转变和优化

安徽省公共气象服务业务系统的建设,从整个产品和信息流程的大体系出发,分别设计了信息共享、产品制作、编审分发、业务监控、客户管理等5个子系统。其中信息共享、产品制作、编审分发子系统按照数据流、任务流的方式进行信息交换。特别值得一提的是,业务监控子系统的实时监控贯穿于业务服务始终,实现对产品信息的采集、制作、加工、分发的全程实时监

控,包括对产品信息内容和格式的监控,从而形成了一个完整的公共气象服务业务系统。另一方面,公共气象服务业务系统的建立使信息采集、产品制作、产品分发、实时监控、效益评估反馈形成一个完整闭合集约的气象服务业务链。这种设计转变和优化了业务流程,气象服务工作能力和工作效率也得到了进一步提高。

(三)公共气象服务业务系统的建立,实现了服务产品的图形图像化、专业化和再加工程度,提高气象服务产品科技含量和服务质量

在业务系统开发过程中,我们始终从提升公共气象服务能力出发、以提高服务产品加工制作水平为重点,紧紧围绕社会公众服务需求进行系统功能设计。通过调查发现,精细化预报服务、灾害性天气预警服务、生活气象指数、行业气象服务和实况气象信息依次排在公众气象信息需求的前五位。因此,在产品制作子系统中重点围绕这五大类服务产品进行深加工,大大提高了服务产品针对性。"把只有专家看懂的气象资料,变成大众既通俗易懂、又富有现代表现力的作品,是我们的任务",产品制作子系统紧紧依托各种基础气象资料和基本气象业务产品,大量运用3D技术和空间分析技术,结合GIS信息(海拔高度、交通线路、主要水域等)、地质灾害点信息,人口密度、主要农作物种植区等经济社会环境数据,结合历史服务范例,以及社会、公众和用户的实际需求等对其进行检索、加工和包装,通过图层叠加分析天气影响,制作出直观、形象、针对性强的综合观测服务产品、精细化预报服务产品、灾害预警服务产品、生活气象指数、行业气象服务产品等,达到全面、通俗、直观的展现气象服务信息的目的。

安徽省公共气象服务业务系统的这一设计,建立了服务产品交换和共享机制,实现了地理信息和社会经济信息与气象信息的融合,服务产品的显示与综合集成,统计分析检索、数据挖掘、服务产品生成以及辅助决策支持等,为气象灾害风险评估、气象服务等提供了技术支持。通过开发客户管理子系统,加强对用户反馈信息的收集,根据用户反馈改进气象服务,并在此基础上进一步开展定期气象服务需求分析,了解各级政府、公众和专业用户的潜在需求;同时,在明确评估重点行业基础上,制定气象服务效益评估方案,采用多种方法定期评估气象服务效益,从而为公众提供更好更完善的气象服务,使得气象服务工作更加富有针对性和成效。

安徽省公共气象服务业务系统建设,必将为"防御和减轻气象灾害、应对气候变化,强化气象部门社会管理和公共服务职能,增强公共气象服务对气象事业和现代气象业务发展的引领作用,实现公共气象服务多样性、公共气象服务精细化、公共气象服务高频次发布、公共气象服务广覆盖以及公共气象服务科技水平提升",也必将促进安徽省公共气象服务业务的快速发展。

多时间尺度地面气象服务模型

何险峰　　徐　捷　　雷升楷　　罗永康　　薛　勤　　秦明俊

（四川省农村经济综合信息中心，成都　610072）

摘　要：提出基于浏览器的多时间尺度的地面气象要素服务模型，用于中国天气网页面服务。以全国气象自动地面站小时气象要素实况基础，按照多时间尺度的思路进行加工处理，使公众能够在中国天气网上，通过交互方式获取到各种地面气象图形服务产品。该模型在中国天气网投入使用后，获得了较高的点击支持。

关键词：多时间尺度；气象服务

引言

公共气象服务是气象部门中涉及国家众多服务领域的业务工作。互联网时代，探寻更加有效和便捷的气象服务方式，已经引起中国气象部门的高度重视[1]。地面气象要素实况是开展短时临近、短期、中期、气候等气象服务工作的基础。气象服务部门将经过加工后的地面气象要素文字分析、数据列表、曲线分析、二维图形分析等产品通过各种媒体，为用户提供服务，已经具有多年的实践经验。但是，用户较难从服务产品的网站窗口中，随时随地发现具有系列化特征的服务产品。即现在公共气象服务所提供的地面气象要素产品，大多数还不具备时间深度特征和地理图分解细化特征。

在开展以地面气象要素为基础的服务中，需要明确气象服务的深度——多时间尺度的含义。在数值信号处理中，小波分析[2]通过对原始数值信号分解，得到一组包含不同尺度的分解信号。由此，可以通过含较少信息的大尺度信号，把握原始数值信号中的主要特征；同时，通过小尺度信号，发现原始数值信号中的细节特征。在天气学、气候学中认为，一定时空范围的某种天气现象的发生，是环流背景——大尺度系统、天气尺度系统、中小尺度系统的共同作用结果。目前，通过气象信息中心的数据共享系统，服务部门可以业务化的获取到逐小时实时站点地面要素记录。理论上，就可以分解得到一组小波分析意义上的各尺度图形化产品。也可以在天气学、气候学理论的指导下得到天气尺度系统、中小尺度系统的特征。但是，这些"尺度"的含义，较难在用户中推广。故气象服务中的多时间尺度的定义是出于公众的使用习惯和便于气象服务而确定的。即一般选取普通历法中小时、日、旬、月、年等 5 个时间尺度，作为要素处理或统计加工的前提。

地面气象要素服务模型仅仅有多时间尺度概念的支撑是不够的，还需要找出构成模型的相互作用维度、要素在多时间尺度条件下的活动规律、系列产品中每一个尺度产品的特征、尺度产品之间的逻辑联系和实现流程等，并给出每个尺度产品的表现方式和技术实现方案。

一、维度构成

维度在数学中是独立参数的数目。地面气象要素服务中,维度是服务工作所涉及的独立分类数目,以及每个分类下的属性集合。

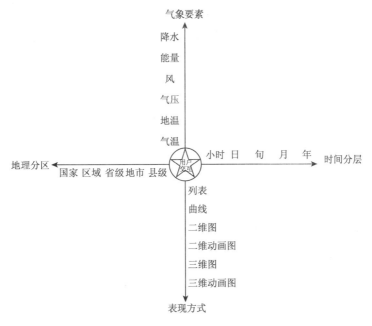

图1 气象服务模型的四个维度

图1试图从浏览器为背景,从用户使用的角度,提取出服务产品中的主要维度,设计一套多时间尺度为维度特征的地面气象要素服务模型。由图可以得出,地面气象要素服务模型主要涉及时间分层、地理分区、气象要素、表现方式等四个维度。横坐标维度是时间分层和地理分区,用于反映多时间尺度与地理分区的相互区分和作用。纵坐标维度是气象要素和表现方式,用于反映气象服务产品中实质和表象的关系。

对于多时间尺度为特征的服务,模型强调舍弃以往由于计算能力不足而带来的服务时间不连续、服务地理不到位、服务分析多留于文字上的观念,重新建立时空连续、以自动化图形服务部分替代专业文字服务的新理念。故模型建立的重点在于要素的时间多尺度划分上。对气象要素,通过多年气象服务的积累,较为容易确定对地面观测要素的取舍,还可以根据服务的需要加工出新的要素;对于气象要素的表现方式,也不难通过第三方软件加以实现。

图1中"用户交互"是想表达用户为中心的观念。以往的地面气象要素服务是一种"推"模式,服务人员是中心,用户处于被动态,新的模式是一种"拉"模式,用户处于主动方。有两方面的含义,第一点是只要用户发出要素、时间、空间、表现方式的请求,便可获取到相应的服务产品;第二点是针对图形化产品,专业人员对产品进行评注,用户对产品情况进行评价,让专业人员与用户之间产生互动。

二、气象要素维度

自动站每小时气象要素是开展地面气象要素服务的基础。通过考察农业、工业、旅游、交通、决策等多领域,选定:气温、最高气温、最低气温、0 cm 地温、0 cm 最高、0 cm 最低、10 cm 地温、40 cm 地温、相对湿度、水汽压、气压、降水、风向、风速、θse、能见度作为开展服务的基本气象要素。

气象要素主要分为连续时间变化、离散时间变化要素两类。一般连续时间变化要素,在统计时使用平均值,而对于离散时间变化要素在统计时使用合计值。如:温度类是连续时间变化要素,统计时使用平均温度,而对于降水是离散时间变化要素,统计时使用累计值。

为了克服由于中国地形起伏变化太大,绘制等压线的困难,模型中引入物理量 θse[3]。

为了反映气温、降水、气压、θse 等要素在一定时间段内的连续变化或消除日较差影响,要素中引入这些量的滑动统计要素,并参加日常服务。

三、多时间尺度维度

要素的多时间尺度分析与设计是地面气象要素服务模型核心。图 2 给出了气象要素在 5 个时间尺度上所具有的构成关系。

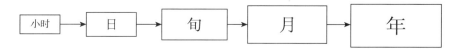

图 2　气象要素在时间尺度上具有构成关系

时间尺度上地面气象要素具有如下特征:

周期特性。是表现方式中时间坐标设计的依据。主要用于曲线图中时间轴的长短划分。如:小时要素具有 24 小时的日周期,见图 3;日要素具有 30 天左右的月周期;旬要素具有 36 旬的年周期;月要素具有 12 月的年周期等。

尺度特性。是统计表类型设计的依据。气象要素在时间上,具有尺度特性。例如:含较少信息的日要素统计值,是本日小时要素值的主要特征,代表了小时要素的演化方向。即同样的要素,对不同时间尺度,要素曲线的反映具有很大差别。一般时间跨度越大,曲线越平缓。如图 3 所示[4],24 小时滑动平均气压曲线较小时曲线就平缓得多,故较大的尺度曲线对较小的未来变化具有指示作用。

构成特性(见图 2)。是统计流程设计的主要依据。小时要素每日有 24 个时次观测值,日要素用其中的世界时前一日 18Z 和本日 00Z、06Z、12Z 数据统计得到日值,旬值用日值统计得到,月值用旬值统计得到,年值用月值统计得到。

日较差特性。是滑动平均过滤的依据。小时要素受昼夜影响明显,造成小时记录的变化不易发现其变化的规律特征,故采用 24 小时滑动平均或合计来反映要素的变化趋势。

气候约束特性。是气候统计表的设计依据。一般情况下,日、旬、月、年要素都会在气候(平均、最大、最小)值范围内变化。特殊情况下,气候(平均、最大、最小)值,也会随时间而产生新的气候值,见图 4。故在服务产品中,气候值并不是一个常量,也需要每日更新。

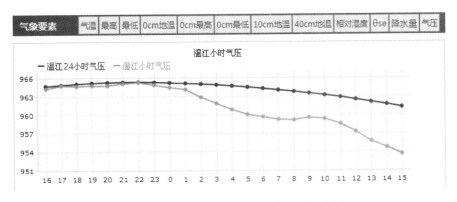

图 3　24 小时为周期的气压与滑动平均气压曲线

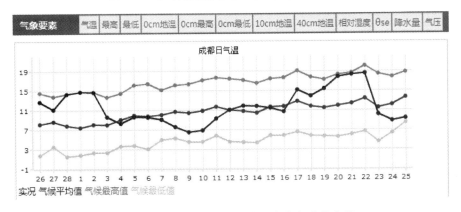

图 4　30 天为周期的日平均气温与气候变化曲线

可定制特性。是用户交互设计的依据。用于实现用户对给定时间尺度图形分析产品的"拉"模式功能。在曲线分析环境下,可通过一组交互式控件,完成产品所需时间范围的定制,见(图 3)。在二维图分析环境下,可通过一组交互式控件,完成产品指定时间的定制,见(图 5)。

四、地理分区域二维图

地面要素二维图形产品是概貌性的服务服务产品。GIS 在交通、旅游等为代表的地理信息服务方面,得到广泛应用,它对地理离散点信息提供,具有很大的竞争优势。然而,在气象方面要素的地理信息,除了需要离散点信息外,更多需要要素在二维场的连续表示(见图 5)[5]。按中国气象局分区域中心、中国行政管理分省的地理划分思路,模型将二维图分为区域(西南、西北、华南、华北、华东、东北等 6 个区域)和所辖的省(市)两级分发服务产品。

在地理上,二维地面要素分析图形同时也是多时间尺度意义上的服务产品。除了上述按区域、省划分外,在时间上也按小时、日、旬、月等提供二维图形服务。

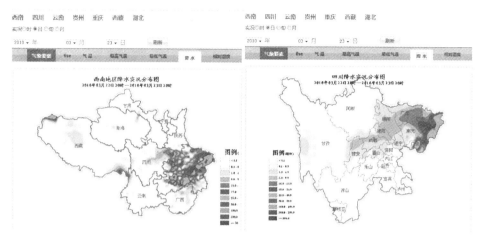

图 5　中国西南区域和四川省 2010-3-23 日降水分析图

五、模式的使用效果

2009 年在中国气象局公共气象服务中心的统一组织和四川省气象信息中心的支持下,中国天气网四川站[4]于 2009 年 10 月,将该模式逐渐引入到"气象服务"、"实况分析"栏目。引入模式前四川站在全国的点击排名位于 24 名左右,引入模式后四川站的点击访问次数,由日点击 5 万多次,上升为 2010 年 3 月末的 14 万次,四川站的点击排名也向前移动到第 17 位。由此可以表明,多时间尺度地面气象服务模型受到越来越多的用户关注。

六、小结

"拉"方式的气象服务模式,让用户处于主动方,是开展基于互联网服务的一种发展趋势,这种模式在订票、购物等环境中已经得到广泛应用,在气象领域中,雷达回波图、卫星云图、天气图动画显示中也应该是一种主动服务的"拉"模式。

按小时、日、旬、月等多种时间尺度组织气象服务产品,并通过曲线和二维图一体化的展示出来,表达出即便是同一要素的气象服务产品,也可以具有系列化的特征。按照这样的理念设计的服务产品可能是未来气象服务模式的一个发展方向。

由于篇幅关系,本文并未涉及模型的技术实现环节。如果有机会,可以通过"数据层导向的气象 CMS 模型"[6]来了解模型的具体技术实现。

目前,该模型仅仅应用于西南区域和长江中上游的服务,尚未在全国大范围使用。模型在动画显示、错误观测要素识别、动力特征要素、产品提供的及时性、气候统计值算法、色彩(缺乏美、文化)表示等方面尚需要进行改进。

参 考 文 献

[1] 郑国光.着力加强公共气象服务系统建设[EB]. http://www. gov. cn/gzdt/2009 - 02/19/content_1236345. htm.

［2］何险峰等.小波 Chebyshev 多项式模式［J］.计算机应用研究,2009 年增刊.

［3］丁一汇.天气动力学中的诊断分析方法［M］.北京:科学出版社,46-47.

［4］实况分析［EB］.http://www. weather. com. cn/sichuan/skfx/index. shtml.

［5］气象服务［EB］.http://www. weather. com. cn/sichuan/qxfw/index. shtml.

［6］何险峰等.数据层导向的气象 CMS 模型(待发表).

GIS 及地理处理过程技术在气象服务产品后台生成系统中应用*

吕终亮[1]　吴焕萍[1]　唐　卫[1]　郑卫江[1]　罗　兵[1]　吴恩平[2]

（1. 国家气象中心，北京　100081；2. 北京建筑工程学院，北京　100044）

摘　要：本文主要介绍了气象服务产品后台生成系统（MSPGS）的建设情况。分别从系统的体系结构、关键技术及应用实例几个方面进行了详细介绍。MSPGS 系统采用了基于工作流（Work-Flow）处理方式的地理处理过程（Geo-Processing）技术进行模型的建立，使用 ModelBuilder 窗口制作模型，并利用 . Net Remoting 技术实现系统的分布式部署。MSPGS 实现了产品高质量后台批处理加工能力，能够生成各类叠加地理信息的多种格式的气象专题图；系统采用可扩展的框架，可以使不同的模型工具方便地集成到系统中来，利用了分布式运行模式，集中部署，多用户分布式运行管理作业任务的运行监控与管理。

关键词：工作流；分布式；气象专题图；地理处理；后台自动；模板设计

引言

气象服务产品的多样性导致了服务产品制作的复杂性，尤其是需要后台自动制作产品的动态修改就显得更为复杂[1]，往往在增加一项新的需求时，我们既要保证能增加新的功能，还依然要保持原来功能稳定性，对开发人员来说就增加了很大的工作难度，而且很多需求都是在时间紧迫的情况下必须完成，这无疑给开发人员提出了更高的要求。以前的多种气象产品制作系统在增加某一应用时，采用的思路是将应用程序进行改造，使之适合于某一具体应用。通过应用实践证明，这种思路不仅给开发人员带来工作难度，也不能很好地满足业务动态发展的需求。

基于以上的种种原因，我们设计出一种新的工作模式，以工作流（Workflow）处理方式的地理处理过程（Geo-Processing）能很好地解决这些问题，这种新的工作模式，使得我们能够像搭积木一样，有了新的业务需求之后，我们只需要修改、搭建一下新的流程，对新的需求定制一下，最后就完成部署。经过最终的努力，我们研发出了具有可视化的加工流程设计、地图模板设计、分布式任务调度与定时运行、产品自动上传等功能于一体的气象服务产品后台生成系统（MSPGS）。经过业务实践证明，MSPGS 能够从容的应对动态的业务需求，既能够实时增加多样的业务，又能够后台自动运行，且保证了产品的质量、多样性。目前，MSPGS 系统已在国家气象中心、公共气象服务中心、中国天气网、上海、吉林，广东、四川等气象业务单位实时业务运行。

*　本文得到了技部项目 2007BAC29B06，2006BAK01A29、2006BAK01A18、2006BAD04B10 以及气象局新技术推广项目 CMATG2009MS33，CMATG2010203 共同资助。

一、GIS 及地理处理过程

(一)GIS GeoProcessing 基本概念

　　Geoprocessing 是 ArcGIS 桌面平台的一个基础组成部分,它采用了工作流的管理思路,利用 ArcToolbox 中的各种工具为地理空间工作流进行框架建模,自动执行空间分析与处理。ArcGIS Geoproeessing 框架主要包括两个部分:ArcToolbox(空间处理工具的集合)和Mod1eBuilder(可视化建模环境)。ArcToolbox 管理所有由 ArcGIS 提供的地学处理工具,主要有以下几大类:数据管理、数据转换、矢量分析、空间分析(基于栅格)、地理编码、统计分析和3D 分析等。ArcToolbox 中的工具可以单独使用以完成某一空间处理功能,也可作为Mode1Builder 创建的空间处理模型中的流程节点[2]。

　　ModeBluilder 为设计和实现空间处理模型提供了一个图形化的建模工具。用户可以通过此工具利用 ArcGIS 提供的功能来建立一些业务所需要的模型,可以通过类似工作流的方式来构建模型,然后进行批处理运行,同时支持高级用户的二次开发,实现复杂的、特定领域的业务建模能力。在 ModelBuilder 环境中,数据对象和空间分析工具均以图标形式展示给用户,一个复杂的模型可以按功能划分为简单的模型,然后再组装起来构成一个复杂的模型[3-4]。

(二)相关概念

　　地图文档:包含一个或多个数据框,在数据框中包含要显示的图层,这些图层可以是矢量数据,也可以是栅格和影像数据,此外标题、图例、标注、比例尺、指北针、文本均保存在地图文档中,保存后可以直接导出图片,或者设置页面和纸张后打印输出[5]。

　　工具集:包含了一组工具和模型的工具集,工具集对应的磁盘文件的扩展名是 tbx。

　　工具:用于处理每个过程的一种方法,如导入数据、输出数据、插值等。

　　模型:一个地理处理任务的流程,由多个工具、参数组成,基于工作流的技术完成特定的地理处理过程,同时可设置参数在外面调用。

二、系 统 设 计

(一)体系结构

　　系统采用 .Net 的 Remoting 技术,实现模型的分布式运行,所有模型服务和数据服务在服务器端运行,最终可实现分散部署,集中执行的目的。系统采用 C/S 架构,总体框架如图 1所示,系统共分为三层:客户端、数据服务层和服务器端。

　　数据层:基础地理信息库、模型信息库、气象数据库。

　　服务器端:负责数据的获取、模型的操作、执行引擎的进程、地理处理组件开发。

　　客户端:客户端主要包括模型任务配置、产品加工、模型监测等功能。

　　系统的整个分布方式如图 2 所示。

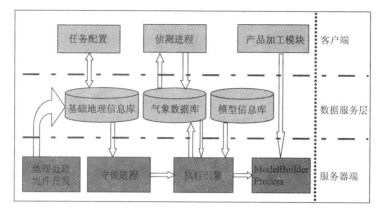

图 1　体系结构图

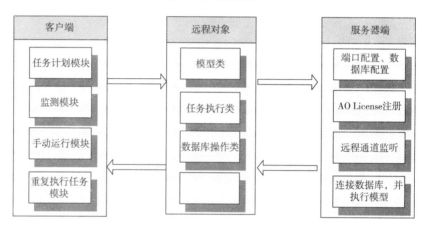

图 2　系统分布方式

(二)运行流程

　　基于 GIS 技术及工作流的基本思路设计了系统的主要运行流程,首先构建符合气象行业在组件库中查询所需的组件(模型和数据),然后在可视化建模环境(ModelBuilder)下对工具和数据之间进行适配(包括工具与工具、工具与数据、数据与数据的适配),并利用 GIS 已有的GIS 组件和定制开发的组件共同构建具体的业务应用模型(即产品加工模型),调用模型并监测它们的运行,最后输出的气象服务产品(系统可以生成各种类型的图形文件,如 BMP、JPG、PDF、GIF、TIF、PNG 等)系统的主要运行步骤见图 3。

(三)主要功能

　　1. 作业管理(客户端)

　　客户端利用 . Net Remoting 技术进行分布式部署,使用可视化的界面对部属的任务进行管理、维护,检查任务运行的情况,修改任务的参数,调整任务运行的参数等。

　　通过客户端,我们可进行任务的添加、删除、修改、保存、按指定时间运行、立即运行、手动运行、错误的监测、重复任务的查看等。如图 4 所示。

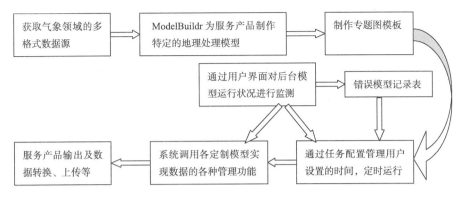

图 3　运行流程图

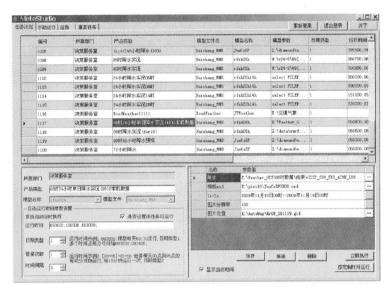

图 4　作业管理

2. 作业调度（服务器端）

服务器端负责对部属的任务进行调度、实时进行任务的扫描、错误处理系统的维护、错误纪录的自动保存及删除等。

3. 可视化建模

利用 GIS 桌面平台为用户提供了可视化的建模界面，用户可以通过所见即所得的方式进行服务产品加工处理流程的设计，包括模型的建立、流程的设计、模型参数的修改、模型制作窗口的放大、缩小、排列组合、拷贝、粘贴、剪切、打印等功能。

4. 专题制图

专题图的定制为用户提供版面设计、专题图种类选择、生成产品的区域范围选择等，主要在 GIS 平台基础上完成。利用本系统可制作各种预报、实况、道路交通、地质灾害、体积水、曲线图等多种类型的产品。

三、关键技术实现

(一)分布式处理

为满足多个用户使用同一服务器处理相同业务的需要,只需要我们将业务的处理过程放在一个服务器中,用户使用客户端对他进行访问、管理,这样既节省了大量的计算机资源,也方便了用户的部署和使用。

系统采用.Net 的 Remoting 技术,实现模型的分布式运行,所有模型服务和数据服务在服务器端运行,作业管理分布在各个客户端,不同的客户端用户可共享一个服务器端,最终可实现分散部署,集中执行的目的。

(二)后台自动运行与错误处理机制

系统根据设置的时间自动扫描后台数据库中的任务表、错误类型表、运行记录表,且针对不同的表扫描的时间均可设置,扫描过程中遇到符合执行条件的任务则自动运行,从而起到后台自动运行的效果。

服务器端能根据错误出现的类型自动进行处理,分为一般错误和致命错误,针对一般错误,服务器端仅将其添加到重复任务中,针对致命错误,服务器端将整个服务器重启并将其添加到重复任务表中,且在处理完后,将处理方案记录在信息表中以供查看。通过这种方式的处理,大大提高了后台自动运行的效果,基本上能满足后台自动、稳定的运行。

(三)动态替换参数

系统根据设置的运行时间及日期类型,对配置的参数进行动态替换,替换原则为:日期类型与运行时间对应,日期类型为"1"对应运行时间格式 hhmmss,如 080100 表示 08 时 01 分 00 秒开始运行任务。日期类型为"2"对应时间格式[hh-hh]-mm-mm。参数值中可以采用时间通配符来标识特定的时间,系统[yyyy]表示年份、[mm]表示月份、[dd]表示日期、[hh]表示小时,在程序运行时将自动把它转换为当前的日期。另外程序支持日期加减。另一种时间通配符:系统[y]表示年份、[m]表示月份、[d]表示日期、[h]表示小时,在程序运行时将自动把它转换为当前的日期。参数值中通配符[newfile]:获取某文件夹下最新的文件名。参数值中通配符[c2-4][c10-14]:从文件名中获取 2~4 个字符和 10~14 个字符。

(四)组件扩展机制

GIS 桌面平台自带的组件远不能满足气象部门的业务要求,因此需要我们自定义一系列的组件供使用。系统采用继承 GeoProcessing 接口的方式开发出相应的组件,安装后嵌入到 GIS 桌面平台中,用户建立模型时即可利用开发的组件制作产品。组件是可重用的、与语言无关的软件单元,可以很容易被用于组装应用程序。

根据不同的需求编写对应的组件,结合可视化建模的技术完成对应的地理处理过程。为了满足产品制作的要求,开发了一些特定的组件来实现服务产品加工功能,如气象数据的导入、CressMan 插值算法、更新图例、图片输出等重要的扩展组件,主要的组件如表 1 所示。

表 1　　组件列表

编号	组件名称	组件功能
1	Micaps2Shp	将 MICAPS 各类文件转换为 shape 文件。
2	Micaps4	将 Micaps4 类数据转为 GIS 栅格数据。
3	GPYunTuImport	将 GPF 云图文件转换为 GIS 栅格数据。
4	GPRadarImport	读入雷达类型气象数据,并将其转换为 GIS 栅格数据。
5	AwxtoImg	将 AWX 云图文件转换为 GIS 栅格数据。
6	NWFDtoShp	将精细化预报数据库(NWFD)中的数据转换为 Shape 文件。
7	CressmaNet	用于对数据进行 Cressman 插值,它采用逐步订正方法进行最优化插值。
8	GPCreatePolygon	根据 Micaps14 类数据闭合线生成 GIS 多边形 shape 文件。
9	CutPolygon	根据 GIS 线数据重新划分面数据。
10	GPTextGeneration	用于交通气象监测动态分段后预报文本生成。
11	AppendFeature	对站点数据集进行加密或者补站(一般用于为得到更合理的站点插值效果)。
12	RenderUpdator	在 MXD 文件更改数据源后,根据新的数据源和标准的图层(Lyr)文件来为 MXD 生成新的图例。图例可以为数字、字符、中文等。
13	RendererUpdateLyr	读入 shapefile 文件输出一个唯一值渲染后的 layer 文件。
14	ExportPicture	用于设置 MXD 地图模板的标题并按设置的分辨率输出图片。
15	PrintMap	具有多标题动态更新的图片输出功能。
16	ConnectOraDB	通过 ADO 来连接 Oracle 数据库,并更加数据生成相应的 GIS shape 文件。
17	ConnectSqlDB	该组件通过 ADO 来连接 sqlever 数据库,并生成相应的 shape 文件。
18	RasterRendererUpdate	实现对 GIS 栅格数据的动态分类渲染。
19	CalcCumf	计算 GIS 整型栅格数据的百分位数。
20	OpeRaster2Sde	向指定的 SDE 数据库输入栅格文件。
21	ChangeDataSource	实现对 GIS 地图模板(Mxd)文件某个图层进行数据源的更换,可以更改矢量和栅格的数据源。同时可更改的数据源包括文件类型、数据库类型等,实现动态更新数据源。
22	FTPUploadFile	向目标 FTP 上传指定的文件。
23	FTPUploadFolder	向目标 FTP 上传指定文件夹。
24	ExeCmd	调用 windows 批处理文件。
25	DBOperator	该组件通过 ADO 来连接各类 oracle 数据库,主要用于对数据库进行插入、更新等操作。
26	InsertLayer	将 layer 文件插入到指定的 mxd 文档的指定位置。
27	AddLegend	将指定图层(layer)在指定地图模板(map)上动态添加图例。
28	GPAddFieldValue	对图层(FeatureClass)中的某个字段增加值。规则为依据 FeatureClass 中的一个字段向 FeatureClass 中的另外一个字段增加值,而增加的值由 xml 填置文件提供。当依据字段与 xml 文件中的 Value 标签中的值相同时,则向另一字段中增加与 Value 标签在同一结点中的储值标签的值。
29	GPAddValueOffset	根据 xml 文件中偏移量的设置,向 shape 文件中某个字段增加偏移量。

四、应用实例

系统在国家级及多个省级部门部署了自动制作产品的实时业务，产品类型丰富，有图形产品、曲线产品、文字产品，其中图形产品中包含实况插值后的图形产品、预报类的图形产品等；曲线产品有近 10 天最高气温曲线等；文字产品包括道路反演、天气预报等文字产品输出，同时有区域性产品，如华北区域、长三角区域等产品。

在国家级业务产品中有全国多类预报、警报、降水实况、高温实况、变温实况产品，气候分析、强对流 12、24 小时预报、道路交通服务产品、逐小时温度、逐小时降水、交通雷达等；吉林省气象台有吉林省逐日降水、降雪实况、温度距平、最高最低气温等；上海中心气象台包括上海市逐小时降水、温度实况及预报，长三角逐小时降水、温度等；四川省气象台主要有四川省及西南地区雨量实况、能见度等；广东省气象台包括广东省雨量实况、预报等。

下面以道路反演为例，介绍整个任务流程的建立及部署。

(一)地理处理流程设计

制作模型之前，需要我们将要做的流程设计妥善，也就是说需要我们设计相关的工具、参数、最后输出的结果等。

例中，根据气象预报、实况数据将气象信息反演到道路、行政区划数据上，利用 GIS 的空间分析能力将影响到的地理信息反演出来并输出文档形成文字产品，流程如图 5 所示。

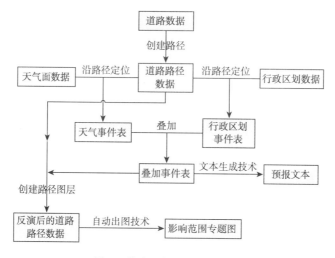

图 5　道路反演地理处理流程

(二)模型设计

图 6 为道路反演模型图，图中黄色矩形表示处理工具(Tool)，如 Micaps2Shp：将 Micaps 数据转换为 ArcGIS 的 Shapefile 数据；蓝色表示输入参数；绿色表示输出参数；浅蓝色表示工具的属性。

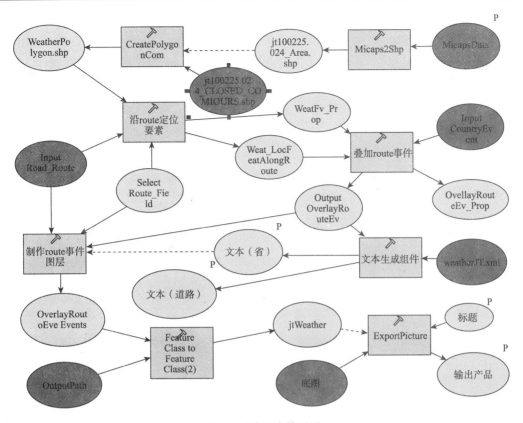

图 6 道路反演模型图

(三)任务部署

根据道路反演模型设置的参数,将任务部署到后台自动出图系统中,如图 7 所示,模型中共设置了 5 个参数,分别为气象数据输入(MicapsData)、天气现象文本(WeatherText)、按省输出文本(ProvinceText)、输出图片(Picture)、时间标题(Title);设置的每天自动运行的时间(17.30);设置了重复的次数(6);重复的时间间隔(5 min)。

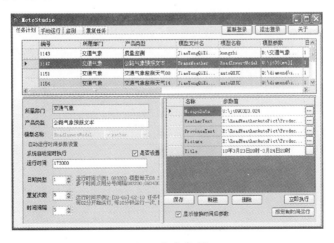

图 7 任务部署

(四)输出结果

此任务共有三个输出结果,分别为道路反演的图形产品(图 8)、按省份输出的文字产品(图 9)、按气象类型输出的文本产品(图 10)。

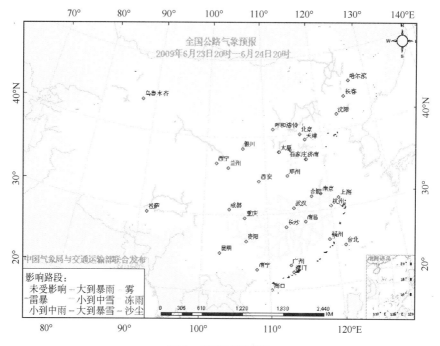

图 8　道路反演图形

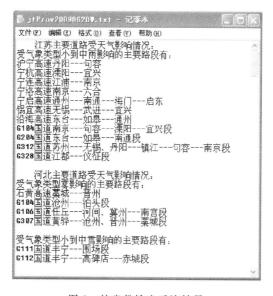

图 9　按省份输出反演结果

图 10　按气象类型输出反演结果

五、结语

　　系统实现了产品高质量后台批处理加工能力。能够生成各类叠加地理信息的气象专题图（分布图、曲线、柱状图）并以 JPG、SVG、BMP、PDF、GIF 等格式输出；支持动态修改产品标题、图例；支持 MICAPS 文件格式及 Oracle、SQLServer 等数据库；系统采用可扩展的框架，可以使不同的模型工具方便地集成到系统中来；同时利用了分布式运行模式，集中部署，多用户分布式运行管理作业任务的运行监控与管理。总之，本系统的建设进一步增加了决策气象服务的实时性、自动化，简化了工作流程，提高了工作效率，很好地满足了气象服务产品制作的要求，具有重要的现实意义。

　　致谢：本文撰写过程中得到了国家气象中心吴焕萍博士的鼓励与热心帮助，在此表示感谢！

参 考 文 献

[1] 吴焕萍，罗兵，曹莉等.2006.地理信息服务及基于服务的气象业务系统框架探讨[J].应用气象学报.**17**（s1）：135-139.

[2] 邬伦，刘瑜等.2001.地理信息系统－原理、方法和应用[M].北京：科学出版社.

[3] 刘海峰，曲金华.2002.浅谈地理信息系统（GIS）在气象中的应用[J].吉林气象.（2）：10-11.

[4] 李江南.2002.GIS 在气象数据处理中的应用[J].广东气象.（4）：14-15.

[5] 仇月霞，余志伟等.2008.机遇 AE 的气象要素检索与图形化显示模块的设计与实现[J].气象与环境学报.（6）：1-2.

传播气象科普知识,提高气象信息员素质

——气象信息员培训教材出版情况介绍

张锐锐　　李太宇

(气象出版社,北京　100081)

摘　要:本文介绍了气象信息员培训教材及相关图书的出版、发行以及使用情况。包括全国性气象信息员培训教材、地方性气象信息员培训教材的出版以及这些图书的使用情况、读者反馈及存在问题。并介绍了今后一段时期内相关图书的出版计划等内容。

关键词:信息员;教材;出版

为及时传递气象预警信息,帮助群众做好防灾避灾工作,解决气象灾害预警信息传播"最后一公里"问题,自 2007 年以来,气象部门开始组建一支基层防御气象灾害的信息员队伍。对这支队伍进行培训,增强他们的气象意识,提高他们的气象科技素质,是此项工作中重要的一部分。为加强气象信息员的培训工作,由应急减灾与公共服务司组织,我社与公共气象服务中心以及 8 个省(市)气象局编写出版了一系列气象信息员培训教材、气象灾害防御手册、气象灾害防御挂图等出版物。截至目前,合计出版发行全国性、地方性气象信息员培训教材共计14.29 万册,在各地培训工作中初见成效。

一、全国性气象信息员培训教材的出版

2008 年下半年,我社深入浙江、上海、江苏等地进行了实地调研,了解到气象信息员的日常工作以及他们需要掌握的气象知识等情况,并与应急减灾与公共服务司、公共气象服务中心以及北京、吉林、浙江等 6 个省(市)气象局的有关人员就气象信息员教材的编写提纲、表现形式等进行研讨。2009 年 4 月再次与应急减灾与公共服务司、公共服务中心以及云南、贵州、安徽、湖南等 10 个试点省对教材的主要内容进行了审定。5 月我社与公共气象服务中心合作出版了《气象信息员培训教材丛书》。郑国光局长为丛书题词:"发展气象信息员队伍,为人民福祉安康服务",矫梅燕副局长为丛书作序。在第一个"5.12"防灾减灾日期间举行了新书发布会,中国气象局党组书记、局长郑国光,副局长矫梅燕以及中央农村工作领导小组办公室、财政部农业司、农业部种植业司、国务院研究室农村司的领导出席了新书发布会。这套丛书一套两本,包括《气象信息员知识读本》和《气象信息员工作手册》。

《气象信息员工作手册》(图 1)主要介绍了气象信息员的主要工作、气象灾害及其防御措施、次生气象灾害及其防御措施、农业气象灾害及其防御措施、特殊天气现象的观测记录、气象灾情调查方法、气象设施的巡查与报告等七部分内容,并在附录中列有气象灾害预警信号发布与传播办法、气象灾害预警信号及防御指南、气象预报发布与刊播管理办法、气象探测环境和

设施保护办法、中华人民共和国气象法等与气象信息员工作有关的参考资料。信息员通过对本书的学习,了解气象信息员工作的职责、内容,掌握工作基本技能,能在日常的工作中及时准确地完成气象信息员的任务。

《气象信息员知识读本》(图 2)主要介绍了气象基础知识、气象与各行各业的关系以及气象灾害、气候变化等一些基础知识。分为十章,分别是:我们离不开的大气、气象要素和天气现象、气候与气候资源、不可忽视的气象灾害、天气预报、气象为经济建设服务、气象与军事有什么关系、环境气象指数、节气和气象、气候变化和环境热点话题,并附录了公共气象服务天气图形符号、我国主要农事活动及其气象灾害和防御措施分月要点作为参考资料。是信息员补充气象知识的辅导书。

丛书出版后分发到重庆、四川、云南、贵州等 10 个气象信息员工作试点省(市)进行试用。受到了各级领导和气象信息员的广泛欢迎。试用期间各省气象局反映,这套丛书内容全面、结构简练,及时地配合了各省在 2009 年期间开展的气象信息员培训工作,在培训期间起到了较好的教学辅助作用。

二、地方性气象信息员培训教材的出版

在全国性教材试用期间反映出的一些问题是:由于我国地域广阔,区域气候特征显著,不同地区、不同省份的主要气象灾害也各不相同,使得各地的防灾减灾重点有所不同,气象信息员需要了解的气象知识也各有差异,各省不但需要全国普适性的基础教材,还需要有地方特色的地方版教材。因此,在出版了上述两本全国普适性教材的基础上,我社又联合云南、贵州、四川、重庆等省(市)出版了具有地方特色的地方版气象信息员培训教材(图 3)。包括《重庆市气象信息员实用手册》、《云南省气象信息员

图 2 《气象信息员知识读本》

图 3 地方版气象信息员培训教材

培训教材》、《四川省气象信息员培训教程》、《贵州省气象防灾减灾知识读本》、《浙江省气象协理员培训教材》、《河北省气象信息员工作手册》、《陕西农村气象防灾减灾知识读本》等。以及更广泛地面向公众的科普读物如《吉林省主要气象灾害预警信号及防御指南》、《重庆市农村气象灾害防御手册》、《吉林省主要气象灾害防御手册》、《吉林省防灾减灾知识挂图》等。其中《陕西农村气象防灾减灾知识读本》、《贵州省气象防灾减灾知识读本》等部分图书尝试了配合漫画插图的形式。

三、读者反馈及存在问题

在培训教材的使用过程中各省（市）气象
局的培训教师和气象信息员反馈回很多宝贵的意见和建议，包括以下可以改进的问题。

（一）内容实用性

较之理论性气象知识，气象信息员和广大公众更希望获得简单、实用的技术性知识。由于基层气象信息员大多是在没有气象背景知识的公众中挑选出来的，对于比较专业的气象知识，他们并不是十分感兴趣，他们更希望了解灾害来了，该怎么逃生，灾害来临之前该怎样预防等易于掌握的基本的防灾避灾知识。告诉他们最简单最必要的做法，更容易让他们记住。

（二）表现形式创新

已出版的教材中有一部分是纯文字形式的，有一部分是配有彩色插图的，比如一些漫画、示意图等。使用中，读者明显喜欢配有彩色插图的版本，这样的书在讲解操作方法等知识点时更能简单明了地展现内容。图文并茂的图书更受读者欢迎。除了图书之外，视频教学也是一个有力的补充。由于气象信息员队伍庞大，需要进行培训的人员众多，这些人又多分布在最基层，部分地方气象局反映，组织培训还是有一定难度的。虽然面授是最直接、最有效的方式之一，但培训成本过大，培训经费有限，远远不能满足庞大的培训需求。较之面授，向气象信息员发送书籍、光盘，发展远程教育可减少交通、住宿、场地等一系列费用，使有限的经费发挥更大的效益。此外，毋庸讳言，气象信息员队伍的主体成员大部分是文化和科学知识水平有待提高的基层群众。如何使他们看得懂、学得有兴趣，视频动画配有教师讲课录像是较之图书更好的方式。

四、下一步工作打算

在全国版培训教材的基础上，我社将继续通力配合各地方气象局出版、修订具有地方特色的气象信息员培训教材，组织制作出版气象信息员培训光盘，以满足日益壮大的气象信息员队伍的需求。我社还将继续开发出版公众喜闻乐见的气象防灾避灾科普读物，为宣传气象科普知识、提升气象服务作出更大的贡献。

第三章 农业气象服务

以需求为牵引,打造更具服务针对性的农业气象服务平台

张守保 郭树军 卢建立 王新龙

(河北省气象局,石家庄 050021)

摘 要:为切实增强农业气象服务与农村防灾减灾能力,河北省气象局选取农业产业比较齐全和典型的满城县为试点,进行了深入的气象为农服务需求调查和分析,找准了存在的问题和不足,明确了工作思路和重点。在总结国内外气象业务系统建设的经验和教训的基础上,提出了基于"框架+插件"架构的农业气象服务平台建设新思路。基于 GIS 等新技术,打造了针对性强、精细化水平高的农业气象服务平台。平台提供了基础数据库、专家和用户数据库、农业气象灾害指标库及灾害防御技术库等信息支持,能综合检索各库信息;实现了农业气象灾害预警自动提示;建立了气象服务人员与农业专家会商、会诊机制;实现了气象预警信息的定向、精细化发布,明显提高了气象为农服务的时效性、针对性和精细化程度。平台已经在保定、石家庄等市气象局和满城新农村综合气象服务示范县应用,取得了良好效果。

关键词:农业气象服务;针对性;精细化;灾害预警;平台

一、现状

河北省地处华北中部,是农业大省,北部有坝上高原,为半牧区;西部太行山地和北部燕山山地为林果产区;东部的平原区土地肥沃是粮食主产区。河北省气象灾害多发、频发,境内主要的气象灾害有暴雨、干旱、冰雹、大风、低温冷害等。河北农业发展较快,农业正处在由传统农业向高产、优质、高效的现代农业加快转变阶段,特色农业、设施农业呈现出强劲的发展态势,在浅山区和平原区发展了大量的设施林果和蔬菜产业。

为了更好地了解农业气象服务体系[1]和农村气象灾害防御体系[2]现状,河北省气象局以农业产业比较典型的满城县为试点进行了需求调查和现状分析,结果表明:现代农业越发展,经济效益越高,受气象条件的影响就越大,农民对气象服务的需求也越高。现代农业生产对气象服务提出了更高的需求,针对不同的作物要提供不同的服务,不仅要提供预警,还要提供有针对性的防灾措施和建议。

农业气象服务的开展离不开农业气象服务平台的支撑,农业气象服务平台经过多年的积累和发展在实际业务中发挥了积极的作用,但与现代农业发展的需求相比尚存在一定差距,主

要表现在:提供的农业气象服务产品准确性不高,精细化程度不够;农气服务产品的针对性不强,科技内涵不高,不能满足农业生产的实际需求;农民接收气象信息的渠道较少,"最后一公里"问题亟待解决;现有的业务平台不能满足现代农业气象服务和农村气象灾害防御的需要。

二、设计思路

通过对气象为农服务需求的调查分析和了解,现代农业气象业务[3]平台不仅要具有气象监测、预报信息的加工处理等传统功能,更需要基础地理信息、农业产业分布、气象灾害与风险区划等综合信息的支持。河北地域辽阔,农业产业布局南北差异较大,不同的地域气象为农服务各具特色,业务功能也不尽相同,不可能开发出一套适合全省的"大而全"农业气象服务业务平台。基于以上分析,结合国内外气象业务系统建设的成功经验和失败教训,提出了基于"框架＋插件"[4~6]架构的农业气象服务平台建设的新思路。该农业气象服务平台是一款可编程、可扩展、可定制的新一代农业气象服务业务平台。

框架是在综合分析农业气象服务业务功能需求基础上,将公共功能,如:数据管理、信息显示、基于地理信息的综合分析、服务产品的加工制作、系统运行监视等提炼出来,构建农业气象服务业务的框架,同时它为插件提供数据和软件接口规范,各个业务逻辑功能的开发以插件的方式组装、集成在框架中,实现业务平台应有的功能。

插件是指各个业务模块,主要有:设施蔬菜、病虫害等业务插件,通过利用框架提供的数据和软件接口规范,结合专业的核心业务逻辑开发实现插件的业务功能。

平台的开发采用微软的 . NET 编程工具,地理信息系统采用北京超图公司的 SuperMap 平台。

三、主要功能

根据调研结果,本着解决当前农气服务存在的突出问题的目的,河北省气象局组织开发了基于"框架＋插件"的农业气象服务平台,初步实现了管理与业务、气象要素与农气服务要素、通用性与灵活性的三结合,为一线农业气象服务提供了业务支撑。

(一)综合信息支持功能

建成了基础信息数据库,包括地形、河流水库、交通以及气象站点、人工影响天气作业点等信息。开展了精细化的农业种植结构和气象灾害调查,建立了精细到乡镇的作物数据库和气象灾害数据库,进行了种植结构和农业气象灾害风险区划。建立了种养大户数据库和农业、气象等专家数据库。在专家的指导下,建成了农业气象灾害指标库和气象灾害防御技术库。完善了涵盖不同作物、不同气象灾害指标及防灾技术的周年服务方案。利用 GIS 提供的多图层数据叠加分析功能,可将基础地理数据、气象资料、作物信息、灾害指标、人员信息等进行叠加显示和分析,为提高服务产品的精细化水平和针对性奠定了基础。

(二)农业气象灾害指标和防御技术支撑功能

在认真调研并与专家充分研讨的基础上,总结了小麦、玉米、棉花、蔬菜、果树、畜牧等 6 个领域的农业气象灾害指标,对农业生产的关键期、敏感期气象灾害指标进行了规范和量化,同时总结归纳了针对不同作物、不同气象灾害的防御技术和补救管理措施,建立了农业气象灾害指标数据库和灾害防御技术库,为提高农气服务产品的针对性提供了技术支撑。

(三)农业气象灾害预警提示功能

平台能以计算机时钟为参数自动检索农业气象服务周年方案,农业气象灾害指标库和灾害防御技术库,判断当前不同作物的生育期及其易遭受的气象灾害,并通过分析气象监测资料、气象预报信息,结合农作物种植分布及灾害风险区划,自动生成针对不同区域、不同作物的初步农业气象灾害预警信息,并提示农气服务人员注意做好相关服务,大大提高了气象预警服务的及时性和针对性。

(四)专家会商、会诊功能

平台建立了专家库,农业专家来自于"农业气象灾害防御联盟"组织,汇集了农业、气象两个部门的专业技术人员,农民专家由精选于本地区具备丰富种植经验的农户组成,这些专家可为近三十种类别的作物提供生产管理建议。根据服务需要,农气服务人员可以利用该平台检索专家库中相应的专家信息,并通过手机短信和邮件方式与专家进行会商会诊。专家可将会诊意见和生产管理建议通过手机直接回复至该平台,指导农气服务人员形成最终的预警服务产品,提高了农气服务产品的针对性、有效性和科技内涵。

(五)气象预警信息针对性发布功能

平台提供基于地图操作的预警信息制作与发布功能。服务人员可根据气象灾害可能发生的区域,在地图上选定预警区域,平台即可检索作物数据库、种养大户信息库,并确定该区域内可能受灾的农作物及预警服务用户。农气服务人员可将预警信息通过短信分发给选定区域内的农村气象信息服务站站长、气象协管员及种植可能受灾作物的农户,实现了预警信息和生产服务建议的定区域、定作物、定用户的针对性发布。

(六)系统运行监控功能

通过平台的数据管理模块,可对农业气象周年服务方案、预警信息、短信内容、农气产品以及专家回复等内容进行查询统计,还可通过平台的监控功能,随时查看业务插件的使用情况,从而保证了系统稳定、有效运行。

四、主要特点

(一)突出气象服务的针对性和功能的集约化

以提高为农气象服务能力为出发点,以农业气象服务指标体系和预警模型为基础,结合实际农业气象服务的需求,提供面向不同作物、不同用户群需求、作物不同生长发育期、不同灾害影响的针对性服务。将气象监测、预测和服务产品制作、发布等集成在统一的平台中,实现了多种业务功能的有机集成,是一个适用于省市县三级的业务平台,体现出一体化特点,使各类气象服务产品以及对下级的指导产品在一个平台内共享。

(二)实现业务与管理相结合

通过对业务插件的运行监控,能够客观地监视业务系统的运行情况,也可以检验科研成果的应用情况,成为科技成果应用推广与检验平台,通过业务框架这个软件容器,使得优秀业务成果得以应用和积累,使气象服务业务系统做大做强成为可能。

(三)探索了业务平台建设的新思路

在分析公共气象服务特点和业务系统建设存在问题基础上,提出了基于框架＋插件开发模式,进一步优化了业务系统投资与建设的思路,通过基于框架的二次开发,能够使服务系统的建设站在一个更高的平台上,各类业务不必再进行类似功能的重复开发,只需调用框架平台的功能,无须从基础做起,可减少大量的低水平的重复劳动与投资。同时,它是一种可持续的业务系统建设模式,一旦框架建立完成,大量的投资可集中在气象业务模块等关键技术研究,用于提高气象服务的科技含量,基于统一技术规范开发的业务模块能够不断得以积累、共享,投资的效益将明显提高。基于框架＋插件架构的业务系统做到了灵活性与统一性的有机结合,易推广、开放性好,既可以实现气象服务的产品规范化、管理制度化,又能根据当地服务重点开展本地化的服务。

五、取得的成效

该业务平台的第一版开发已经开发完成,并在保定市气象局和满城"两个体系"建设示范县得到了应用,取得了较好的成效。

2010 年 4 月 10—14 日,河北保定出现了大风、强降温天气,对开花期林果造成一定影响。针对此次过程,该平台提示农气人员注意做好花期果树预防冻害,保定市气象台农气服务人员及时利用该平台和林果专家会商,并及时编发了《农业气象灾害预警信息》,明确提出:"我市将出现强降温天气,13 日夜间最低气温将降至 0～2℃,可能出现霜冻,建议因地制宜在低温来临前 2～3 h,对开花期果树进行熏烟保温防冻,还可喷施"花果护士"等防冻剂防御果树冻害,温室大棚要覆盖草苫保温防冻"。预警信息通过平台以短信形式向满城县乡(镇)气象信息服务站和大青山林果示范园区及设施农业种植农户发布了预警。农户及时采取了熏烟保温、喷施防冻液、加固草苫等措施,使低温晚霜冻对林果生长造成的影响降至最低。截至目前,保定市气象局利用该平台发布服务产品 52 期,预警短信十余次,并与专家会诊 10 次。

该业务系统可以部署到省市农业气象服务的业务终端上,已经在石家庄和廊坊等地进行了业务试运行,年底前在全省推广应用。

参 考 文 献

[1] 中国气象局.中国气象局关于加强农业气象服务体系建设的指导意见.
[2] 中国气象局.中国气象局关于加强农村气象灾害防御体系建设的指导意见.
[3] 中国气象局.关于印发《现代农业气象业务发展专项规划(2009—2015 年)》的通知.
[4] 蒋波涛.2008.插件式 GIS 应用框架的设计与实现[M].北京:电子工业出版社.
[5] HOW TO MAKE PLUGIN FRAMEWORK. http://www.javaeye.com/topic/366158.
[6] 陈亮亮.插件系统・插件系统框架分析. http://www.webasp.net/article/29/28068.htm,2006,12,29.

江苏特色农业气象服务技术方案

商兆堂[1]　　濮梅娟[1]　　何　浪[1]　　秦铭荣[1]　　张旭晖[2]　　陈钰文[3]

(1. 江苏省气象局，　南京　210008；2. 江苏省气象台，南京　210008，3. 江苏省气候中心，南京　210008)

摘　要：随着农业产业结构的调整，江苏农业生产重点逐渐由产量型向效益型转移，经济作物种植面积进一步扩大。江苏省以市场为导向，开展了名特优产品的农业气象服务。为了进一步深化特色农业气象服务，根据全省气候资源特点、农业生产现状、农业生产部门及农户的需求，制定切实可行的江苏特色农业气象服务技术方案。将全省分为四个特色农业气象服务区，初步明确各区特色农业的服务方向，研制特色农业作物周年服务方案，形成特色农业日常服务流程，及时制作和提供针对性强、质量高的气象服务产品，提高特色农业服务水平和质量，增强农村气象防灾减灾决策服务能力。

关键词：特色农业气象服务；防灾减灾；技术方案

引言

由于现代科技的进步和现代气象事业的快速发展，为经济和社会发展提供越来越精细的服务成为可能，提高服务的针对性将是未来气象服务发展的一个趋势。目前针对城市的专项气象服务开展得比较多，但针对农村开展的专项气象服务还比较少，随着气象事业的发展，特色农业气象服务将会成为气象服务的一个重要领域[1]。

江苏是沿海开放省份，农业高度发达，目前正在由传统农业向特色农业快速发展，传统的农业气象服务产品、服务方式已不能适应新型农业的发展需求，因此，建立适应新形势和新需求的特色农业气象服务流程，开发特色农业气象服务信息，开创服务新思路成了亟待解决的课题，近几年江苏省在这方面做了有益的尝试，初步取得一定成效[2]。

一、江苏特色农业气象服务面临的主要问题

随着江苏农业工业化、农村城市化、农民市民化的进程不断加快，发展特色农业成为一种趋势，由于受现代化建设和科研水平的制约，气象服务信息与农业生产发展需求、农民的期望存在一定的差距，主要表现在如下几个方面：

(一)特色农业作物观测数据缺乏

现有的农业气象观测业务，主要包括空气温度、雨雪、光照(太阳辐射)、风、湿度、蒸发量、冰(霜)冻，农田土壤温湿度以及大田作物(小麦、水稻、棉花、油菜等)生育期等观测，但缺乏对田间小气候、温室小气候、特色农业作物生育进程、病虫害发生情况的连续监测。由于观测资

料的缺乏,深入研究气象条件对特色农业作物影响的难度加大。需加强对特色农业气象服务需求的调研,有针对性地在具有一定规模的特色种植、养殖基地安装农业小气候观测站,根据服务需求确定具体的观测内容,一般为常规气象要素观测仪器和根据服务需求增加特种观测仪器,如:水产养殖增加水温(一般分表层,中层、下层)、水质(溶解氧等);果林增加辐射、地温、土壤温度等;大棚增加相对湿度、地温、土壤温度等。

(二)产品内容单一,缺乏科技成果的支撑

特色农业气象服务信息一般以光、温、水实况及未来天气预测为主体,产品的内容大多是根据调查结果进行经验评估,缺乏科学的定量分析。有关特色农业作物与气象条件的关系研究,农业、林业、气象等行业专家、技术人员已经做了不少工作,如茶叶采摘时间、梅花盛开期的预报、葡萄病虫害发生规律等等,如何引进前人的研究成果,快速提升特色农业气象服务水平是目前摆在眼前的一项课题。要选择具有区域特色的大棚蔬菜、有机稻米、品牌瓜果、茶等典型种植业,对虾、紫菜、大闸蟹、太湖三白等典型养殖业,研究特色动植物关键生育期的温度、降水、日照等气象条件的适宜指标,研究其主要病虫害发生发展的气象条件,研究干旱、暴雨、连阴雨、台风、低温冻害等主要农业气象灾害的易发时段、发生规律及致灾规律,根据天气形势、关键生长发育指标以及生产管理的需要,制作针对性更强的各类特色农业气象服务产品。

(三)天气预报的准确性、预报要素的多样性不够

随着数值预报模式的不断改进,江苏省中、短期天气预报的准确率已接近国际水平,但月、季、年的长期天气预报准确率不是很高,且缺乏针对农业种植计划安排、农产品销售计划制定最需要的天气趋势预报。当前各气象台站公开发布的气象预报仅包含晴雨、空气温度和风等3个要素,与越来越精细化的特色农业生产管理要求极不适应。要建设完善以数值天气预报产品和区域自动观测资料、雷达观测资料为基础的精细化乡镇天气预报业务平台,开展精细化乡镇天气预报,增加降水、雾、强对流预报,不断提高天气预报的准确性和针对性。在做好农业气象预报情报服务的同时,要增加特色农业气象灾害监测预警、病虫害预测预报、关键生长发育期预报。

(四)气象部门内部联合不够

江苏特色农业气象服务开展初始阶段,主要是经济发达的苏南各市气象局选择某一特色农业作物开展专题服务,如苏州的碧螺春、无锡的水蜜桃、常州的杨梅、镇江的桑叶、南京的葡萄等,各市局选择1~2个大型生产基地,调查了解生产情况后,制作服务产品分发到相关部门。这些工作均是各个市局独立进行,气象部门内部尚未形成联合体,未能达到信息共享。

(五)与气象部门外部合作不够

目前特色服务农情一般是从个别大型生产基地获取,这些信息只能代表局地特色农业作物的生长状况,并不能全面反映某一区域内的生产情况。生产基地现有的技术力量也相对薄弱,提供的信息难免具有主观性和片面性,直接影响到服务产品的真实性和可靠性。此外,气象工作者对特色农业作物的生产技术了解不够多,提供的农业措施不够准确。

二、特色农业气象服务技术方案的制定

(一)特色农业

本方案的特色农业是指充分合理地利用当地独特的地理、气候、资源、产业、历史人文背景等基础条件,根据市场需求发展起来的具有一定规模优势、品牌优势和市场竞争优势的高效农业。

(二)特色农业气象服务

特色农业气象服务是指针对特色农业的农产品生产、加工和销售过程的农业气象保障服务。

(三)特色农业气象服务工作原则

特色农业气象服务工作必须遵循准确、及时、主动、科学、高效的原则。适时分析党、政领导和有关部门及农户的需求,及时制作和提供针对性强、质量高的气象服务产品。

(四)特色农业气象服务特点

特色农业气象服务工作有别于常规农业气象工作,要集中区域优势,联合区域内的部门内外力量进行研究和服务,展现特色。

三、特色农业气象服务的组织和实施

(一)职责分工

省气象局应急与减灾处规划全省每年的特色农业气象服务重点领域,起草下发周年服务技术方案等;省气象台负责对区域联合体的具体特色农业气象服务提供指导产品,对政府等有关管理部门开展决策服务;区域联合体联合根据省台的指导产品结合本区域的生产服务需求制作服务产品开展服务并对县局指导,县按照市局的统一要求,组织调研收集资料,对用户直接开展服务和服务效果收集。

(二)区域划分

根据江苏省的气候资源特点和农业现状,将全省分成苏南(苏州、无锡、常州、南京、镇江)、里下河(扬州、泰州、淮安、盐城)、沿海(南通、盐城、连云港)、淮北(宿迁、徐州)四个区域,每个区域为一个特色农业气象服务区,由所在区域内的市气象局协商,每年轮流组织区域特色农业气象的科研、调研活动和服务工作。

四、特色农业气象服务的主要内容

(一)苏南区域

针对区域农业正在向观光农业和设施农业快速转变的特点,重点研究设施农业和观光农业气象服务产品。

1. 特色果、桑、茶、水产品的生产全过程的农业气象条件研究和服务。开展了无锡水蜜桃、镇江的桑叶、苏州的碧螺春茶叶和太湖"三白"等的生长发育和上市的气象条件预报服务。苏州吴中区气象局选择茶叶种植、渔业养殖大户作为特色农业气象服务信息员,第一时间了解生产一线情况;在水产养殖和茶叶关键生育期,和渔业技术人员、养殖大户进行三方会商,制作的生产指导建议通过短信平台等方式免费发送给全区农户[3]。

2. 城市"菜篮子"工程的菜类品种开发的气候可行性论证,具体种植和养殖过程的农业气象服务。

3. 农业观光园区建设的气候适宜性分析,观光园区适宜种植品种的气候可行性论证。

(二)里下河区域

里下河区域是我省乃至全国重点商品粮生产和仓储基地,重点研究高产优质粮食作物和油料作物的引种、推广种植的气候适宜性,高产优质作物栽培的农业气象保障条件。里下河区域水网纵横,是江苏重要的淡水养殖基地,要加强淡水水产品养殖的农业气象条件研究和服务工作。

1. 优质品种的种质气候条件鉴定,为江苏优质粮油品种走向全国乃至国际提供气候可行性论证报告。

2. 加强抗逆栽培作物的农业气象条件研究与服务,为高产稳产提供气象保障。

3. 加强收获和仓储的气象条件研究和服务,为丰产丰收和粮食安全提供气象保障。

4. 加强淡水水产养殖过程中的气象条件研究与服务,特别是灾害性天气对养殖安全的影响研究和独特气候资源对名、特、优水产品的品质和产量的影响研究,为扩大名、特、优水产品的市场份额提供理论支持。

(三)沿海区域

随着"海上苏东"发展战略的实施,沿海水产养殖和种植业快速发展,沿海区域重点研究特色种植和养殖业的农业气候区划,为科学发展提供依据。

1. 沿海特色种植业的气候区划,如:棉花种植的气候区划。

2. 沿海特色养殖业的气候区划,如:紫菜养殖的气候区划。

3. 种植和养殖过程中的灾害性天气影响及其防灾对策研究与服务,为高产优质提供农业气象保障。

(四)淮北区域

淮北是江苏省最容易发生干旱的区域,种植旱作物面积相对较多,重点要研究节水农业的气象条件,为大力发展抗旱栽培、设施农业(主要是温室农业)提供技术支持。

1. 特色旱作物的农业气候区划,如:高产优质玉米种植的气候区划。

2. 特色旱作物的抗逆栽培的农业气象条件试验研究与服务,如:水稻旱直播的气候适宜性研究与服务。

3. 大棚内外气候差异研究和大棚栽培的局地小气候研究,特别是大棚反季节水果种植的气候适宜性研究,如:棚栽桃子的种植气象条件研究与服务。

五、特色农业气象服务产品的开发与服务

(一)制定周年服务方案

每年年初,各区域牵头单位至少组织一次调研,根据调研收集的需求分析、确定1～2个区域特色服务对象,明确每个特色服务对象的具体业务承担单位,并报省气象局应急与减灾处和省气象台,省气象台将根据全省的情况,与具体负责单位一起制订每个特色服务对象的周年特色农业气象服务方案。周年特色农业气象服务方案可以主要病虫害为线索,根据作物病虫害的发生发展规律,分析诱发病虫害的气象条件,当气象条件即将发生时,提前发布灾害预警信号;也可以时间为线索,分析不同时期内气象条件对特色农业作物生长的利弊关系,尤其注重易发气象灾害可能对特色农业作物造成的影响[4]。

(二)服务业务流程

特色农业气象服务具体承担单位的业务人员根据周年服务方案及时开展研究与服务,并将研究报告和服务产品及时上传省气象台,省气象台及时对服务产品进行加工并对全省发布,供全省各级台站对外服务使用。

(三)服务反馈机制

特色农业气象服务工作必须遵循准确、及时、主动、科学、高效的原则[5～7]。开展服务的单位是特色农业气象服务效益收集的主体,负责将研究报告和服务产品通过广播、电视、报刊、互联网、固定电话信箱、手机短信等形式及时发布,让农民及时准确地了解最新的气象信息,进行科学种植和养殖。对所有服务过程进行跟踪,对每一期特色农业气象服务产品的服务情况进行反馈,为不断改进服务产品和服务方式,提高服务质量提供依据。

六、特色农业气象服务产品和研究成果

(一)特色农业气象服务产品

目前已研究开发了一系列特色农业气象服务产品。如:对虾和紫菜养殖全生育期的系列化服务产品;春茶适宜采摘上市期预报服务产品;关键农时(事)服务产品;大棚防风、防雪、防冻决策服务产品,棉花打药指数等特色农业防灾减灾产品;江苏沿海水产品养殖新品种引进气

候评估方法、里下河地区有机稻种植的气候保障条件分析、淮北夏季林间平菇种植气象条件分析等综合利用气候资源的产品。

(二)特色农业气象服务研究成果

开展了特色农业生产气象条件和服务技术研究,开展了麦类、意杨树病虫害发生发展气象等级的预报服务技术;适宜有机稻栽培的气象条件服务技术;大棚栽培的防灾减灾服务技术;茶叶、桑叶适宜采摘期预报服务技术。开展了紫菜适宜放苗、冬季冻害、适宜收割期预报服务技术;对虾适宜放苗、浮头泛塘、收获期、种虾入室越冬期的预报服务技术,防高温低压、强降水等的对虾全生育期系列化服务技术;大闸蟹适宜放苗和上市期的预报服务技术等。开展了稻田水温与河水温度、沿海养殖池水温与邻近西部台站气温、江苏沿海海水水温与滩涂气温、大棚内外温度和湿度关系等的研究工作;开发了潮水到滩时间预报服务技术方法;还专门研究了利用大棚增加水温暂养虾苗的试验,成功后已在生产上大面积推广使用。

七、特色农业气象研究与服务的保障措施

这项工作是江苏气象部门增强气象为农服务能力的重要举措,各级领导要高度重视,在人、财、物上给予支持。每个市气象局要明确一名分管局领导负责,组成由业务管理部门、具体业务部门领导、业务技术骨干参加的专业技术小组,针对当地实际,有计划地组织、开展这项工作。

各单位要将特色农业气象研究列入每年的科研立项指南,进行重点支持。

每年的特色农业气象研究与服务列入省气象局重大服务奖的评奖范围,对服务好、效益显著的由省气象局给予奖励。

这项工作列入各单位年度目标考核,重点考核服务效果,依据是服务用户的反馈意见。

参 考 文 献

[1] 周世林,何勇,赵豫,等.是什么催生了特色农业气象服务[N].中国气象报,2008-6-27(4).

[2] 张旭晖,商兆堂,蒯志敏,等.2008.江苏特色农业气象服务技术方案[C]//2008年全国农业气象学术年会论文集,南宁,广西壮族自治区气象学会.515-518.

[3] 王俊,蒯志敏,张霞琴,等.2008.开展特色农业气象服务的实践与思考[J].现代气象科技.24;355-356.

[4] 张旭晖,商兆堂,蒯志敏,等.2008.江苏特色农业气象服务初探[J].安徽农业科学.36(30);13332-13333,13373.

[5] 张养才.1991.中国农业气象灾害概论[M].北京;气象出版社.89-102.

[6] 戴有学,郭志芳,代淑媚,等.2006.气象服务经济效益的一种客观计算方法[J].气象科技.34(6);741-743.

[7] 气象服务效益评估研究课题组.1998.气象服务效益分析力法与评估[M].北京;气象出版社.53-65.

宁夏特色农业气象服务技术

刘　静

（宁夏气象科学研究所，银川　750002）

摘　要：宁夏五大特色优势产业是农业经济增收和农民经济收入的主要来源。我们把特色农业的气象研究与业务服务作为重点领域，争取到多项国家、省部级项目，形成了枸杞高产优质的气象形成机理与区划、枸杞炭疽病发生流行气象预警、枸杞干热风发生气象等级预报、枸杞蚜虫、红瘿蚊气象等级预报、酿酒葡萄品质气象与小气候调控、粉用马铃薯生长发育的生长模拟、硒砂瓜生长发育和产量形成与气象条件的关系等一大批科研成果。开展了我区特色农业的气象业务服务，打开了特色农业气象服务的路子，取得了很大的社会效果和防灾减灾效益。2008 年，自治区气象局把开辟宁夏特色农业的农用天气预报作为工作的重点，根据农用天气预报的需要对服务指标进行改进和再研究，力求在短时间内发布我区特色农业的农用天气预报服务产品。

关键词：枸杞；酿酒葡萄；压砂瓜；马铃薯；设施农业

　　枸杞、酿酒葡萄、压砂西瓜、旱地马铃薯和设施农业是宁夏特色优势产业，是当地农业经济增收的主要渠道和农民经济收入的主要来源[1]。枸杞产销量占国内市场份额的 70% 以上，并远销欧美、日韩和港澳台、东南亚国家和地区；酿酒葡萄是近年来发展的主导产业之一，是全国主要中高档葡萄酒原料的重要供应基地；硒砂瓜以高含糖量和口感好著称，是 2008 年奥运会指定产品，全国各大城市有售；马铃薯面积达到了 350 万亩。设施温棚作为新兴产业发展，很快达到了百万亩。为此，我们以政府农业经济工作重点和导向为方向，以广大农民最关心的农业增收为重点，把特色农业的气象研究与业务服务作为重点领域，多年来投入大量人力物力，争取到国家科技部、国家自然科学基金和中国气象局多项科研支持，形成了枸杞高产优质的气象形成机理与区划、枸杞炭疽病发生、暴发流行于气象条件的关系、枸杞干热风发生气象指标、枸杞蚜虫、红瘿蚊发生流行与气象条件的关系、酿酒葡萄品质气象与小气候调控、粉用马铃薯生长发育的生长模拟、硒砂瓜生长发育、产量形成与气象条件的关系等一大批科研成果。在中国气象局新技术推广项目的支持下，选择枸杞生长发育进程预报、枸杞黑果病发生与暴发监测预警、枸杞干热风预报为突破口，开展了我区特色农业的气象业务服务，打开了特色农业气象服务的影响，取得了很大的社会效果和防灾减灾效益。在此基础上，我们逐步把酿酒葡萄霜冻预报、马铃薯适宜播种期预报、硒砂瓜干旱预测和补水对策等研究成果也逐步纳入到业务工作中，丰富了特色农业气象预报服务的内容。2008 年，自治区气象局把开辟宁夏特色农业的农用天气预报作为工作的重点，提出从农民想什么、领导关心什么出发，以是否能直接指导到广大农户，取得实实在在的服务经济效益出发，搜集、整理现有成果，根据农用天气预报的需要对服务指标进行改进和再研究，力求在短时间内，争农时，抢时间，尽快制作、发布我区特色农业的农用天气预报服务产品。

一、我区特色农业现有研究成果介绍

(一)宁夏枸杞高产、优质的气候形成机理及区划

利用田间试验与全国样品采集化验的方法,结合气象资料,研究了枸杞光合、蒸腾、气孔导度与气象因子的关系[2~4]、枸杞外观品质和药用品质指标与土壤养分和气象因子的关系及气象指标[5~9]、枸杞产量与气象因子的关系模型及指标[10~11]、我国北方地区和宁夏枸杞产量、品质气候区划[12~14]。出版了《宁夏枸杞气象研究》,获得宁夏自然科学优秀论文1、2、3等奖,成为宁夏枸杞产业发展规划的依据。成果应用到专业农业气象服务中,开拓了宁夏特色农产品的农业气象服务领域。2005年获得中国气象局研究开发二等奖和2006年宁夏气象科技工作一等奖。

(二)枸杞气象灾害与病虫害气象

1. 宁夏枸杞黑果病发生和爆发流行的农业气象预报

从枸杞炭疽菌分离、鉴定开始,经人工气候箱实验,鉴定了枸杞炭疽菌的生物学特性和不同组织侵染气象条件[15~17];通过田间接种后模拟不同降水天气、降水量、气温、日照下的诱发试验,研究了炭疽病田间侵染规律、发病和爆发流行的气象指标[18~20];建立了监测预警气象模型,并找到了综合防治技术。2006年开始,将该成果投入业务服务,发布枸杞炭疽病发生趋势预报和短临气象预警,大大减少了农户的病害损失。

2. 枸杞干热风气象等级预报

通过对历年枸杞产量与气象因子的统计,研究了枸杞夏果生长阶段气象因子对产量的影响,确定了枸杞受干热风影响的关键气象因子。采用大弓棚人为提高环境气温的办法,研究了夏果开花关键时段落花落果量与最高气温和相对湿度的关系,确定了不同等级干热风日的气象指标。

3. 宁夏枸杞全程气象服务技术

与植保部门合作,通过枸杞蚜虫饲养试验和枸杞红瘿蚊孵化出土观察,确定了枸杞蚜虫发育起始温度、发育世代数积温、枸杞红瘿蚊孵化出土的温湿度指标,建立了枸杞蚜虫发生世代数推算模式。根据3年田间观测发生情况确定了枸杞蚜虫、红瘿蚊发生程度的农业气象指标和判别模型,并进行了检验。在此基础上,综合前期枸杞炭疽病、干热风、夏果成熟期推算等成果,形成了枸杞农业气象全程服务技术。

(三)贺兰山东麓优质酿酒葡萄的气候形成机理及小气候调控

通过3年的田间试验和全国主要酿酒葡萄产区的取样化验分析,分析了气象、土壤条件对酿酒葡萄含糖量、酸度、糖分积累的影响,并对其生理活性进行了研究。开展了不同小气候调控措施对局地小气候的影响试验,并提出提高品质的小气候补偿措施。开展了基于GIS的酿酒葡萄品质区划,确定了宁夏贺兰山东麓和中部干旱带优质酿酒葡萄发展适宜区[21~24]。在此

基础上,通过试验采样和全国葡萄产区葡萄样品和土壤养分的采样化验分析,研究了葡萄糖酸比与气象和土壤养分的关系,形成了酿酒葡萄含糖量预报模型[25]。

(四)气候变化对粉用马铃薯影响的气候模拟

为了利用 DSSAT3.0 作物模型软件提供的马铃薯生长模型进行气候变化对宁夏南部山区粉用马铃薯影响评估,通过 2 年的试验研究,研究马铃薯生长发育、产量和植株性状与气象因子的关系,确定粉用马铃薯生长模型所需的参数,使参数本地化更加客观真实。采用 DS-SAT 马铃薯生长模型,模拟在 A_2、B_2 的 CO_2 排放气候情景下南部山区马铃薯产量、发育期的变化,提出了影响评估结果[26~28]。

二、特色农业气象业务服务

宁夏气象局把枸杞气象业务服务作为重点,制定了枸杞气象观测规范,开展了业务观测。宁夏农业气象服务中心精选了枸杞炭疽病气象预报和短临气象预警作为对枸杞生产和农民增收影响直接、效益明显的业务服务,开发业务软件,制作和发布业务服务产品。产品通过农业气象专题、决策服务材料、宁夏农网、气象短信服务等向政府领导、相关部门和广大农户服务。使各级生产管理部门提早一周得到枸杞炭疽病发生预报,及时组织开展联防、抢摘,控制该病大范围蔓延,减少损失。2006—2009 年,共制作枸杞炭疽病爆发和流行短期农业气象预警 5期,结果均正确。另外,根据枸杞生长发育积温指标和发育速率模型,监测枸杞发育进程,连续发布了 4 年枸杞适宜采果期预测,为贫困山区农民异地打工提供了准确信息。2008—2009年,根据高温预报和枸杞干热风指标,及时发布了干热风预报,结果准确,各地采取灌溉降低了影响。

2008—2009 年,我们开展了酿酒葡萄含糖量预报和霜冻预警,发布相关产品。2009 年,又针对南部山区的干旱制作了马铃薯适宜播种期预报、硒砂瓜干旱补水预报等服务内容,得到了气象局领导的肯定。

为了开展宁夏特色农业的农用天气预报,需要以未来一周数值天气预报产品为主要依据来评判农业气象条件适宜程度,根据业务上所能及时获取的预报产品对农业气象指标进行再研究,对经过很少的研究就能及时转化到业务上的指标要尽快实现转化和发布产品。提出有可操作性的对策,实现直接面向农户的服务,直接针对农民增收、减灾等生产上具体问题的农业气象服务,促进宁夏特色农业的发展、农民增收。目前,枸杞不同生育期积温指标、枸杞干热风指标、枸杞炭疽病发生和爆发的气象指标、酿酒葡萄霜冻、品质指标已经确立,2008 年,我们吸收了宁夏大学的研究生参与软件的开发,编制了宁夏农业气象业务服务软件和宁夏主要农业气象灾害监测评估业务软件。

2009 年初,我们从 5 月份开始,根据农业生产需要,每月至少制作、发布 2 期特色农业的农用天气预报,内容力求短小精悍,通俗易懂。尽量做到预报区域和位置具体,结果可靠,决策建议具有可操作性,并配有预报量或发生程度预报分布图,以及田间拍摄的实况图像,使观众一目了然。每期播出的农用天气预报在电视台有限的 30 秒播出时间内播放完毕。截至目前,我们已制作发布了枸杞适宜采果期预报、枸杞黑果病爆发的农业气象预警、西砂瓜干旱补水预报、酿酒葡萄霜冻预报、麦收期小麦倒伏与适宜收获期预报、枸杞干热风气象预警等农用天气预报,通过电视、短信向公众发布。结合三夏服务内容,在7月上旬末灌区暴雨发生前及时编发了小麦倒伏区和程度预报、适宜抢收期预报,预报准确,为小麦抢收、晾晒争取了时间。

三、存在的问题

开展特色农业气象服务,需要在上述领域加大研究力度。目前,我们在枸杞上开展的研究较多,但枸杞病虫害气象研究仍显不足;酿酒葡萄上,其霜冻指标、冬季埋深、春季放苗出土、葡萄霜霉病气象条件等仍不十分清楚,需要开展相关研究;旱地马铃薯方面,急需开展马铃薯干旱指标、果实膨大期高温和土壤水分指标研究;压砂瓜方面的研究更少,目前只进行了两年试验观测,急需研究硒砂瓜放苗期霜冻、高温指标、苗期干旱补水指标和成熟期预测指标。另外,自治区设施农业已经超过百万亩,但研究几乎为零,急需开展日光温室、移动式大棚内外温湿度观测试验,以利用气象资料推算棚内温度;研究主要蔬菜、水果生长发育积温指标和高温、冻害指标,以便开展指导温棚种植、预报上市期、冻害等特色服务。我区是西北地区水产供应基地,近年来在水中含氧量方面开展过观测,但鱼类浮头、翻塘气象预报研究方面基本空白,尚无支持服务的成果。

四、今后的打算

以前期研究成果为基础,通过对枸杞、酿酒葡萄、压砂瓜、马铃薯生长发育与产量、品质形成的农业气象条件深入细致的研究,确定生长发育、产量和品质形成与气象条件的定量关系;研究重要农事活动、主要农业气象灾害与重大病虫害的农业气象条件和指标;补充精养鱼塘鱼类浮头和翻塘与气象条件的关系研究,给出水中含氧量监测结果,开发渔业气象预报产品和预报模块;开展设施农业的农业气象监测预报服务方面的研究,重点放在雨雪、大风对设施温棚结构影响、低温寡照对设施蔬菜瓜果的影响、设施温棚室内温度预报、低温寡照预报、蔬菜种植与上市期预测等方面。

从长远来看,今后可在枸杞、酿酒葡萄上开展田间定点试验和全国采样试验研究,确定枸杞、酿酒葡萄生长发育进程、产量与品质形成与气象条件的关系。研究枸杞、酿酒葡萄采果期、晾晒期、夏眠期、病虫害农用天气预报方法和气象指标;研究酿酒葡萄适宜埋深、放条期、开花期、坐果期等关键农事活动预报气象指标。鉴定枸杞干热风、炭疽病、蚜虫、红瘿蚊和酿酒葡萄霜冻、霜霉病农用天气预报指标,开展枸杞、酿酒葡萄产量、品质预报。

在硒砂瓜和马铃薯等前期研究薄弱的作物上,今后可开展压砂瓜干旱补水指标研究、霜冻指标研究、含糖量预测、成熟期预测;马铃薯适宜播种期研究、高温干旱指标研究、晚疫病气象条件研究、淀粉含量与气象条件的关系研究等。

渔业气象方面,主要围绕水中含氧量与气象条件的关系开展研究,总结不同天气条件下水中含氧量指标,开展含氧量监测预报,当监测或预测含氧量低于一定数值后,做出鱼类浮头预报。

设施农业气象方面,主要围绕气象条件对设施农业的适宜程度、重大气象灾害(低温阴雪、大风)对设施温棚的影响、设施蔬菜瓜果的适宜种植期和上市期预报等来开展研究和指标鉴定。

开发基于数值天气预报和短期气候预测基础上的特色农产品农用天气预报业务软件,要求做到任意时段气象资料和预报量的等值线分析、与历史同期的比较曲线、任意赋色,输出图像、图形、文本和 EXCEL 数据文件,使业务制作自动化,专家意见客观化。

参 考 文 献

[1] 王文华,李建国,李军,姜文胜,杨刚.发展宁夏枸杞有机生产促进宁夏枸杞产业升级[J].宁夏农林科技.2007,**6**:62-63.

[2] 刘静,王连喜,马力文,李凤霞,张小煜,苏占胜,周慧琴,李剑萍.枸杞的生理因子与外环境气象因子的日变化规律研究[J].干旱地区农业研究.2003,**21**(1):77-82.

[3] 刘静,王连喜,戴晓笠,苏占胜,李凤霞.枸杞叶片净光合速率与其他生理参数及环境微气象因子的关系[J].干旱地区农业研究.2003,**21**(2):95-98.

[4] 刘静,王连喜,李凤霞,戴晓笠,苏占胜.枸杞叶片蒸腾与生理及微气象因子的关系研究[J].中国生态农业学报.2003,**11**(4):40-42.

[5] 李剑萍,张学艺,刘静.枸杞外观品质与气象条件的关系[J].气象.2004,**30**(4):51-54.

[6] 张晓煜,刘静,袁海燕,张学艺.枸杞多糖与土壤养分、气象条件的量化关系研究[J].干旱地区农业研究.2003,**21**(3):43-47.

[7] 张晓煜,刘静,袁海燕,亢艳莉,张映琪.不同地域环境对枸杞蛋白质和药用氨基酸含量的影响[J].干旱地区农业研究.2004,**22**(3):100-104.

[8] 张晓煜,刘静,袁海燕.土壤和气象条件对宁夏枸杞灰分含量的影响[J].生态学杂志.2004,**23**(3):39-43.

[9] 张晓煜,刘静,王连喜.枸杞品质综合评价体系构建[J].中国农业科学.2004,**37**(3):416-421.

[10] 刘静,李凤霞.光照对枸杞产量和品质的影响.中国气象学会 2003 年年会文集.

[11] 刘静,张晓煜,杨有林,马力文,张学艺,叶殿秀.枸杞产量与气象条件的关系[J].中国农业气象.2004,**25**(1):17-24.

[12] 苏占胜,刘静,李建萍,袁海燕.宁夏枸杞产量气候区划研究[J].干旱地区农业研究.2004,**22**(2):132-135.

[13] 刘静.宁夏枸杞优质高产的气候形成机理及区划研究[M].银川:宁夏人民出版社.2003(1):8,73.

[14] 马力文,叶殿秀,曹宁,卫建国,刘静.宁夏枸杞气候区划.气象科学.2009,**29**(4):546-551.

[15] 张宗山,刘静,张立荣,张晓煜,沈瑞清.宁夏枸杞炭疽病原的生物学特性研究[J].西北农业学报.2005,**14**(6):132-136,140.

[16] 张宗山,张丽荣,刘静,张蓉.枸杞炭疽病对成熟果实侵染过程的显微观察[J].西北农业学报.2008,**17**(1):92-94.

[17] 曹彦龙,张文华,刘静.枸杞黑果病与气象条件关系初探.中国农业气象.2007,**28**(1):108-111.

[18] 刘静,张宗山,张立荣,沈瑞清.银川枸杞炭疽病发生的气象指标研究.应用气象学报.2008,**19**(3):333-341.

[19] 张磊,刘静,张晓煜,马国飞.宁夏枸杞炭疽病病情判别的气象指标.中国农业气象.2007,**28**(4):467-470.

[20] 张晓煜,张磊,刘静,亢艳莉,韩颖娟,张学艺.宁夏枸杞炭疽病发生流行的气象条件分析.干旱地区农业研究.2007,**25**(1):181-184.

[21] 张晓煜,刘玉兰,张磊,袁海燕,亢艳莉,孙占波.气象条件对酿酒葡萄若干品质因子的影响.中国农业气

象. 2007,**28**(3):326-330.

[22] 张晓煜,刘静,张亚红,张磊,官景得. 中国北方酿酒葡萄气候适宜性区划. 干旱区地理. 2008,**31**(5):
707-712.

[23] 张晓煜,亢艳莉,袁海燕,张磊,马国飞,刘静,韩颖娟. 酿酒葡萄品质评价及其对气象条件的响应. 生态学报. 2007,**27**(2):740-745.

[24] 张晓煜,韩颖娟,张磊,卫建国,曹宁,亢艳莉. 基于 GIS 的宁夏酿酒葡萄种植区划. 农业工程学报. 2007,**23**(10):275-278.

[25] 张磊,张晓煜,马国飞,卫建国,曹宁. 气象条件与酿酒葡萄糖分积累的关系. 气象科技. 2008,**36**(3):
323-326.

[26] 李剑萍,杨侃,曹宁,韩颖娟,张学艺. 气候变化情景下宁夏马铃薯单产变化模拟. 中国农业气象. 2009,**30**(3):407-412.

[27] 宋玉芝,王连喜,李剑萍. 气候变化对黄土高原马铃薯生产的影响. 安徽农业科学. 2009,**37**(3):
1018-1019.

[28] 孙芳,林而达,李剑萍,熊伟. 基于 DSSAT 模型的宁夏马铃薯生产的适应对策. 中国农业气象. 2008,**29**(2):127-129.

江西省农用天气预报服务

杜筱玲

(江西省气象台,南昌　330046)

　　摘　要:阐述了农用天气预报内涵,指出农业气象指标、天气与农业气象预报、农业气象决策知识分别是农用天气预报的实践基础、技术关键、长效保障。基于对内涵的认识,提出江西针对大宗粮油生产开展的农用天气预报服务内容、技术思路、服务产品和服务对象等,并就进一步提高农用天气预报服务效益提出了一些看法。
　　关键词:农用天气;预报技术

引言

　　党的十七届三中全会通过的《中共中央关于推进农村改革发展若干重大问题的决定》明确提出,要加强农村防灾减灾能力建设,加强灾害性天气监测预警,开发气象预测预报和灾害预警技术,加强农村公共服务能力建设,这就对气象部门的气象为农服务工作提出了更高更新的要求,其中农村防灾减灾能力及农村公共服务能力的加强使得基于农业生产对象、农事活动与天气条件密切联系的农用天气预报技术急需进一步加强,因为农用天气预报可以成为生产者和管理者充分利用有利天气、避免不利天气影响的有效决策依据。

　　江西是典型农区,气象为农服务一直是气象部门的重点工作之一,特别是在当前发展江西生态经济背景下,鄱阳湖生态经济区建设、新增百亿斤优质商品粮工程等项目的推进,需要加强气象为农服务技术与产品的开发,因此对农用天气预报的需求紧迫。由于我国对农用天气预报的研究和认识尚处于粗浅阶段,相应的服务工作开展并不广泛,仅见广东、浙江、辽宁开展过对当地的农用天气预报服务,由于有关技术受地域性限制而不便推广应用。江西近年针对大宗作物粮油生产,结合农业气象指标、农业气象定量评价技术开展了对天气预报的解释应用研究,并在春播、秋收等重要农事季节开展了面向农民专业合作社、农业生产管理者的针对性服务,取得了一定成效。

一、农用天气预报内涵

(一)对有关内涵的阐述

　　对农用天气预报的内涵,已有研究中各家不一,如王馥棠先生将农用天气预报定义为"根据农业生产对环境气象条件的具体需要而编发的针对性很强的天气预报",并将播种期与收获期预报、灌溉期灌溉量预报、热量条件预报、病虫害流行天气条件预报、田间作业天气条件预报、主要农业气象灾害预报等纳入农用天气预报范围;刘锦銮等人则认为农用天气预报不仅仅针对农事季节,还是针对菜田土温、果园气温、鱼塘水温等农田小气候要素的预报;姚益平提出浙江农用天气预报要在已有的春播季节播种育秧天气、秋季低温、冬种天气、早稻孕穗期低温天气的基础上,进一步拓展领域;沈阳市气象部门研究确定了将粮食丰歉、水稻生育期低温冷害、春季降水趋势、土壤化通日期、春小麦收获期连阴雨、秋白菜收获期作为农用天气预报的六种主要类型。

2009 年,我国气象界对农用天气预报进行了较好的阐述,并将之写入了引导《现代农业气象业务发展专项规划》(2009—2015 年)》,规定"农用天气是指对整个农业生产活动和作物生长过程影响较大的天气现象和天气过程。农用天气预报是从农业生产需要出发,在天气预报、气候预测、农业气象预报的基础上,结合农业气象指标体系、农业气象定量评价技术等,预测未来对农业有影响的天气条件、天气状况,并分析其对农业生产的具体影响,提出有针对性的措施和建议,为农业生产提供指导性服务的农业气象专项业务",并明确农用天气预报与农田土壤墒情与灌溉预报、物候期预报、农林病虫害发生发展气象条件预报及其农作物产量、特色农业产量与品质预报都是现代农业气象预报的任务。

(二)对内涵的认识

根据目前的阐述,可以看出农业气象指标、天气与农业气象预报、农业气象决策知识是农用天气预报的三大要素,其中农业气象指标是实践基础,即开展农用天气预报必须了解和掌握农业生产对象和农业生产活动对天气条件的要求;天气与农业气象预报是关键,即开展农用天气预报需要有天气现象、天气条件、作物物候、土壤墒情等的预报技术支撑;农业气象决策知识是长效保障,即为农业部门和农业生产者提供充分利用有利天气条件、避免或克服不利天气条件影响的农事措施建议和依据,指导农业科学生产是实现农用天气预报服务效益的保障。

二、江西农用天气预报服务思路

(一)服务定位

针对本地区农业生产特色,找准地方需求,以大宗作物、规模化生产的经济作物以及其他特色农业、设施农业为主要对象,制作和发布本地区农业生产过程中的农事、农作物生育期及作物收获后的储运加工等的农用天气预报,并适时开展服务,指导农业科学生产。

(二)主要任务

1. 农事活动气象条件预报

在关键农时、重要农事季节,根据不同农事活动对气象条件的要求,开展未来天气条件对农事活动适宜程度的预报。江西作为农区,主要针对主要农作物播种、育秧、移栽、施肥、中耕、喷药、灌溉、收获和规模化饲养等农事活动对天气条件的要求,定期或不定期开展不同时效的气象条件适宜性预报服务,以指导农业管理者、生产者根据天气合理安排茬口及各项农事管理,避免不利天气影响造成损失。

2. 农作物生长气象条件预报

在农作物、畜牧、水产、林果等的不同生育阶段，根据其对气象条件的要求，开展未来天气条件对其生长发育适宜程度的预报。主要生育阶段的确定由现行农业气象观测发育期结合本地区的主要气象问题综合考虑。

(三)技术思路

在农业气象预报、农业气象条件诊断评价等技术支持下，以影响农作物、畜牧、水产、林果等的发育进程以及各种农事活动的气象条件或指标为依据，采用中短期天气预报要素构建不同类型的农用天气预报模型，模型预报结果为通过一定阈值确定的不同等级，以代表未来天气条件有利或不利的程度，根据模型预报结果提出充分利用适宜天气条件、克服不利天气条件影响的专家知识，为农业生产全过程提供预报服务。

开展预报服务时需要多种数据作为支撑，一是地面气象观测历史数据与实时数据；二是中短期天气预报数据，包括天气现象、气温、降水量、湿度等；三是农情观测与调查数据，包括农作物生长发育状况、土壤墒情、物候、农业气象灾害等；四是农业气象预报数据，包括作物发育期、土壤湿度、产量等；五是农业气象指标，包括农作物或特色水产、畜牧等的生长发育指标等；六是农业气象决策知识。

(四)预报服务产品

1. 产品类型与内容

(1)农事活动气象预报

农区包括春播春种、大田移栽、夏季收晒、秋季收晒、农田施肥、病虫防控、晒田控蘖、农田灌溉、农田排水等农事活动的气象等级预报产品，主要内容为未来天气条件对开展各项农事活动的有利或不利的程度及其对策建议，为农事活动安排提供指导。

——春播春种气象等级预报：在春播春种农事季节，根据气温、降水、风、天气现象等预报春播春种有利、较有利或不利的气象等级，提出合理建议。

——大田移栽气象等级预报：在水稻移栽农事季节，根据天气现象、气温等预报大田移栽有利、较有利或不利的气象等级，提出合理建议。

——夏季收晒气象等级预报：在夏季收晒农事季节，根据天气现象、降水量等预报收晒活动有利、较有利或不利的气象等级，提出合理建议。

——秋季收晒气象等级预报：在秋季收晒农事季节，根据天气现象、降水量等预报收晒活动有利、较有利或不利的气象等级，提出合理建议。

——农田施肥气象等级预报：在农作物、果树主要的施肥生育阶段，根据降水、温度、风速等预报施肥有利、较有利或不利的气象等级，提出合理建议。

——病虫防控气象等级预报：在农作物、果树、水产、禽畜、牧草等的病虫高发风险时段，根据天气现象、温度、降水、风速等预报喷药有利、较有利或不利的气象等级，提出合理建议。

——晒田控蘖气象等级预报：预计水稻达有效分蘖终止期时，为追求高产，根据天气现象、气温等预报晒田有利、较有利或不利的气象等级，提出合理建议。

　　——农田排水气象等级预报:预计农田将有渍涝风险时,根据降水量预报农田排水有利、较有利或不利的气象等级,提出合理建议。

　　——农田灌溉气象等级预报:在农业干旱发生时段内,根据降水量、温度、风速等预报灌溉有利、较有利或不利的气象等级,提出合理建议。

　　——农产品储藏气象等级预报:在作物收获或果实采摘后储藏的时段内,根据湿度、温度等预报储藏有利、较有利或不利的气象等级,提出合理建议。

　　(2)农作物生长气象等级预报

　　按农作物的不同发育阶段制作气象条件适宜性预报产,内容为未来天气条件对农产品生长发育有利或不利的程度及其对策建议。农区主要作物发育阶段:

　　——双季早稻:出苗、三叶、栽后返青、分蘖、拔节、孕穗、抽穗、乳熟、成熟

　　——双季晚稻:出苗、三叶、栽后返青、分蘖、拔节、孕穗、抽穗、乳熟、成熟

　　——中稻及一季稻:出苗、三叶、栽后返青、分蘖、拔节、孕穗、抽穗、乳熟、成熟

　　——油菜:出苗、苗期、蕾薹生长、开花、角果发育

　　——棉花:出苗、三真叶、五真叶、现蕾、开花、裂铃、吐絮

　　——脐橙:春芽开放、抽梢、现蕾、开花、果实迅速膨大、果实着色

　　——花生:出苗、三真叶、分枝、开花、下针

　　(3)重要农事季节预报

　　为播种、收获等农事季节的适宜时段预报,按照本地区农时与农产品生育进程,结合未来天气预报与物候期预报,提出作物播种、收获等农事的适宜时段。

　　(4)灾害性天气或转折性天气提示产品

　　为对农产品生长和农事安排有明显影响的预警预报产品。主要描述灾害性天气或转折性天气等对农业生产的可能影响,提出避免或减轻灾害影响的应急措施和建议。对农区而言,灾害性天气或转折性天气主要有寒潮、春季低温连阴雨、干热风、高温热害、寒露风、冻害、秋季连阴雨、干旱等。

　　2. 产品形式

　　(1)初级产品

　　图形或表格形式,以适宜、较适宜、不适宜等 3 个气象等级表达,逐日定时滚动生成并上网。

　　(2)综合产品

　　文字形式,是在初级产品基础上,综合分析全省农用天气预报结果,加工编制成服务产品,用于开展公共气象服务,定期或不定期制作。

　　3. 服务对象

　　为农民专业合作社、农业生产决策部门或决策者、典型农户等。

　　4. 服务渠道

　　充分利用气象部门在多年服务中形成的信息发布渠道,如手机短信、电视、广播、网络、电话、农村大喇叭等,面向服务对象发布。

四、几点建议

(一)积极拓宽农用天气预报服务范畴

江西为农区,历年农业生产以大宗粮棉油作物为主,随着农业结构的不断调整及农村改革,特色林果、水产、畜牧等发展迅速,且农业生产的全过程包括播种、管理、收获、贮运、加工等各个环节,而江西现有的预报服务涉及内容十分有限。因此,发展农用天气预报服务具有极大的潜力,在发展过程中,要积极深入生产实践,听取农户、农技人员、农业部门的意见,了解需求,确定预报服务项目和内容。

(二)不断完善农用天气预报技能和知识

从农用天气预报的内涵看,农业气象指标、天气与农业气象预报、农业气象决策知识是农用天气预报的三大要素,其中农业气象指标是实践基础,天气与农业气象预报是技术关键,农业气象决策知识是长效保障,因此,做好农用天气预报服务就要围绕这三个要素同时进行,不断研究和完善有关技能和知识,确保服务工作能够贯穿整个农业生产活动过程。

(三)努力提高天气预报和农用天气预报水平

农用天气预报的准确性、可用性在很大程度上取决于天气预报的准确程度,要加大天气预报研究投入,提高预报准确性和预报精度,并适当增加可用要素的预报,以满足农用天气预报服务的需求。必要时,农业气象人员与天气预报人员密切合作,共同开展农用天气预报科研和服务工作,充分发挥各自专业特长,促进农用天气预报水平的提高。

(四)加强农用天气预报宣传

目前农用天气预报服务尚处于粗浅阶段,广大农民往往知道天气预报而不知农用天气预报,因此要加强面向农村的农用天气预报知识宣传,让农民能够知其然而且知其所以然,从而更好地利用农用天气预报科学生产。

(五)以农民专业合作社气象服务为切入点,扩大服务辐射区域

当前农民专业合作社已发展壮大成为农业产业的主力军,而每个合作社一般都有核心技术人员,对新技术、新知识的接受能力和应用能力强,农用天气预报服务可以合作社为切入点,通过组织将服务辐射到有关会员甚至周边农户,以促进发挥服务效能。

参 考 文 献

[1] 刘锦銮,何键,陈新光.2006.广东省农用天气预报技术研究[J].气象.32(2):116-120.
[2] 王馥棠等编著.1991.农业气象预报概论[M].北京:农业出版社.
[3] 大地.1997.沈阳市气象人员研制出农用天气预报方法[J].辽宁气象.(3):54.

水稻病虫害气象等级预报研究

谢佰承　　帅细强　　罗伯良

(湖南省气象科学研究所，长沙　410007)

摘　要：农作物病虫害是农业生产的重要生物灾害，是影响农业生产持续稳定发展的一大制约因素。湖南水稻生产在全国水稻生产占举足轻重得地位，近年来，随着病虫害发生日益严重，对水稻生产影响较大，中国气象局根据各省农业气象业务发展和社会发展需要，特开展我省水稻病虫害监测等级预报研究，不定期制作和发布水稻病虫害预测预报产品，本文中主要介绍了水稻常见病虫害：稻飞虱和稻瘟病预测预报制作流程和方法。

关键词：水稻病虫害预报

水稻生产在湖南粮食生产占有举足轻重的地位。湖南水田占耕地面积的 78％ 左右。水稻种植区域主要分布在湘江流域和洞庭湖平原。近年来，两系杂交水稻大面积推广应用，不断大幅提高了我国粮食产量，但生物灾害的大发生频率升高，为害呈加重趋势。两系杂交水稻由于生育期长、茎粗、叶茂，生物量大等特点，再加上早播、早插，高肥、高群体等，为稻螟虫、稻飞虱、稻纵卷叶螟、纹枯病、稻曲病、稻瘟病等重大病虫的发生为害提供了有利条件。因此，随着三系杂交水稻、两系杂交水稻和超级稻的发展，单、双季稻混栽和中稻、一季稻面积扩大，给主要稻虫由 2 代过渡到 3 代提供了过渡桥梁，创造了较好的食料条件和生活环境，这些是导致灾害性病虫发生为害加重的主要原因。

国内外学者对农作物病虫害气象预报进行了大量的研究，主要包括不同气候事件及气象要素与农作物有害生物的各特征量的相关研究。研究涉及的对象不仅有真菌、细菌、病毒等微生物引起的生物病害，而且还有非生物因素引起的生理病害。从研究结果来看，在时效上建立了短期、中期、长期的预测预报模型。预报内容涉及了病虫害发生期预测、流行速率及流行程度预报、发生量预报以及农作物病虫害气候分区研究等。研究内容比较广泛，但大体上可以划分为病虫害发生发展的气象条件研究和病虫害发生发展气象预报方法研究两个方面。

目前，我们主要气象等级预报主要考虑气象因子影响的预报，常用的预报方法有统计法、生物气候图法。研究发现，水稻病虫害的发生与气象条件有着密切的关系，但又并非一一对应的关系，除了气候因子的影响外，外界环境、人类采取的管理办法等会影响到病虫害的发展。水稻病虫害预测预报方法，主要是通过收集前期天气实况资料，包括天气过程、气象灾害资料、农情资料、病虫害资料等，利用模型分析确定病虫害的等级标准。通过气象要素的综合分析，确定不同病虫害发生等级，及时发布预报预警信息，减少水稻受灾损失，为粮食安去生产提供保障。

一、预测预报模型

20 世纪 70 年代以来，在湖南省不同生态条件的稻区调查发现，水稻病虫达 100 种以上．

常见的病虫 30～40 种。其中主要病虫害有 3 虫 3 病：稻螟虫、稻飞虱、稻纵卷叶螟；水稻纹枯病、稻瘟病、稻曲病（过去为水稻白叶枯病）。在本文介绍中对稻飞虱虫害做详细分析。

(一)稻飞虱迁移特征分析

稻飞虱在迁飞过程中的降落，主要依靠下沉气流或降水的携带作用。降水强度越大，持续时间越长，降虫量越大。据研究，中国稻飞虱春秋季初始虫源主要来自国外，一般路径有 3 条：一条由泰缅北部随西南季风迁入，一条由菲律宾于 7—8 月随台风外围气旋迁入，一条由中南半岛盛行的西南季风于 5—6 月迁入。迁入湖南的稻飞虱路径也有 3 条，一是西南路径，春季稻飞虱由缅甸、中南半岛等地随西南气流迁入中国后，5—6 月进一步向内陆转移迁入湖南，二是东南路径，7—8 月随台风迁至东南沿海的稻飞虱进一步向内陆转移进入湖南，三是秋季由北向南回迁，随东北气流逐渐变强，稻飞虱大量起飞，由湖北等稻区自北向南回迁，遇下沉气流或降水即降落湖南为害。稻飞虱具有喜温爱湿的特性，其生长发育的适宜温度为 20～30℃，最适温度为 26～28℃，适宜湿度在 80% 以上。盛夏不热、晚秋不凉、夏秋多雨的气候条件，有利于稻飞虱大发生。

(二)稻飞虱气象等级预测模型的建立

根据稻飞虱生长发育的气象条件，将稻飞虱气象等级分为一到五级。三级表示气象条件对稻飞虱的活动影响与往年差不多，适宜稻飞虱的发生发展，一级、二级表示象条件对稻飞虱的活动影响比往年有利，取食、繁殖气象条件比往年有利，有利于稻飞虱的发生发展，四级、五级表示气象条件对稻飞虱的活动影响比往年不利，取食、繁殖等气象条件比往年不利，不适宜稻飞虱的发生发展。

结合业务需要，采用温度指标为主，适当考虑雨量、雨日、下沉气流及台风等因素的影响，建立稻飞虱气象等级预测模型。首先根据 10 天内适宜温度时间与历年平均适宜温度时间的差值，初步确定气象等级如下：一级：10 天内适宜温度时间比历年平均偏多 20 h 以上；二级：10 天内适宜温度时间比历年平均偏多 10～20 h；三级：10 天内适宜温度时间比历年平均偏差在 −10～10 h；四级：10 天内适宜温度时间比历年平均偏少 10～20 h；五级：10 天内适宜温度时间比历年平均偏少 20 h 以上。

参考雨量、雨日、下沉气流及台风等因素进行气象等级订正。如雨量小，雨日在 2 天之内，导致湿度偏低，不利稻飞虱的生长发育，下降 1 个气象等级（如三级变为四级），如长时间有下沉气流、台风出现频繁，上升 1 个气象等级（如三级变为二级）。

分析 1986—2005 年湖南第五代稻飞虱（9 月下旬—10 月上旬）观测资料，发现 2005 年湖南第五代稻飞虱发生较严重，全省有 92% 的站在 4 级以上，75% 的站在 5 级；而 2001 年发生较轻，全省 50% 以上的站在 4 级以下，90% 以上的站在 5 级以下。利用建立的稻飞虱气象等级预测模型对其进行比较分析。

从分析结果看，2001 年、2005 年实际等级与气象等级基本一致，如 2001 年武冈第五代稻飞虱发生程度为 3 级，气象等级为三级，与实际一致；2005 年武冈第五代稻飞虱发生程度为 5 级，气象等级一级，与实际一致。部分站点实际等级与气象等级有差异，如道县 2001、2005 年第五代稻飞虱发生等级为 2 级，气象等级为三级。气象等级与实际等级产生差异的可能原因分析：一是实际等级受人工防治等的影响；二是本模型中对初始虫源的处理有待进一步订正，而实际中初始虫源可能变化很大。

表1　2001和2005年湖南第五代稻飞虱实际等级与气象等级比较

站名	2001				2005			
	实际等级	9月下旬气象等级	10月上旬气象等级	气象等级与实际等级评价	实际等级	9月下旬气象等级	10月上旬气象等级	气象等级与实际等级评价
攸县	4	4	3	基本一致	5	4	3	气象等级偏低
湘潭	3	4	2	基本一致	5	4	3	气象等级偏低
炎陵	1	4	3	气象等级偏高	4	5	3	基本一致
湘阴	4	4	3	基本一致	5	4	3	气象等级偏低
武冈	3	3	3	一致	5	5	5	一致
邵东	5	4	3	气象等级偏低	5	5	4	基本一致
衡南	1	3	3	气象等级偏高	5	4	3	气象等级偏低
道县	3	3	3	一致	2	3	3	基本一致
长沙	2	4	3	气象等级偏高	5	4	4	基本一致
安仁	4	4	3	基本一致	5	4	3	气象等级偏低
衡阳县	4	3	3	气象等级偏低	4	4	3	基本一致
醴陵	3	4	3	基本一致	5	4	3	气象等级偏低

注:为了与实际等级比较,将气象等级进行了变换,一级变换为5级,二级变换为4级,三级变换为3级,四级变换为2级,五级变换为1级。

(三)稻瘟病气象特征分析

稻瘟病从初始期到流行高峰期,为早稻生长的分蘖末期到孕穗期,其气候特点为低温、多雨、寡照。根据前人的研究结果,菌丝生长温限8~37℃,最适温度26~28℃。孢子形成温限10~35℃,以25~28℃最适,相对湿度90%以上。从表中发现,气象要素基本满足菌丝生长、孢子大量繁殖条件。阴雨连绵,日照不足或时晴时雨,或早晚有云雾或结露条件,病情扩展迅速。随着降雨日数的增加,化学农药已难以控制大面积发生的叶瘟和穗瘟,最终促使后期穗颈瘟的大暴发。

我省湘阴早稻稻瘟病发生初期在5月20日前后,稻瘟病发生高峰期在5月下旬到6月中旬,一般稻瘟病流行的前期主要表现温暖多雨,如选择表2中病害指数较高的年份1989、1999年,从4月初到稻瘟病发生初始期的温度和降水,分别为18.3℃和486 mm,19.1℃和545 mm。温暖多雨的天气有利于水稻分蘖,也有利于病菌的萌发繁殖侵染,从而有利于前期稻瘟病菌基数的积累,为后期稻瘟病在田间的扩散蔓延提供了足够的菌源。

表2　早稻的分蘖末期至孕穗期气象条件与稻瘟病发生关系(湘阴)

年份	温度(℃)	降雨量(mm)	日照时数(h)	雨日(d)	病害指数	年份	温度(℃)	降雨量(mm)	日照时数(h)	雨日(d)	病害指数
1986	23.3	200.2	44.2	17	0.30	1996	25.7	169.4	56.0	10	0.12
1987	21.6	235.6	59.0	12	0.09	1997	24.2	123.4	64.8	12	0.11
1988	25.1	296.5	28.3	22	0.43	1998	24.3	230.5	46.5	18	0.24
1989	23.4	150.4	39.5	20	0.60	1999	23.9	376.3	37.0	25	0.46

年份	温度 (℃)	降雨量 (mm)	日照时数 (h)	雨日 (d)	病害指数	年份	温度 (℃)	降雨量 (mm)	日照时数 (h)	雨日 (d)	病害指数
1990	22.1	327.6	40.1	18	0.30	2000	26.6	198	58.0	16	0.29
1991	25.1	281.7	24.3	22	0.37	2001	24.9	282.1	67.0	16	0.35
1992	21.2	214.8	67.0	14	0.23	2002	24.4	182.2	61.6	14	0.25
1993	22.1	165	46.0	14	0.11	2003	22.9	294.1	59.3	15	0.47
1994	24.7	195.3	58.2	17	0.08	2004	21.3	147.4	58.8	13	0.25
1995	24.5	299.8	31.8	16	0.45	平均	23.7	230.0	49.9	16.4	

(四)稻瘟病气象预测模型的建立

数据处理采用 SPSS 统计软件,采用通径分析方法,选择温度、降雨量、日照时数和雨日作为主要气象因子。病害指数我们定义为:DI(病害指数)$= S/S0$,式中,S 为早稻感染稻瘟病的受灾面积,$S0$ 为全县的早稻播种面积。

研究中选择了温度($X1$)、降水($X2$)、日照($X3$)、雨日($X4$)对早稻病害指数(Y)进行相关,其通径系数分别为 -0.01329、0.129332、-0.09939 和 0.512028,其中雨日的通径系数最大,这表明雨日对早稻稻瘟病的病害所起的作用大于其他 3 个因素,其中降水和日照对稻瘟病病害也有一定的影响,虽然直接通径系数较小,为 0.129332 和 -0.09939,但对病害发生也起到了一定的间接作用,其间接效应系数分别为 0.081462 和 0.072962,温度的直接通径系数为 -0.01329,对稻瘟病病害指数响应很微小。

稻瘟病预测预报模型。在以往的水稻病虫害预测预报模型中,大多研究人员考虑的气象因素是单因子的,在某种程度上能进行预测。但病虫害的发生是多个因素产生的结果,建立多个因子的预测模型,更能准确预测预病虫害发生。因此,在本研究中选择温度($X1$)、降水($X2$)、日照($X3$)、雨日($X4$)四个因素作为预测因子,建立稻瘟病预测预报模型:

$Y = -0.0115 - 0.00128X1 + 0.00274X2 - 0.0011X3 + 0.019724X4$,达到显著水平($F = 2.92136$,significance $F = 0.059367$)。

二、业务服务产品制作

利用计算机语言编程,开发研制了计算机业务服务系统。该系统具有水稻病虫害气象等级预测、监测功能,能根据中期预报结果和实时气象资料,利用 GIS 技术制作水稻病虫害气象等级预测、监测空间分布图。

(一)天气预报读取:系统启动后会自动从计算机服务器上读取气象台发布的下周、下旬、下月的气候预测结论,该预报产品有前期气候分析,根据气象台的分析,做出前期气象条件是否有利于

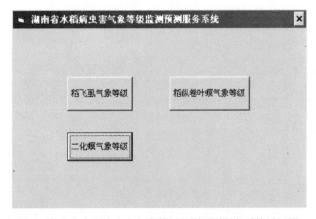

图1　湖南省水稻病虫害气象等级监测预测服务系统界面图

水稻病虫害发生发展的判别,系统会提示输入判别结论,并将预报结论、前期判别整理成固定格式的数据文件,供系统判断分析用。

(二)气象等级预报分析:根据预报模式进行分析判别,得出气象等级预报。然后参考雨量、雨日、下沉气流及台风等因素进行气象等级订正然后依次进行其他气象因子分析,对已得到的预报结论做出进一步订正。

(三)结论图表输出:系统自动将预报结论用表格的形式输出,用户可以根据需要选择打印输出或者直接输出在计算机屏幕上。系统采用 GIS 绘图软件,将预报等级在地图上用不同颜色标示不同气象等级,在计算机屏幕上输出。系统自动调用标准的预报产品文件,并将预报结论输出到标准文件上,供服务人员编辑、修改。

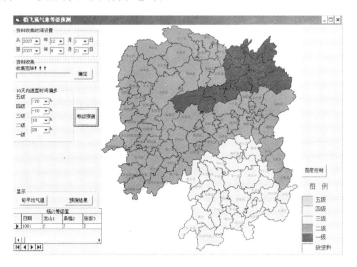

图 2　稻飞虱气象等级预测界面

参 考 文 献

[1] 陈怀亮,张弘,李有等.2007.农作物病虫害发生发展气象条件及预报方法研究综述[J].中国农业气象.28
　　(2):212-216.

[2] 霍治国,刘万才,邵振润等.2000.试论开展中国农作物病虫害危害流行的长期气象预测研究[J].自然灾
　　害学报.9(1):117-121.

[3] 杜筱玲,郭瑞鸽,魏丽等.2006.2005 年江西稻飞虱的发生气象成因初步分析[J].气象与减灾研究.(2):
　　48-52.

[4] 白先达,李忠波,邓肖任等.2009.柑橘病虫害气象条件等级预报研究[J].安徽农业科学,.37(29):14218-
　　14220,14287.

新疆棉花播期气候服务指标分析及应用[*]

毛炜峄[1] 曹占洲[1] 邹 陈[2] 李迎春[1] 李新建[2]

(1. 新疆气候中心,乌鲁木齐 830002;2. 中国气象局乌鲁木齐沙漠气象
研究所,乌鲁木齐 830002)

摘 要:针对新疆棉花播期预测服务需求,提出了"稳定≥10℃初日"和棉花"播种——出苗期间热量指数"两个兼具生物学与气候学意义的气候服务指标。在实际业务应用中,借鉴短期气候预测方法,建立"滑动相关——逐步回归——集合分析"客观预测模型,得到这两项指标的预测值并参加业务会商,为综合分析并确定棉花开播期的早晚和提出适当的服务对策建议提供了有价值的信息,效果较好。该思路和具体方法可以在更多的气象为农服务业务领域中尝试。

关键词:棉花播种期;气候服务指标;≥10℃初日;热量指数;新疆棉区

新疆是我国主要的优质棉生产基地,棉花产业在新疆有着举足轻重的地位。一些研究成果明确指出制约新疆棉花产量和品质的主要气象要素是热量条件[1~4]。播种期预报是棉花气象服务的重要环节,也是棉花高产优质的基础。棉花播种太早,气温低出苗慢,容易烂种,造成"早"而"不全";播种太晚,气温虽高出苗快,但幼苗生长不稳健,株型松散,造成"全"而"不壮"。过早或过晚播种对棉花产量、品质都有影响。适期早播,争取一播全苗,壮苗早发,能够有效延长棉花开花结铃期,促进棉花优质高产。我国棉区分布广泛,关于棉花适宜播种期以及播种期间气象条件的研究很多[5~6],有关新疆棉花播种期的研究也有不少成果[1,7~10],然而其中兼备明确的生物学意义和气候学意义,可以借鉴短期气候预测方法进行预测分析的气候服务指标不多见。根据新疆棉花播期预测基本业务的需要,确定适当的气候服务指标在预测业务中应用,对于提高棉花气象服务水平是非常有意义的。

一、新疆棉区棉花适宜开播期气候服务指标

(一)近年来新疆南、北疆棉区棉花播期气象条件

自 20 世纪 90 年代起,新疆气象局有针对性地开展了棉花系列化气象服务工作。其中,棉花播期气象条件预测分析研讨会被列为新疆气象局组织召开的业务工作会议,为南(东疆)、北疆棉花播期服务提供技术支持。经过多年不断地探索,在棉花播期服务工作中新疆气象局对区地两级业务单位的技术考核指标见表1。

* 基金项目:科技部国家科技支撑计划项目(2006BAD04B02),中国气象局新技术推广项目(CMATG2006M20)共同资助。

表 1　新疆南、北疆棉区棉花播种期间的预测项目及要求

预测项目	具体要求	备注
温度、降水	预报旬(月)平均气温、降水量及其距平(%)3月下旬(南疆)、4月上旬、4月中旬、4月下旬、5月上旬(北疆)、4月全月	南疆(含东疆)、北疆棉区预测起报时间相差约15天,具体旬句稍有不同
终霜期	预报终霜日期以及偏早(晚)天数	
天气过程、气象灾害	预测未来一个月内天气过程的出现时间及强度、类型,主要天气气候气象灾害,对棉花播种等生产的可能影响	
开播期、适宜播种期	预报开播期日期以及适宜播种期(分区)	

* 表中内容引自新疆气象局业务会议通知。

从预报预测专业方面来看,表1中所列内容涵盖了中期天气预报、月尺度短期气候预测,还有10~40天的延伸期预报等预报预测技术领域。具体预测对象包括旬(月)尺度的基本气象要素值及距平、未来10~40天主要天气过程的出现时间及其强度和天气性质,还有春季终霜期等。综合分析上述预报预测结果,最终形成当年棉花开播期、适宜播种期预报,并提出服务对策建议。在目前的预报技术水平下,依靠中期预报和延伸期预报难以解决棉花播期服务的技术需求。

(二)棉花播期气候服务指标

从气候分析预测角度考虑,寻找具有明确的生物学与气候学意义的棉花播期气候服务指标,借鉴短期气候预测方法,得到预测结果,可以为综合分析提供更多依据。分别选取了日平均气温5天滑动"稳定≥10℃初日"和棉花"播种——出苗期间热量指数"两项指标。

二、稳定≥10℃初日气候服务指标的选取

新疆各棉区棉花播种期间要求大田膜下5 cm地温稳定≥12℃。在20世纪90年代中后期,宽膜覆盖逐渐成为新疆棉区春季增温保墒的主要技术,棉田覆盖宽膜(1.4 m、1.6 m)后的增温效应一般在3~4℃。对应于日平均气温稳定≥9℃初日即可为棉花开始播种的初始日,可以认为日平均气温5日滑动稳定≥10℃初日是适宜棉花大面积播种的初始日。新疆各棉区棉花开播日期的确定首先要考虑热量条件是否达到要求,其次还要考虑避免棉花出苗后的霜冻危害。

(一)新疆棉区稳定≥10℃初日与终霜期的关系

日平均气温5日滑动稳定≥10℃初日气候服务指标是根据热量条件选取的,需要进一步讨论该指标与春季终霜期之间的联系。

1. 棉区稳定≥10℃初日早于终霜期的概率

棉花播种之后若遇霜冻,如果棉花还未出苗,会因为地温较低造成出苗迟缓或烂根烂芽,如果已出苗则危害更为严重,造成棉田缺苗断垄,严重甚至毁种重播。统计分析了新疆各棉区棉花生育期实测资料,棉花播种至出苗平均需要10~14天。从48年的平均状况分析,全疆棉区22站中,北疆的莫索湾、东疆哈密以及南疆偏东的且末和民丰棉区稳定≥10℃初日出现在终霜期之前1~2天,其他18站均出现在的终霜期之后。分别计算了1961—2008年48年中各站≥10℃初日出现在终霜期之前的概率,22站中哈密和民丰最高,均为50.0%,且末

(41.7%)次之,超过 20% 以上的站还有于田(35.4%)、莫索湾(25.0%)、石河子(20.8%)和巴楚(20.8%),喀什、和田和库车没有出现。稳定≥10℃初日比终霜期早 10 天及以上的概率仍然是哈密最大,为 27.1%,概率在 10% 至 20% 之间的有霍尔果斯、莫索湾、且末和民丰。

2. 稳定≥10℃初日与终霜期的相关分析

全疆棉区各站 1961—2008 年的稳定≥10℃初日与终霜期之间的相关系数见图 1。22 站中有 18 站通过了信度为 0.05 的显著性水平检验。近 48 年来新疆大部分棉区代表站稳定≥10℃初日与终霜期之间呈显著的正相关关系。

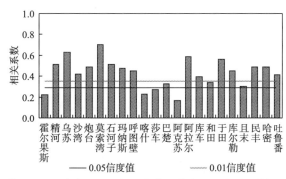

图 1 新疆棉区 22 站稳定≥10℃初日与终霜期之间的相关系数(1961—2008)

3. 稳定≥10℃初日与终霜期的均方差比较

稳定≥10℃初日与终霜期同样用具体日期来表示,是同一类变量,可以通过均方差来对比变量的变化幅度。分别计算了各站 48 年样本稳定≥10℃初日与终霜期的均方差。22 站中有 13 站的≥10℃初日的均方差小于终霜期,年际间的变化更稳定。主要在北疆伊犁河谷、昌吉回族自治州西部和东疆哈密等棉区。

(二)综合分析

新疆大部分棉区考虑稳定≥10℃初日作为气候服务指标是可行的。在北疆、东疆以及南疆东南部的部分棉区,还需要考虑棉花出苗后的霜冻危害因素。在这些棉区,上述分析也说明了:1)各站稳定≥10℃初日与终霜期之间呈显著的正相关,即在这些棉区,稳定≥10℃初日年际间的偏早(晚)变化与终霜期的变化趋势有较高的一致性。2)从气候统计预测角度,均方差小的变量比均方差大的变量容易预报[11],稳定≥10℃初日的均方差小于终霜期,更适合于作为气候预测变量。

用日平均气温 5 天滑动稳定≥10℃初日作为新疆棉花播种的气候服务指标是合适的。该指标是根据棉花播种热量条件计算的,同时在需要考虑霜冻危害的棉区,其年际变化信息与终霜期显著相关。该指标本身也是气候学意义非常明确的变量,从气候分析预测角度为棉花播期预测提供信息是可行的。

三、播种——出苗期间热量指数气候服务指标的选取

国家气候中心在棉花生产气象条件评价分析中使用了热量函数[12],基本上满足了全国各

棉区年度综合分析的业务需要。但是该热量函数指标没有区分热量不足和热量过剩的差异。在新疆棉区,棉花生产主要矛盾是热量不足。李新建等[13-14]考虑定量分析热量不足的业务需要,设计热量指数的模糊隶属函数,公式如下:

$$F_i(T) = \begin{cases} 0 & T_i < T_1 \\ 100(1-(T_2-T_i)^2/(T_2-T_1)^2) & T_1 \leqslant T_i < T_2 \\ 100 & T_2 \leqslant T_i \end{cases} \tag{1}$$

公式(1)中 $i(i=1,2,3,\cdots,36)$ 表示句序列数,T_i 表示棉花某生长阶段的句平均气温,T_1 表示棉花某生长阶段的下限温度,T_2 表示棉花某生长阶段的适宜温度,$F_i(T)$ 则为计算得到的句热量指数。热量指数 $F(T)$ 是无量纲数,值在 $0\sim100$ 之间,$F(T)$ 值越大,说明该阶段热量条件越能满足棉花生长的需要。

计算棉花各生长阶段的热量指数时,棉花五个生长阶段的三基点温度应用郑维[1]研究的结果。各生育期的起止时间以句为基本单位来统计,规定:生育期在某一句超过3天(不论句初还是句末),则将该句计在该生育期内,少于或等于3天的,则该句忽略不计。根据公式(1)计算各个生长阶段的逐句热量指数。根据该方法计算建立了新疆各棉区代表站1961年以来逐年的棉花播种——出苗期间热量指数序列。

四、近两年棉花播期预测分析服务应用情况

进入21世纪以来,新疆春季冷空气活动减弱,北疆棉区处在有利于棉花偏早播种的年代际背景下,昌吉回族自治州部分棉区尤其明显[15]。2008—2009年,北疆棉区棉花播种期间热量条件反差巨大。特别是2008年春季强寒潮过程出现在4月中旬后期,出现了21世纪以来播期条件偏好的年代际背景下的小概率事件,对春播作物尤其是棉花播种非常不利;而2009年3—4月份北疆棉区温度异常偏高,日平均气温5天滑动稳定≥10℃初日异常早。结合选定的稳定≥10℃初日与播种——出苗期间热量指数气候服务指标,用"滑动相关——逐步回归——集合分析"客观预测方法,在近两年新疆的棉花播期预测分析服务应用[16,17]。

(一)2008年北疆棉区棉花适宜播种期分析预测

2008年3月份预测石河子及其以西的北疆大部棉区稳定≥10℃的初日晚于常年(表2),播种——出苗期间的热量状况差于常年(表3),建议上述棉区棉花适宜播种开始时间要略晚于常年。

表2　2008年北疆棉区稳定≥10℃初日(月—日)

站点	2008年预测	最晚		最早		平均	复相关系数
		日期	出现年	日期	出现年		
精河	4—20	5—6	1992	3—24	1997	4—14	0.7152
乌苏	4—17	5—12	1982	3—21	1997	4—15	0.7443
炮台	4—23	5—13	1982	3—23	1997	4—14	0.7401
石河子	4—17	5—13	1982	3—22	1997	4—17	0.7789
呼图壁	4—10	5—13	1982	4—1	2004	4—19	0.7587

表 3　2008 年北疆棉区棉花播种—出苗期间热量指数

站点	2008 年预测	最晚		最早		平均	复相关系数
		指数	出现年	指数	出现年		
博乐	35.9	83.4	1997	9.2	1970	42.7	0.8103
精河	52.6	88.9	1997	20.5	1975	56.2	0.7001
乌苏	47.2	89.7	1997	18.9	1975	56.0	0.6849
石河子	53.3	85.7	1997	18.5	1975	53.7	0.7766

(二)2009 年北疆棉区棉花适宜播种期分析预测

2009 年 3 月预测北疆大部分棉区稳定≥10℃初日均偏早 5 天以上(表 4),异常偏早,各站棉花播期热量指数均高于多年平均值(表 5)。建议北疆大部棉区棉花适宜播种的开始时间可适当提早。

表 4　2009 年北疆棉区≥10℃初日(月—日)

台站	2009 年		多年平均值		历年最早	历年最晚	拟合准确率(%)	复相关系数
	预测量	距平	1971—2000	1961—2008				
博乐	4—17	−6	4—23	4—22	3—30	5—21	87.5	0.7717
霍尔果斯	4—10	−8	4—18	4—16	3—31	5—13	75.0	0.6783
精河	4—16	0	4—16	4—16	3—25	5—6	77.1	0.7052
乌苏	4—11	−6	4—17	4—16	3—22	5—13	64.6	0.7013
炮台	4—1	−15	4—16	4—16	3—24	5—14	79.2	0.7051
莫索湾	4—12	−4	4—16	4—16	3—24	5—6	70.8	0.7350
沙湾	4—4	−16	4—20	4—18	3—23	5—14	77.1	0.7261
乌兰乌苏	4—13	−8	4—21	4—19	3—31	5—14	72.9	0.6983
玛纳斯	4—8	−13	4—21	4—20	3—29	5—14	79.2	0.7314
蔡家湖	4—9	−12	4—21	4—19	4—1	5—13	75.0	0.6881
呼图壁	4—13	−9	4—22	4—20	4—1	5—14	72.9	0.7333
吉木萨尔	4—25	1	4—24	4—23	4—1	4—17	77.1	0.7473

表 5　2009 年北疆棉区棉花播种—出苗期间热量指数

台站	2009 年		多年平均值		历年最小	历年最大	拟合准确率(%)	复相关系数
	预测量	距平	1971—2000 年	1961—2008 年				
博乐	53.4	9.7	43.7	42.7	11.6(1970)	82.7(1997)	75.0	0.7627
精河	58.4	9.7	48.7	47.9	20.2(1975)	87.9(1997)	72.9	0.7799
乌苏	70.8	20.9	49.9	48.6	19.4(1975)	90.0(1997)	77.1	0.7247
炮台	56.4	8.4	48.0	47.6	14.9(1975)	88.0(1997)	79.2	0.8076
莫索湾	54.3	22.1	32.2	32.1	2.4(1963)	68.7(1997)	87.5	0.8200
石河子	51.0	4.9	46.1	45.9	14.8(1975)	85.8(1997)	79.2	0.7663

五、结论及讨论

稳定≥10℃初日和棉花播种——出苗期间热量指数作为新疆棉花播期的气候服务指标,

兼具生物学与气候学意义。新疆棉区大部分代表站≥10℃初日和终霜期之间存在显著的线性相关,而且48年来稳定≥10℃初日的年际间变化幅度小于终霜期。确定了具有一定气候学意义的服务指标后,借鉴短期气候预测方法,在近两年的实际业务服务应用中收到了较好的效果。

在当前预报预测技术水平下,根据服务对象的需要和关键的服务时段,分析和确定兼具生物学和气候学意义的气候服务指标,再结合短期气候预测方法,在农业气象服务工作中是完全可以提供更多有价值的预测信息的。该思路和具体方法可以在更多的气象为农服务工作中尝试。

参 考 文 献

[1] 郑维,林修碧.新疆棉花生产与气象[M].乌鲁木齐:新疆科技卫生出版社.1993.

[2] 张家宝,史玉光.新疆气候变化及短期气候预测研究[M].北京:气象出版社.2002.

[3] 李新建,何清,袁玉江.新疆棉花严重气候减产年的热量特征分析[J].新疆农业大学学报.2000,23(4),27-36.

[4] 史可琳,薛晓萍.棉花不同种植方式和新技术应用对气候条件的要求及播栽期的确定[J].棉花学报.1995,7(2):123-125.

[5] 刘水东,何林池.江苏沿江地区棉花适宜播种期再议[J].中国棉花.2000,27(11):31-32.

[6] 金志凤,邱新棉.浙江省棉花适宜播种期气候分析[J].中国棉花.2001,28(5):12-13.

[7] 傅玮东.终霜和春季低温冷害对新疆棉花播种期的影响[J].干旱区资源与环境.2001,15(2):38-43.

[8] 毛炜峄.阿克苏地区地膜棉气候开播期时空分布特征[J].新疆气象.2001,24(5):24-26.

[9] 毛炜峄,吴钧.阿克苏市地膜棉播期气象年型模糊聚类分析[J].新疆气象.2002,25(6):16-21.

[10] 穆妮热·阿布力米提.对当前阿克苏地区棉花播种期预报中一些问题的思考[J].新疆气象.2002,25(6):23-24.

[11] 施能.气象科研与预报中的多元分析方法[M].北京:气象出版社.2001.

[12] 吕厚荃.棉花气候条件评价[J].见国家气候中心编.全国气候影响评价2002[M].北京:气象出版社.2003:83-89.

[13] 李新建,毛炜峄,谭艳梅.新疆棉花延迟型冷害的热量指数评估及意义[J].中国农业科学.2005,38(10):1989-1995.

[14] 李新建,毛炜峄,杨举芳,等.以热量指数表示北疆棉区棉花延迟型冷害指标的研究[J].棉花学报.2005,17(2):88-93.

[15] 傅玮东,姚艳丽,毛炜峄.棉花生长期的气候变化对棉花生产的影响——以新疆昌吉回族自治州为例[J].干旱区研究.2009,26(1):142-148.

[16] 毛炜峄,谭艳梅,李新建.新疆北部棉花播种期热量指数预测研究[J].干旱区研究.2008,25(2):259-265.

[17] 邹陈,毛炜峄,吉春容,等.用前期月环流指数预测新疆棉区稳定≥10℃初日.干旱区研究.2010,27(4):621-627.

第四章　专业专项气象服务

江苏交通气象服务及业务化示范

田小毅　　袁成松　　朱承瑛　　钱　玮　　万小雁

（南京交通气象研究所，南京　210008）

摘　要：交通运输的质量和安全与气象条件密切相关，许多灾害性天气都对交通安全产生重大影响，开展交通气象业务是保障交通运输安全、畅通和高效的基础。江苏已在多条高速公路和长江江苏段布设了 80 套交通气象监测站，苏南地区的交通气象监测站网初具规模，并针对低能见度浓雾、强降水、雷暴、大风、路面高温、路面积雪、结冰等交通高影响天气建立了预警预报流程，初步建立了交通气象精细化数值预报系统，完成了集监测、预报、服务于一体的交通气象业务系统建设。针对不同的用户制定不同的服务产品和服务策略，采用"监测＋预警、临近预报＋服务"模式，建立全天候的交通气象值班制度，通过多种方式向用户单位提供交通气象服务。江苏交通气象发展模式和业务化试验具有一定的示范作用。

关键词：交通气象；监测；预警和临近预报；服务保障；业务化

引言

当前我国的交通运输业正处于高速发展阶段，随着交通运输量和行驶速度的快速提升，气象条件对交通设施、交通运输质量、交通安全的影响问题也日益突出，特别是因恶劣天气引发的重大交通事故，造成了巨大的生命和财产损失，成为现代社会安全生产中的一个重要问题。同时，在着力发展的我国智能交通系统（ITS）中，加强气象条件和路面、轨道、水面的相关要素相结合，把气象监测、预警预报信息直接和交通管理系统相结合，使得气象服务保障系统成为ITS 的一个重要的基础模块。因此，大力发展交通气象，契合了现代社会发展需要，满足了社会服务"需求"，也将成为气象部门拓展服务的一个新领域。

一、江苏交通气象的发展模式

江苏是一个典型的交通支撑型、交通促进型、交通依赖型和交通引领型的经济大省，公路、铁路、水道、航空等交通网络系统十分发达，对气象服务保障的"需求"潜力巨大。历经十年，江苏交通气象以科研入手，逐步推动交通气象业务和服务的实际应用，探索科研与业务紧密结合的工作模式,不断扩大推广应用范围,形成了"以需求引领服务、以服务牵引科研、以科研提升业务"良性循环,并逐渐形成了具有江苏特色的交通气象业务模式,包括:研制了交通气象自动化监测及信息传输处理系统,建立了交通气象监测站网的设计、安装、维护保障为一体的发展模式;提出了交通高影响天气(如低能见度浓雾、强降水、雷暴、大风、路面高温、路面积雪、结冰等)预警和临近预报技术指标体系和业务流程,实行全天候值班制度,建立了交通气象精细化数值预报系统以及"监测+预警、临近预报+服务"的交通气象业务模式;建成了集全省交通气象科研、业务、服务为一体的江苏省交通气象业务中心,突出服务窗口功能,彰显特色和品牌。

二、交通气象业务化试验

(一)交通气象监测

1. 交通气象监测站

交通气象实时数据的监测采用自主研制的 AMW 交通气象自动监测站[1,2],这是一种专门用于高速公路和水上交通运输的自动气象监测站,具有采集精度高、性能稳定、结构紧凑、外观及工艺美观、防盗性能强、高性价比等特点。监测站采用无线通讯方式实时上传监测数据,每小时上传一次监测站工作状态,并实现自动组网功能。监测站的供电方式可自由选择太阳能或 220 V 供电。可设置的监测要素有能见度、温度、相对湿度、风向、风速、雨量、气压、路面或水面温度、路基温度等,为真实反映高速公路等交通沿线上的实际交通气象环境状况,也便于对仪器的安装维护与更换,设置能见度、温度、湿度等传感器的安装高度为 3 ± 0.2 m,风向、风速传感器的安装高度为 3.5 ± 0.2 m。监测设备的整体结构设计、制作工艺、监测精度、分辨力、采集存贮、通讯功能和雷电防护等都达到了交通和气象部门的双重技术规范要求。

2. 交通气象监测站点布局及站址选择

高速公路低能见度监测预报工作的目的决定了监测站点选择的基本技术要求:既要监测到路面近地层的气象状况,又要能代表周边一定范围内的自然状况,还要兼顾防盗损、就近供电及安装维护方便等因素。监测站点布设的密度应适当,表面上看监测点密度越大越能够监测到各地的要素状况,但设置高密度的监测站点耗资巨大,会使投资方望而却步而阻碍交通气象的顺利发展。监测信息必须要被及时应用方能产生效果,若站点很密,预报人员难以及时从过量的信息中过滤、提取出关键信息影响使用效果,因此监测站的布设密度要适当。当前采用的方案:在浓雾多发的山地、在水汽和冷空气容易积聚的低谷、在易发生"团雾"的河网地区,监测站的密度要大一些,间距 3~5 km 为宜;在季节性浓雾多发地区,监测站间距以 10 km 左右为宜;在低能见度浓雾偶发地区,监测站间距可增大到 20~50 km。

监测站一般可设在路旁、岸边或设在服务区收费站内,距配电房 50 m 左右的空旷区,服务区在公路两侧均有设置,应选在当地雾季最多风向的上风方。站址的具体选定要考虑气象观测中的三性要求。监测站周边不得有高大的林木、建筑物的阻挡,不受烟尘源的污染及光污染源的干扰。

3. 监控运行管理和维护保障

为了使交通气象监测的数据准确、完整,南京交通气象研究所还对外招聘了一批技术人员,组成了一支交通气象监测系统安装、维护的专业团队。通过强化管理,制定多种维护方案,以便快捷高效的响应;实施全天候监测,加强监控管理和服务;建立维护响应预案机制,时刻保持安全防范意识;时刻关注观测站环境变化,确保气象观测数据的代表性;同时加强气象服务器及数据库的维护和更新,不断优化系统功能。

(二)交通气象灾害的预警预报

交通气象灾害的预警、预报是交通气象服务中的重点内容,要求达到准确、及时、内容丰富、针对性强等,就要准确地把握交通运营中的实际需求,经过归纳和凝练,针对共性和个性需求,确定交通气象灾害和预警预报对象和阈值,制定相应的预报流程,研究预报的概念模型及数值数学模型。在完善的交通气象监测网络基础上,提供定时、定点、定量的精细化预警和预报服务产品,指导交通部门在交通运营管理系统中应用。南京交通气象研究所已建成了集监测、预报、服务于一体的交通气象业务系统,实施了全天候的预报服务值班制度,相继开展了公路、航运等交通高影响天气(如低能见度浓雾、强降水、雷暴、强风、路面高温、路面积雪、结冰等)预警预报。

1. 公路交通气象灾害预警、预报

通过研究气象条件对公路交通影响的敏感点,分析高速公路事故与气象条件之间的关系,研究对公路交通安全影响较大的气象要素的预报方法,以高速公路上监测站网的实时监测资料为基础,结合高速公路公路运营管理和安全的需要,开展公路交通气象灾害的分级预警和预报,同时应用数值预报产品来开展高速公路精细化气象灾害的预警和预报。

在低能见度浓雾的预报中采用了浓雾降临前的"象鼻形"先期振荡方法,并引入中尺度数值预报 WRF 模式。首先根据天气形势的分型和天气类型的判别、高空和地面图实况、从云图上分析云系的移动、探空曲线上分析逆温层及平流、从自动站记录特别是公路沿线监测站提供的要素信息,对浓雾的预报可以做出一些判断,这些都是重要而必需的,当然预报人员希望获取更为确切的预报信息。分析多年来积累的监测资料和能见度图谱,发现在高速公路路政方面所提出的能见度 50～200 m(限速低能见度)尤其是能见度<50 m(封路低能见度)在主体浓雾出现之前,普遍出现一个"象鼻形"的先期振荡前兆[4],它出现时间短,能见度值不是很低,但这是突发浓雾的前奏,具有一定的预报信息,值得我们认识与利用。

为了更加准确地预报区域性大雾天气的生消机制,确保公路交通的畅通,科学、系统而全面地理解雾的形成维持机制是非常必要的。随着数值预报模式的发展,数值模拟预报技术已经成为天气预报不可或缺的手段之一[5]。利用新一代中尺度数值预报模式 WRF 模式对发生在沪宁高速公路沿线的大雾过程进行数值模拟研究,方案如下:采用双重嵌套方式,模拟区域中心为(33.0°N,120.0°E),粗网格格距 9 km,格点数为 75×75,细网格格距 3 km,格点数为121×91,粗网格采用 WSM3 类简冰方案,细网格采用 NCEP3 类简冰方案(水汽、云/冰和雨/雪);长波辐射均选用 RRTM 方案;短波辐射均选用 Dudhia 方案;近地面方案选用 Monin-Obukhov 方案;陆面过程均采用热量扩散方案。通过对近几年低能见度浓雾的模拟,结果显示:WRF 模式对雾区液态水含量、涡度场、夜间近地气层温度场的辐射冷却模拟效果比较真

实,再现了此次辐射雾的发生发展过程。

大强度降雨可导致能见度徒降,是影响和危害公路、航运安全的重要因素。降雨强度在时间和空间上的分布是不均匀的。降雨雨强在时空上骤变的同时能见度也随之发生骤变,前方能见度的骤变,影响了驾乘人员的距离判断,车辆间明显的车速差异增加了事故发生的几率。研究表明降雨对能见度的影响与降水总量关系不确定,而 1min 的雨量(雨强)与能见度的关系最密切[9]。利用天气形势分析、雷达跟踪预报以及交通气象监测站网的实时监测资料,把 1 min 雨量≥0.8~1.2 mm(1 h 雨量>10 mm)作为预报指标和临界值,统计其影响能见度值下降的关系,建立预报指标体系和业务流程。

2. 水上交通气象灾害预警、预报

水上交通气象灾害的预警预报将分为内河水上和沿海近海上的交通气象灾害预警预报两大类。水上交通安全和运输管理与气象条件关系密切,许多灾害性天气如低视程能见度、强风(台风、横风)、强降水(暴雨)、降雪等都是水上交通特别关注的,其中以低视程能见度和强风为监测和预报对象。

关于低视程能见度的分级预警,将针对内河水上和海上、水面航道情况、船只吨位大小、航道管理要求等分别进行研究。

风是水上交通最敏感的气象因子,在做好分级预警预报的同时,还要对因强风而产生的浪高作相关研究。

利用水上交通气象监测站网的气象资料,结合已有的关于风、雨、雾的预报成果,例如,雾的预报有传统的天气型法、因子指标法、统计学法及相对先进的结构分析预测方法,运用数值预报统计释用技术和回归分析技术建立雾的客观预报方法等,研究更加有效的预报模型,并对航道、港口、码头及水上作业区进行精细化的专业气象预报。

3. 铁路交通气象灾害预警、预报

江苏省铁路交通气象灾害主要考虑暴雨、雷电、雾、洪涝及路基坍塌、泥石流、滑坡等。因此,在考虑本省铁路行业气象的实际业务需要的情况下,针对铁路沿线的降水、雷电和大雾来开展铁路气象灾害的预警和预报。雾的预警和预报技术和方法与前述的内容相近,而暴雨、雷电则要紧密结合全省已建的新一代多普勒天气雷达及组网的实时监测及分析产品,开展全省铁路沿线不同时效的气象灾害预报。

4. 城市交通气象灾害预警、预报

城市交通气象灾害的预警和预报应以监测预警和短时临近预报为主,通过建立数值模式和其他先进的技术手段进行预报和修正,以实时监测和预警预报相结合的全天候值班模式开展城市交通气象预报服务。

研制精细化预报的技术方法和流程,通过研究分析,揭示影响城市交通安全的灾害性天气的特征,以及灾害性天气与城市交通运输的关系,建立灾害性天气定时、定点、定量的监测预报业务系统。

建立城市突发气象灾害短时预警系统,它主要是以天气雷达资料为基础的临近预报系统,预报方法主要依靠外推法,在短时间(1 h 内)最为有效。

除了以上的灾害性天气预警和预报外,当有重大灾害性天气影响时;节假日或有重大活动时,发布《重要交通气象信息专报》;每周五发布《周末交通气象展望》对周末的天气进行预报,特别是对周末出现的灾害性天气进行预测;在出现重大的灾害性天气后,发布《交通气象预报服务简报》对本次过程作出综述并对本次的预报服务情况作出评价。

(三)交通气象信息的共享与服务

加强交通气象信息共享平台建设,是提供及时、准确的交通气象服务的基础。因此,通过与各交通运营管理部门的监控指挥中心、公安巡警、路网办、联网中心、海事局等建立 4～10 Mb 数据专线,以授权的方式,针对不同的用户群查看各自需要的交通气象信息。在各用户单位安装交通气象服务器,并以此服务器为中心布设若干工作站,用于检索和显示气象信息,或通过局域网络以 WEB 方式浏览气象服务器上气象信息。气象服务器中的数据库提供多功能接口协议,可以为企业 OA 系统、监控管理系统、户外电子情报板等提供信息源。此外,还为用户开发了"交通气象实时监控报警系统"、"基于 GIS 的交通气象综合展示平台"、"交通气象信息查询检索系统",利用 VR 技术建立了交通气象的虚拟仿真技术,建成了区域交通气象网站等,通过数据库同步共享技术,使得交通部门实现了交通沿线的气象环境的实时监控和报警功能、随时查看到气象部门发布的各类交通气象服务信息,为交通运营管理部门及社会大众提供及时的交通气象信息服务。

三、江苏交通气象的发展规划和设想

2009 年,江苏省气象局组织编制了"江苏省交通气象服务体系建设方案"并通过了专家论证。该方案的核心内容可概括为"三个系统、一个平台"的建设,即:"交通气象监测网络系统",包括建设 646 套交通气象监测站和 70 套背景能见度观测站、共享一千多个交通部门的视频监控信息等;"交通气象预报预警系统",围绕省交通气象监控与业务中心建设,积极开展交通气象预警与预报技术和方法的研究,加强交通气象业务与服务技术研究,不断提升交通气象的预警预报能力和水平;"交通气象综合服务与评估系统",建成集交通气象监测、预报、服务于一体的江苏省交通气象业务中心,形成具有规模化、国内领先的品牌与窗口,创造出具有与江苏省高速公路路网办、江苏海事局、公安及省内主要高速公路运营公司等单位的全面合作的能力与条件,拓展与地市(县)气象部门联动的交通气象业务工作,构建全省交通气象信息共享网络平台;"交通气象科技创新平台",以需求来引领交通气象科研创新工作,特别是要加强交通气象监测技术与方法研究、交通气象标准化建设等。

参 考 文 献

[1] 南京交通气象研究所."交通气象监测站"实用新型专利[P].中国专利:ZL2008201852390.2009,**5**:7.

[2] 南京交通气象研究所."交通气象监测站"外观专利[P].中国专利:200830183823.8.2009,**11**,18.

[3] QX/T76—2007,高速公路能见度监测及浓雾的预警预报[S].V.

[4] 袁成松,梁敬东,焦圣明,等.低能见度浓雾监测、临近预报的实例分析与认识[J].气象科学.2007,**27**(6):661-665.

[5] 程麟生.中尺度大气数值模式发展现状和应用前景[J].高原气象.1999,**18**(3):350-360.

[6] Shao J,Lister P J. An automated nowcasting model of road surface temperature and state for winter road

maintenance[J]. *J Appl Meteor*,1996,**35**(8):1352-1361.

［7］刘熙明,喻迎春,雷桂莲,等.应用辐射平衡原理计算夏季水泥路面温度[J].应用气象学报.2004,**15**(5):623-628.

［8］Bent H. Sass. A Numerical Forecasting System for the Prediction of Slippery Roads[J]. *J Appl Meteor*,1997,**36**(6):801-817.

［9］吴建军,袁成松,周曾奎,等.短时强降雨对能见度的影响[J].气象科学.2010,30(2):274-278.

利用气象敏感负荷和用电量条件指数建立
武汉市电网负荷和用电量预测模型

洪国平[1]　孙新德[2]　张　祥[2]　刘　静[1]　何明琼[1]　孙永年[1]

(1. 湖北省气象科技服务中心,武汉　430074;2. 华中电网有限公司,武汉　430070)

摘　要:通过分析主要气象要素与用电指标的关系,建立气象敏感负荷条件指数和敏感用电量条件指数公式,利用该公式计算武汉市 2006 年夏季日气象敏感负荷条件指数和气象敏感用电量条件指数,分析用电气象指数与日最高负荷以及与日用电量关系,分别建立了以气象敏感负荷条件指数和气象敏感用电量条件指数为因子的武汉市夏季日最高负荷与日用电量的非线性拟合函数模型,利用该模型对 2007 年 8 月武汉市日最高负荷和日用电量进行预测评估,预测精度达到 95%。

关键词:气象敏感负荷条件指数;气象敏感用电量条件指数;预测模型;预测评估

引言

用电需求与气象条件密切相关早已成为电力、气象等相关行业的共识,自 20 世纪 70 年代以来,国内外在电力需求与气象要素的关系上开展了很多有益的研究[1~3],特别是随着社会经济的发展和人民生活水平的提高,制冷、取暖等与居民生活相关的用电占全社会用电量的比例越来越大,这部分电能变化幅度大,难以预测,直接影响电网安全稳定运行。而制冷、取暖主要是由气温、湿度、风等气象要素决定的,通过研究气温、湿度、风等主要气象要素与敏感电力负荷、敏感用电量的关系,制定气象敏感负荷条件指数和气象敏感用电量条件指数的计算公式。利用武汉市 2006 年夏季日气温、湿度、风等资料,计算日气象敏感负荷条件指数和气象敏感用电量条件指数,结合电力部门提供的武汉市 2006 年日负荷和用电量资料,建立日最高负荷和日用电量与用电需求气象条件指数的统计关系模型。利用关系模型对武汉市 2007 年 8 月的日最高负荷和日用电量进行预测评估,并与日实际最高负荷和日用电量进行误差分析,检验模型预测评估的精度。

一、影响用电需求的主要气象要素分析

与用电需求相关的主要气象要素是气温、相对湿度和风速,其他要素如降水、云量、气压、日照等通过对气温、湿度和风的影响间接地影响用电需求。

(一)气温与主要用电指标的相关分析

通过对武汉市 2002 年到 2006 年日最高气温、日最低气温、日平均气温分别与武汉市日用

电量、日最高负荷、日最低负荷相关性的分析[4],夏季气温与日用电量相关系数在 0.84~0.88 之间、与日最高负荷相关系数在 0.85~0.88 之间、与日最低负荷相关系数在 0.77~0.83 之间,冬季(12 月至翌年 2 月)气温与日用电量呈负相关,相关系数在 -0.32~-0.34 之间,气温与日最高负荷也呈负相关,相关系数在 -0.29~-0.39 之间,而在春季、初夏、秋季气温与用电量、日最高负荷之间相关系数在 0.3 以下,相关不显著。

(二)相对湿度对用电需求的影响分析[6]

通过 2002—2006 年武汉市用电和气象资料,分析比较不同气温等级下,湿度变化对用电需求的贡献,分析结果见表 1、表 2。

表 1　不同气温下,相对湿度变化对气象敏感负荷条件指数的贡献

气温值	$T\geqslant35.0℃$	$35℃>T\geqslant25.0℃$	$25℃>T\geqslant15.0℃$	$T<15℃$
敏感负荷指数增加值	$(U-35)/15$	$(U-40)/15$	0	$-(U-60)/30$

表 2　不同平均气温下,相对湿度变化对气象敏感用电量条件指数的贡献

平均气温值	$T\geqslant31.0℃$	$31℃>T\geqslant21.0℃$	$21℃>T\geqslant11.0℃$	$T<11℃$
敏感电量指数增加值	$\dfrac{\overline{U}-50}{15}$	$\dfrac{\overline{U}-60}{15}$	0	$-\dfrac{\overline{U}-60}{30}$

(三)风速对用电需求的影响分析[6]

同样,统计分析在气温、相对湿度相同条件下,风速对用电需求的贡献。

无论在任何级别气温条件下,当风速在 2 m/s 以上时,风对用电需求是负贡献,当风力 5 m/s 时,相当于气温下降 1℃;风速在 2 m/s 以下时,风对用电需求贡献为 0 或小的正贡献。风力对用电指数的贡献为 $-(V-2.0)/3.0$。这种情况可以理解为风速越大,人体感觉越舒适,风小或静风时,空气不流动,人体感觉更闷热。

(四)夏季气温日较差对用电需求影响[6]

夏季气温日较差对用电量有影响,日平均气温大于等于 31℃时,相同日平均气温条件下,气温日较差越小,用电量越高,主要原因是相同日平均气温条件下,气温日较差越小,则日最低气温高,全天太阳辐射强,全天负荷高,所以日用电量高,日平均气温大于等于 31℃时,气温日较差对日用电量的贡献为 $+\dfrac{7.5}{T_{max}-T_{min}}$。

二、气象敏感负荷与敏感用电量条件指数的定义及物理含义

(一)气象敏感负荷与敏感日用电量的定义

基于用电需求与主要气象要素的关系,确立气温、相对湿度和风三个气象要素为影响用电需求的主要气象因子,建立以气温为基本影响因子,相对湿度和风作为在不同气温阈值条件下的订正因子的综合用电指数,能够综合反映人体在不同气温、湿度和风条件下对用电的需求。

(二)气象敏感负荷的物理含义

电网总用电负荷分可以成两部分,其中一部分是基本负荷,也就是与气象无关的负荷,主要是与社会经济发展和人们生活基本需要相关的负荷,这部分负荷一定时间内相对稳定,一般在一年的春秋季节,气候适宜,负荷受气象要素影响小,这部分负荷就是当年的基本负荷。但随着社会经济的发展,基本负荷每年都以一定的幅度增加,另一部分就是气象敏感负荷,是指与气象要素及其变化有关的负荷,这部分负荷随气象要素的变化而增减,主要在夏、冬季出现,武汉市年最高敏感负荷可达到基本负荷的 $70\%\sim80\%$。

同样,把总日用电量分成两部分,其中一部分是基本日用电量,也就是与气象无关的用电量,主要是与社会经济发展和人们生活基本需要相关的用电量,一般在一年的春秋季节,气候适宜,日用电量受气象要素影响小,这部分日平均用电量就是当年的基本日用电量。另一部分是气象敏感用电量,指与气象要素及其变化有关的用电量。主要在夏、冬季出现,武汉市年最高敏感日用电量可达到基本负荷的 $60\%\sim70\%$。

(三)气象敏感负荷条件指数(MSLI)的计算公式[5]

根据主要气象要素与电力负荷关系分析,确定不同气温等级下,气象敏感负荷条件指数计算公式如下:

$$MSLI=T+\frac{\overline{U}-35}{15}-\frac{V-2.0}{3.0}\quad T\geqslant35.0℃ \tag{1}$$

$$MSLI=T+\frac{U-40}{15}-\frac{V-2.0}{3.0}\quad 25.0℃\leqslant T<35.0℃ \tag{2}$$

$$MSLI=T-\frac{V-2.0}{3.0}\quad 15.0℃\leqslant T<25.0℃ \tag{3}$$

$$MSLI=T\frac{U-60}{30}-\frac{V-2.0}{3.0}\quad T<15.0℃ \tag{4}$$

上式中 MSLI、T、U、V 分别为任意时刻气象敏感负荷条件指数、对应时刻气温(℃)、相对湿度(%)和风速(m/s)。

(四)气象敏感用电量条件指数(MSPI)的计算公式[5]

根据主要气象要素与日用电量关系分析,确定不同日平均气温等级下,气象敏感用电量条件指数计算公式如下:

$$MSPI=\overline{T}+\frac{7.5}{T_{max}-T_{min}}+\frac{\overline{U}-50}{15}-\frac{\overline{V}-2.0}{3.0}\quad \overline{T}\geqslant31.0℃ \tag{5}$$

$$MSPI=\overline{T}+\frac{\overline{U}-60}{15}-\frac{V-2.0}{3.0}\quad 21.0℃\leqslant\overline{T}<31.0℃ \tag{6}$$

$$MSPI=\overline{T}-\frac{V-2.0}{3.0}\quad 11.0℃\leqslant\overline{T}<21.0℃ \tag{7}$$

$$MSPI=\overline{T}-\frac{\overline{U}-60}{30}-\frac{V-2.0}{3.0}\quad \overline{T}<11.0℃ \tag{8}$$

上式中 MSPI、$\overline{T}$、$\overline{U}$、$\overline{V}$、T_{max}、T_{min} 分别为日气象敏感用电量条件指数、日平均气温(℃)、日平均相对湿度(%)、日平均风速(m/s)、日最高气温(℃)和日最低气温(℃)。

三、利用气象敏感负荷条件指数建立电网负荷评价与预测模型

根据建立的气象敏感负荷条件指数定义,计算 2006 年武汉市每日气象敏感负荷条件指数;电网平均基本负荷为每年春季或秋季气象敏感负荷条件指数在 7.0~27.0 范围内的日负荷平均值,2006 年日平均基本负荷为 254 万 kW,由于基本负荷与气象要素无关,从每日负荷中剔除,剩余部分为与气象相关的气象敏感负荷。

提取武汉市 2006 年 5 月 8 日—9 月 30 日每日最高敏感负荷条件指数和对应日最高气象敏感负荷,共 146 个样本,剔除其中节假日、或因人为原因大范围停电日的奇异数据及对应日期,剩余样本按敏感负荷条件指数从低到高日期顺序排列,并按四舍五入规则变成整数,将相同敏感负荷条件指数日的敏感负荷求平均,得到敏感负荷条件指数在 28 以上的样本及对应平均敏感负荷。见表 3。

表 3　　2006 年武汉市日敏感负荷指数与日敏感负荷(10 MW)统计表

敏感负荷指数	27	28	29	30	31	32	33	34	35	36	37	38
敏感负荷	4.0	13.4	22.0	27.0	31.0	43.0	56.8	78.7	97.8	136.3	152	168

统计发现,当日气象敏感负荷条件指数超过 28 时,敏感负荷开始随气象敏感负荷条件指数值的升高而增加,超过 32 及 36 时,增加幅度明显增大,二者之间是一种非线性关系,敏感负荷是气象敏感负荷条件指数值的函数,曲率随气象敏感负荷条件指数值的增加而增大,32 及 36 是曲线的拐点,见图 1。

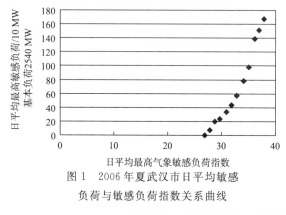

图 1　　2006 年夏武汉市日平均敏感
负荷与敏感负荷指数关系曲线

因此,可以用以下 N 阶非线性函数对用电曲线进行拟合:

$$F(T) = \sum_{i=1}^{n} a(i) \times T^{n-i} \qquad (9)$$

其中,$F(T)$ 为日敏感负荷,T 为日敏感负荷条件指数,根据敏感负荷与敏感负荷条件指数关系曲线,略去高指数小量级项,取 $n=4$,基本可以拟合敏感负荷随敏感负荷条件指数变化关系,因此,得到如下拟合函数曲线:

$$F(T) = a(1) \times T^3 + a(2) \times T^2 + a(3) \times T + a(4) + \varepsilon \qquad (10)$$

$a(1)$、$a(2)$、$a(3)$、$a(4)$ 为不依赖于 T 的参数,ε 为服从正态分布的常量。

利用武汉市 2006 年日气象敏感负荷条件指数在 27 以上的样本数共 12 个(表 3),利用非线性最小二乘法,求得各系数值:$a(1)=0.02025$,$a(2)=-0.8798$,$a(3)=8.43288$,$a(4)=16.23124$。

因此,武汉市敏感电力负荷与敏感负荷条件指数拟合关系模型:

$$F(T) = 0.02025 \times T^3 - 0.8798 \times T^2 + 8.43288 \times T + 16.2314 \qquad (11)$$

复相关系数 $R^2 = 0.9874$,上式中,T、$F(T)$ 分别为任意时刻气象敏感负荷条件指数和气象敏感负荷(10 MW)预计值。

对关系模型进行 F 检验,计算得模型的 $F=209.4536$,在 $\alpha=0.05$ 显著水平下,$F_{0.05}(3/8)=4.07$,$F>F_{0.05}$,预测模型是显著的。

对以上三次非线性多项式求二阶导数,并令其等于零,得到曲线的两个"拐点",分别为 32 和 36,说明当气象敏感负荷条件指数分别达到 32 及 36 时,敏感负荷加速增加,32 及 36 是敏感负荷增大的"拐点"阈值。

计算任意时刻电网负荷值时,将气象敏感负荷预计值加上当年平均基本负荷 F_0(10 MW),就可得出任意时刻电网负荷预计值 $\hat{F}(T)$(10 MW)。

$$\hat{F}(T)=F(T)+F_0 \tag{12}$$

四、利用气象敏感用电量条件指数建立电网日用电量评价与预计模型

根据建立的气象敏感用电量条件指数定义,计算 2006 年武汉市每日气象敏感用电量条件指数;日平均基本用电量为每年春季或秋季气象敏感用电量条件指数在 10.0~22.0 范围内的日用电量平均值,2006 年日平均基本用电量 4837 万 kW·h,由于基本用电量与气象要素无关,从每日用电量中剔除,剩余部分就是与气象相关的敏感日用电量。

提取武汉市 2006 年 5 月 8 日—9 月 30 日每日敏感用电量条件指数和对应日敏感用电量,共 146 个样本,剔除其中节假日、或因人为原因大范围停电日的奇异数据及对应日期,剩余样本按用电量条件指数从低到高日期顺序排列,并按四舍五入规则变成整数,将相同敏感用电量条件指数日的敏感用电量求平均,得到敏感用电量条件指数在 23 以上的样本及对应平均敏感用电量。见表 4。

表 4 2006 年武汉市日气象敏感用电量指数与日敏感用电量(10 MW·h)统计表

敏感用电量指数	23	24	25	26	27	28	29	30	31	32	33	34	35	36
敏感用电量	180.0	287.6	411.0	616.0	1082.5	1253.0	1531.0	2241.4	2528.0	2820.0	3148.0	3538.0	3806.0	3888.5

统计发现,当日敏感用电量条件指数超过 23 时,敏感用电量开始随敏感用电量条件指数的升高而增加,超过 29 时,增加幅度明显增大,二者之间也是非线性关系,曲率随敏感用电量条件指数的增加而增大,见图 2。

因此,可以用以下 N 阶非线性函数对曲线进行拟合:

$$F(T)=\sum_{i=1}^{n}a(i)\times T^{n-i} \tag{13}$$

其中,$F(T)$ 为日敏感用电量,T 为日敏感用电量条件指数,根据敏感用电量与敏感用电量条件指数关系曲线,略去高指数小量级项,取 $n=4$,基本可以拟合敏感用电量随敏感用电量条件指数变化关系,因此,得到如下拟合曲线函数:

$$F(T)=a(1)\times T^3+a(2)\times T^2+a(3)\times T+a(4)+\varepsilon \tag{14}$$

$a(1)$、$a(2)$、$a(3)$、$a(4)$ 为不依赖于 T 的参数,ε 为服从正态分布的常量。

利用武汉市 2006 年日敏感日用电量指数在 23 以上的样本(表 4),利用非线性最小二乘法,求得各系数值:$a(1)=0.0644165$,$a(2)=4.69363$,$a(3)=-104.14951$,$a(4)=-876.03$。

因此,武汉市敏感日用电量与敏感用电量条件指数拟合曲线关系模型:

$$F(T)=0.0644165\times T^3+4.69363\times T^2-104.14951\times T-876.03 \tag{15}$$

复相关系数 $R^2 = 0.9795$，上式中，T、$F(T)$ 分别为日敏感用电量条件指数和气象敏感日用电量（10^4 kW·h）预计值。

对关系模型进行 F 检验，计算得模型的 $F = 159.2388$，在 $\alpha = 0.05$ 显著水平下，$F_{0.05}$ $(3/10) = 3.71$，$F > F_{0.05}$，预测模型是显著的。

对以上三次非线性多项式求二阶导数，并令其等于零，得到曲线的"拐点"阈值29，说明当气象敏感负荷条件指数达到 29 时，敏感用电量加速增加。

计算电网日用电量时，将气象敏感日用电量预计值加上当年平均基本日用电量 F_0 （10^4 kW·h），就可得出电网日用电量预计值 $\hat{F}(T)$（10^4 kW·h）。

$$\hat{F}(T) = F(T) + F_0 \tag{16}$$

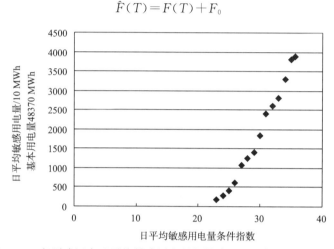

图 2　2006 年夏武汉市日平均敏感用电量与敏感用电量条件指数关系曲线

五、预测模型对 2007 年夏季用电负荷与用电量预测检验

利用上述两个模型，对武汉市 2007 年 8 月每日最高负荷和日用电量进行定量预测评价。

（一）负荷预计模型预测检验

根据武汉市 2007 年 8 月日最高气温、相对湿度、平均风速及气象敏感负荷条件指数（MSLI）的计算公式，计算每日敏感负荷条件指数，根据敏感负荷预测模型，计算每日敏感负荷预测值。

根据 2007 年春季敏感负荷条件指数在 7.0～27.0 范围内的日负荷平均值，计算出武汉市 2007 年日平均基本负荷为 290 万 kW，将 2007 年 8 月每日实际负荷减去平均基本负荷，就可得出日实际敏感负荷。

计算日实际敏感负荷与模型预测敏感负荷的相对误差和绝对误差，再计算月平均相对误差和绝对误差。预测与实际对比结果见图 3。

模型对 2007 年 8 月日最高敏感负荷预测平均相对误差 0.4 万 kW（实际值—预测值），说明预测值比实际值略偏低，平均绝对误差 14.5 万 kW，2007 年基本负荷 290 万 kW，平均绝对误差百分率：14.5/（102.3＋290）×100％＝3.7％。仅就模型对 2007 年 8 月的日负荷预测而言，负荷预测模型预测精度 96％以上，高于单纯利用气温建立的线性预测模型的预测精度[4]，完全能达到负荷预计部门的要求。

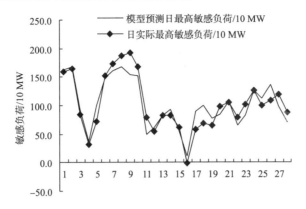

图 3　日最高负荷预测模型对武汉市 2007 年 8 月应用检验

(二)用电量预计模型预测评价

根据武汉市 2007 年 8 月日平均气温、最高、低气温、相对湿度、平均风速及气象敏感用电量条件指数(MSPI)的计算公式,计算每日敏感用电量条件指数,根据敏感用电量预测模型,计算每日敏感用电量预测值。

根据 2007 年春季敏感用电量条件指数在 10.0～22.0 范围内的日用电量平均值,计算出武汉市 2007 年日平均基本用电量为 5400 万 kW 时,将 2007 年 8 月每日实际用电量减去平均基本用电量,就可得出日实际敏感用电量。

计算日实际敏感用电量与模型预测敏感用电量的相对误差和绝对误差,再计算月平均相对误差和绝对误差。预测与实际结果见图 4。

模型对 2007 年 8 月日敏感用电量预测

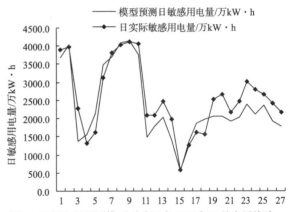

图 4　日用电量预测模型对武汉市 2007 年 8 月应用检验

平均相对误差 211.0 万 kW·h(实际值—预测值),说明预测值比实际值偏低,平均绝对误差 358.8 万 kw,2007 年平均日基本用电量 5400 万 kw·h,平均绝对误差百分率:358.8/(2547.3+5400)× 100％=4.5％。仅就模型对 2007 年 8 月的日用电量预测而言,模型预测精度在 95％以上,高于单纯利用日平均气温建立的线形预测模型的预测精度[4],完全能达到负荷预计部门的要求。

六、结 论

(1)研究气温、相对湿度、风速等气象要素与用电需求的关系,可以建立较全面反映用电需求的气象敏感负荷条件指数和敏感用电量条件指数。

(2)分析用电需求气象条件指数与敏感负荷、敏感用电量的关系,建立非线性拟合关系曲线。

(3)利用拟合关系曲线对武汉市 2007 年盛夏 8 月日最高负荷和日用电量进行预测评估,并与日实际负荷、实际日用电量比较检验,预测精度分别达到 96％和 95％,仅就 2007 年的应用评估表明,预测模型完全能适应电力调度预测业务需要。

（4）利用包含气温、相对湿度、风等要素的综合用电需求气象条件指数预测敏感负荷与敏感用电量精度高于单纯利用气温预测的精度。

（5）利用本研究的预测模型,以及数值预报模式产品输出的气温、相对湿度、风等要素的预报,可以实现日敏感负荷和敏感日用电量的预测。

参 考 文 献

[1] 周巍,陈秋红,等.人体舒适度指数对用电负荷的影响[J].电力需求侧管理.2004,**6**(3):54-56.

[2] 张立祥,陈立强,王明华.城市供电量与气象条件的关系[J].气象.2000,**26**(7):27-31.

[3] 邵远坤,晋冀蜀,游泳.成都市气象要素对电力负荷的影响关系研究[J].四川气象.2003,**23**(4):56-58.

[4] 洪国平,李银娥,孙新德,等.武汉市电网用电量、电力负荷与气温的关系及预测模型研究[J].华中电力.2006,**19**(2):4-7.

[5] QX/T97—2008,用电需求气象条件等级[S].

致力于环渤海经济发展的大连海洋气象服务

王　健　于德华　宋　海　韩方强

（大连市气象局，大连　116001）

摘　要：港航企业作为气象高敏感行业，其生产活动与气象条件有着密不可分的关系，而环渤海经济的发展对海洋气象服务提出了更高的要求。本文就大连市气象局 50 余年的海洋气象服务工作实践说明：成熟的海洋气象服务队伍与现代化的气象业务体系是做好海洋气象服务的根本保障；立足服务需求，积极创新服务模式，大力开展海洋精细化服务是谋求海洋气象服务发展的必由之路。

关键词：港航；气象高敏感；环渤海经济；海洋气象服务

引言

大连地处辽东半岛最南端，三面环海。西临渤海、东临黄海、南与山东半岛隔海相望共轭渤海湾，北倚东北三省及内蒙古东部广阔腹地，海岸线全长 1906 km，素有"京津门户"之称，是重要的港口、贸易、工业、旅游城市。大连特殊的地理环境决定了其东北亚航运中心的地位。

众所周知，港口、海上航运部门的生产活动直接受到气象条件的影响和制约。渤海湾因其是连接东北与华北、山东半岛的重要水上通道，被称为"黄金水道"。但渤海湾一直以来都是海上事故多发区，特别是恶劣天气更是增加了海上事故发生率和海上搜救的难度。1999 年 11.24 海难事故就是一个典型事例，"大舜"轮滚装船在渤海湾沉没，酿成 282 人遇难，事故直接经济损失约 9000 万元。

气象如何体现"以人为本、无微不至、无所不在"的服务理念，更好地为振兴东北老工业基地服务，满足黄渤海域发展的港航事业的需求，为企业在安全生产的基础上实现效益的最大化提供保障，这不但是摆在气象人面前的新课题，也是社会对气象人提出的新要求。能够为海上作业单位提供生产指导，甚至直接参与生产活动的预报服务产品就尤显重要。

一、大连海洋气象服务工作回顾

(一)中国三大海洋中心台之一

大连气象台始建 1904 年，至今已有百余年历史，是国内建的最早的一批气象站点之一。1956 年，大连就与上海、广州共同承担着中国海域的海上气象服务工作，负责黄海中部以北（35°N 以北）中国海域的天气预报预警服务工作，海洋气象服务工作一直以来都是大连台的一项重点工作。大连台每天除常规各类媒体的气象信息发布外，还将海上预报预警信息直接通过辽宁海事局海岸电台向服务区内的海上船只进行广播,对于进入中国海域的国内外船舶来说,接收大连、上海和广州的海洋气象预报信息已成为惯例。

(二)海洋气象之公共服务

海洋气象服务概括来说,主要有以下三个方面:一是通过国际海事组织的海岸电台,向进入黄渤海域的国内外船舶发布的海洋气象预报预警服务;二是为当地政府领导及应急搜救相关部门提供的决策气象服务和为当地市民提供的公益气象服务;三是针对港航企业生产提供的特定海域的专项气象保障服务。

多年来,大连气象人本着"立足市场需求、依靠科研成果、开发精细产品、拓展专业空间"思想,以提高专业气象为社会各行业服务能力建设为中心,谋求专业气象的科学发展,海洋气象服务越来越走上专业化、精细化道路。10年来相继开展了"黄渤海客运航线专项气象预报"、"里长山海峡陆岛航线2 h专项保障"服务和大连港分港区预报等。还为辽宁、天津、山东等海上作业船舶提供作业区服务和特约专项保障服务。

大连气象人的努力,不仅得到了服务行业的充分认可和信任,也得到当地政府和中国气象局的充分肯定,给予了许多荣誉。大连市气象局被辽宁省政府评为"抗洪救灾先进单位",被大连市委市政府评为"抗灾救灾应急管理先进单位"和"抗灾救灾先进单位","心系百姓冷暖,倾心服务社会"两次被市政府评为"最佳服务品牌"。大连市气象台被中国气象局评为"重大气象服务先进集体"。大连市专业气象台荣获"全国气象科技服务先进集体"和"辽宁省气象系统先进集体"。由专业气象台负责开展的"黄渤海域客运航线专项气象服务"因社会经济效益显著被评为市直机关2008年度"最佳服务成果"。

二、立足需求,发展海洋精细服务

(一)新形势下的新需求

大连港作为中国东北地区最大国际贸易港口,近几年,在国家相继批复《大连东北亚国际航运中心发展规划》、《大连港总体规划》等规划的指导下,港口建设进入了高速发展期,大连港区无论从布局,还是规模、能力方面均发生了翻天覆地的变化。到2008年年底,大连港拥有生产性泊位198个,其中万吨级以上泊位76个,全市港口通过能力达到2.2亿 t,集装箱通过能力370万标箱,泊位最大靠泊能力30万 t[1]。储备油基地建设、造船基地建设等都赋予了大连港新的活力。同时大连还辐射着天津、上海、烟台、威海、蓬莱等港的客滚运输。港口规模的快速增大和客滚运输业的发展都对港口安全工作带来了新的挑战,同时也对气象服务工作提出了更高的要求。

特别是11.24海难后,为了加强海上客滚运输安全生产管理,交通部在2000年出台交海发(2000)93号文件"关于加强客滚船安全管理的通知",该通知中要求所有客船、客滚船、高速船都必须要确定安全适航风力等级(抗风等级),船舶能否开航完全由海事部门根据船舶抗风等级和气象部门的天气预报来决定。也就是说当预报风力大于船舶抗风等级时,船舶必须停航。这无疑对气象部门提出了更高的要求,要求能够为航运企业及相关管理部门提供船舶行驶航线的准确翔实的天气信息。因为此时的海上气象预报已不仅仅是关系安全问题,它还关系到渤海湾航线能否畅通,关系各港航单位的切身利益,并直接影响着环渤海经济圈的发展。

(二)转变观念,更新服务

加强气象服务工作,必须从转变服务观念开始。

过去气象部门一直是将自己几乎是多年不变,已成模式化的预报产品推向服务受众,无论是为政府领导服务,还是公众服务,属于"我有什么,你用什么"。在新时期、新形势下,要想做好气象服务工作,必须转变服务理念,增强服务意识,以市场需求为牵引,开展更具个性化、精细化和针对性强的服务,形成"你用什么,我给什么"的服务新模式。

(三)开展海洋精细服务具备的条件

1. 成熟的海洋气象服务队伍

大连台承担黄渤海海域气象服务已有 55 年历史,无论是从海洋服务需要考虑,还是大连本地气象服务考虑,三面环海的地理位置决定了,渤海和黄海的天气必然是大连预报员关注和研究的重点。大连几代气象人对海上大风、台风、大雾等影响海上航行的灾害性天气做了大量的研究,并积累了丰富的黄渤海海域海上预报服务经验,特别是随船海调一直是大连海洋服务的一项常规工作。多年积累形成了成熟的大连海洋气象服务队伍,而这支队伍是做好海洋气象服务的根本保障。

2. 气象现代化建设为专业气象服务提供技术支撑

气象现代化建设的快速推进,使气象预报服务向更专业化、精细化和个性化发展成为可能。

(1)综合气象观测网建设

2002 年以来,大连建成了 110 个自动气象观测站(其中海岛站 8 个、港区 7 个)、2 个海洋气象浮标观测站、旅顺羊头洼 30 m 测风铁塔,构成区域气象观测网;建成 23 个能见度自动观测站(其中沿海就有 12 个),构成大雾监测网;由 5 个闪电定位仪,7 个大气电场仪,组成雷电监测网;使用 EOS/MODIS 卫星遥感观测系统,开展农业气象、生态监测及海冰监测;使用 L 波段探空雷达、风廓线雷达、GPS/MET 进行高空探测;建成了新一代天气雷达和卫星云图接收系统。初步形成了大连现代的海洋综合气象观测体系,气象灾害监测能力和水平不断增强。

(2)科研为精细化服务提供强有力的科技支撑

引进 2000 亿次高性能计算机和 MM5、海浪、海雾等多个模式,建设了大连及黄渤海域中尺度数值预报业务系统;建立了灾害性天气临近预报业务系统和短期气候预测业务系统;建成了"黄渤海海域海浪、海雾预报服务系统"、"大雾监测预警系统"和"气象信息综合显示系统";建设新一代专业气象预报服务工作平台,完成了北方海域海洋专业气象服务系统建设;完成分港区气象服务方案研究和黄渤海航线气象服务方案研究。气象预报预测准确率不断提高。

(3)现代海洋气象服务系统建设

将计算机、通讯网络、新媒体等高新技术积极应用于海洋气象服务,建设了大连专业气象网站、LED 显示屏、点对点远程终端系统、专业用户预警服务提醒系统等,使海洋气象灾害预警信息发布能力显著增强,服务手段更先进,服务信息传递更便捷。

2008 年建成海洋气象预警应急主动广播系统,利用海事部门的发射系统实现对用户端的主动广播,以解决海上渔船接收气象信息难的问题,与已有的海事广播系统形成互补。目前已在渔船上试点布设了400台主动广播接收设备,2010年将再布设5000台接收机,实现对大连2万艘近海作业渔船的全覆盖。

(四)采取的措施

1. 加强市场调研,了解用户需求

多年来,通过走访用户、召开座谈会、过程后随访、随船海调等多种形式积极开展市场调研,了解用户需求和海上作业情况。通过细致的调研,逐步改进预报产品和服务。

2. 精心方案设计,提高服务质量

大连市专业气象台提出:您的需要就是我们的追求。大连气象人力求通过精心研究和精细预报,实现精彩服务。打造大连海洋气象服务品牌。

(1)细化服务区域和服务内容

细化预报区域。根据行业服务特点和服务区域对气象条件的不同敏感度,对预报服务区域进行了重新划分,将航线、港区、陆岛航线从大海区中划出来,并对港区做进一步的细化;

细化预报时段。根据服务对象的不同特点,确定2 h~8天不同的预报时段;

重新界定预报时间用语。为方便海事部门等单位用预报信息进行船舶管理,征得烟台专业台同意,将预报时间用语进行了统一;

重新设计预报内容。改变原有的预报稿件模式,使预报服务产品更具针对性和科学性,对企业生产决策有切实指导意义。

(2)以服务弥补预报技术的不足

没有100%预报准确率,但要追求100%优质服务。为此,对直接影响着港航企业生产的重要天气如:大风、热带气旋、雾、暴雨、雷暴等,进行了行业气象服务指标分析,并充分考虑到各服务单位不同作业特点的不同需求,通过短期、短时和临近预报相互补充,以5~8天趋势提示、24~48 h前期提醒、1~6 h临近预警以及过程中跟踪、过程后反馈全面提示服务质量。

服务手段上,通过网站、电话、LED显示屏、手机短信、用户互动等多种形式加强服务。

3. 建立跨省专项气象服务会商机制

渤海湾客滚运输船舶实行限航风力管理制度,海事部门目前是根据船舶航线两地气象部门的预报,采取就高不就低的原则决定船舶能否开航。两地气象预报的不一致给海事部门,特别是航运企业平添了许多烦恼,也直接影响到气象部门的社会服务形象。为此,大连专业气象台多次走访烟台、威海,并与烟台专业气象台、威海专业气象台达成共识,建立起大风天气会商机制和预报通报制度,共同做好渤海湾航线气象服务,树立气象部门良好的对外服务形象。

4. 加强部门联动

加强与海事部门合作。在航线、港区、渔业服务方面,积极争取海事部门的支持和配合,共同构筑海上"安全、畅通、文明航线"。多年的海洋专项气象服务赢得了海事部门的充分肯定和信任,并主动帮助开展服务工作。

与海洋渔业局合作加强对渔船的服务和管理。应急主动广播系统终端的布设得到了海洋渔业局的大力支持,解决了海上渔船接收气象信息不畅的问题。

加强与服务单位的互动。海上作业单位的现场信息反馈,对预报人员了解和掌握海上局地天气起着非常重要的作用。

开展气象知识普及工作。经常为海事局及航运单位做气象讲座,既满足了相关单位对气象知识的需求,同时也使服务单位对气象部门的服务工作和项目建设可以给予更多的理解、支持和配合。

(五)充分发挥现代化建设作用

以气象基础业务为依托,以市局各项科研成果作为技术支撑,加强科研成果的业务转化。同时将多普勒雷达、自动站等设备的监测信息最大限度地应用到交通、港区等行业的服务之中。

四、服务效益

海洋专项气象保障为政府管理部门决策和港航企业安排生产提供科学依据,对经济社会的发展做出了积极贡献,产生了巨大的社会效益和经济效益。同时也大大促进了大连的海洋气象服务的发展。

重大作业活动保障得力。如:为中铁渤海铁路轮渡"船桥港"联合调试和开航提供气象保障;为大连造船重工大船下水提供气象保障;为辽宁红沿河核电站建设提供气象保障;为天津海上勘探提供其海上作业区服务;其他一些特殊作业服务等等。

30万t原油码头作业保障得到好评。目前港区气象服务单位涉及安全监督、港口建设、港口装卸、船舶修造、运输、仓储等多个部门,作业船只从小驳轮到30万t油轮不等。仅以大港油品码头为例,油轮因大风、大雾耽搁一天,就可能造成少则几十万,多则上百万元的经济损失。2008年,大连油品码头仅30万t船靠泊68艘,全年吞吐量3400万t。气象保障服务得到好评。

"黄金水道"客运航线专项保障得到海事部门及港航企业的充分肯定。"黄金水道"的安全和畅通,不仅关系到企业的利益,更多关系到社会经济的发展和社会稳定与和谐,为此,预报服务人员承担着巨大的压力,付出了辛苦的努力,做到了兼顾科学预测、安全航运、企业利益及社会效益四个方面,得到了海事部门及港航企业的充分肯定。大连、烟台、威海三地的航运企业多次向交通部反映,要求确定大连台的预报信息为渤海湾客滚航线开航唯一依据。

里长山海峡陆岛航线专项气象保障服务效果显著。据长海县海上运输管理部门统计,航线预报运行两年来,年均增加开航47余天,有效地改善了陆岛水上交通环境,取得了很好的社会效益和经济效益,仅航运部门获得的直接经济效益达500余万元。此项工作得到各级政府及相关部门的极大肯定。

参 考 文 献

[1] 曾辉,邱小晏.198个泊位升级百年老港[N].新商报.2009,3(03).

浅谈现场气象保障服务工作

吴宏议　李　津　张明英

(北京市气象台,北京　100089)

摘　要:本文依据多次重大活动的现场气象保障服务经历,对现场气象服务与常规服务进行总结,分析了现场气象服务保障运行软、硬件技术要求等,为探索重大活动气象服务保障常态化运行工作机制提供参考。

关键词:现场;气象服务;要求

北京作为我国的首都和国际化大城市,其重大活动多、规模大、级别高、影响大,对气象服务保障要求非常高。北京市每年平均提供重大活动气象服务保障约 10 余次,不同的活动各有特点,对气象服务的需求也多样。为此,北京市气象局加强服务需求调研,积极与活动组委会、城市运行部门等联系了解服务需求,根据需求设计提供不同服务产品,必要时提供现场服务和驻地办公等。由于对活动进行了全程气象保障,预报服务及时有效,使得市委、市政府、市交管局、市文化局等对气象工作的认可度和重视度明显增加。特别是,2008 年奥运会气象服务保障工作、2009 年新中国成立 60 周年气象服务保障工作得到了中央和北京市各级领导的肯定和表扬、得到社会各界的赞誉和认同。近年来,随着北京市气象局的气象服务保障任务的增加,在中国气象局指导下北京市气象局也在总结奥运、国庆 60 周年气象服务保障经验,积极探索重大活动气象服务常态化运行工作机制[1]。本文作者参加了包括 2008 年奥运会和残奥会、中国网球公开赛、亚欧峰会、新中国成立 60 周年庆祝活动等几十项活动的气象服务保障,对重大活动气象服务,特别是现场服务保障有较深的认识。作者通过查阅中外文献发现,除部分应急类气象服务外,对大型活动或赛事的现场气象服务分析很少[2,3]。本文从现场服务角度出发,分析了重大活动服务保障中现场气象服务保障工作特点及运行机制,为重大活动气象服务常态化运行提供参考。

一、重大活动气象服务方式简述

一般来说,重大活动气象服务方式大致分为三类,即常规服务方式、网络端口方式和现场服务方式。

(一)常规服务方式

常规服务方式指以电话、传真、邮件等手段将服务产品发送给用户。这一方式主要特点是面向活动组委会或政府部门等高端决策用户提供所需的服务专报产品,发送方式简单、便于服务用户获取所需信息。因此,常规服务方式是重大活动气象服务保障最主要手段,甚至在很多年重大活动气象服务保障中都是唯一的服务方式。

尽管近年来常规服务方式中提供的专报内容、发送频次越来越贴近用户服务需求,但由于内容、时效、专业化程度等因素限制,常规服务方式难以满足重大活动特殊气象服务的特殊需求。如,面对多服务用户且各用户需求又不相同的情形,在常规服务方式下需要同时制作提供多种服务专报产品并逐个向用户分发,这影响了产品分发效率,容易导致用户接收气象信息不及时;遇突发性天气时,采用常规方式报送服务专报的服务效果也较差。

(二)网络端口方式

随着通信、计算机等技术发展,通过网站手段向用户提供服务产品的网络端口方式逐步受到用户的青睐。网络端口方式最大的特点是服务效率高,用户获取信息快捷、方便;服务能力强,不受用户人员限制,不同的用户都可以第一时间获得最新服务信息。近年来,随着网络的普及,网络端口方式也逐步成为重大活动气象服务保障的重要手段之一,如,在 2008 年奥运会服务保障期间北京市气象局分别开通了北京气象网(www.bjweather.com),并在 2009 年国庆 60 周年服务保障期间完成对北京气象网的改版。

网络端口方式提供的气象信息种类众多,并以实况、预报信息为主,产品缺少针对性,因此当缺乏气象信息指导培训情形下,用户很难依托网络获取的服务信息进行正确决策。这也影响了网络端口方式应用普及程度。

(三)现场服务方式

重大活动气象服务保障中,为满足决策服务用户需求,往往需要派出现场服务小组参加驻地办公或现场服务保障,即现场服务方式。北京市气象局现场服务保障工作起步很早,早在 1990 年北京亚运会气象服务期间就提供了现场服务保障。之后十年中,为国庆 50 年、澳门回归等几次重大活动中提供现场服务保障。近五年来,现场服务使用的频率越来越高,从每年几次逐渐增加到 2008 年的几十次现场服务。

相较于常规服务方式、网络端口方式,现场服务优势主要体现在以下两方面:

(1)现场服务面对面汇报、解释便于用户依据预报服务信息做出正确决策。现场服务人员直接面对用户决策层,沟通顺畅,遇突发天气时能够在第一时间把最新气象信息传递给用户,弥补了预报的不足。同时,通过现场服务中对服务专报的解释,利于用户理解和使用预报,做出正确决策。

(2)现场服务方式能提高用户服务需求和服务信息反馈度,大幅度提高预报服务效率。重大活动气象服务需求调研是一持续过程,随着活动进展,需求也在不断变化。现场服务保障中驻地办公方式,有效提高了服务需求调研效率,确保了后续服务工作的顺利开展。根据现场服务人员了解的最新用户需求,气象部门进行针对性会商等从而提高服务产品针对性,提升了服务效率。

但现场服务的运行实施需要具备一定的技术条件,如,可能需要搭建移动气象站、建设专线等等,所以相较于常规服务、网络端口服务方式,其实施难度、成本较高。

如前所述,在重大活动气象服务保障中常规服务方式、网络端口方式、现场服务方式各有特色,互为补充。总的来说,基于现场服务的优势,在重大活动气象服务保障中,其服务效果最好。如,奥运会期间,对奥组委、市政府、城市运行部门等决策服务用户进行气象信息分发方式有效度调研,调查结果显示(见图1),在服务专线、传真、现场服务、网站、INFO2008、大众媒体6种具体服务方式中,决策服务用户认为现场服务方式最有效,传真、专线等常规服务方式次之,网站服务的有效度最低。

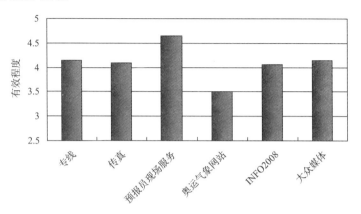

图1　奥运会期间气象信息分发方式有效度对比

二、现场服务运行

(一)现场服务运行实施要求

现场气象服务方式准确、有效的前提是依托气象部门整体实力。没有后方气象部门的会商、准确预报、信息的提供,单凭现场服务人员现场监测和服务是很难为重大活动决策服务用户提供有力的决策服务依据的。现场气象服务方式必须具备人员、数据环境和通信要素。

1. 现场气象服务人员要求

现场气象服务是一种综合了心理学、专业知识和社会知识、决断能力和沟通能力的高级技术,因此,一名优秀的现场气象服务人员需要具备相应的条件[4,5]。

首先,现场气象服务人员要有强烈的责任意识和部门荣誉感、敬业精神,要充分意识到自己代表了气象部门的形象,一言一行都要慎重。

其次,现场气象服务人员要具备必要的观测、预报专业基础知识。现场服务虽然有后方整个气象部门支持,但对服务人员的专业知识要求依然很高。一方面由于天气预报存在很多不确定性,当预报结论与实际天气情况有差距时,现场服务人员需要及时与后方就具体天气进行会商,订正预报结论;另一方面,现场服务人员要随时根据服务用户要求,对专报产品或其他预报服务信息进行具体解释或加工;此外,夏季局地的强对流等天气预报难度很大,预报能力上还不能完全做到定时定点的准确预报,而在现场则往往要求提供精细预报。现场服务人员若具有较好的观测基础,可以依据强天气之前的云、风等观测情况,综合判断提供精细预报。

第三,现场服务人员还要具备一定的社会知识。由于现场气象服务的综合性,现场气象服务人员仅掌握专业知识是不够的,还应了解服务用户决策指挥程序、重大活动社会特点、甚至是活动现场服务地形、交通等社会知识。这样现场服务人员提供的服务信息才能更有针对性，解释更通俗易懂，为服务用户所接受。

第四，现场服务人员要具有较强的决断能力和沟通能力。现场服务人员获取的气象信息非常多，为了服务用户做好决策，现场服务人员必须在预报存在不确定性的条件下告诉用户相对确定信息。同时，现场服务人员还需具备良好的沟通能力，以便与服务用户进行高效沟通，在提供有效的服务信息的同时获取用户服务反馈。

2. 现场数据环境和通信要求

现场气象服务人员必须要有好的数据环境为依托方能为服务用户正确决策提供依据。一般情况下，现场服务数据环境包括服务专报、监测预报资料。要实现实时获取这些资料又要求配备设备或网络专线等。

（1）服务专报。现场服务中需要能及时获得气象部门通过会商、分析得出的最新预报结论，即最新服务专报产品，以便及时开展服务保障工作。由于现场一般远离本部，一般采取传真、网络方式接收服务专报，可沟通重大活动组委会部门提供现场办公地点的传真（设备和号码）、网络。

（2）监测预报资料。现场服务中获取到的气象资料越多，越有利于现场服务人员做出服务综合判断。一般情况下，现场服务中需要了解现场实况资料，雷达、自动站等本地综合探测信息，为此也需沟通配备显示终端、网络设备，甚至是搭建移动自动站等设备。

（3）设备和通信支持。

首先，移动自动站可实时提供现场的气象要素实况。根据与活动组委会沟通，可选择在场地附近没有遮挡的地方架设移动自动气象站。在架设自动站不方便的情况下，也可安排气象监测车在活动地点附近进行现场实况监测。移动自动站或气象监测车监测数据可连接到现场显示终端实时显示，现场显示终端可通过自带笔记本或活动组委会提供两种方式配备。

其次，现场服务人员可在现场显示终端通过网络访问气象部门局域网，实时获取最新气象监测信息。考虑到网络安全问题，应沟通重大活动组委会部门建设气象部门连接现场办公地点的网络专线，或采取网络密钥方式通过互联网登录到气象部门局域网。

第三，为有效分析查看有关气象资料，还需结合本单位实际在现场显示终端上安装相应的资料分析或显示软件，比如，FTP下载传输软件、MICAPS软件、短时临近预报预警平台等。

第四，现场服务过程中，还应解决现场服务人员与后方气象部门的通信问题，一般通过手机、电话、800M电台等方式。

（二）现场服务运行流程

现场服务运行实施要求满足条件下，现场气象服务保障运行流程主要是服务人员通过了解服务需求、根据前后方沟通交流及现场天气监测等情况，直接面向用户进行服务保障的过程，见图2。

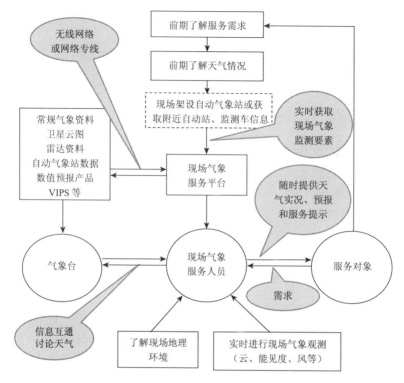

图 2　现场服务运行流程图

三、奥运会田径比赛现场服务事例

（一）奥运会田径比赛现场服务需求

　　田径比赛成绩的好坏,除了与运动员临场竞技状态等因素有关,还与比赛时的气象要素有着密切联系。降雨以及运动场内的风、气温和湿度等气象要素对田径比赛有较大的影响。比如,降雨会造成比赛场地湿滑,明显降雨还会带来视程障碍,影响运动员竞技水平的发挥。同样是降雨,田径比赛的各个项目对其敏感性也是不同的,一般情况下田赛比径赛对降雨更加敏感,比如中雨情况下中长跑或竞走可以继续进行,而跳高或铅球等比赛就可能要延期。

　　2008 年北京奥运会田径赛事组委会根据赛事活动需要,要求为其提供现场气象保障服务,服务内容包括天气趋势预报、临近天气预报以及比赛过程中赛场内各种气象要素的观测值。这种服务具有定点、定时和定量的特点,是典型的精细化预报。为此,2008 年 8 月 14 日,北京奥运气象服务中心在国家体育场"鸟巢"架设了自动站,8 月 15 日开赛后,现场服务小组驻守在"鸟巢"为赛事组织、场馆运行和观众进、退场等提供气象服务保障。赛事期间,现场服务人员每隔 15 分钟将监测到的赛场温度、湿度、气压、风向、风速、天空状况等气象要素提供给竞赛指挥部,竞赛指挥部将其登录在成绩单上,向新闻媒体公布,并作为存档资料永久保存。

（二）一次雨中田径比赛现场服务保障

　　2008 年 8 月 21 日,奥运会田径比赛进入了第七个比赛日,也迎来了奥运田径比赛开始以来的第一个较大降雨天。根据赛程,上午的比赛从 9 时开始,有女子 20 km 竞走、男子标枪、男子十项全能和女子跳高等项目。但是从 21 日凌晨开始北京普降中雨,部分地区有大雨,这是"鸟巢"田径开赛以来首次明显降雨。降雨同时考验了现场气象服务人员的预报服务能力,此时服务重点是"降雨什么时候结束? 如果在比赛时降雨不能停止,那么雨强的大小能否影响到比赛进程?"

21 日 5 点开始,现场气象服务人员一方面监视现场天气情况,随时查看"鸟巢"自动气象站降雨监测情况,并不时冒雨到室外观测天空云象变化情况;同时,时刻与气象台会商室保持联系,与首席预报员讨论天气形势变化,并询问"快速更新循环系统(RUC)"等数值产品最新预报情况。

6:50 左右,现场服务人员发现降雨突然加大,短时雨强达到 71.6 mm/h。根据服务经验,当 5 分钟雨量超过 4 mm,即雨强超过 48 mm/h 时,平坦的跑道就会出现积水现象。"鸟巢"现场的降雨又一次验证了这一经验。国际田联两名官员专程来到现场气象办公室,了解天气情况,现场服务人员汇报解释了雷达回波、卫星云图等信息,并结合现场天空状况和气象要素监测情况进行分析,做出了当天上午"鸟巢"预报结论:"9 时之前,雨势仍然较明显,短时雨强较大,对赛事准备工作及观众入场将产生一定影响;9 时以后,雨势逐渐减小,降雨在中午前后结束。"。国际田联根据服务建议,当即决定原定于 9 时开赛的女子 20 km 竞走和男子十项全能 100 m 赛按时进行,而女子跳高和男子标枪项目推迟 1 h 进行。

9 时整,随着一声枪响,女子 20 km 竞走拉开了 21 日田径比赛序幕。由于降雨缓解了北京持续多日的闷热天气,21 日 9 时国家体育场的气温为 21.7℃,这对消耗体能很大的长距离比赛项目来说是个适宜的温度。最后,俄罗斯选手奥莉加·卡尼斯金娜在雨中创出了历届奥运会女子 20 km 竞走的最好成绩。

根据国家体育场内自动站逐 5 min 雨量和雨强变化分析(图略),降雨从 21 日 5 时左右开始,最初为间歇性小雨,5:45 以后为连续性降雨。6:50,8:05—8:10,8:40—8:45 和 9:10 雨强出现了几次陡增,接近或超过 50 mm/h。9:35 以后雨势明显减小,除了 10:30 雨强为 24.6 mm/h外,其他观测时次都在 10 mm/h 以内,12:30 左右降雨结束。至此,国家体育场总降雨量达到了 36.6 mm。降雨实况与现场服务人员预报服务建议基本一致。赛事组委会对现场气象服务小组准确的预报和优质的服务给予了肯定。

四、现场气象服务的体会和思考

1. 现场服务是常规服务的很好补充。现场服务可以显著弥补预报的不足,是目前加强服务能力的一种有效手段。重大室外活动,尤其是夏季的室外活动,提供现场服务可以起到事半功倍的效果。

2. 现场服务是挑战也是机遇,需要不断积累经验。一次成功的气象保障会给气象部门带来荣誉和更多的机会,而不同的活动现场服务需求也极不相同,现场服务面临越来越多的挑战。以北京市气象局服务事例举例,奥运会期间田径赛事活动主办方比较关注降雨等高影响天气、残奥会点圣火活动组委会关注太阳辐射等要素阈值预报、国庆 60 周年庆祝活动焰火燃放活动中则更关注低空风等非常规预报要素等等。相较于预报,现场服务可以学习借鉴的经验很少,并且由于地域差别较大、有些经验也不具有普适性,因此每次现场服务保障后,都应认真总结,提高服务水平。

3. 现场服务常态化运行的实施要求及流程。尽管地域差异大、现场服务相互借鉴的经验相对较少,但通过多年服务经验分析,我们也积极探索了现场服务保障常态化运行实施要求及服务流程。

4. 重视现场服务人员的培训。当现场气象服务成为一种重要的服务手段,以后会更多参与到各种重大活动服务当中。而现场服务常态化运行实施要求中,现场服务保障人员是核心。因此,要加强对年轻预报服务人员的培训,提高现场服务人员的服务能力和水平。培训内容不仅涉及天气预报、现场观云识天气等专业知识,还应包括其他各种能力的培训。如:熟练使用自动气象站、测风仪等硬件设备、熟悉网络设置及各种预报软件工具。另外,语言沟通能力也很重要,在现场气象服务过程中与服务对象面对面的沟通时,要让对方感觉到自信和专业,给人汇报天气时语言组织能力要强,做到重点突出,等等。因此,这就需要加强对预报人员进行综合、系统的培训,培养出更多优秀的服务人员,以应对以后各种现场气象服务的需要。

参 考 文 献

[1] 时少英.2008 年 8 月 10 日北京奥运赛事精细化预报服务[A].中国气象学会.2008 年海峡两岸气象科学技术研讨会论文集[C].2008:85-93.

[2] 陈少平.三峡工程现场气象服务模式初探[J].湖北气象.1999(2):42-43.

[3] 王波.黑龙江省移动应急气象服务系统设计[J].黑龙江气象.2008,**25**(3):19-22.

[4] 黎健.公共气象服务的认识和思考[J].浙江气象.2009,**30**(4):7-13.

[5] 石磊.浅谈基层公共气象服务人员能力的培养[J].内蒙古气象.2010(2):46-47.

湖北省人工影响天气业务系统及其应用

向玉春　　袁正腾　　陈英英　　王慧娟　　李德俊

（湖北省人工影响天气办公室,武汉　430074）

摘　要:介绍了湖北省人工影响天气业务系统的建设背景、设计思路、组成功能、数据产品流程以及应用情况。实际应用表明,系统可以实时获取监测信息,自动分析中小尺度云降水结构并制作作业条件预报产品和作业技术参数产品,进而制作决策指挥产品,并能实时获取作业信息,进行效果分析和评估,基本实现了省级人工影响天气业务内涵和业务流程,可以满足业务上的需求。应用了现代化气象业务建设和科研成果,系统科学性和作业指导、指挥能力得到了提高。

关键词:人工影响天气;业务系统;应用;湖北省

引言

人工影响天气(以下简称人影)是气象服务于防灾减灾、保护人民生命财产安全和提高人民生活质量、合理开发利用气象资源、建设与保护生态环境的重要科技手段之一。我国人影作业规模居世界第一。2007 年,除上海外的各省(区、市)和计划单列市以及新疆生产建设兵团的 1959 个县、83 个兵团团场和 80 个农垦农场等县级单位,开展了地面人影作业,取得了良好的经济社会效益。人影业务系统是人影业务的重要组成部分,建立科学性强、业务流程清晰的业务系统,是保障人影工作稳步健康发展的关键之一。人影作业规模和需求的增大对人影业务系统的建立和业务流程的完善提出了更高的要求。现代气象业务技术体制改革明确要求要建立国家、省、地、县四级人影业务技术体制,建立完善业务系统,规范业务流程。

国内从 20 世纪 80 年代即开始人影业务系统的建设,然而李大山[1]根据近几年贵阳第十四届云降水和人工影响天气科学会议以及南昌全国人影业务技术研讨会及刊物发表的数百篇技术系统报告统计:约有半数以上的业务技术系统主要开发类似天气预报系统或输入其产品,另有约 30% 左右的系统,吸收了雷达观测,但不能保证常态化,有的尚处演示阶段;约有 20% 的系统初步建立了适合本地实时作业的指标判据、概念模型的知识库,有的技术系统及作业条件的目标、功能、云降水物理概念尚不清晰,时空尺度概念模糊,且软件系统化程度不够,不能解决实时作业条件问题。

现代化的监测探测信息、气象业务产品、国家级人影业务指导产品以及多年来我省的气象研究开发成果为人影业务系统的建立提供了强有力的数据支撑,"九五"以来我省开展的人影研究如科技部公益项目"南方积云催化模型研究"和省科委重点项目"混合云人工催化技术方法研究及鄂东人工防雹判据的研究"等建立的适合我省的作业指标判据和概念模型以及催化技术方法,为人影业务系统的建立提供了直接的技术支撑,基于这些成果,湖北省先后建立了作业指挥系统、积云催化技术系统和效果评估系统等,但是这些系统比较分散、功能单一,系统化、流程化程度不高,且没有很好的应用于人影业务。根据人影业务发展的需要,急需建立人影综合业务平台,紧紧依托气象基本业务系统,综合集成现有的人影技术、计算机、地理信息系统技术,实现各类信息、产品集中显示、明晰的业务流程、业务人员操作方便和信息模块化和自动化处理等功能,从而真正实现信息、产品的业务化流程。

一、建设背景

湖北省降水时空分布不均,历年干旱灾害频繁发生,具有普遍性、区域性、季节性、连续性的特点,存在严重的水资源时空分布不均问题。2006 年的梅雨期干旱、2007 年的秋冬连旱,受旱面积达 60％以上,鄂西北一带素称"旱包子",是十年九旱之地,而山丘岗地向江汉平原的过渡地带也经常遭受旱灾的袭击,鄂东近些年也常出现季节性干旱。这就决定了湖北省人影作业以局地的地面增雨、防雹为主,而大范围干旱出现后实施飞机增雨作业。因此,业务系统设计时需针对地面增雨、防雹、飞机增雨分别予以考虑。

湖北省"九五"以来,气象现代化建设和气象科研取得了重大进展。多普勒雷达组网、卫星、多通道微波辐射计、双偏振雷达、风廓线雷达、GPS、闪电定位仪以及加密的自动气象站网建设为气象科研提供了支撑,在此基础上,产生了一批科研成果,如长江中游短时天气预警报业务系统(MYNOS),灾害性天气短时临近预报预警业务系统(SWAN)等。武汉暴雨所引进并局地化的 LAPS(Local Analysis and Prediction System)融合了 NCEP 或 T213、卫星、雷达、GPS、微波辐射计等资料,提供中尺度再分析场资料。业务化的 MYNOS 系统、SWAN 系统以及 LAPS 系统等,能提供 1—10 km 格距的分析场和预报场,为人影业务平台的建立提供了实时的业务化的格点场数据,使得国家人影业务方案中所要求的省级人影业务应制作发布指导全省人影作业的作业条件预报业务产品以及指挥到全省作业点作业的催化技术参数产品成为可能。因此,湖北省人影业务系统的建立紧紧依托这些成果和业务系统,提高人影业务系统的科学性。

以往人影系统多以信息显示或者单项技术开发为主,如显示各种气象信息如卫星云图、雷达图像、气象预报产品等,而未进行针对人影业务技术需求对这些数据信息和产品进行深层次开发,而只是依靠人为判断作业条件,或者对单项技术进行开发如雷达作业指挥系统,而且大多没有针对具体如何作业的指导产品,业务化程度低,实用性不强。因此,在设计系统时,充分应用监测产品、预报产品的基础数据,制作指导和指挥作业的业务产品,尤其是能直接指挥到作业点作业的包含作业方式和技术参数的业务产品,依托计算机技术,最大限度地实现自动化业务流程,提高业务系统的实用性。

因此,应针对湖北省天气气候特点以及工农业生产对人影工作的需求,以体现科学性和实用性为基本原则,充分依托气象现代化建设与研究成果,以提高人工增雨、人工防雹作业科技水平,最终提高防灾减灾服务能力为目的,建设功能齐全、业务流程清晰且实用性强的省级人影业务系统。

二、设计思路

业务系统紧紧围绕国家人影业务方案,以实现人影业务内涵和人影工作流程为总的设计思路,以产品为核心,以提高人影作业指挥水平为指导思想,坚持科学和业务化原则,强调针对地面增雨、地面防雹、飞机作业等不同作业方式和需求,紧紧依托气象基本业务系统和现代化成果,综合集成现有的人影技术、计算机技术、网络技术、空地通讯技术、GPS 技术、地理信息技术和数据库技术,实现各类信息、产品集中显示、信息资料模块化和自动化处理、业务产品的自动化生成和发布、业务流程明晰、业务人员操作方便等功能,从而真正实现信息、产品的业务化流程。

三、系统功能、结构与流程

省级业务系统按照业务功能分,包括作业潜势预报、作业云系分析预测、播云条件监测识别、作业设计和作业指挥、作业效果分析等功能,这些功能通过数据产品体现;按照数据流程将系统数据产品分为 6 个层次,包括监测探测数据、分析预报数据、作业条件预报产品、作业决策产品、作业监控和作业信息、效果评估产品,这些数据、产品的分析制作发布由业务布局的四个部分来实现;按照业务布局分,由业务工作平台、后台加工处理系统、数据库系统、管理信息系统四部分组成,实现省级人影业务内涵和工作流程,包括作业条件预报产品、作业技术参数产品和作业决策产品、作业效果评估分析产品等的制作与发布、监测信息、作业信息的管理等。通过应用实例分析介绍了系统应用,产品制作发布流程。框图如图 1 所示。

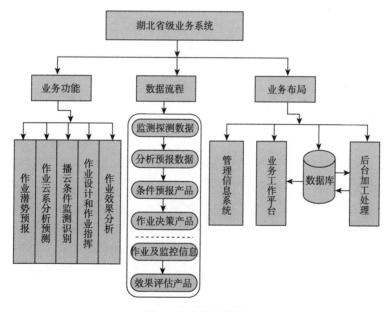

图 1 业务系统结构

(一)系统业务功能实现

1. 作业潜势预报

以天气实况分析、天气预报、探空分析和数值模式降水预报、过冷积分云水含量、过冷云水温度、积分云水含量、总水凝物比含水量等作为地面增雨作业条件预报结论的因子,根据概念模型和作业指标,给出 24 h 作业条件等级。

2. 作业云系分析预测

层状云系分析预测以国家模式预报产品为分析依据。即对国家气象中心人工影响天气服务室开发的以 GRAPES 模式为基础,通过耦合详细的云降水物理方案的中尺度云模式格点产品,进行本地化处理,应用降水和形势场预报、云微物理场预报、云宏观场预报产品开展作业云系分析预测。

对流云应用中国科学院大气所发展的三维双参数积云模式进行模拟,应用《南方积云催化模型研究》建立的催化模型,对作业云系进行分析预测。

3. 播云条件监测识别

应用 MYNOS、SWAN、LAPS 等系统提供的分析预报数据产品以及卫星反演云参数产品、多普勒雷达等,根据概念模型以及作业指标,开展 3 h 和 0~1 h 播云条件监测识别。

基于多普勒雷达二次产品,建立了对流云雷达跟踪监测子系统,实现对流云自动跟踪监测识别。

4. 作业设计和作业指挥

飞机增雨设计和指挥,通过对天气实况分析和全省自动站和区域观测站的实时资料进行分析,选定合适的层状云作业云系,根据卫星、雷达、LAPS 系统探测的云粒子的微物理分布、云中液水水汽的时空分布,进行 3 h 作业条件预报,选择有利的作业区域,设计飞行航线,提出合适的催化方案,提高播云增雨的有效性。

地面高炮、火箭增雨防雹作业指挥,利用探空资料分析、雷达探测资料、MYNOS、LAPS 等分析资料和 GIS 技术,进行雷达回波跟踪、卫星云图、高炮、火箭站点等资料叠加,进行 1 h 作业条件预报识别,并根据雷达数据产品、催化剂成核率等,自动选择作业区域、计算催化剂量,制作作业技术参数产品,分析各地旱情、农情,制作作业决策产品,指挥各地作业。

5. 作业效果分析

基于 Microsoft Visual Studio. NET2005 平台,采用 ArcGIS Engine 组件和 C♯ 开发语言,研制了对流云人工增雨雷达效果分析软件[2],主要包括数据转换、雷达产品查询显示、对比云选取和效果分析四个功能模块。作业效果的物理检验以对流云雷达效果分析软件为主,对每一次对流云作业过程分析应用该软件自动分析回波参量的变化特征以及跟对比云进行对比分析。

(二)系统数据产品

人影业务系统数据可分为 6 个层次(如图 2 所示),第 1 层为原始数据,第 2 层为在原始数据基础上进行分析的分析数据和短期短时及模式预报类产品,第 3 层为作业条件预报和作业技术参数产品,第 4 层为决策产品,第 5 层为作业数据,第 6 层为效果和效益评估产品。

1. 监测数据

包括卫星、雷达、GPS、自动站、微波辐射计等实时监测资料,包括数据和图形产品。

2. MYNOS 和 LAPS 等分析预报数据产品

其中 SWAN 和 MYNOS 系统根据雷达、卫星、自动站以及常规资料进行分析和预报,输出区域雷达拼图数据、垂直廓线、1 h 临近降水预报、雷达反射率因子预报、冰雹潜势预报等。LAPS 系统将不同格式的资料包括 T213 或 NCEP、多普勒雷达、卫星、GPS/Met、微波辐射计、探空及自动站等多种资料融合同化到 LAPS 网格上(水平 1～48 km,垂直 50 hPa),不仅给出一些基本物理量的分析场资料,还可提供人影作业条件预报所需的垂直速度、云量、云分类、云水含量、云冰、雪含量、雨水含量、云底高度、

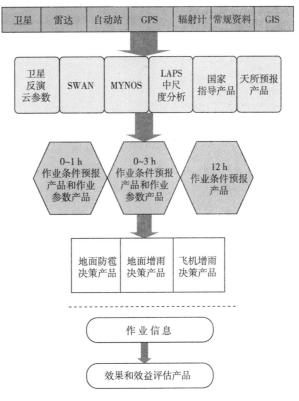

图 2 系统数据产品层次

云顶高度、液态水含量以及抬升指数、对流有效位能、对流抑制能量、肖沃特指数、K 指数、抬升凝结高度等,共 33 种产品,这些产品为人影作业条件判别提供了很好的中尺度再分析场[3]。而国家指导产品指国家级单位下发的业务化的云数值模式产品。

3. 作业条件预报和作业技术参数产品

24 h 增雨作业条件预报产品(增雨作业指导预报产品):以天气预报和模式降水预报、过冷积分云水含量、过冷云水温度、积分云水含量、总水凝物比含水量等作为地面增雨作业条件预报结论的因子,确定指标,给出作业条件等级[4]。

增雨作业条件 3 h 预报产品和作业技术参数产品:主要应用 LAPS 输出的云量、云底高度、云顶高度、云水含量、云冰、雪含量、雨水含量等作为预报因子,参照国内其他省份和湖北省建立的作业条件指标,进行作业条件预报。同时,根据雷达回波顶高、垂直积分液态水含量或者 LAPS 的云顶高度、温度、高度、云水含量产品确定催化部位和估算催化剂量,制作作业条件预报和作业技术参数产品。

1 h 增雨作业条件预报产品:以 SWAN 输出的雷达反射率、回波顶高、垂直积分液态含水量、反射率因子预报、临近降水预报,并辅以实况雨量,制作 0～1 h 增雨作业条件预报。

24 h 地面防雹作业条件预报产品(即防雹作业指导预报产品):以天气预报,探空露点温度、露点温度差和对流稳定度、K 指数等层结参数。

3 h 防雹作业条件预报产品:基于 LAPS 和三维对流云模式,提出了冰雹预警指标和预警报方法,制作 3 h 防雹作业条件预报产品。

1 h 地面防雹作业条件预报产品:以雷达组合反射率、回波顶高、垂直积分液态含水量,卫星云图、云顶高度、云顶温度等作为地面防雹作业条件预报结论的因子,并确定催化部位和估算催化剂量。

4. 作业决策产品

地面防雹作业决策产品:通过分析全省农作物布局,结合防雹作业条件预报产品和作业技术参数产品,制作防雹作业决策产品。

地面增雨决策产品:分析旱情和水情,结合增雨作业条件预报产品和作业技术参数产品,制作增雨作业决策产品。

飞机增雨决策产品:分析旱情、水情和作业条件,符合飞机增雨作业条件的,根据雷达组合反射率、回波顶高、垂直积分液态含水量、临近降水预报和 LAPS 可降水量、积分液态水含量、云水含量、风等数据,计算飞机增雨作业区,并设计飞机作业航线,生成飞机增雨决策产品。

5. 作业监控和作业信息

包括飞机增雨空地信息传输系统监控的飞机作业信息,以及各地的作业信息。

6. 效果和效益评估产品

作业效果的物理检验仍然以对流云雷达效果分析软件为主,对每一次对流云作业过程分析应用该软件自动分析回波参量的变化特征以及与对比云进行对比分析。

效果和效益评估主要以单次高炮、火箭和飞机作业为基本评估单元,应用高空风向、风速和雷达回波移动生命史,结合点/线源催化剂扩散模式,确定作业影响区域。针对对流云作业时,参照国内对流云作业增雨率,采用湖北历史对流云平均人工增雨率作为实际增雨率,计算增加降水,并计算人工增雨量和效益;对层状云作业,在上风向或平行侧面,选取同样大小面积作为对比区,计算增雨率、实际增加降水量和效益。

(三)系统业务布局及操作流程

系统布局及操作流程见图 3,综合业务系统由业务工作平台、后台加工处理系统、数据库系统、Web 系统四部分组成。业务工作平台和后台加工处理系统以及 WEB 系统通过数据库有机地结合起来。

1. 业务工作平台

业务工作平台集成相关的监测探测产品和分析产品(雷达、卫星、GPS 水汽、雷电等监测信息以及 MYNOS、SWAN、LAPS 等产品)、指导产品(国家/区域/省级)、各种人影信息处理分析产品(模式产品、物理量产品、作业条件预报产品等)、决策指挥信息、效果评估产品等产品信息显示,并提供飞机作业、地面增雨、地面防雹、森林防火等综合决策指挥信息制作流程以及产品、信息发布流程。

系统主界面包括背景分析、实时监测分析、数值模拟、作业指导等有关产品显示入口、业务指导产品制作及发布等业务值班操作入口,以及一些文件操作等辅助功能。飞机作业决策指挥信息平台根据各种分析产品以及作业条件预报产品,在后台自动选择作业区域,按照预设飞行方式根据系统移动方向等设计飞行航线。增雨作业条件预报产品和决策指挥信息制作只需选取相关的判别因子,显示该因子的数据或文字产品和图片产品,因子选取完成后,点击"制作产品"按钮,则系统在后台自动生成作业条件预报产品,操作自动化程度较高。

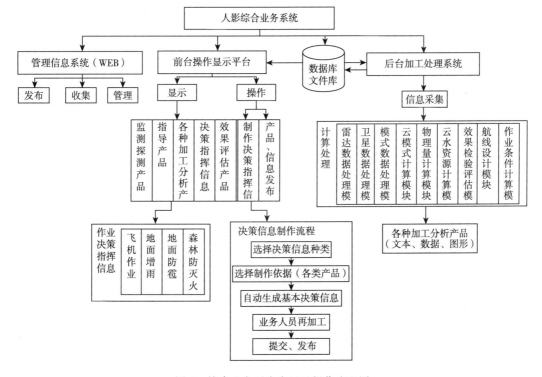

图 3　综合业务平台布局及操作流程图

2. 后台加工处理系统

后台加工处理系统实现资料获取及质量控制、数据预处理、各种分析产品生成、作业指标分析、信息存储等,即业务工作平台所显示的数据、产品、信息等均由后台加工处理系统产生,处理和实现均在后台以任务计划的形式启动。

3. 管理信息系统(WEB)

湖北人影管理信息系统实现了一种基于浏览器/服务器(B/S)模式的省、市、县一体化的人影综合信息管理包括业务产品发布、作业信息上传等,实现信息分级(省、地、县三级)录入、编辑、统计、查询等功能,对不同用户分配不同的权限,提高了人影响天气业务指导和管理的工作效率和科学性。图 4 为管理信息系统各级用户与各功能模块之间的对应关系。

4. 数据库系统

数据库存储各种信息和产品。人影业务系统的数据包括 3 类数据:SQLServer 数据库里的气象数据、地理空间数据、文件型的数据等。SQLServer 数据库主要存放离散点的数据,它由自动雨站数据、墒情数据、空中水汽数据、作业飞机航迹数据、作业站点数据等组成;地理空间数据主要由地名、地界组成;文件型数据由 GIF 格式文件、Word 文件、数据文件组成,包括多普勒雷达拼图数据文件、卫星反演的指导产品格点数据文件、LAPS 分析数据、SWAN 数据等,作业条件预报产品和决策产品以及各种分析产品。数据库的体系结构示意图见图 5。

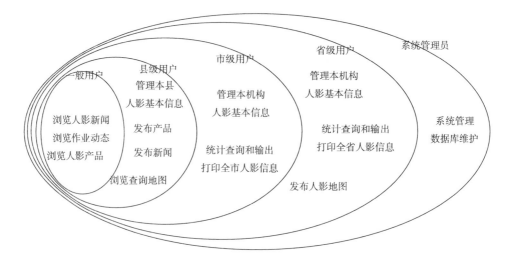

图 4　管理信息系统各级用户与各功能模块之间的对应关系

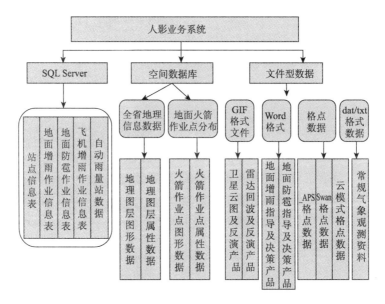

图 5　人影业务系统数据库结构

四、应用分析

分别以飞机增雨作业和地面增雨来介绍系统的应用情况。

(一)飞机增雨作业应用实例

以 2009 年 2 月 16 日的飞机人工增雨抗旱作业为例。2009 年 2 月除鄂西南部分地区外，湖北省全省范围内遭受不同程度的干旱，鄂北旱情较重。湖北省气象部门 2 月 7 日启动了飞机增雨抗旱作业方案。

1.24 h 作业条件预报

根据 2 月 15 日武汉中心气象台预报,2 月 15 日晚到 18 日,受高空低槽和地面冷空气共同影响,全省阴天有小雨,其中鄂西南、江汉平原南部、鄂东南局部有中雨。根据人工催化模型:高空槽型适合开展人工增雨作业。2 月 15 日人影业务系统后台处理系统生成的本地化后的云模式降水预报产品显示 24 h 内全省有降水,其中鄂西北、鄂西南大部有 10~25 mm 降水,局部有 25 mm 以上降水,过冷积分云水含量产品显示 24 h 时鄂北过冷云水含量较高。前台操作系统制作 24 h 作业条件预报产品,鄂西北、鄂东北作业条件等级 3 级,作业条件较好,其他地区作业等级 2 级,全省范围内均可以开展人工增雨作业。

2.3 h 作业条件预报和决策服务产品

2 月 16 日 10 时,根据综合业务系统后台处理系统生成的卫星反演云参数产品显示,湖北省除鄂西南外,大部分地区云顶高度在 4 km 以上,鄂北过冷层厚度在 2 km 以上,LAPS 云底高度西部地区在 1~2 km 之间,其他地区大部分在 0.6 km 以下,LAPS 总液态水含量产品显示全省均在 0.3 mm 以上,中部和中北部地区在 1.5 mm 以上。根据部分省份飞机人工增雨作业云系可播宏、微观参考指标[5]:云底高度<2 km,云顶高度>4~6 km,云体厚度>2 km,过冷层厚度>1 km,云顶温度在 -4~-24℃之间,总的液态水含量>0.3 mm。因此系统自动画出作业区域航线设计图,给出建议催化作业高度。

按照飞机作业决策指挥信息,2 月 16 日 09:51—12:10 实施了飞机增雨作业,飞行催化区域包括鄂东北、鄂中和鄂西北的荆门、随州、天门、襄樊、黄冈等地。

(二)地面消雹作业应用实例

24 h 和 0~3 h 作业条件预报产品制作与飞机增雨相同。

1. 作业决策产品

根据 SWAN 系统提供的区域雷达拼图数据以及短时临近预报产品,根据回波强度、回波顶高、液态水含量产品以及 1 h 降水估算产品确定作业区域。根据王艳兰等[6]利用多普勒天气雷达液态水含量和回波顶高估算对流云火箭增雨防雹用弹量的方法,计算增雨作业用弹量。

如 2009 年 8 月 16 日 11 时制作的 6 h 作业条件预报:我省西部大部分地区有防雹作业条件,当日 17 时制作发布的作业技术参数产品显示:秭归县磨坪、两河口镇月明、梅家河乡寨岭可作业,最佳作业高度 5300~5350 m,建议火箭作业剂量分别为 4、3、2 枚,这 3 个作业点分别于 17:03—17:14,17:03—17:10,17:02—17:12 开展了防雹作业,有效避免了冰雹灾害,保护面积 500 km²。

2. 产品发布

制作的作业决策产品通过管理信息系统(信息网)发布。

3. 作业信息

作业信息由各县通过管理信息系统上报,省、地、县各级可实时查询作业信息。

(三)应用服务情况

该系统自 2007 年投入运行至今指导,有效指挥全省地面增雨、防雹作业近 2700 次,大大提升了作业科技水平和效率。尤其在重大气象服务中发挥不可替代的作用,如 2007 年 10 月抗御秋旱人影作业、2007 年 10 月第六届全国城市运动会人影服务、2008 年 7 月开展资源型增蓄作业、2008 年 10 月第三届世界传统武术节人工消减雨应急保障工作、2009 年 2 月开展春季抗旱与森林防灭火作业、2009 年 11 月中国—咸宁国际温泉文化旅游节人影服务等。

五、小结

(1)系统结构布局合理、流程清晰、自动化程度高。系统分为前台操作平台、后台支撑系统、数据库系统和管理信息系统,系统数据分为 6 个层次,能较好体现省级人影业务内涵和工作流程,大部分功能均已实现自动化,且以定时和人机交互两种形式运行,所有输出结果均以图文直观显示,操作简单。

(2)业务产品设计合理,实用性强。产品包括 24 小时、0～3 h 增雨、防雹作业条件预报产品、地面增雨、防雹和飞机增雨决策产品,给出能指导和指挥各地作业的决策产品包括作业区域、作业条件以及作业技术参数(作业用弹量、作业高度等),具有较强的实用性。

(3)应用了新技术成果及业务化产品,如 SWAN、MYNOS、LAPS 等提供的高时空分辨率的资料,使得业务产品的科学性和指导能力得到提高。

湖北省人影综合业务系统自 2007 年投入业务试运行以来,运行稳定,且不断地进行了完善和充实,但是目前仍然存在一定的不足,下一步工作打算:进一步应用新技术成果,充分挖掘 MYNOS、SWAN、LAPS 在人影中的应用潜力,开展特种探测资料的应用产品的研发和应急业务产品的研发,加强作业指标的研究,细化作业条件预报,加强效果评估方法研究,建立不同类型作业的效果评估业务,随着空地信息传输系统的正常运行,在业务系统中增加飞机作业监控功能,以使业务系统功能更加完善。

参 考 文 献

[1] 李大山.人工影响天气作业条件与技术系统有关问题的意见.第 15 届全国云降水与人工影响天气会议会议论文集.北京:气象出版社.

[2] 唐仁茂,袁正腾,向玉春等.依据列大回波自动选取对比云进行人工增雨效果检验的方法[J].气象.2010,**36**(4):96-100.

[3] 向玉春,杨军,李红莉等.LAPS 资料在人工影响天气中的应用初探[J].暴雨灾害.2009,**28**(3):271-276.

[4] 叶建元,徐永和,丁建武等.对流云人工增雨作业等级预报[J].气象.2003,**29**(4):40-43.

[5] 中国气象局科技发展司.人工影响天气岗位培训教材[M].北京:气象出版社.2002.

[6] 王艳兰,王丽荣,汤达章,等.利用多普勒天气雷达估算对流云火箭增雨防雹用弹量的方案[J].气象科学.2008,**28**(4):426-430.

三峡工程运行期气象保障服务探讨

田 刚

（湖北省宜昌市气象局，宜昌 443000）

摘 要：从三峡工程运行期气象保障服务需求出发，提出了三峡工程运行期气象保障服务的工作设想，并针对后期服务存在的问题提出了相关建议。

关键词：三峡工程运行期；气象保障服务

引言

自 20 世纪 90 年代三峡工程正式开工以来，在中国气象局和湖北省气象局的指导下，在三峡总公司和长江电力的大力支持下，宜昌市气象局暨三峡气象服务中心作为气象部门服务三峡工程的重要窗口，承担了三峡工程建设的气象保障任务，相继完成了 1997 年大江截流气象服务、1998 年长江三峡抗洪、1999—2001 年三峡二期气象保障服务、2002 年三期明渠截流气象保障服务、2003—2009 年三峡三期及发电通航气象保障服务等一系列重大工程气象服务，为三峡工程安全度汛、减灾防灾、施工部署提供了重要的气象科学依据。

按照初步设计安排，三峡工程 2009 年竣工验收，转入全面运行管理阶段，气象服务的重点和内容也发生了转变。因此，敏锐把握三峡工程运行期气象服务需求，尽快进行规划与部署，积极开展针对性服务，是当前三峡气象服务面临的紧迫任务，也是推进公共气象服务深入开展、不断提升服务水平和能力的一项重要内容。

一、三峡工程运行期气象保障服务需求分析

随着三峡主体工程施工的结束，气象服务工作重点已由原来的工程服务正逐渐在向如何发挥三峡工程的巨大效益上转移。如何准确预报长江上游流域降水，以减轻防洪压力、增加发电效益、提高航运效率，将是今后气象工作和预报服务的重点。而升船机建设、永久船闸安全通航和电站安全生产，对近坝区雷电、大风、大雾等灾害性天气的预报服务依然提出了很高要求。工程对局地气候影响以及相关应对措施的制定，也要求气象部门提供长期的技术支持。

分析三峡工程运行期特点，其对气象保障服务需求主要表现在以下几个方面：

（一）后续工程建设的服务需要

2009 年 9 月三峡升船机工程开工建设，暴雨、雷电、大风、大雾、高温、低温、剧烈变温等灾害性天气对其影响较大[1]，必须对这些灾害性天气进行监测和预报，为工程安全施工、混凝土浇铸、设备安装等提供气象保障服务，以便最大限度地减少损失。因此，2009—2014 年升船机

建设期间,工程施工服务依然是三峡气象保障服务的重要内容。

(二)减轻防洪压力的服务需要

对水库上游流域的暴雨天气过程进行跟踪滚动预报,为水库的运行调度和防洪度汛提供决策依据。水库调度部门可依据洪水预报提前降低水库水位,增加库容,控制下泄流量,从而减轻下游防洪压力[2]。当预报流量大于 45 000 m^3/s 时,三峡船闸临时停航,确保航运安全。

(三)增加发电效益的服务需要

优化水库调度运行方案,减少弃水增加发电量,提高过程来水的发电效率的前提是开展准确、及时、精细化的降水预报。当入库流量在 25 000 m^3/s 以下时,上游来水可全部用于发电,枯水期小洪水的优化利用是展示气象预报水平、发挥工程发电效益的重要内容。而汛末水库蓄水期预报更是关系到冬季和春季三峡、葛洲坝梯级电站整个发电计划的完成。

(四)提高航运效率的服务需要

2007—2008 年三峡、葛洲坝坝区附近频繁出现大风、大雾天气[3,4],屡屡造成船闸封航,严重阻碍了长江黄金水道,造成很大经济损失的同时也引起了社会各界的广泛关注,客观上要求提高大风、大雾的监测和预报水平。

(五)梯级电站安全生产和电力安全外送的服务需要

雷雨、大风和强雷击与梯级电站的安全生产关系极大,特别是强雷击是影响电源电站电力外送重要原因之一[5]。掌握三峡—葛洲坝坝区雷电活动规律,开展雷电预报研究对梯级电站安全生产和电力安全外送具有重要的意义。

(六)工程影响因素预估及预防应对的服务需要

分析水库环境影响评价,对调度部门和各级政府防范污染发生、制订应急预案具有前瞻性意义。要求加强三峡水库或葛洲坝水库水温与局地气候和上游来水的敏感性研究[6];要求加强水库季节性水位涨落而使周边被淹没土地周期性地出露于水面的消落带,以及水库水流变缓而造成的各种生态脆弱区对局地气候变化的敏感性研究。

二、三峡工程运行期气象保障服务工作设想

(一)规范水电工程气象服务工作管理,建立水电工程专业气象服务标准体系

自 20 世纪 90 年代初三峡工程正式开工以来,暴雨、大风、雷击等灾害性天气对三峡工程安全施工带来了极大的影响,长江上游频繁出现的洪峰对三峡工程安全度汛也不断提出挑战,气象服务工作对工程建设安全施工的作用极为突出。而工程基坑开挖、混凝土浇筑、机电设备安装等项目的开展,频频对气象服务提出全新的要求。三峡工程率先在国内外开展针对性强、实用性高的气象保障服务,并在气象观测系统建设、预报服务系统、科技支撑系统上做出了一

系列开创性的工作。在三峡工程主体竣工之际,在总结分析三峡工程施工期气候影响的基础上,在全国率先建立水电工程专业气象服务标准体系具有重要的意义,并可直接应用于升船机项目建设服务。

以规范水电工程专业气象服务工作,提高气象服务工作的科学性、协调性和适用性,推动水电工程气象服务工作的标准化、规范化管理为目标,针对工程施工、下游防洪、水库发电、导流明渠及船闸通航对天气气候的敏感性,从灾害性天气短时临近预警、常规天气要素精细化预报和长江上游强降水精细化预报出发,分析1993年到2009年17年来的三峡坝区和长江上游天气气候特征。并从完善建立水电工程气象保障服务标准体系出发,充分总结水电专业气象现场服务在三峡工程施工期引领综合气象观测业务、气象预报预测业务跨越式发展的成功经验,研究气象观测系统建设、气象预报预测系统、气象信息服务及技术装备保障建设有关的各类业务平台、服务平台、业务流程、质量检验评定等各项水电气象服务业务标准,以及研究相关的服务队伍、服务机构和服务管理建设标准。

(二)应对下游防洪和发电调度服务需求,加强长江上游流域降水预报水平

由于三峡区间降水直接流入三峡水库,洪水传播期极短,是影响发电调度和工程防汛的主要原因之一,开展上游流域降水预报,首要任务就是要做好三峡区间短期降水预报;三峡区间以上洪水传播期相对较长,重点任务是提高短中期预报水平,为三峡水库发挥防洪作用和增加发电效益提供调度依据。

1. 开展三峡区间流域实时洪水预报系统研究

在开展分布式水文模型研究的基础上,通过提高雷达估算降雨分辨率、提高中尺度暴雨预报模式空间分辨率等方法,极尽潜能描述三峡区间各流域内水文输入资料的时空变异性,初步解决气象与水文之间在时空尺度上的匹配问题,建立水文气象松散耦合模型、探讨紧密耦合方法。然后开展三峡区间实时洪水预警预报方法研究,并开发适合三峡区间流域水文气象耦合的洪水预报模型,在现有天气预报精度条件下开辟一条洪水预报研究中充分应用各种气象信息的途径,达到提高洪水预报精度、延长预报时效的目的,更新现阶段水文气象预报发展思路,推动水文与气象交叉领域的进步,从而促进气象部门在优化调度和防汛中决策水平的提升。

2. 开展金沙江流域天气气候特征分析和强降水预报方法研究

金沙江来水量占三峡入库流量的30%左右,金沙江流域降水对三峡入库流量预报影响重大;金沙江下游在建和待建梯级水利枢纽的发电能力相当于两个三峡工程,投入运行后对降水预报有极高的要求,而气象部门对金沙江流域降水预报方法尚不深入。为适应三峡水库运行调度和金沙江下游梯级水利枢纽建设的需要,特别是各大水库蓄水后,由于洪水传播发生了变化,水文预报对气象预报提出了更高的要求,因此,有必要分析研究金沙江流域的强降水天气特征,找出各种天气条件下降水的时空分布和量级大小的规律,并依托数值预报建立金沙江流域强降水精细化预报方法。

3. 提高上游流域降水短中期预报水平,减少水库低水头运行期

根据三峡水利枢纽电力安全生产、水库运行调度和防汛需要,从实际应用与气象服务需要出发,在开展气象数值预报产品的解释应用研究基础上,结合水文预报模型,设计流域降水水量预报、水库入库水量预报方法,从而优化水库调度运行方案,尽量减少水库低水头运行期,减

少弃水增加发电量,提高过程来水的发电效率。

通过合理划分流域集雨区段,研究各区段的降雨径流实测数据,进而研究各个区间场次洪水中降水对产流的贡献情况,从而对各区段的降水过程的产流量做出预报,并根据洪水传播时间,开展上游流域暴雨洪水的时程变化规律研究。利用气象行业优势,在开展汛期分期研究基础上,以数值模式短中期降水预报为核心开展降水水量预报,充分利用雷达、卫星、GPS 水汽观测和其他高密度气象观测资料进行实时修正,并利用统计学和其他数学优化方法,尽量提高降水水量预报的准确率和延长预报时效。以降水预报为基础开展入库水量预报,实现降水预报与水量预报的紧密耦合,开展减少水库低水头运行期的研究尝试和风险分析。

(三)提升三峡、葛洲坝区域气象监测能力,开展长江航道大风大雾灾害预报

随着三峡工程建设的逐渐完工,工程开始发挥巨大的航运效益,而永久船闸完成建设投入使用以来,频繁出现的大风、大雾屡屡造成船闸封航,严重阻碍了长江黄金水道通航。三峡、葛洲坝坝区处于山区河谷地带,复杂地形为大风、大雾预报预警增加了很大的难度,因此开展三峡、葛洲坝坝区大风大雾监测系统建设和精细化预报预警研究,对研究山区河谷大风大雾预报和保障三峡工程建设及船闸安全运行调度具有极其重要的意义。

开展大风大雾灾害预报主要内容是建立三峡、葛洲坝坝区大风大雾监测预报服务系统系统,其包含三部分:三峡、葛洲坝坝区大风大雾监测系统、预报预测系统和预警信息发布系统。三峡、葛洲坝坝区大风大雾监测系统:依托中国局“三峡库区局地气候监测立体观测网建设”项目,在三峡大坝坝前建设多要素气象观测塔,对坝前大风、大雾进行实时监测;地方政府、三峡总公司、三峡通航管理局和气象部门密切合作,共同在三峡、葛洲坝坝区船闸附近建设大风和能见度监测网,其中能见度网应延伸到三峡周边高速公路沿线,实现航道及高速路段大风大雾气象灾害的实时监测;三峡、葛洲坝坝区大风大雾预报预测系统:对三峡、葛洲坝坝区水域出现的大风、大雾过程进行个例分析,建立三峡、葛洲坝坝区水域大风、大雾个例库;归纳总结大风、大雾发生的背景条件及成因;根据不同的类型建立三峡、葛洲坝坝区水域大风、大雾模型;本地化上级指导产品和优化现有中尺度模式相结合,建立大风、大雾天气预警系统;三峡、葛洲坝坝区大风大雾预警信息发布系统:充分利用社会公共媒体、部门和行业内部信息发布资源,采取手机短信、手机 WAP、电话、电子显示屏、网站等各种手段,向地方政府、三峡总公司、三峡通航管理局发布大风大雾预警信息。

(四)增强非常规观测资料应用水平,开展发电生产安全和电力调度气象影响研究

自 2005 年宜昌在湖北省首先建立闪电定位仪以来,已经积累了近 5 年的闪电实时定位资料。应用该系统结合大气电场仪分析三峡—葛洲坝雷电日数、落雷密度和雷电流幅值,可掌握三峡—葛洲坝雷电活动规律,指导防雷设计和工程投资决策,并可为三峡—葛洲坝应对强雷电开展电力合理调度提供参考依据,电力部门也可以大大节省查找、解决雷击故障的时间和人力。通过合作开展研究,可以建立发电调度—气象保障机制和电力调度、气象部门合作机制,有利于资源共享,资料互补。实时监测预报系统可全面、及时监测预报三峡—葛洲坝电力外送线路沿线闪电发生状况,结合雷达、卫星及中尺度数值模式预报可能发生的闪电情况,为快速进行故障查找和抢修提供气象科学依据,确保三峡—葛洲坝梯级电站电力外送安全运行。

(五)拓展科研思路,促进学科交叉,开展三峡水库环境影响评估研究

分析三峡水库或葛洲坝水库水温与局地气温、太阳辐射、湿度和风速之间的相关关系以及上游来水与水温的关系,为局地气候变化和上游来水对水库的环境影响评价提供科学依据;通过在水库消落带、水库污染源附近建立固定气象观测站和利用移动气象台不定时的对水库重大污染事件进行观测,并开展局地气候变化与水环境质量敏感性的关系研究,为水库消落带以及水库水流变缓而造成的各种生态脆弱区水质变化预测提供服务。

三、存在的问题与建议

三峡工程作为世界工程量最大的水利工程,其建成后给人民社会经济生活带来的影响是多方面的,很多全新的课题亟待研究。作为市级气象业务部门,宜昌市气象局在监测手段、技术研发、人才队伍上相对薄弱,必须依托上级主管部门、三峡总公司、地方政府相关部门的支持,加强相关科技成果转化与应用,才有可能开展针对性服务。具体而言,应加强以下方面的工作:

一是加强监测数据的融合处理,促进资料应用研发。当前中国气象局、湖北省气象局先后在三峡周边已经或即将布设自动气象站网、能见度观测网、大气电场仪、闪电定位系统等观测系统,其中部分系统已经运行多年,但尚未针对三峡需求进行产品开发和开展相关服务,如建设多年的闪电定位仪和大气电场仪尚未为电站电力外送发挥雷电预警功能,部分系统服务急需但尚未开展监测,如大雾预报必需的能见度观测还未开展,这些系统的建设和产品开发都必须依托于上级部门的支持。水文气象耦合、环境影响评估等部门合作服务项目的开展也离不开上级部门的组织协调和技术支持。

二是强化预报技术的成果转化,提升气象服务水平。中国气象局、湖北省气象局和暴雨所通过部门合作,在水文气象耦合、环境预测评估等方面做了大量的研发工作,其成果可直接推广应用于三峡工程,如淮河流域实时洪水预报系统应用于三峡区间洪水预报,可为三峡工程的防洪度汛和发电调度提供有力的技术支撑。另外,本地应用较成熟的预报系统后续维护开发还亟待上级部门支持,如本地开发的 MM5 模式较好地解决了三峡工程晴空大风预报,但系统已经运行多年,后期维护存在不确定性,应依托于暴雨所支持,逐渐向 AREM 模式进行转移。

三是加快人才队伍建设,增强发展后劲。科技成果的应用、气象服务的开展必须依靠人来执行。而随着大气科学前沿技术和多学科交叉知识的频繁应用,需要预报服务人员不断更新现有知识,才能不断创新思维、拓展视野和提升能力。上级部门专家的现场指导和预报服务人员的技术培训,将是做好三峡气象保障服务的重要保证,也是应该长期坚持的一项措施。

参 考 文 献

[1] 袁廷敏,刘尧成,丁琦华.三峡工程施工水文气象服务.中国三峡建设.1997(2).

[2] 曹广晶,蔡治国.三峡水利枢纽综合调度管理研究与实践.人民长江.2008(2).

[3] 熊兵,张矢宇.三峡雾航预警管理机制.水运管理.2009(9).

[4] 田刚,袁杰,罗剑琴等.MM5模式在三峡工程大风预报中的应用及检验分析?.暴雨灾害.2009,**28**(2).

[5] 毛永松,程黎.三峡右岸电站雷电过电压研究.人民长江.2009(2).

[6] 郭文献,王鸿翔等.三峡—葛洲坝梯级水库水温影响研究.水力发电学报.2009(6).

全力以赴为"神舟"航天保驾护航

康　玲

（内蒙古自治区气象台，呼和浩特，010051）

摘　要：本文从组织领导、技术准备、军地协作和保障服务四个方面回顾总结了"神舟"系列载人航天气象保障服务工作，得出了四点体会。

关键词："神舟"航天；气象；保障；服务

从 1999 年 11 月 20 日"神舟"一号飞船发射成功到 2008 年 9 月 28 日"神舟"七号飞船顺利返回地面，我国"神舟"号飞船载人航天工程稳步推进，成就巨大，为世界瞩目。"神舟"系列飞船发射地和回收地均在内蒙古自治区境内，气象保障服务责任重大。多年来，作为"神舟"系列飞船主着陆场区气象保障任务的主要承担者内蒙古自治区气象台认真落实解放军总装备部、内蒙古自治区党委政府、内蒙古军区、中国气象局有关"神舟"飞船气象保障要求，在预报员培训和业务系统建设上加强与总装备部作试局及西安卫星测控中心气象处的合作，在气象保障服务期间与中央气象台等兄弟单位密切协同，下大力气进行相关科学研究和业务能力建设，圆满地完成"神舟"系列飞船发射、着陆回收的气象保障服务任务，多次受到解放军总装备部、西安卫星测控中心、内蒙古自治区党委政府和中国气象局的表扬。

一、高度重视精心组织精心实施精心保障

"神舟"系列飞船航天飞行气象保障服务历来是内蒙古自治区气象局（台）重点工作之一。为了做好"神舟"系列飞船航天飞行气象保障服务，内蒙古自治区气象局（台）专门成立了以局（台）长为首的"神舟"系列飞船航天飞行气象保障服务领导小组。每次气象保障任务前召开专门会议研究、部署气象保障服务工作，按照"精心组织、精心实施、精心保障，确保万无一失，确保成功"的要求，制定细致的气象保障服务工作预案，并进行实战演练。例如，"神舟"六号飞船航天飞行气象保障任务前内蒙古自治区气象台"神舟"系列飞船航天飞行气象保障服务领导小组先后 5 次召开专门会议研究部署气象保障服务工作，制定相应的工作预案，并召开全台职工动员大会，要求预报、预测、气象服务、信息网络保障、天气雷达监测、气象情报各岗位技术人员认真履行职责，落实工作预案，真正做到思想、认识、技术、人员、制度、责任、装备、保障八个到位。又如，"神舟"七号飞船航天飞行气象保障任务前内蒙古自治区气象台主动与解放军总装备部作试局、西安卫星测控中心就气象保障任务进行协调，多次在台内召开专门会议研究落实"神舟"七号飞船航天飞行气象保障服务工作，制定了《"神七"载人航天飞行任务气象保障服务实施方案》，2008 年 9 月 3 日发布《关于做好"神舟七号"载人航天气象保障服务工作的通知》（内气台发[2008]19 号），就气象保障服务做出六项工作部署。9 月 18 日发布《关于做好"神舟

七号"载人航天任务气象保障服务实战演练的通知》(内气台发[2008]20号),对"神舟七号"载
人航天任务气象保障服务实战演练做出安排。据此,9月19日至20日内蒙古自治区气象台
开展了"神七"气象保障服务实战演练。通过演练进一步优化了气象保障业务流程,提高了气
象台内部各部门协作能力,特别是移动气象台与台本部的业务协作能力。9月23日发布《关
于下发"'神七'气象保障服务工作流程及任务详解"的通知》(内气台发[2008]21号),进一步
明确了工作流程,对天气会商、各类天气预报制作、加密气象资料接收、服务专报制作、技术约
定等作了详解。

　　气象局(台)领导的高度重视和扎实的准备工作为圆满完成"神舟"系列飞船气象保障服务
任务奠定了坚实的组织基础。

二、大力推进"神舟"系列飞船气象保障能力建设

　　"神舟"系列飞船航天飞行对气象保障要求较高,特别是"神舟"五号飞船开始的载人飞行
对返回着陆阶段的气象保障提出了更高要求。为确保圆满完成"神舟"系列飞船航天飞行气象
保障任务,内蒙古自治区气象台在总结以往预报经验的基础上对主着陆场地区天气进行了深
入分析研究,不断建立和完善预报方法,提高了预报质量和效率。2004年在主着陆场安装了
9210卫星数据VSAT单收站,开通了MICAPS业务系统,为现场天气预报提供了技术支持;
参考国家气象中心中期指导预报,应用周期韵律分析、太阳黑子及西风指数叠加、上下游效应
等中期预报方法,实现了15天过程及7天滚动订正预报。2005年按照与解放军某部签署的
协议,内蒙古自治区气象台抽调预报技术骨干组成课题组潜心研究,在有限的时间里,克服困
难,攻克难关,研制完成了"主着陆场区浅层风预报辅助决策系统"、"主着陆场区降水、高空风
预报软件"。2007年内蒙古自治区气象台建立了MM5中尺度数值预报业务系统,采用NCEP
实时分析和预报资料作为背景场,并利用wrfvar实现了对高空和地面资料的同化。2008年
上半年针对"神舟"七号飞船返回着陆气象保障需求对原浅层风预报系统进行了改进,重新调
整了MM5模式σ面的选取,优化了浅层风和高空风预报方法;开发并改进了基于模式的气象
要素精细化预报方法;积极推进移动气象台建设工作,特别注重其应急气象服务功能和综合气
象业务能力建设,经过紧张有序的前期工作,确保移动气象台在"神七"载人航天飞行任务气象
保障服务前完成了建设投入业务运行,为"神舟"七号飞船气象保障服务提供了新设备和手段。

　　上述工作为圆满完成"神舟"系列飞船气象保障服务任务奠定了坚实的技术基础。

三、军地密切协作共建气象保障屏障

　　1997年开始,为做好"神舟"系列飞船气象保障服务,军地协作,由内蒙古自治区气象台为
西安卫星测控中心飞船主着陆场气象台培训四期天气预报技术人员(共12人)。自治区气象
台领导和全体业务技术人员通力合作,采用跟班实习、联合做课题和专题讲座等办法,使受训
人员迅速掌握了飞船主着陆场地区天气气候规律和预报技术方法。这批受训人员在"神舟"系
列飞船航天飞行气象保障中已成为业务技术骨干,发挥了重要作用。为此解放军西安卫星测
控中心赠送"军民共谱航天情"锦旗表示感谢。

2005 年与部队协议研制的"主着陆场区浅层风预报辅助决策系统"、"主着陆场区降水、高空风预报软件"及时在解放军主着陆场区气象台投入使用,受到部队方面高度评价。

在"神舟"六号飞船和"神舟"七号飞船气象保障服务期间,内蒙古自治区气象台分别选派 2 组(每组 2 人)业务技术精湛、工作作风过硬的预报技术骨干进入主着陆场区,直接参与主着陆场基地气象台的天气预报服务工作。他们努力适应部队的紧张生活,在荒漠戈壁极其寂寞、艰苦的条件下在主着陆场基地移动气象服务车上连续奋战几十天,期间,经常工作到深夜甚至通宵,帮助主着陆场基地气象台完成着陆点地区天气预报任务。解放军西安卫星测控中心气象处处长和基地气象台台长对他们的出色的工作表示肯定和感谢。

四、全力以赴做好"神舟"系列飞船气象保障服务

为确保圆满完成"神舟"系列飞船气象保障服务任务,内蒙古自治区气象台针对服务需求做了大量调研,与总装备部作试局、西安卫星测控中心等军方进行了多次互访座谈,在此基础上制定气象保障服务预案并针对各种突发情况制定应急处置措施,对重点业务设备进行了备份,确保万无一失。气象保障服务的内容和方式我们从用户角度着眼作了精心安排。"神舟"一号飞船到"神舟"四号飞船气象保障服务期间主要是滚动提供中期、短期天气预报。

"神舟"五号飞船是首次载人航天飞行的气象保障服务,期间不仅滚动提供中期、短期天气预报和短时临近天气预报,而且滚动提供发射地和回收着陆地区逐 12 h 天空状况、风向风速、最高最低温度、能见度等气象要素预报。特别是 2003 年 10 月 13 日、14 日天气图上位于俄罗斯、蒙古国境内 100 多个气象站的气象资料全部空缺,面对异常情况,我台果断启动应急措施,一方面积极与国家卫星气象中心联系,从卫星资料中获取常规气象资料,另一方面凭借多年的预报经验和对天气连续监视的印象及时作出了主着陆场地区天气预报,确保了"神舟"五号飞船安全返回着陆。

"神舟"六号飞船主要特点是搭载二人多天飞行,要求着陆场区的气象条件十分高,近地面层风场的变化更为关键。内蒙古自治区气象台针对用户需求从 2005 年 8 月 31 日起提供了内容丰富的气象保障服务产品,主要包括:9 月、10 月的短期气候预测,10 月份重点时段为 13—22 日的天气过程预报,其中明确了过程带来的天气现象;9 月、10 月中期天气过程预报,在明确未来一周天气形势变化的基础上,加强了对主着陆场区地面风、天空状况、气温、能见度和天气现象等气象要素预测;9—10 月的逐日短期天气预报,未来三天主着陆场区天空状况、气温、地面风、能见度和天气现象等气象要素预报,明确 24 h 内天气转折时间和相关要素的日变化情况;雷暴、冰雹、沙尘暴和其他危险天气预报;10 月 6—17 日的逐日滚动预报,10 月 10—17日逐日滚动精细化预报;未来 7 天主着陆场区最大风速风向的预报和浅层风预报。10 月 17日天气实况与预报完全吻合,凌晨 4 时 33 分"神舟"六号载人飞船安全降落在内蒙古中部阿木古郎草原,两名宇航员自主走出返回舱。

"神舟"七号飞船搭载三人飞行并进行太空出仓活动,气象保障要求更高。内蒙古自治区气象台从用户角度着眼,除按总装备部作试局和西安卫星测控中心的要求,在保障服务期间及时提供 9 月下旬至 10 月上旬长期天气过程预报和气象要素(逐日低云量、积雨云、雷暴、降水、能见度、平均风速、沙尘暴、积雪深度等)逐日概率分析、9 月下旬中期逐日气象要素(云、风向、风速、能见度、天气现象)预报、1~3 天短期逐日滚动气象要素(云、气温、风向、风速、能见度、

天气现象)预报、MM5 中尺度数值预报模式浅层风(0～300 m 高度范围内 50 m 间隔)和高空风(7～12 km 海拔高度范围内 300 m 间隔)预报以外,还增加提供了逐小时精细化气象要素(天气状况、气温、相对湿度、风向、风速、能见度)预报、移动气象台风廓线探测实况资料、"神七"伞降落区空中轨迹预测等气象保障信息。服务产品的精细化程度大幅度提高,在"神七"安全返回中发挥了重要作用,受到总装备部四子王旗主着陆场基地军方的高度赞扬。

五、几点体会

(一)团结协作,相互支持,确保"神舟"气象服务圆满完成,在"神舟"系列飞船气象保障服务中内蒙古自治区气象台积极与中央气象台、解放军某部气象台协作,最大化利用了中央级、自治区级和军方的预报资源,提高了预报服务效率,收到了很好的效果。

(二)气象现代化建设发挥了巨大作用。如:在"神七"气象保障服务中,气象应急车的建设应用;MM5 中尺度模式的解释和应用;精细化预报方法的开发应用;数值预报模式运行及解释应用等在这次气象保障服务中发挥了重要作用。

(三)由于跨部门的原因,四子王旗及周边地区风塔观测资料尚未得到应用,建议气象部门与有关部门尽早协商形成风塔资料共享机制。

(四)目前加密气象探测资料尚未能同化进数值模式,使其应用受到局限,今后要加强这方面的研究,提高加密探测资料的利用率。

参 考 文 献

[1] 魏兴杰,马瑞芳,冉瑞奎.气象"神舟"共腾飞[N].中国气象报.2005,10.
[2] 张丽娜.回眸"神舟飞船"与中国气象人情缘[EBOL]. http://news. xinhuanet. com/focus/2008-10/09/ content_10160202. htm,2008,10,10/2008,10,10.

打造供暖气象服务品牌
为首都科学供暖、节能减排做贡献

尤焕苓　　丁德平　　李　迅

(北京市气象科技服务中心,北京　100089)

摘　要:北京市供暖气象服务技术在不断的积累中逐渐成熟、细化。已经形成针对政府、社会公众、大型供暖企业、精细化小区等全方位服务体系和预报技术方法。在建立数据监测传输、预报模式应用、节能产品制作、预报产品服务等流程的基础上,不断完善供暖服务技术,开展供暖精细化预报及服务,丰富供暖服务产品,推出"采暖度日"等服务内容,为各部门供暖的能源消费预算提供科学依据。在提高自身服务能力同时,近年来积极开展供暖气象服务推广,在华北区域三个省市(太原、呼和浩特、石家庄)进行推广,扩大了气象服务在节能减排工作中的贡献。

关键词:供暖;采暖期;节能减排;北京

北京作为首都,一直高度重视并积极开展节能减排应对气候变化工作。北京是国内首个在供暖工作中引入气象服务、利用气象信息科学调控供暖日期和供暖强度的城市。早在 2000 年初,北京市气象局与市发改委、热力集团就联合开展了相关的研究和服务保障。

2009 年至 2010 年采暖季,北京市政府根据气象预报意见共增加供暖日达 22 天,成为有史以来本市最长的一个采暖期。科学供暖,让京城百姓在温暖中度过了一个异常寒冷的冬天。北京市市政市容委负责人表示,今后北京市将按照《供热管理办法》规定,根据气象情况调整采暖期时间。可见,北京供暖气象服务越来越受到北京市政府及相关部门的重视,以及社会公众的广泛认可。2010 年 3 月 23 日,北京市气象服务座谈会上,北京市市政市容委供热办负责人说,气象服务已经成为城市运行管理的重要组成部分。通过近十年的磨炼发展,北京市供暖气象服务技术在不断的积累中逐渐成熟和细化。

一、初步形成全方位的供暖服务体系、供暖预报技术方法

目前,北京市气象局开展的供暖服务已经形成针对政府、社会公众、大型供暖企业、精细化小区等全方位服务体系。

(一)为政府决策提供科学依据

北京市市政府供暖决策中要综合考虑民生(老百姓冷暖)和节能减排效果的关系,则目前根据天气变化科学供暖已经成为北京市政府供暖管理部门决策的重要依据。目前,北京市气象局已开展了供暖初终日专项服务、供暖期服务以及供暖平均气温标准和节能减排研究等内容。

1. 供暖决策咨询建议服务。2009 年 10 月,北京市气象局向市政府报送了《关于在供暖工

作中进一步推广气象节能服务的建议》决策咨询报告，"建议"深入分析了气象条件与供暖工作的密切关系、供暖气象服务现状和效益、供暖节能气象服务工作目前存在的问题及建议等，建议在供暖工作中充分考虑北京气候条件，利用气象信息对供暖实施动态管理，不断改进供暖工作和促进北京市的节能减排工作。北京市政府对该"建议"十分重视并作了重要批示，指出："此项工作的开展不仅涉及百姓冷暖，而且能够节能减排，很有意义，并要求相关部门主动配合北京市气象局开展相关领域的研究工作。"。

2. 供暖初终日服务保障。2009 年 11 月 2 日，一场突如其来的大雪使北京的寒冬提前来临，在征询了气象部门建议后，北京市政府发出"有条件的供暖企业提前点火供暖、不具备提前供暖条件的企业尽快试水供暖"的通知，正式大规模提前供暖，提前天数长达 15 天，这在北京还是首次。2010 年 3 月 2 日开始，北京市气象局启动"应急调整供暖期预报服务流程"，预报中关注法定供暖终日（3 月 15 日）之后是否有强冷空气影响北京，并随时与北京市市政市容管委联系。3 月 10 日，北京市气象局向北京市政府及相关部门报送了供暖终日展望的专题决策服务材料，提示"3 月中旬冷空气活动频繁、21 日前全市平均气温低于 5℃"，建议市政府适当延迟供暖。3 月 11 日，北京市政府组织北京市市政市容管委、北京市气象局、北京市财政局等单位进行供暖终日会商，根据我局的未来天气和室外温度预报意见，为应对低温天气，北京市政府决定"延长一周供热时间"。3 月 22 日，北京有史以来最长的采暖季结束。

（二）为社会公众发布供暖指数对冬季供暖进行原则性指导

指导全社会进行科学供暖至关重要，这直接关系到北京的能源消耗和环境保护。2003 年 11 月开始每年冬季，北京市气象局都通过在京主要报纸、电台、12121 和 96221221 声讯电话、电视气象节目中发布全市平均状况的供暖气象指数预报。供暖气象指数共分五级，并附有简短说明和提示，希望通过简洁明要、大众化的信息来原则性指导全市冬季供暖。社会公众通过供暖气象指数预报可以明确地知道应该怎样供暖，以达到节约能源和保护环境的目的。

（三）为大型供热企业提供运营、调度气象服务

北京热力集团承担着北京城区 1/3 以上面积的供暖任务，2005 年底供暖面积已达 1 亿 m²，并且供暖面积每年还以平均 700 万～800 万 m² 的速度在增加。该集团无论是供暖作用还是能源消耗上在北京都是举足轻重的，非常有代表性。为此，我们专门针对北京市集中供热单位，特别是北京热力集团，开展了供暖专项气象服务，并针对供暖服务用户研发了供暖服务系统。除了提供常规短期天气预报、周、旬预报外，还按照服务用户要求，提供未来三天逐 12 小时平均气温预报。此外，供暖服务系统可根据从各热源厂实时采集到的数据结合供热面积计算出每日需要的热量总值、单位面积供热值、供回水温差等等。目前，供暖专项服务已经成为北京热力集团每日运营调度业务的必要决策依据，取得了较好的经济效益。

（四）自采暖小区精细化服务

目前，北京市有 2/3 的单位、企业和社区采取自供暖方式，有 2000～3000 家小区及自管锅炉房，这些单位同样承担着北京至少 1/3 以上的供暖面积。北京市气象局依托《北京城市供暖节能监测管理系统研究》开展服务，构建了集信息采集、预报制作、信息传送于一体的城市供暖节能监测管理系统，建立起 526 个供暖监测点、3 种经济效益评估模型。通过该系统，北京市

气象局面向自采暖小区提供了个性化精细供回水预报、采暖期初终日期趋势预报等。

二、不断提升供暖服务能力,扩大气象服务节能减排贡献

(一)完善服务产品,供暖服务技术逐步精细化

近几年,我局在建立数据监测传输、预报模式应用、节能产品制作、预报产品服务等服务流程的基础上,不断完善供暖服务技术,开展供暖精细化预报及服务,丰富供暖服务产品。除了根据不同服务用户需求改进服务技术外,还致力于供暖技术精细化研究。2009年供暖气象节能技术融入市政府供暖改造延庆示范项目,我局直接参加了市发改委的延庆供热改造专项,建立由526个室内监测点组成的供暖监测系统和节能服务及评估系统,在2009—2010年采暖季进行试运行。

2006年11月开始,供暖服务又推出了"采暖度日"的服务内容,为各部门供暖的能源消费预算提供科学依据。"采暖度日"是对冷季寒冷程度的估计,是供暖季节内供暖能量消耗的一个定量指标,也是一种反映能源需求状态的热量单位。能源及有关部门或社会人群可根据发布的各地采暖度日值,统计某一期间采暖度日总和及消耗总能源,从而比较使用不同种类能源(如煤、天然气、电等)的能源消耗、经费使用情况、不同加热灶具的能耗状况、不同城市能源消耗情况等等。能源部门甚至可以根据采暖度日值来预报未来能源的消耗情况。

(二)供暖气象服务在华北区域省市推广

在中国气象局新技术推广项目支持下,近年来我局供暖气象服务在华北区域三个省市(太原、呼和浩特、石家庄)进行了推广,取得了很好的效果,扩大了气象服务在节能减排工作中的贡献。

三、显著的服务效益备受关注

(一)北京市全市供暖消耗每天达到1亿元,准确的预报供暖初终日不仅影响老百姓的冷暖,也直接影响供暖部门的经济效益。2008—2009年采暖季,北京市政府根据我局准确预报,比原计划提前结束供暖7 d,经济效益十分显著。

(二)自2002年10月开展供暖气象服务以来,北京热力集团等供热单位供热调度员每天可得到未来1～3 d逐12 h平均气温、供热气象指数预报、热力参数预报等信息,真正做到"看天供热",极大地减少了天冷室不暖、天暖室过热的不正常现象,提高了供热质量,同时为节能、增效、减污起到了关键作用。统计平均而言,每年相当于少烧89 508.5 t煤,少向天空中排放二氧化硫430 t,减少粉尘4475.4 t。

(三)2003年年底开始,在北京市政府的大力支持下,北京市气象局开始向全市大力宣传和推广成果在供暖工作中的节能作用,2003—2004采暖季约20家锅炉房、2004—2005采暖季约50家锅炉房、2005—2009采暖季约60家锅炉房和我局签订了服务合同。从服务效果看,服务用户反映良好,扣除气候因素,按保守估计经济效益在3％～5％。北师大物业中心专门

为我局发来感谢信,感谢:"供暖指数"使看天供暖更科学化,我们对节能工作更加信心十足,2005/2006 季供暖节约燃气耗费约 100 万元。供暖气象指数的推出和推广,不仅节约了能源,缓解了能源紧张,而且还为减少大气污染,为还北京一片蓝天作出了贡献,这对首都的文明现代化建设都有重大的作用和意义。

四、下一步工作

(一)按照市政府批示,我局将根据"关于在供暖工作中进一步推广气象节能服务的建议"的相关内容,有针对性地开展供暖气象服务方面的研究。同时,继续完善应急调整供暖初终日预报服务业务流程,做好供暖初终日服务。

(二)继续推进供暖气象服务推广应用,包括在本市供暖部门的推广和全国供暖区域的推广,同时针对不同推广部门情况完善不同气象参数。

(三)进一步加强供暖气象服务技术的精细化研究和效益评估工作。

(四)继续加强与供热部门的合作与配合,实现气象与科学供暖相结合的实效最大化。

参 考 文 献

[1] 霍秀英,王锋.温度预报在集中供热采暖中的应用[J].气象.1990(2):51-54.
[2] 高昆生,吕晓玲.呼市地区近二十年采暖室外温度参数及城市规划供热指标的分析研究[J].区域供热.2000(6):22-26.
[3] 刘玉梅,王江.采暖期人体舒适度的气象学特征[J].黑龙江气象.2000(1):43-44.
[4] 王保民,张德山,汤庆国,等.节能温度、供热气象指数及供热参数研究[J].气象.2005(1):72-74.
[5] 张庶,王志远.气象节能技术是节约采暖用能的有效途径[J].节能.1990(5):43-45.
[6] 陈正洪,胡江林,张德山,等.城市热岛强度订正与供热量预报[J].气象.2005(1):69-71.

第五章　气象服务效益评估

我国气象服务效益评估业务的现状与展望

姚秀萍　吕明辉　范晓青　王　静　王丽娟

（中国气象局公共气象服务中心，北京　100081）

摘　要：气象服务是气象事业的出发点和归宿点，因而采用科学客观的方法开展气象服务效益的评估工作，有利于气象部门更好地改进和完善气象服务，促进气象事业的持续快速发展。本文介绍了我国气象服务效益评估业务的现状，并对气象服务效益评估业务的未来发展趋势进行了构想，指出规范化、常态化、人性化服务是未来气象服务效益评估业务的发展趋势。

关键词：气象服务；效益评估；业务

引言

随着社会、经济和科技的发展，气象与国计民生的关系越来越密切，气象服务对经济建设、社会发展和人民生活的影响日益明显，气象工作也前所未有地受到全社会的关注。随着社会气象意识、气象观念的提升，气象服务也从提供简单的气象信息服务，逐步转变为产生经济效益的社会生产力，为经济建设和社会发展，为人民生活趋利避害，为防灾减灾和应对气候变化发挥着越来越重要的作用。同时气象服务在其公益性之外，也存在着经济属性，气象服务也可以通过合理的投入，获得相应的收益，从而使效益问题始终贯穿于气象服务的全过程[1]。因此，采用科学客观方法开展气象服务效益的评估，有助于政府和公众对气象服务形成全面和充分的认识，为气象部门投资决策提供依据，使气象部门更有针对性地改进和完善气象服务，促进气象事业的持续快速发展。

世界气象组织（WMO）很早就认识到，气象服务对社会经济发展的重要作用，以及在投入和产出经济学上的双面性，即支持气象预报服务的观测网和数据处理等需要巨大的资金投入，同时气象服务也具备经济和社会效益[2]。WMO分别于1990年、1994年和2007年召开了三次专题会议[2,3]，讨论如何在投入和效益之间找到气象工作的平衡点。其中2007年主题为"天气、气候和水服务的社会经济效益"的第三次专题会议[3]，最终形成了提高天气、气候和水信息服务社会经济效益的14项行动计划。

中国是最早参加WMO有关气象效益评估活动的发展中国家，学术界也针对相关问题展开了一系列的研究,为我国进一步深入开展气象服务效益评估工作,推进气象事业持续快速地发展奠定了很好地基础。我国气象服务效益评估大致可划分为三个阶段。一是萌芽阶段(1983—1988 年),二是探索阶段(1994—1997 年),三是进一步发展阶段(2006 年至今)[4]。2009 年起,气象服务效益评估已经作为中国气象局的常规业务正式投入运行。本文将在回顾历年效益评估工作的基础上,重点介绍我国公众和行业气象服务效益评估工作的开展情况,分析效益评估业务化中存在的问题,以及对未来工作的展望。

一、气象服务效益评估业务的现状

气象服务效益的分类是相对的,依据不同的分类标准分类结果是不同的。如按所涉及的空间范围,可分为宏观效益和微观效益;按受益对象来分,可分为公众气象服务效益、决策气象服务效益和专用气象服务效益等[5]。公众气象服务效益评估和行业气象服务效益评估是我国所开展的气象服务效益评估业务的两项主要内容。

(一)公众气象服务效益评估业务

1. 概况

20 世纪 60 年代开始,美国天气局陆续进行了一些气象服务效益—成本分析并开发了一些评估技术手段,得出的气象服务的总体国家收益与投入成本的比例是 10:1[6]。在公众服务效益评估方面,Stratus 咨询公司于 2002 年受委托开展美国气象服务效益评估,评价结果显示,美国目前的预报系统每年为每个家庭带来的经济价值是 109 美元,给国家带来的总体效益(公共和商业气象服务效益)是 114 亿美元[7]。与此同时,美国国家天气局(NWS)在制定新世纪战略规划时,除了提出一系列的预报准确率指标作为衡量执行情况的标准外,每年还都会进行用户调查,作为定性的评估标准[8,9]。澳大利亚气象局自 1997 年开始对气象服务展开评估,以问卷调查的形式,量度公众和重要用户对气象局服务的满意程度、准确程度等内容。其中对公众用户满意度的调查非常重视,调查结果成为重要的考核指标和改进服务的依据[6]。

气象服务效益是社会效益、经济效益和生态效益的统一体,具有多元性、层次性、整体性和正面性的特点。从这一层面上来说,对气象服务的效益进行评估就是一项比较复杂的工作,不但需要从理论上[10~13]来对气象服务效益评估进行界定和研究,也同样需要进行方法研究。目前应用于公众气象服务效益评估的方法最常用的是权变评价法,其中具体包括公众气象服务满意度的评估[14]、气象服务的支付意愿法[15]、气象服务的节省费用法[16~18]、影子价格法[19,20];此外,还有应用平衡计分卡(Balanced Score Card)等方法[21,22],进行公众气象服务效益评估。

2. 我国公众气象服务效益评估

从 20 世纪 90 年代起,中国气象局开始组织全国性的公众气象服务效益评估工作,到公共气象服务中心成立之前[1],全国规模的公众气象服务效益评估共举行了三次,分别是在 1994 年、2006 年和 2008 年。从组织实施情况来看,在调查的规模和方式上存在着一定的差异,实施具体调查的单位也不相同,但历次评估的主要内容基本一致,以调查公众获取气象服务的行为习惯、分析公众对气象服务的需求、分析公众气象服务的社会效益和经济效益为主要内容；使用的评估方法也基本一致，即通过调查"公众对气象服务的总体满意程度"，分析公众对气象服务的"满意率"或"满意度"；通过运用影子价格法、损失调查法、支付意愿法等方法来实现对经济效益的评估。其中，2006年公众气象服务满意率为74.2%，2008年为84.9%。

作为中国气象局公共气象服务中心的常规业务，2009年公众气象服务调查评估在全国范围内有计划、有目标地组织开展。此次气象服务效益评估也是中国气象局第一次与国家统计局联合，区分城市和农村公众进行调查。通过国家权威统计部门对此项工作的参与，保证了2009年公众气象服务效益评估方案的合理化、问卷调查过程的规范化以及评估结果的权威性。虽然在组织实施方面与往年相比有一定的调整，但在具体的评估内容和评估方法上，仍与以往的工作具备很好的延续性。

2009年的公众气象服务效益评估调查了目前公众气象服务的现状、公众获取气象服务的行为习惯、公众对气象服务的需求，分析了公众对气象服务的评价，包括气象信息准确率评价、气象服务及时性评价以及气象服务的总体满意度。在公众的满意度评价中，延续了以往"满意率"和"满意度"的评价方法。结论主要为如下几个方面[23]：

（1）2009年公众对气象服务的"满意率"为85.6%，与2008年的84.9%相近，2009年公众总体满意度为87.5分，明显高于2008年的75.6分，这是源于公众选取"满意"人数明显提高（图1）。分别从城市和农村的情况来看，农村公众对气象服务的满意度普遍高于城市。

（2）2009年总体准确性评价高，对气象服务总体准确性持肯定态度的比率为95.6%（图2），对温度、风、降雨（雪）预报，公众认为基本准确及以上比例超过90%，但对灾害性天气预报的准确性评价较低，为82.7%。

（3）绝大多数公众对气象服务的及时性表示认可，城市公众认为强天气预警及时的达到84.3%（图3），农村公众认为重要天气或重要农事活动预警服务及时的达到78.2%（图4）。

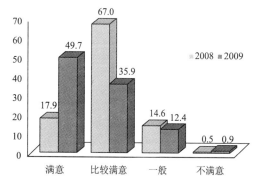
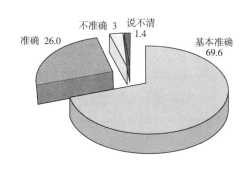

图1　2008、2009年气象服务满意率对比（单位：%）　　图2　公众对气象预报的准确性评价比率（单位：%）

（4）电视仍是城乡公众获取气象服务最主要的渠道（图5），但是与往年相比，通过手机获取气象服务的比例相比以往明显增加。晚间关注气象信息的公众仍最多，城市公众关注天气预报的主要用途是为出行和衣着提供参考。

（5）城市公众通过网络渠道获取气象服务信息的比例为21.1%，远高于农村的4.5%；城市公众对中国天气网的知晓率为28.8%。中国气象频道和气象服务电话12121分别是城市和农村知晓率最高的气象部门所属传播渠道（图6）。

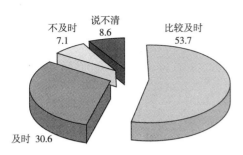

图3 城市公众的及时性评价比率(单位:%)

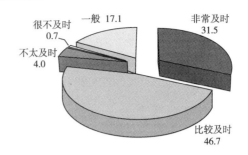

图4 农村公众的及时性评价比率(单位:%)

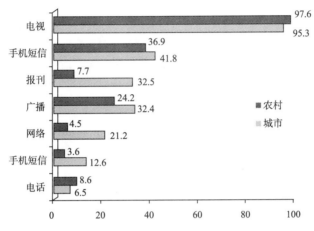

图5 城乡公众获得气象信息的渠道(单位:%)

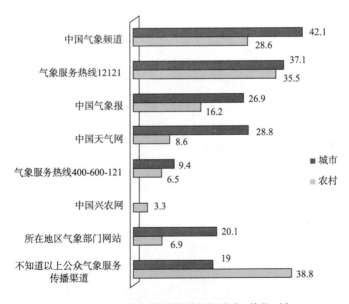

图6 公众对气象传播渠道的知晓率(单位:%)

(6)在各类气象服务需求中,80％的公众最关注气温高低和降雨、降雪,其次是风和灾害性天气。3 d 以内的短期气象服务最受关注,其次是灾害性天气预警信息,较 2008 年提高近20％。城市公众最希望了解"生活气象提示",农村公众最希望了解"气象灾害防御知识";此外,城乡公众有二成以上的人表示希望了解气象科普知识。

(二)行业气象服务效益评估业务

1. 概况

气象作为一种生产要素,最能体现其价值应该是气象服务产品在消费过程中,为各行业所产生的经济效益。气象服务行业经济效益是泛指国民经济各行业,如农业、电力、航空、建筑、保险业等等,在消费气象服务产品后所产生的经济效益[24]。1987 年,WMO 在英国召开关于气象信息应用的研讨会[2],英国气象局局长做了题为"气象信息服务的经济效益"的发言,以具体数字分析航空、农业、交通等几个产业部门利用气象信息所取得的效益,进而对气象服务效益和成本比例进行分析。进入 21 世纪,在美国多个机构参与的"天气与社会综合研究"(Weather And Society ＊ Integrated Study,简称 WAS ＊ IS)项目的推动下[25],开展了规模较大的"美国不同经济行业对天气敏感性评估项目"(Overall U. S. Sector Sensitivity Assessment,简称 OUSSSA),项目中利用包括气象因素的经济模型进行的评估,得出美国国家经济与气象的关系,美国年度经济 3.4％的变率,或大约 2600 亿美元和天气变化有关。目前,行业气象服务效益评估中,普遍使用的是生产效应法(投入—产出法)、层次分析法[26,27]、专家调查法(德尔菲法或 Delphi 法)[28~30]、"影子"价格法、成果参照法[1]、损失矩阵法[31]和贝叶斯决策理论模型(Bayesian Decision Theory)[32]。

2. 我国行业气象服务效益评估

中国气象局组织全国性的行业气象服务效益评估工作,分别在 1994 年、2006 年、2007 年、2008 年。1994 年,首次运用经济学和统计学理论建立评估模型,对行业气象服务效益做出定量评估,对我国的气象服务工作产生了深远的影响。2006—2008 年,中国气象局连续 3 年组织开展行业气象服务效益评估工作,调查工作基本沿用 2006 年制定的《高敏感行业重点单位气象服务效益评估实施方案》,但是在评估范围、评估内容、具体实施过程存在着一定的差异。2006 年对全国 17 个重点行业,同时每个行业至少选取 5 个省市进行评估;2007 年则选取河南、北京等 8 个省市对 8 个重点行业共 39 个子行业进行评估;2008 年在全国各个省市对交通、农业等 8 个行业进行评估,每个省市至少进行一个重点行业的效益评估[1]。在评估内容上,2006、2007 年主要是对行业气象服务贡献率、行业气象服务效益值进行评估;2008 年则增加了行业对气象服务的敏感度、需求度、满意度等评价。

2009 年,行业气象服务效益评估作为中国气象局一项基本业务来运行,由中国气象局公共气象服务中心牵头,辽宁、上海等 10 个省(市)气象局共同对气象敏感的交通行业中的子行业—高速公路进行评估,分析高速公路气象服务需求与现状,评估高速公路气象服务的效益。

2009 年行业气象服务效益评估采用了专家评估法与微观评估法相结合的方法。总体上仍沿用德尔菲法,在典型企业效益值测算中,引入对比分析法。在计算企业的效益值时,考虑了企业根据气象服务采取措施的成本和气象服务不准确实带来的损失,因此,将气象服务效益分为 4 部分进行测算,避免了以往评估中存在的正、负效益的问题。这四个部分分别是没有使用气象服务时的损失、使用气象服务无法避免的损失、根据气象预报采取措施的成本、由于气象预报与实况不符带来的损失。

　　在具体评估过程中,采用以下工作流程(如图 7 所示)。考虑到我国不同省份高速公路运营管理模式,2009 年改变了以往以典型单位为调查对象,选取本省典型高速公路路段为调查对象,而后围绕典型路段,选取涵盖所有高速公路生产环节的专家,进行气象服务贡献率测算。

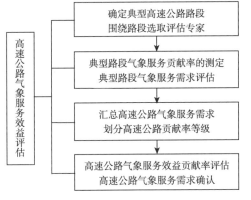

高速公路气象服务效益评估

- 确定典型高速公路路段 围绕路段选取评估专家
- 典型路段气象服务贡献率的测定 典型路段气象服务需求评估
- 汇总高速公路气象服务需求 划分高速公路贡献率等级
- 高速公路气象服务效益贡献率评估 高速公路气象服务需求确认

图 7　2009 年高速公路气象服务效益评估框架

　　为了更好地了解行业气象服务需求,了解当前行业气象服务的现状与差距,调查中专门设计了高速公路气象服务需求调查和行业气象服务现状调查。这两部分均采用专家问卷调查的方式进行。高速公路需求调查主要围绕不同生产环节展开,包含敏感气象要素、影响行业的气象临界值、有效的天气预报时效、造成的影响以及采取的措施五个方面;高速公路气象服务现状主要包含目前气象部门服务的企业、提供气象服务产品的气象部门、提供的气象服务产品及其表现形式、提供时间、提供途径六个方面。

二、气象服务效益评估业务的展望

　　现代气象服务要融入政府和社会,外界怎么评价、媒体怎么监督是重要的手段。公众气象服务效益评估和行业气象服务效益评估正在从临时性、阶段性项目向常态化的业务过渡,逐步开展重大天气气象服务效益评估也将是决策气象服务效益评估和防灾减灾气象服务效益评估的要求。规范化、常态化、人性化服务是未来气象服务效益评估业务的发展趋势。

(一)完善效益评估体系和国家标准的建设,形成专门机构负责效益评估的规范化管理

　　目前,国家级气象部门、省市级气象部门都多次开展公众和行业气象服务效益评估工作但是不同地区、不同领域的评估指标和工作方式并不相同,极大地削弱了评估工作的可比性和借鉴性。为此应加快建立公众气象服务满意度评价指标、行业气象服务成本效益计算标准等。特别是如何将全国诸多行业的气象服务效益值进行有序的、全面的评估,细化的行业和地区的气象条件敏感性评估,都需要加强评估标准的研究和建立。统一和规范各级效益评估方法和业务,把研究和业务应用在相对一致的框架下进行。对评估方法、评价标准、调查问卷、资料获取、质量控制、数据存储、计算分析等技术进行规范;完善国家级和省级效益评估的组织结构、业务流程和人才队伍建设。避免造成重复建设和资源浪费,利于评估结果的应用、推广和比较。同时也要兼顾各地的具体情况,在实际业务开展中,需要逐步设立专门的效益评估机构,对气象服务效益评估业务提供指导、规范性指南以及专门管理;在国家级和省级相应部门逐步设立专门的效益评估岗位,承担效益评估业务和理论方法研究的职责。

（二）建设常态化的气象服务效益评估业务体系，搭建高速有效的评估平台，实现气象服务效益评估工作的连续性

在形成效益评估规范化业务流程的同时，尽快建立可操作性强、交互性好的效益评估业务系统，加快效益评估数据库的建设，建立起跨年度、跨行业、跨区域的公众、行业、决策、防灾减灾气象服务效益评估数据库，形成连贯的、可比的效益评估数据，便于开展效益评估研究、连年效益评估值的比较以及国际化的比对研究，使用历史数据对效益评估方法模型、方案进行修订和优化等工作。实现资源共享，将用户参与和专业分析相结合，建立能将信息及时到达相关气象部门业务环节的反馈机制，真正把气象服务效益评估作为一项业务长期、连续、动态地开展起来，真正提升公共气象服务能力。

1. 坚持气象局参与、多部门多渠道联合的工作方式，体现人性化的现代气象服务

在 2009 年公众气象服务效益评估中，中国气象局首次采用与权威统计部门——国家统计局联合开展、联合发布调查结果的方式，取得了很好的社会效益。借鉴多部门多渠道联合的工作方式，即避免气象部门既当运动员又当裁判员的问题，又学习了其他领域的工作理念，对于拓展多样化的用户调查方式和渠道，体现人性化的现代气象服务都有很好的作用。今后的工作中，应继续这种合作模式，加强与其他相关部门的沟通和资源整合，深入把评估工作做实做细，最大限度地发挥气象服务的综合效益。

2. 重大灾害天气气象服务效益评估业务开展的设想

重大灾害天气气象服务效益评估是气象服务防灾减灾的一个系统评价问题。天气气候预测的不确定性是不可避免的[33]，通过重大灾害气象服务效益评估，可以重新定位气象防灾减灾气象服务的业务流程，形成灾前预防管理、灾中应急响应管理、灾害恢复与评估的科学决策和管理机制，有利于逐步形成政府主导、部门联动、社会参与、覆盖城乡的多元气象防灾减灾体系。

重大灾害性天气评估的对象主要是某次重大灾害性天气过程，评估指标主要包括对该次重大灾害性天气过程的预报是否准确（预报准确率评估指标）、预报及时性指标、气象服务覆盖率指标、政府部门对气象信息的反馈指标、决策部门响应指标、社会采取措施指标、气象服务效果指标。

2006 年开始，中国气象局就对重大灾害天气气象服务效益评估进行了尝试性的探索。分别在 2006 年、2007 年对重大气象灾害过程气象服务、重大活动气象保障服务的效益评估方面进行了探索。2008 年完成了对北京奥运会气象服务效益及满意度的定性和定量评估。2009年，中国气象局公共气象服务中心已经开展了气象灾害典型案例库建设工作，已经针对寒潮、强对流、台风、沙尘暴、暴雪五种灾害性天气收集了气象服务案例，其中已经包含了预报及时性、社会反馈、造成的经济社会影响等方面的内容[34]；目前正设计建立基于网络的重大灾害天气气象服务效益评估系统，都是对深入开展重大灾害性天气气象服务效益评估工作所进行的有益尝试。

在今后的工作中，可以在典型案例库工作的基础上，建立基于网络的重大灾害天气气象服务效益评估系统，对于正在发生的灾害性天气平台可以收集各项评估指标，及时进行灾后气象服务效益评估。另一方面，评估指标可以作为案例库的一部分内容被收集、存档，形成典型案

例,进入历史案例库,方便日后查询,为服务工作的开展提供借鉴。

三、结语

本文简述气象服务效益评估业务的发展现状,并对气象服务效益评估未来的发展进行展望,以达到拓展思路,交流经验,最终提高公共气象服务意识和服务能力的目的。从气象服务效益评估业务发展的现状来看,许多工作均处于起步阶段,在诸多业务实践过程中,存在着许多值得去深入研究和探讨之处。随着社会和经济的发展,人们对气象服务的需求将会越来越精细化和具体化,这就对气象部门提出了更高的要求,气象部门将会有步骤、有计划地将气象服务效益评估的业务化工作深入持久地开展下去,从而更加有效地提升气象服务质量,发挥气象服务的综合效益。

参 考 文 献

[1] 许小峰等. 气象服务效益评估理论方法与分析研究[M]. 北京:气象出版社. 2009.

[2] 贾朋群,任振和,周京平. 国际上气象预报和服务效益评估综述[J]. 气象软科学. 2006,(4):84-120.

[3] WMO. Madrid Conference Statement and Action Plan[R]. 2007.

[4] 韩颖,浦希. 我国气象服务效益评估综述[J],气象软科学,2009(2):67-73.

[5] 马鹤年,沈国权,阮水根等. 气象服务学基础. 北京:气象出版社. 2001.

[6] 贾朋群,刘英金. 美国气象现代化历程和发达国家气象现代化指标体系[J]. 气象软科学. 2008(2):57-93.

[7] Lazo, J. K. Economic value of current and improved weather forecasts in the US household sector[R], Report prepared for the NOAA, Stratus Consulting Inc. , Boulder, CO. 2002.

[8] 章国材. 美国国家天气局天气预报准确率及现代化计划[J]. 气象科技. 2004,**32**(5):1-2.

[9] NWS, Working Together to Save Lives: National Weather Service Strategic Plan for 2005—2010[R].

[10] 黄宗捷,蔡久忠. 气象经济学[M]. 成都:四川人民出版社. 1994.

[11] 许小峰. "气象经济"概念辨析[J]. 江西气象科技. 2003,**26**(4):12-14.

[12] 史国宁. 建立气象经济模式的基本原则[J]. 气象. 1983(12):19-22.

[13] 史国宁. 气象服务经济效益评价中的几个基本概念[J]. 气象. 1997,**23**(1):29-30.

[14] 王新生,陆大春,汪腊宝,等. 安徽省公众气象服务效益评估[J]. 气象科技. 2007,**35**(6):853-857.

[15] 罗慧,苏德斌,丁德平,等. 对潜在气象风险源的公众支付意愿评估[J]. 气象. 2008,**34**(12):79-83.

[16] 广西气象服务效益评估课题组. 广西公众气象服务效益评估[J]. 广西气象. 1995,**16**(4):38-41.

[17] 黄焕寅. 湖北省公众气象服务调查分析及服务效益评估[J]. 湖北气象. 1996(1):11-12.

[18] 濮梅娟,解令运,刘立忠,等. 江苏省气象服务效益研究(I)公众气象服务效益评估[J]. 气象科学. 1997,**17**(2):196-202.

[19] 陈军,邹红斌,黄焕寅. 湖北省公益气象服务效益评估[J]. 湖北气象. 1999(1):36-39.

[20] 李峰,郑明玺,黄敏,等. 山东公众气象服务效益评估[J]. 山东气象. 2007(1):22-24.

[21] Bureau of Meteorology. Bureau of Meteorology Annual Report 2008—09. 2009:43-51. http://www. bom. gov. au/inside/eiab/reports/ar08—09/index. shtml.

[22] Bureau of Meteorology. Bureau of Meteorology Annual Report 2007—08. 2008:59-78. http://www. bom. gov. au/inside/eiab/reports/ar07—08/index. shtml.

[23] 中国气象局公共气象服务中心. 2009 年全国公众气象服务评估分析报告. 2009.

[24] 蔡久忠. 论气象服务的行业经济效益[J]. 成都气象学院学报. 1995,**10**(4):283-294.

[25] Larsen, Peter H. An Evaluation of the Sensitivity of U. S. Economic Sectors to Weather(May 5, 2006). Available at SSRN: http://ssrn. com/abstract=900901.

[26] 罗慧,谢璞,薛允传,等. 奥运气象服务社会经济效益评估的 AHP/BCG 组合分析[J]. 气象. 2008,**34**(1):59-65.

[27] 扈海波,王迎春,李青春. 采用 AHP 方法的气象服务社会经济效益定量评估分析[J]. 气象,2008,**34**(3):86-92.

[28] 郭虎,熊亚军,扈海波. 北京市奥运期间气象灾害风险承受与控制能力分析[J]. 气象,2008,**34**(2):77-82.

[29] 罗慧,谢璞,俞小鼎. 奥运气象服务社会经济效益评估个例分析[J]. 气象. 2007,**33**(3):89-94.

[30] 罗慧,李良序,张彦宇等. 气象风险源的社会关注度风险等级分析方法[J]. 气象. 2008,**34**(5):9-13.

[31] 戴有学,郭志芳,代淑媚,等. 气象服务经济效益的一种客观计算方法[J]. 气象科技,2006,**34**(6):741-744.

[32] Solow A R. ,Adams R F. ,Bryant K J. ,et al. The value of improved ENSO prediction to U. S. agriculture[J]. *Climate Change*, 1998,**39**(1):47-60.

[33] 叶笃正,严中伟,戴新刚,等. 未来的天气气候预测体系[J]. 气象. 2006,**32**(4):3-8.

[34] 中国气象局公共气象服务中心. 气象服务典型案例库案例汇编(2009). 2009.

规范管理,科学评估,合理开发利用气象能源

谢今范 刘玉英 胡轶鑫

(吉林省气候中心,长春 130062)

摘 要:科学分析、准确评估风能太阳能资源是建设风能太阳能电场的前提条件,是科学合理开发气象能源,制定风电和太阳能发电发展规划的重要保证。自 2006 年 5 月吉林省气候中心成立以来,经过依法规范,改变了吉林省原有气象能源开发建设项目的管理模式,建立了气象审核"准入"管理机制,并且在工作中不断创新,是全国气象部门是第一个完成《吉林省千万千瓦级风电基地规划报告》的省份,并自主研制了"太阳能电站太阳能资源监测系统",首次得出吉林省风能资源开发利用方面有着五大优势的结论等。吉林省气候中心以优质的气象服务工作,取得了十分显著的社会效益和经济效益。

关键词:气象服务;气象能源;管理;评估

在各领域服务业高速发展的今天,以天气、气候预报为单一的气象服务已经难以满足人们的生产、生活需要[1],怎样才能做到以现有的气象资料、分析、预测为基础,更广泛的开展气象服务,已经是摆在我们气象人面前的一道新的难题。因此,吉林省气候中心在成立之初就明确了其主要职责之一就是开展开发利用气候资源的服务。

自 2006 年 5 月吉林省气候中心成立以来,时刻牢记这一职责。在做好常规工作的前提下,将开发利用气象能源作为立足社会、服务社会的重点工作。并针对当时吉林省气象能源开发工作中存在的测风数据评估结果失真、风电开发管理相对滞后、气象部门尚未真正参与到气象能源开发利用工作中等管理问题,确定了气象能源开发服务工作的总体思路:从履行政府职能出发,从规范管理入手,在实践中创新,全面发展气象能源服务工作。所以,从 2006 年 6 月至今,省气候中心一直致力于如何使气象部门尽快参与到地方政府气象能源的开发利用工作中,使气象部门在气象资源数据监测、分析评估、预测和资料的占有等方面的优势能在气象能源开发工作中发挥重要作用。

一、气象服务工作的开展

吉林省气候中心在开展气象能源开发监测和评估工作的服务过程中,重点做了以下工作:

(一)改变了吉林省原有气象能源开发建设项目的管理模式,建立了气象审核"准入"管理机制

为了解决吉林省在气象能源开发中存在的如上所述的问题,改变气象部门无法履行法律职责的被动局面,经过与省发改委负责同志的多次沟通,他们同意改变原有气象能源开发建设

项目的管理模式,于 2006 年 12 月省局与省发改委联合印发了《关于加强全省风能资源监测及评估工作管理的通知》(吉发改能源联字〔2006〕1634 号),明确规定吉林省的风能资源观测和评价由省气候中心负责管理,由此吉林省气候中心在风电开发工作中正式开始行使政府行政管理职能。2008 年 10 月,省气象局再次与省发改委联合印发了《吉林省风力发电项目前期工作暂行管理办法》,进一步强调了气象部门在风能资源观测和评价工作中的职能和作用。2009 年 9 月,省气象局与新成立的省能源局联合下发《关于规范吉林省风电项目风能资源测量工作的通知》(吉能新能〔2009〕173 号),详细规范了建设风电项目设立风塔需要遵循的工作程序,规定由省气候中心批准设立测风塔,在测风塔建成并经省气候中心验收合格后,由省气候中心出具"重要气象设施建项目审核批复",以及"测风数据审核证明"。这是省能源局审核批准风电建设项目的重要依据。

经过上述文件,系统地规范了吉林省风能太阳能资源开发工作中气象部门的作用和行政管理职能,这种气象审核"准入"管理机制的建立,促进了吉林省气象能源监测与评估工作的迅速发展,不仅彻底改变了气象部门无法履行法律职责的被动局面,而且使吉林省气象部门成为吉林省气象能源开发管理工作的权威机构。

(二)以科学、规范的评估报告赢得信任

在依法规范了气象能源开发监测和评估行为同时,省气候中心利用气象部门在监测和评估方面的优势,在借鉴其他省份风能评估工作中成功经验的同时,严格按照国家风电场风能资源评估方法标准[2]对拟建风场的风能资源进行评估,并自主研制了风能评估软件,使风能评估工作更加系统化、规范化。省气候中心以其数据准确、分析科学、评估规范的高水平的《风能资源评估报告》获得国内知名专家的好评,赢得各级政府的一致信任,取得良好信誉。气象部门制作的评估报告,已成为省政府批准风电项目立项的重要依据。有关地方政府和投资商纷纷委托省气候中心为其开展风能太阳能资源开发作评估论证[3]。从而既保证了吉林省风能太阳能资源开发监测和评估及规划工作科学、规范的高质量,又开创了吉林省气象能源开发监测和评估工作的新局面。

(三)迎难而上,不断创新

吉林省气候中心在全面开展风能、太阳能资源观测、评估、规划分析和数据认证等工作实践中,对遇到的新难题不断改革创新,取得了一系列的新成果。

1. 在全国气象部门是第一个完成《吉林省千万千瓦级风电基地规划报告》的省份

吉林省是国家七个千万千瓦级风电基地之一,2009 年 3 月份,省气候中心承担了省发改委委托的《吉林省千万千瓦级风电基地规划设计报告》中的规划宏观选址和风能资源分析工作,由于这类评估分析报告在全国气象部门也是第一次制作,没有先例可借鉴,中心查资料、设计评估方案,加班加点,依据近几年所掌握的大量测风资料,于 2009 年 4 月完成了《吉林省千万千瓦级风电基地规划报告》中的规划宏观选址和风能资源分析部分。这是我国省级气象部门首次参与大型风电基地规划项目,也是第一个完成《千万千瓦级风电基地规划报告》的省份。该报告已于 2009 年 4 月末通过了专家评审。

2. 自主研制了"太阳能电站太阳能资源监测系统"

由于太阳能发电技术限制,国内太阳能利用尚未形成规模。省气候中心经查阅国内外资

料和调研,认为今后 3～5 年太阳能将是最具发展潜力的新能源[4]。经过在全省对太阳能发展前景的宣传,已有十余个县(市)政府领导对开发太阳能表现出极大兴趣,提出投资设立太阳辐射观测站。针对社会渴望了解太阳能发电中资源状况的需求和国内太阳能资源观测的不足的状况,也为了尽快掌握吉林省西部太阳能资源状况,为建设太阳能电场提供科学的太阳能资源评估报告,我中心发挥气象部门在太阳辐射选址、观测方面的优势,经过调研和咨询国内知名专家,自行研制完成了"太阳能电站太阳能资源监测系统"[5],并于 2009 年 8 月在吉林省乾安县设立了试验观测点。该系统经过试点,其运行状态稳定良好,各项技术指标符合要求,已于 2009 年 9 月通过了由中国气象局有关专家组成的专家组的验收。这项工作得到省能源局的肯定,专门组织省内有关市、县在试点观测地乾安县召开了尽快开展太阳能资源观测的动员大会。目前,吉林省已经建设完成 5 个太阳能资源观测点。该系统已经被辽宁、黑龙江等省引进安装,即将开展本地的太阳能资源观测。

通过研制太阳能资源监测系统和建设县级太阳能电站太阳能资源观测站,中心已经掌握了太阳能开发前期太阳能资源评估的技术和相关资料,抢占了先机,为下一步全面开展太阳能开发奠定了基础。

3. 首次得出吉林省风能资源开发利用方面有着五大优势的结论

省气候中心通过对几年来掌握的吉林省大量测风数据的分析研究,得出了吉林省西部地区风能资源具有独特的风电开发特点即五大优势:一是风切变大,风切变系数一般在 0.2 以上;二是空气密度大,一般可达 1.25 kg/m³;三是有效风速集中,70 m 高度可利用小时数可占全年总时数的 80% 以上;四是破坏性风速小,70 m 高度 50 年一遇最大风速一般在 40 m/s 以下;五是风的湍流小,70 m 高度的湍流强度在 0.12 以下。应当说吉林省不是风能资源条件最好的省份[6],但是,通过研究发现的这五大优势却可以使吉林省成为风能发电投入产出比最高的省份。

4. 首次应用数值模拟技术开展吉林省区域风电发展规划

省气候中心在进行吉林省风电发展规划和评估的工作中,将气候预测中使用的数值模拟技术应用到风能发电的规划和评估中,提高了风电发展规划和评估技术的科技含量。

二、气象服务工作取得的成效

科学分析准确评估风能太阳能资源是建设风能太阳能电场的前提条件,是科学合理开发气象能源,制定风电和太阳能发电发展规划的重要保证。几年来,吉林省气候中心经过依法规范、不断创新和优质的气象服务工作,取得了十分显著的社会效益和经济效益。

(一)真正参与到地方政府气象能源开发决策工作中,社会效益突出

由于吉林省气象能源开发建设项目确立了气象审核"准入"的管理机制,从而使省气象部门完全参与到了吉林省的风电、太阳能发电建设项目的决策工作中,2009 年省发改委委托省气候中心承担"吉林省千万千瓦级风电基地规划项目"中的风能资源分析评估工作,以及下一步将开展的气象能源监测和评估工作都将由气象部门按照规划逐步开展,说明吉林省气象部门在气象能源开发决策中的地位和作用在逐渐提高。同时,由气象部门承担气象能源的数据

审核、分析评估和规划工作,可以保证其评估报告或规划设计的质量,使省政府对气象能源开发项目的审批以及电场的发展建设更趋科学、有序、合理、规范,对吉林省气象能源开发建设工作有着十分重要的意义,其社会效益非常突出。

(二)气象能源开发评估服务经济效益显著

随着全省风能太阳能资源开发评估工作的规范管理,气象能源开发服务工作的经济效益逐渐显现,目前省气候中心已经完成了 84 个风电场(每个 5 万 kW)的风能资源评估报告,已建成风电场 13 个,总装机容量达到 120 万 kW,风电已产生 200 多亿元的经济效益,有效地缓解了吉林省电网供电紧张的形势。同时为省气候中心增加了近千万元的风能太阳能资源评估收益,有力地支持了我省气象事业的发展。

(三)建立了太阳能观测行业标准和太阳能电站太阳能资源监测系统

在太阳能资源观测方面,吉林省气象部门发挥了在观测、选址方面的优势,率先开展了满足太阳能电场的太阳能观测,既抢占了太阳能开发的先机,又为下一步太阳能资源评估、规划和论证奠定了基础。同时"太阳能电场太阳能资源观测系统"正在国内逐步推广应用,必将推动太阳能电场建设的发展步伐。

(四)气象资源评估服务的地位更加巩固

近几年,通过开展气象能源评估服务,吉林省气候中心基本掌握了全省建立测风塔的基本情况(已建立和待建立测风塔 126 个,其中现场验收测风塔 35 个),观测数据和评估方法等技术和资料,成为全省掌握能源开发相关数据和资料最权威的部门。评估项目也由起初的四处争取转变为地方政府主管部门主动要求开展评估,特别是中心在完成吉林省千万千瓦级风电基地规划报告的风能资源分析和规划宏观选址后,其信誉度再度提升,又有九台、公主岭两市政府要求进行风电规划项目评估。上述工作为今后开展评估服务奠定了基础,也进一步巩固了气象部门在风能和太阳能开发中的地位。

"成绩只能代表过去,未来我们将更加努力",吉林省气候中心将一如既往地坚持迎难而上、不断创新,力争实现集观测、评价、规划、预测、论证于一体的气象服务体系,为气象服务事业再造辉煌。

参 考 文 献

[1] 孙健.吴先华.2010.气象服务产品的分类及其供给机制研究[J].阅江学刊.2(1):40-47.

[2] GB/T18710—2002,风电场风能资源评估方法[S].

[3] 宫卫平.2008.吉林为风能资源详查开绿灯[N].中国气象报.4(2).

[4] 中国可再生能源发展战略研究项目组.2008.中国可再生能源发展战略研究丛书太阳能卷[M].北京:中国电力出版社.

[5] 沙奕卓,边泽强,吕文华.2009.我国太阳能资源观测站的设计[J].气象水文海洋仪器.3(1):6-9.

[6] 廖顺宝.刘凯.李泽辉.2008.中国风能资源空间分布的估算[J].地球信息科学.10(5):551-555.

地理信息系统在青海省气象灾情评估中的应用研究

李有宏[1]　尹振良[2]　金义安[1]

(1. 青海省气象台青海,西宁　810001;2. 兰州大学大气科学学院,兰州　730000)

摘　要:本文通过对"青海省气象灾情评估预警地理信息系统"的介绍,简述了采用 ArcGIS-Server9.3 设计软件实现的一个稳定高效的 WebGIS 业务运行平台,利用该平台可以将地理信息输入、建库、数据处理和分析以及显示功能应用到青海省气象灾情的评估预警中,以提高灾情预警评估的准确性、直观性和及时性。

关键字:地理信息系统;气象灾情;评估。

引言

　　青海省地处青藏高原的东北部,海拔高,平均海拔逾 3000 m,南部平均海拔逾 4000 m,是长江、黄河、澜沧江的发源地,被誉为"江河源头"。境内有全国最大的内陆咸水湖——青海湖。全省面积 72.12 万 km²,地形复杂,草原面积 0.386 亿 hm²,耕地 59 万 hm²,森林 26.67 万 km²,其余为高山、湖泊、荒漠、戈壁、冰川等。

　　青海省气候属典型的高原大陆性气候。辐射强,光照充足,日照时间长,降水量少,气温偏低。在这种独特的地理环境和气候条件下,干旱、雪灾、大风、沙尘暴、冰雹、暴雨、雷电、霜冻等气象灾害种类多,发生频率高、范围大、危害重,且常常引发泥石流、山体滑坡、作物(牧草)病虫害等气象衍生灾害。近年来,随着经济和社会的快速发展,气象灾害造成的损失问题也日显突出。根据统计,在发生的各类自然灾害中,气象灾害已经占 80% 以上。如何在提高气象预报水平的基础上做好气象灾情评估预警,为政府决策部门、重要行业领域和公众提供及时有效的气象信息服务,成为日益重要的课题。

一、系统概述

　　青海省气象灾情评估预警地理信息系统(简称评估系统)是一个基于地理信息系统[1]原理、面向决策气象信息服务而开发的业务系统,使目前的气象信息服务系统完成了从单机版到计算机网络系统的迁移,决策气象业务流程系统效能得到提升,有力地促进青海省气象灾情评估预警业务。该系统完全基于 B/S 架构,大多数系统工作人员和用户只需利用联网的台式机、工作站和笔记本及其 Windows XP 操作系统,并通过网络浏览器实现决策气象信息服务业务。

　　该系统采用了 ESRI 公司的 ArcGIS Server 9.3 for Java 平台[2]实现的一个稳定高效的 WebGIS 业务运行平台,并且将地理信息输入、建库、数据处理和分析,以及显示功能应用到气象灾情的评估预警中。实现了基本的地理信息系统功能、气象站点观测及预报数据格式转换成为 GIS 格式数据的功能、灾害影响区域勾绘功能、评估分析功能、信息查询功能、评估制图功能、用户管理功能以及灾情信息管理功能。在气象灾情的评估预警中引入地理信息系统功能，将会大大提高灾情预警评估的准确性、直观性和及时性。

二、运行环境

服务器，目前系统由两台服务器（Web[3,4]服务器 1 台，GIS[5,6] 及数据库服务器 1 台）协同完成整个系统所赋予的职能和任务。

客户端，可供使用的硬件设备包括台式机、工作站和笔记本电脑。在客户端使用 Windows XP操作系统。推荐使用 Internet Explorer6.0/7.0 浏览器或者 FireFox2.0/3.0 浏览器。

网络，千兆以太网交换机 1 台，模块化中心路由器 1 台，采用 TCP/IP 网络通讯协议，Web 服务器、GIS 及数据库服务器处于同一局域网和网段环境（图 1）。

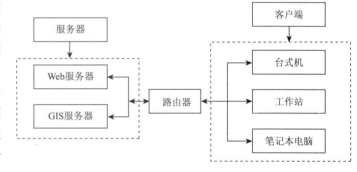

图 1　系统结构图

三、系统主要功能介绍

用户打开网络浏览器（IE 或者 Firefox），键入网址，即可进入系统主界面。主要有：标题栏、菜单栏、查询结果列表区、图层列表区、主视图、鹰眼视图区、按钮工具区、漫游工具、缩放工具等。

(一)基本地理信息系统功能

主要实现地图浏览、信息查询、图层控制以及鹰眼视图。其中，地图浏览功能包括地图放大、地图缩小、地图漫游、返回前一操作、返回后一操作、浏览全图等子功能。以浏览三维显示平台为例做以说明。本操作可以链接到三维显示平台，可以在该三维显示平台下浏览基本的地理信息数据、气象数据及灾情预警区域数据。普通用户点击菜单栏上的"三维显示"项，可以转到三维显示平台，界面如图 2。

(二)气象数据导入显示功能

主要实现气象站点数据导入并自动插值生成等值线在地图上显示。主要包括：温度数据导入、降水数据导入、变压数据导入、风向风速数据导入。

实现气象观测数据、预报数据由 MICAPS 格式转换成 ArcGIS Geodatabase 地理数据，并根据用户选择的插值方法与参数插值成等值线导入到数据库中，插值生成的等值线可在地图上显示。

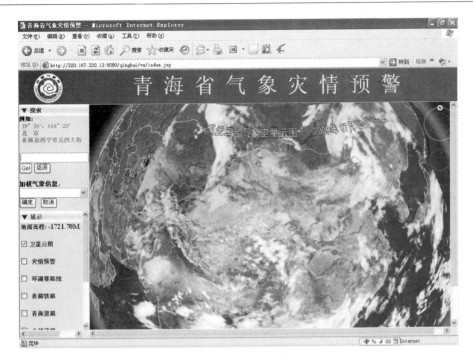

图2　三维显示平台界面

　　具有数据导入权限的用户通过用户名和密码登录到页面后,在数据导入下拉菜单中选择
"气象站点数据导入"后,弹出"数据导入"窗口,系统将根据用户选择的插值方法与参数在后台
将站点数据插值成等值线导入到数据库中,并显示在地图上(见图3)。

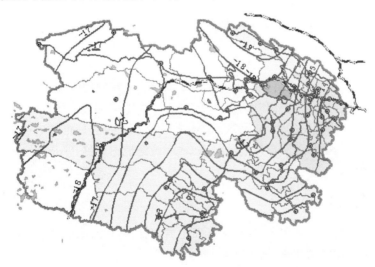

图3　气象要素图层显示

(三)灾害影响区域勾绘功能

　　主要实现灾害区域在线编辑功能。实现灾害区域的在线勾绘、删除灾害区域、编辑已经存
在的灾害区域。目前根据气象站的观测、预报数据仍然无法自动确定大范围天气灾害发生的
区域范围,因此本功能模块的加入对于气象灾情评估预警是十分必要的。本工具为气象灾情

评估预警分析人员提供了一个有效的工具,将他们丰富的专业知识和经验与地理信息处理功能有机地结合起来,准确高效地确定大范围天气灾害发生的区域范围。

(四)灾害天气影响评估分析功能

主要实现县市及人口影响分析、耕地面积受灾分析、GDP 分析、流域受灾影响分析等功能。

1. 气象灾害影响区域评价

具有评估分析权限的用户通过用户名和密码登录页面后,在评估分析下拉菜单中选择气象灾害类型,对选中的气象灾害影响区域进行各项指标的评估分析。分别以"暴雨、洪涝及强降水"、"大风"和"雷电"为例,针对受灾面积指标进行评估分析,各行政区划名称与该行政区划受灾面积相对应。

2. 流域分析

实现流域分析,主要包括县市及人口影响分析、耕地面积受灾分析、GDP 分析、流域受灾影响分析等。在评估分析下拉菜单中选择流域分析,对选中的暴雨洪水灾害天气影响区域进行各项指标的评估分析。针对流域受灾面积进行分析的统计结果以图形显,各流域名称与该流域受灾面积相对应。

3. 导出数据到三维显示平台

本操作实现的功能是将气象信息数据和灾情预警区域导出到三维显示平台,在三维显示平台下显示数据。具有操作权限的用户通过用户名和密码登录到页面后,可对气象数据进行导出操作,操作完成系统给出相应提示。导出气象数据和导出灾情数据成功完成后,可以转到三维显示平台浏览导出的气象数据和灾情数据。

(五)评估制图功能

主要实现综合制图功能。将地图显示窗口中的综合要素制图输出。点击评估制图下拉菜单中的综合制图,即弹出评估制图对话框。在 Title 栏中输入要输出地图的名字,在 Map Size 下拉菜单中选择要输出地图的大小。然后点击"打印地图"按钮,即可弹出打印窗口。示例:综合制图示例如下,首先确认地图窗口显示状态,之后确定地图名称,并选择地图尺寸,综合制图设置完成,输出结果。

(六)灾情信息管理功能

"青海省气象灾情信息管理子系统"主界面主要包括站点管理、灾情资源管理、灾情防治对策管理、灾情快报制作等功能模块。

1. 气象站点管理

气象站点管理模块主要实现了青海省气象站点信息的添加、删除、修改和查询等功能。站点数据记录了青海省各气象站点的详细信息,包括站点号、站点名称、经度和纬度数据。

2. 灾情资源管理

灾情资源管理模块主要实现了青海省灾情资源信息的添加、删除、修改和查询等功能。以添加灾情记录为例,从主菜单中"灾情资源管理"子菜单的"添加灾情记录"一栏进入"增添灾情信息"页面,填写灾情详细信息添加数据。

3. 灾情防治对策管理

灾情防治对策管理模块主要实现了青海省灾情防治对策信息的添加、删除、修改和查询等功能。以添加防治对策管理为例,从主菜单中"灾情防治对策管理"子菜单的"添加防治对策"一栏进入"添加灾情影响建议"页面,填写灾情影响建议信息。

4. 灾情快报制作

完成气象信息快报的内容主要包括三个部分:天气实况、历史气象灾害、灾害评估和建议。天气状况信息直接在"天气状况信息"标签后的文本输入框中直接输入其信息即可,而历史气象灾害及灾害评估和建议信息内容即可直接手动填写,也可以查询数据库中的信息进行自动填写。灾情快报制作综合天气实况数据、历史气象灾害数据、灾害性天气过程的预评估,提出防灾减灾建议等数据并生成对应的气象信息快报。

(七)用户管理功能

1. 用户验证

本系统按照用户操作权限等级的不同将用户分为 4 类,权限由高到低分别为系统管理员,数据库管理员,灾情分析评估员,普通用户。其中灾情分析评估员根据职责的不同又分为灾情预警评估员和气象信息发布员。系统通过用户验证功能来保证不同权限的用户在功能不同的界面上进行相应操作。用户验证过程包括注册验证及权限验证。

2. 用户信息管理

本用户信息管理系统主要包括管理员管理、用户管理、系统帮助 3 个功能模块。管理员管理功能包括添加管理员、删除管理员及修改管理员密码,用户管理功能包括添加用户、删除用户及修改用户密码。

系统管理员可以通过本用户信息管理系统设置用户账号,管理用户权限。"当前所有管理员"列表中的管理员和"当前所有用户"列表中的用户有权限登录"系统"并进行相应权限范围内的操作。实际上,"当前所有管理员"列表列出的是"系统"的所有系统管理员;"当前所有用户"列表列出的是"系统"的所有数据库管理员及灾情分析评估员。

另外,可根据业务需求获得上列不同等级用户的多个用户账号,分别实现对应的功能。

参 考 文 献

[1] 陆守一.地理信息系统[M].北京:高等教育出版社.2004,8.
[2] 汪旻琦.基于 ArcGIS Server 的企业级 GIS 系统开发与应用[D].华东师范大学硕士学位论文.2007,5.
[3] 柴晓路,梁宇奇编著.Web Services 技术架构和应用[M].北京:电子工业出版社.2003,1.
[4] Jeffrey C. Jackson 著陈宗斌等译.Web 技术[M].北京:清华大学出版社.2007,6.
[5] 张明明,梁勇.基于 Web Service 的 GIS 互操作研究.计算机与现代化[J].2007,10.
[6] 吴功和,丛明日.基于 ArcGIS Server 的分布式 GIS 应用[J].测绘科学技术学报,2006,**23**(1):52-55.

气象服务效益评估研究进展[*]

姚秀萍　吕明辉　范晓青　王　静　王丽娟

(中国气象局公共气象服务中心,北京　100081)

摘　要:气象服务是气象事业的出发点和归宿点,因而采用科学客观的方法开展气象服务效益的评估工作,有利气象部门更好地改进和完善气象服务,促进气象事业的持续快速发展。本文从理论和方法应用的角度出发,系统地介绍了气象服务效益评估的国内外发展现状、理论基础和技术方法等,并对气象服务效益评估的未来发展趋势进行了展望。

关键词:气象服务　效益评估

引言

近年来,气象工作越来越受到全社会的关注,气象服务也从提供简单的气象信息服务,转变为产生经济效益的社会生产力,在防灾减灾和应对气候变化过程中发挥重要作用。同时气象服务的经济属性,使得效益问题始终贯穿于气象服务的全过程[1]。因此,采用科学客观的方法开展气象服务效益的评估是十分必要的。

世界气象组织(WMO)很早就认识到,气象服务所具备的经济和社会效益[2],并分别于1990年、1994年和2007年召开三次专题会议,讨论如何在投入和效益之间找到平衡点。中国是最早参加WMO有关气象效益评估活动的发展中国家,学术界也就相关问题展开了一系列的研究。本文将在对气象服务效益评估的发展现状进行简述的基础上,系统介绍气象服务效益评估的理论研究和主要评估方法,并对气象服务效益评估未来的发展进行展望。

一、气象服务效益评估的发展现状

(一)世界气象组织气象服务效益评估的概况

世界气象组织在气象服务效益评估工作的推广上担任重要角色。早在20世纪60年代,WMO就开始关注气象和水文服务的经济和社会效益问题。1987年召开的气象信息应用的研讨会[2],首次指出应重视评估气象水文服务经济—社会效益问题。1990年WMO第一次专题会议中,从4个方面阐述气象水文服务对社会—经济发展的影响。1994年,WMO第二次专题会议总结材料中指出,气象服务效益除了要考虑经济效益外,还应包括社会效益和生态效益[2]。

---

[*] 《气象》待刊。公益性行业(气象)科研专项经费项目"气象服务效益评估方法与技术研究(GYHY200806017)"资助。

进入 21 世纪,科学技术的进步快速推进世界各地气象服务的开展,2002 年 WMO 的一次会议上[2],专家提出商业性气象服务与公益性气象服务的关系问题,希望更全面地认识气象服务的经济框架,提出应该积极评估气象服务的经济和社会效益等。2007 年,WMO 召开主题为"天气、气候和水服务的社会经济效益"的第三次专题会议[3],会议形成提高天气、气候和水信息服务社会经济效益的 14 项行动计划。

(二)国外气象服务效益评估的概况

1. 美国

美国的气象服务始于第二次世界大战,并在战后得到长足的发展。20 世纪 60 年代,美国国家天气局(NWS)陆续开发了一些气象服务效益－成本分析的评估技术,得出的气象服务的总体国家收益与投入成本的比例是 10:1[4]。1976 年以后,"经济和人文科学在内的社会科学应该介入政府气象工作"的理念被广泛应用[4],21 世纪以来开展的"天气与社会综合研究"等项目,都是这一理念的体现。

1992 年,美国国家天气局对现代化建设和机构调整进行成本效益分析,对各种气象服务的成本和可能产生的效益进行评估,完成基本效益分析、结构敏感性分析等工作[5]。1993 年,美国政府以《政府效绩法》(Government Performance and Results Act,GPRA)的形式,将美国国家气象活动的绩效考核法制化。美国国家海洋和大气管理局(NOAA)和美国天气局(NWS)都要按照 GPRA 的要求,制定绩效指标体系并逐年给出考核结果[4]。

21 世纪,学者对美国各行业 GDP 产值受天气和气候的制约、天气气候现象带来的损失和预报技巧进行估计,得出气象因素与美国经济之间的联系[6]。此后,在"天气与社会综合研究"(Weather And Society ∗ Integrated Study,简称 WAS∗IS)项目推动下[7],开展的"美国不同经济行业对天气敏感性评估项目"(Overall U. S. Sector Sensitivity Assessment,简称 OUSSSA),计算美国经济与气象的关系,分析 48 个州气象敏感性和对产值的影响和排名[2]。

公众服务效益评估方面,2002 年开展的气象服务评估显示,美国气象预报系统每年为每个家庭带来的经济价值是 109 美元,给国家带来的总体效益是 114 亿美元[8]。同时在制定新世纪战略规划时,提出以预报准确率指标为衡量标准,以用户调查作为定性的评估标准[9,10]。

2. 澳大利亚

澳大利亚在近年来制定了 2005－2010 年的发展规划,将指标落实到各个工作领域,进行具体和量化的绩效考核。在 8 个领域的详细指标中,又针对每个目标从数量、质量和价格三方面进行量化分析,让人们能更清晰地了解国家投入与气象服务之间的联系,以及措施执行的具体情况。

澳大利亚气象局自 1997 年开始对气象服务展开评估,分都市、农村和各区域中心三类来进行问卷调查。采取委托私人公司调查、电话调查、访谈、网上问卷等形式,调查的目的主要是量度用户对气象服务的满意程度、预报的准确程度,以及天气信息的传播等内容。其用户满意度的调查结果还会用于改进服务,调整业务结构和进行指标考核[4]。

3. 英国

英国气象部门自 1996 年开始实施企业化运行,国家的资金支持全部以"贸易基金"的形式提供,目的是让公益服务市场化,政府通过与气象部门签订合同后,向提供服务的部门支付"贸易基金"。因此,气象局会特别强调资金运作的有效性,评价体系中更注重投资效益指标,追求实现:国家需求→有价格的功能/服务→核算→达到良性循环。同时在评价过程中,强调业务服务水平的历史延续性,将用户的投诉作为重要指标[4]。

(三)我国气象服务效益评估的概况

我国的气象服务效益评估大致可划分为萌芽阶段(1983—1988 年)、探索阶段(1994—1997 年)和进一步发展阶段(2006 年至今)三个阶段[11]。中国气象局在 1994 年、2006 年和2008 年均组织过全国范围的公众气象服务效益评估工作。三次评估的主要内容是基本一致,但在具体的调查过程存在着一定的差异。

2008 年,中国气象局公共气象服务中心成立,气象服务评估工作成为公共气象服务中心的一项基本业务全面展开。2009 年的全国公众气象服务调查评估首次与国家统计局合作[12],在城市和农村进行问卷调查,在评估内容和分析方法上,延续以往公众气象服务评估的相关内容,得出公众对气象服务的总体满意程度、气象信息准确性和及时性的评价等。

中国气象局分别在 1994 年、2006—2008 年组织过 4 次全国性的行业气象服务效益评估工作。1994 年,首次运用经济学和统计学理论建立评估模型,对行业气象服务效益做出定量评估。2006—2008 年,中国气象局每年组织行业气象服务效益评估工作,评估沿用 2006 年制定的方案,对部分重点行业的气象服务贡献率、气象服务效益值,对气象服务的敏感度、需求度、满意度等进行评估[7]。2009 年,行业气象服务效益评估同样作为中国气象局一项基本业务,由公共气象服务中心牵头,辽宁、上海等 10 个省(市)气象局以高速公路为评估对象,分析其气象服务的需求与现状,评估高速公路气象服务的效益。

二、气象服务效益评估的理论研究和方法研究

气象服务效益是指气象服务活动中的劳动耗费或资源耗费,与其产生的有效效用之间的比较[1,11],是社会效益、经济效益和生态效益的统一体,具有多元性、层次性、整体性和正面性的特点,依据不同的分类标准气象服务效益评估可划分为宏观效益和微观效益,直接效益和间接效益,减损效益和增益效益,公众效益和行业效益等。因此,对气象服务的效益进行评估就是一项比较复杂的工作,需要从理论和方法上来进行多方面的界定和研究。

(一)气象服务效益评估的理论研究

气象是一种生产资源,也是一种生活资源。1957 年,竺可桢先生就指出,要通过气象服务来提高各行业的经济效益[13]。对于我国这样的农业大国而言,气象对于农业经济效益的影响最为直接和显著,因而最先受到关注[14],尝试建立模型进行气象经济效益评价[15],并将气象与经济的关系以学术命题加以阐述[16]。

随着社会对于气象服务需求的逐渐多元化,人们开始对气象服务的属性展开思考,气象经济的概念引起关注[17],人们意识到气象是具有巨大潜在需求的产业[18]。气象服务产品既是一种公共物品[19],也是一种生产要素[20],并且具有强烈的时效性等特征[21],其经济价值是通过用户使用气象服务产品来实现的;而气象信息的不确定性,使得依据其进行的决策属于不确

定型决策,因此评价其所带来的经济效益的方法也将是一个专业问题[22]。由于气象服务效益评估在理论和实践中都存在许多模糊概念,如气象服务的经济效益仅指气象系统以外服务的效益而非气象系统内部的效益[22],还是应包括气象部门内部经济效益和部门外部经济效益之和[23];气象灾害所造成的损失是否应计入气象服务经济效益中等等。气象工作者也希望能从具体的评估中总结出一些理论,说明公众气象服务是有规律可循的,如社会公众对各类气象信息服务的需求基本符合马斯洛层次需求理论和行为经济学的信息"易得性理论"[24]。2006年,许小峰等应用劳动价值理论、公共物品理论和效用价值理论[1],系统地对气象服务成本和效益评估进行了讨论[1]。

(二)气象服务效益评估的方法研究

从气象服务效益评估工作的实践来看,评估的技术方法是评估中的重要环节[11],按照不同的划分标准,气象服务效益可以划分为不同的类别;如按气象服务效益的受益对象来分,气象服务效益评估可以包括公众气象服务效益评估、行业气象服务效益评估、决策气象服务效益评估[25]。评估的方法归结为生产效应法、权变评价法、成果参照法和损失矩阵法[1]。在具体的评估过程中,通常会根据具体情况选择一种或几种方法相结合,来对不同的气象服务效益进行评估。本文汇总了当前所常见的评估方法,按不同的气象服务对象来进行介绍。

1. 公众气象服务效益评估方法

权变评价法(contingent valuation method,简称 CVM),也称意愿调查评估法、条件价值法(霍然估计法),是目前公众气象服务效益评价最常用的方法。它是以调查问卷来评价缺乏市场的物品或服务的价值的方法,通过询问人们的支付意愿来推导气象服务的价值。权变评价法通常在缺乏市场数据,无法通过间接观察市场行为来赋予价值时,会采用此方法[1]。

权变评价法所采用的评估方法大致可分为三类:(1)直接询问调查对象的支付或接受赔偿的意愿,如投标博弈法、比较博弈法;(2)询问调查对象对商品或服务的需求量,来推断支付或接受赔偿意愿,如无费用选择法、优先评价法;(3)通过对专家进行调查的方式来评定气象服务的价值,如专家调查法(或称 Delphi 法)[1]。

(1)公众气象服务满意度的评估

气象服务满意度,主要指气象服务用户群对所感受到的气象产品及服务所产生和带来的效益或者效果,与他们所期望的气象服务质量相比较之后,所形成的感觉状态[26]。了解公众这种不断变化的感觉状态,实际上是对公众的期望和感觉的一个度量,也就是用户/公众实际感受与其期望值之间的差异函数[26],将满意程度进行"综合"即得到总体满意程度。

目前公众气象服务满意度的评估最常用的是抽样调查的方式,了解公众对现有气象服务的满意度和需求情况。根据统计结果得到公众对气象服务的关注度和关注点,提出具体的改进意见[27][28]。如 2009 年全国公众气象服务调查评估中,统计出全国公众对气象服务的满意率为 85.6%,对结果进行赋值平均后得出全国公众对气象服务的满意度为 87.5 分[12]。

(2)气象服务的支付意愿法

支付意愿法、节省费用法和影子价格法都是在统计调查的基础上,对公众使用气象服务时所增加的效益或减少的损失来进行测算。支付意愿法也被称为自愿付费法,也是国内外比较认可的公益性服务或公益性设施效益的评估方法之一。通常是统计不同付费水平下公众自愿付费者的数量,计算出公众气象服务的效益。

很多公众气象效益评估都应用支付意愿法来进行计算[29],但支付意愿并不是真实的定价,而是消费者必须支付的设定价格;另外,支付会受诸多因素影响,因而计算结果与实际效益值存在着一定的出入。

（3）气象服务的节省费用法

节省费用法和支付意愿法在计算方法上基本一致,不同的是从为消费者节省费用的角度考虑最终的效益,如以家庭为单位,让受访者回答使用气象服务所节省的费用。由于公众通常对气象服务到底节省多少费用,并没有一个准确概念,因此使其准确性受到制约。

（4）影子价格法

影子价格法的数学意义实际上是最优化的线性拉格朗日函数的拉氏乘子,即目标函数发生的增值;而从经济学意义上讲,影子价格等于某种资源、产品或服务投入的边际收益,反映整个社会某种资源、产品或服务供给与配置状况的价格,即资源越丰富,服务方式越多,产品数量越多,其影子价格越低,反之亦然。

目前最常用的"影子价格",是参照天气预报自动答询台电话每拨通一次的价格,扣除通讯部门的成本和效益,就可以得到每人每次获取天气预报的影子价格。这种方法确定的影子价格,常会因为获取方式的改变而产生误差,如 2009 年最新的调查结果显示,城乡公众通过电话获取天气预报的所占比例是最小的,分别为 6.5% 和 8.5%[12],不难看出影子价格法所存在的局限性。

由于支付意愿法、节省费用法和影子价格法的使用非常广泛,而又各自存在着一定的局限性,因此很多公众气象效益评估过程中,都会同时利用三种方法进行计算,进行平均或选择其中较能有代表性的数值作为最终的气象服务效益值[30~32]。

2. 行业气象服务效益评估方法

气象服务行业经济效益是泛指国民经济各行业在消费气象服务产品后所产生的经济效益[33]。行业气象服务效益是一种综合性的宏观效益,随着社会发展,气象服务的领域也不断拓宽,其效益评估的难度也有所增大,行业间的差异也使得行业气象服务效益的评估方法多种多样,以下将介绍当前几种常见的评估方法。

（1）生产效应法:投入－产出法

生产效应法,又称生产力变化法,是把气象服务看作是一个生产要素,影响产量、成本和利润,生产效应法直接运用货币价格,对可以观察和度量的气象服务效益进行评价。

投入—产出分析方法通过编制投入产出表建立相应的线性代数方程体系,综合分析宏观经济比例关系及产业结构等基本问题。如气象服务对丰满水库增加发电效益和减少水灾的计算[34];如通过对天气预报、人工增雨、防雹等方面的经济效益估算,计算出 1992—1994 年内蒙古自治区地方气象事业投入与收益比为 1:13[35]。2006 年中国气象局组织实施的行业气象服务效益评估中发现,我国气象服务的效益不断提高。气象服务投入产出比从 1982—1984 年的 1:15~1:20,到 2006 年已经扩大到 1:30~1:51,对 GDP 的贡献率也达到 1.07%~1.17%[1]。

（2）专家调查法（或称为 Delphi 法）

在行业气象服务效益评估中,专家调查法（也称专家评分法、专家咨询法、德尔菲法、Delphi 法）是最常用的一种评估方法。它是一种综合多名专家经验与主观判断,通常采用函询调查,向相关领域的专家分别提出问题,将他们回答的意见整理归纳,匿名反馈后多次征询意见,至专家意见趋于一致,最后对评价结果进行评估检验。

专家调查法应用广泛[36,37],不仅可用于短期预测,还可用于长期预测。其本质上是利用专家的知识和经验对未知事件进行预测和评估,适用于一些缺乏资料的领域,也可以通过试验对气象服务效益进行计算和验证,从而得出较为合理的结果[38]。

(3)"影子"价格法

行业气象服务效益所应用的"影子"价格法与公众气象服务的影子价格法略有不同,结合行业专业有偿气象服务的效益和行业投入产出比,以及气象服务在行业中的覆盖面等一系列指标来进行计算。

(4)成果参照法

成果参照法实际上是一种间接的经济评价方法,采用一种或多种基本评价方法的结果来估计类似气象服务的效益值,经修正、调整后移植到被评价的气象服务项目[1]。通常成果参照法要经过文献筛选、价值调整、计算单位时间的价值、计算总贴现值四个步骤。如对北京奥运会气象服务效益的评估[1]。成果参照法的准确程度取决于所使用的数据值,参照影响和目标影响之间的差别越大,估计的准确度也就越差。因此,在使用时需要认真考虑具体情况、具体因素之间的差异。

(5)损失矩阵法

将天气过程分为强度不同的等级,形成天气的预报量与实际量的联合概率分布,从中计算出不同防范措施下所造成的损失值,与不依据预报服务遭受损失间的差值,就视为预报服务的直接经济效益。如计算临汾地区农户依据预报服务,和不依据预报服务遭受损失的差值,看作是预报服务的直接经济效益[39],并计算出用户所支付的费用与预报服务创造的经济价值平均比值为1∶200[39]。但这种计算方法中只计算由天气因素直接造成的纯损失,其它间接因素及受灾后停工停产所造成的损失等,均难以进行估计。

(6)贝叶斯决策理论(Bayesian Decision Theory)的信息模型

贝叶斯决策理论方法是统计模型决策中的一种方法,它是在不完全的情报下,对部分未知的状态以主观概率估计,用贝叶斯公式对概率进行修正后,利用期望值和修正概率做出最优决策的方法。1998年,Andrew R. Solow等人在贝叶斯决策分析的基础上[40],综合考虑气象学、植物学和经济学等多因素,建立起多学科的数据分析和模型,计算出完善的ENSO预测机制将会每年给美国农业带来3.23亿美元的经济效益。

3. 决策气象服务效益评估方法

决策气象服务效益评估是对各级政府组织防灾减灾、经济建设和社会发展提供决策气象服务效益进行评估,其效益主要体现在向决策部门提供决策气象产品后,决策部门在多大程度上采用气象部门的信息,并据此采取哪些应对措施,收到怎样的效果。

奥运气象服务的社会经济效益评估分析是决策气象服务效益评估中比较有代表性的工作。罗慧等提出天气服务用户满意度指数CSIWS(Customer Satisfaction Index of Weather Service)[41],以满意度指数形式来定量评估高端用户群对奥运气象信息服务的期望程度和满意程度[41]。应用层次分析法(AHP方法)和波士顿矩阵(BCG矩阵)相结合的思路[42],分析2007年"好运北京"青岛国际帆船赛的调查问卷,以用户反馈信息来考核奥运气象信息的服务。采用AHP方法[43],分析国际天气预报示范项目(FDP)产品,在满足现有用户气象服务及奥运气象服务需求上所具有的优势,提出改进意见。

三、气象服务效益评估的发展展望

气象服务效益评估是希望能从客观准确的角度全面了解气象服务工作,也是对气象服务工作进行监督的一个重要途径。我国的公众气象服务效益和行业气象服务效益的评估工作,正在从临时性、阶段性项目向常态化的业务过渡,即将逐步开展的重大天气气象服务效益评估,也是对开展决策气象服务效益评估和气象防灾减灾服务效益评估的要求。规范化、业务化、系统化、人性化将是未来气象服务效益评估发展的特点。

对气象防灾减灾服务效益的评估因气象灾害的复杂性,而成为一项涉及多学科的复杂系统问题。叶笃正等认为天气气候预测中不确定性是不可避免的[44],为使天气气候预测成为有效的决策基础,根据风险经济学和决策理论,将气象预测过程同用户决策过程有机地结合起来,构建未来天气气候预测体系的概念模型是十分有必要的[44]。

目前,还未有通用的气象防灾减灾服务效益评估方法,已经开展的这方面的工作主要是通过具体实例(个案)对气象服务效益评估进行研究[45][46],多为对暴雨、台风、洪水、干旱等气象灾害服务效益进行的评估,如罗慧等采用条件价值评估方法[47],评估西安市公众对高影响气象风险源的支付意愿;林继生等利用专家评估法计算 20 世纪 90 年代广东热带气旋灾害预报的服务效益[48],可以达到每年 21.2 亿元;德庆卓嘎等通过专家评估法得出大风、降雪等是对青藏铁路的影响较大的气象因素[49]。

气象服务效益评估是典型的需求引导型发展领域,同时又是涉及多学科交叉的研究范围,因此在逐步建立效益评估业务的同时,也要加强理论研究和方法研究,培养复合型人才,推进气象服务学的学科建设。如何帮助气象管理部门提升服务价值;如何帮助气象服务对象降低风险、提高经济效益;如何科学准确地对气象服务的生态效益进行评估;如何将气象信息服务技术引入到气象服务当中,提升气象服务内涵,发挥气象服务的综合效益等,都将成为气象服务研究领域的热点问题。

从气象事业发展和气象服务的需求来看,公共气象服务要真正发挥对气象事业的引领作用,就必须在预报和服务、服务和用户之间建立及时、频繁的协同和互动。随着效益评估业务系统的建设和业务体系的逐渐成熟,可在效益评估的模式和频率上有所突破,拓展评估的内容和功能;根据气象服务需要,定期收集和征询用户意见,建立服务产品的跟踪评价等。

四、结语

本文简述气象服务效益评估的发展现状,系统介绍气象服务效益评估的理论研究和主要评估方法,并对气象服务效益评估未来的发展进行展望,以期抛砖引玉,达到探讨如何提升公共气象服务意识和服务能力的目的。综观当前气象服务效益评估的现状,可以发现无论在理论研究,还是方法、技术研究,以及业务实践等诸多领域中,均存在着极大的研究价值和发展空间。随着社会对气象服务的要求日益提高,气象部门将会长期持久的展开气象服务效益评估工作,因而加快相关领域的深入研究,都可以为实际工作提供科学指导和建议,从而更有效地提升气象服务质量和综合服务效益。

参 考 文 献

[1]许小峰等编著.气象服务效益评估理论方法与分析研究[M].北京:气象出版社.2009.

[2]贾朋群,任振和,周京平.国际上气象预报和服务效益评估综述[J].气象软科学.2006(4):84-120.

[3]WMO. Madrid Conference Statement and Action Plan. 2007.

[4]贾朋群,刘英金.美国气象现代化历程和发达国家气象现代化指标体系[J].气象软科学.2008(2):57-93.

[5]Raygor,Scheller.美国国家气象局现代化和机构调整计划专题介绍[J].气象软科学.1993(3):1-3.

[6]Dutton, J. R. 2002. Opportunities and priorities in a new era for weather and climate services [J]. Bull. Am. Meteorol. Soc. 2002,83:1303-1311.

[7]Larsen, Peter H. An Evaluation of the Sensitivity of U. S. Economic Sectors to Weather(May 5, 2006). Available at SSRN: http://ssrn. com/abstract=900901.

[8]Lazo,J. K. Economic value of current and improved weather forecasts in the US household sector,Report prepared for the NOAA,Stratus Consulting Inc. ,Boulder,CO. 2002.

[9]章国材.美国国家天气局天气预报准确率及现代化计划[J].气象科技.2004,32(5):1-2.

[10]NWS,Working Together to Save Lives:National Weather Service Strategic Plan for 2005-2010.

[11]韩颖,浦希.我国气象服务效益评估综述[J].气象软科学.2009(2):67-73.

[12]中国气象局公共气象服务中心.2009年全国公众气象服务评估分析报告.2009.

[13]竺可桢.竺可桢文集[M].北京:科学出版社.1979:332.

[14]王秉昆,景宗湄.农业气象经济效益探讨[J].农业经济.1983(2):45-49.

[15]史国宁.建立气象经济模式的基本原则[J].气象.1983(12):19-22.

[16]黄宗捷,蔡久忠.气象经济学[M].成都:四川人民出版社.1994.

[17]许小峰."气象经济"概念辨析[J].江西气象科技.2003,26(4):12-14.

[18]计国忠.论气象经济在我国的发展及其前景[J].新疆气象.2004,27(5):30-31.

[19]王俊,程光光.从气象服务看公共物品供给问题[J].社会科学论坛.2005(1):138-139.

[20]黄宗捷,蔡久忠.关于气象服务产品社会属性的认识[J].成都气象学院学报.1995,9(3):50-55.

[21]黄宗捷.公众气象服务(产品)收费的理论的思考[J].成都气象学院学报.1998,13(3):194-199.

[22]史国宁.气象服务经济效益评价中的几个基本概念[J].气象.1997,23(1):29-30.

[23]周逸萍.气象科技服务经济效益评估模型及其应用[J].山东气象.2001,21(1):51-53.

[24]段欲晓,潘进军,李青春.北京地区公众气象服务需求分析[J].干旱气象.2009,27(2):172-176.

[25]马鹤年,沈国权,阮水根,等.气象服务学基础[M].北京:气象出版社.2001.

[26]罗慧,李良序.气象服务效益评估方法与应用[M].北京:气象出版社.2009.

[27]王新生,陆大春,汪腊宝,等.安徽省公众气象服务效益评估[J].气象科技.2007,35(6):853-857.

[28]李有宏,贺敬安,张海珍,等.青海省2006年公众气象服务效用定量评估[J].青海科技.2009(2):16-18.

[29]李海红.青海省气象服务效益评估及成本分析[J].青海气象.1995(2):36-38.

[30]濮梅娟,解令运,刘立忠,等.江苏省气象服务效益研究(I)公众气象服务效益评估[J].气象科学.1997,17(2):196-202.

[31]陈军,邹红斌,黄焕寅.湖北省公益气象服务效益评估[J].湖北气象.1999(1):36-39.

[32]李峰,郑明玺,黄敏,等.山东公众气象服务效益评估[J].山东气象.2007(1):22-24.

[33]蔡久忠.论气象服务的行业经济效益[J].成都气象学院学报.1995,10(4):283-294.

[34]马琼.丰满水库气象服务直接经济效益的评估方法[J].吉林气象.1996(1):36-37.

[35]付敬政,李红宇,王国勤.地方气象事业投入与产生效益评估[J].内蒙古气象.2002(4):4-6.

[36]于庚康,秦铭荣,季润生,等.江苏省气象为农业服务效益评估模型[J].气象.2001,27(2):29-31.

[37]刘志明,晏明,张文哲.吉林省气象卫星遥感技术服务效益评估研究[J].遥感技术与应用.1998,13(2):21-26.

[38]方立清,姚胜,尚新利,等.河南主要农作物气象科技服务效益评估方法[J].河南气象.1998(2):40-41.

[39]戴有学,郭志芳,代淑媚,等.气象服务经济效益的一种客观计算方法[J].气象科技.2006,34(6):741-744.

[40]A R. Solow,R F. Adams,K J. Bryant,etc. The Value of Improved ENSO Prediction to U. S. Agriculture [J]. Climate Change. 1998,39(1):47-60.

[41]罗慧,谢璞,俞小鼎.奥运气象服务社会经济效益评估个例分析[J].气象.2007,33(3):89-94.

[42]罗慧,谢璞,薛允传,等.奥运气象服务社会经济效益评估的 AHP/ BCG 组合分析[J].气象,2008,34(1):59-65.

[43]扈海波,王迎春,李青春.采用 AHP 方法的气象服务社会经济效益定量评估分析[J].气象,2008,34(3):86-92.

[44]叶笃正,严中伟,戴新刚,等.未来的天气气候预测体系[J].气象.2006,32(4):3-8.

[45]姜爱军,屠其璞,陈广昌,等.气象预报服务效益评估方法研究——以暴雨预报服务为例[J].气象科学.2008,28(4):435-439.

[46]罗慧,李良序,张彦宇等.气象风险源的社会关注度风险等级分析方法[J].气象,2008,34(5):9-13.

[47]罗慧,苏德斌,丁德平,等.对潜在气象风险源的公众支付意愿评估[J].气象,2008,34(12):79-83.

[48]林继生,罗金铃,张勇.热带气旋灾害预报服务效益专家评估法[J].广东气象.1999(3):8-9.

[49]德庆卓嘎,格央,罗布次仁,等.气象服务在青藏铁路运输行业中的作用及效益分析评估分析[J].西藏科技.2008(12):69-70.